Donald Hyslop, Alastair Forsyth, Sheila Jemima

Die Geschichte der TITANIC

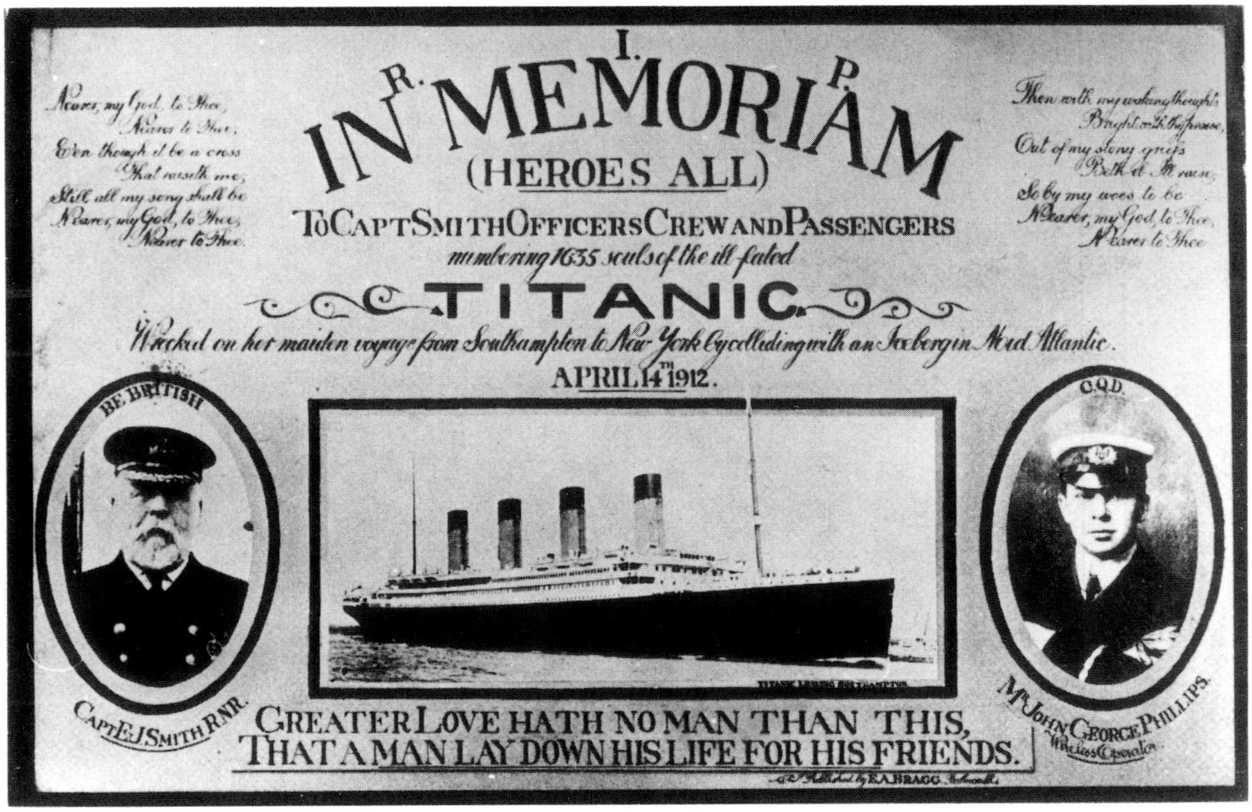
R. I. P.
IN MEMORIAM
(HEROES ALL)
TO CAPT SMITH OFFICERS CREW AND PASSENGERS
numbering 1635 souls of the ill fated
TITANIC
Wrecked on her maiden voyage from Southampton to New York by colliding with an Iceberg in North Atlantic.
APRIL 14TH 1912.
Nearer, my God, to Thee, Nearer to Thee, E'en though it be a cross That raiseth me; Still all my song shall be Nearer, my God, to Thee, Nearer to Thee.
Then with my waking thoughts Bright with Thy praise, Out of my stony griefs Bethel I'll raise; So by my woes to be Nearer, my God, to Thee, Nearer to Thee.
BE BRITISH
CAPT E J SMITH R.N.R.
C.Q.D.
Mr JOHN GEORGE PHILLIPS
Wireless Operator
GREATER LOVE HATH NO MAN THAN THIS,
THAT A MAN LAY DOWN HIS LIFE FOR HIS FRIENDS.

Donald Hyslop, Alastair Forsyth, Sheila Jemima

Die Geschichte der TITANIC

Erzählt in Zeugnissen, Interviews und Dokumenten

Aus dem Englischen von
Katrin Ritter

Droemer

Originaltitel: Titanic Voices. Memories from the Fateful Voyage
Originalverlag: Sutton Publishing / Phoenix Mill, Thrupp, Stroud, Gloucestershire

Die Folie des Schutzumschlags sowie die Einschweißfolie sind
PE-Folien und biologisch abbaubar.
Dieses Buch wurde auf chlor- und säurefreiem Papier gedruckt.

Mit Fotografien von John Lawrence

Umschlaggestaltung: Agentur ZERO, München
Umschlagfoto: Southampton City Heritage Collections
Satz und DTP: Gaby Herbrecht, München
Druck und Bindung: Franz Spiegel Buch, Ulm
Printed in Germany
ISBN 3-426-27118-4

5 4 3 2 1

INHALT

EINLEITUNG

Viele Jahrzehnte sind vergangen, seit die Katastrophe der »Titanic« die ganze Welt erschütterte und die Beherrschbarkeit der Naturkräfte durch die moderne Technik in Frage stellte. Unter denen, die damals umkamen, waren einige der einflußreichsten Männer der Vereinigten Staaten, waren Größen der amerikanischen High-Society, waren Hunderte von »namenlosen« Passagieren und Besatzungsmitgliedern.

Es gibt eine ganze Reihe von Gründen dafür, daß die »Titanic« auch heute noch so viele Menschen in ihren Bann zieht, während andere Unglücksfälle schnell wieder aus dem Gedächtnis der Öffentlichkeit verschwanden. Sicher spielt eine Rolle, daß die »Titanic« ein – wenn auch nur kleiner – Teil der faszinierenden Luxuswelt der Reichen und Mächtigen war. Dazu kommt, daß sie als technischer Triumph ihrer Zeit galt, ja im Ruf stand, unsinkbar zu sein. Und trotzdem forderte ihr Untergang mehr Menschenleben als je zuvor eine Katastrophe der Handelsschiffahrt.

In den Vereinigten Staaten und Großbritannien, aber auch in anderen Ländern gibt es heutzutage sehr aktive »Titanic«-Vereine, die an das Ereignis erinnern wollen und Nachforschungen über das Schiff, die Passagiere und den Hergang der Katastrophe anstellen. Viele ihrer Mitglieder widmen ihre Freizeit dem legendären Luxusliner und untersuchen die verschiedensten Einzelaspekte des Unglücks gewissenhaft und detailliert. Bemerkenswert ist, daß einer dieser Vereine, die amerikanische Titanic Historical Society, eine Mitgliederzahl aufweisen kann, die manch kleinere politische Partei in den Schatten stellt.

Eigentlich, sollte man meinen, ist doch bereits aus jedem nur möglichen Blickwinkel über die »Titanic« geschrieben worden. Warum also noch ein Buch über dieses Schiff und seine so kurze Geschichte? Eine Frage, die auch wir uns mehr als einmal gestellt haben.

Das Hauptmotiv für dieses Buch war, daß wir die Katastrophe der »Titanic« aus der Perspektive der Menschen, die damals in der Hafenstadt Southampton lebten, schildern wollten, denn von dort kam schließlich

Die »Titanic« verläßt Belfast.
(Harland and Wolff Collection/Ulster Folk and Transport Museum)

Kabine der ersten Klasse an Bord der »Titanic«. (Harland and Wolff)

der Großteil der Schiffsbesatzung. Städte wie San Francisco erlebten Erdbeben und Feuersbrünste, eine der großen Tragödien Southamptons war der Untergang der »Titanic«. Von den 898 Männern und Frauen, die an Bord der »Titanic« arbeiteten, kehrten nur 212 nach England zurück. Selbst für eine Hafenstadt, in der man sich immer wieder damit abfinden mußte, daß die See ihre Opfer forderte, überstieg der Blutzoll der »Titanic« jedes bisher gekannte Maß. Als dann noch zwei Jahre später der Erste Weltkrieg ausbrach, war die Folge, daß die Kinder ganzer Stadtviertel ohne Väter aufwuchsen. So erinnerte sich Edward Simmons später, »daß es für viele ganz normal war, keinen Vater mehr zu haben. ...« Er selbst war erst wenige Monate alt gewesen, als die »Titanic« unterging und mit ihr sein Vater, der in letzter Minute als Steward auf dem Ozeandampfer angeheuert hatte. Noch heute, bald neunzig Jahre später, kann man in Southampton vielen Menschen begegnen, deren Familien direkt von der Katastrophe betroffen waren.

Die Quellen für dieses Buch

Über die Jahre konnte der Southamptoner Museumsdienst zahlreiche Objekte erwerben, die mit der »Titanic« in Zusammenhang stehen. Unter ihnen finden sich auch viele Briefe und andere persönliche Dokumente der Besatzungsmitglieder. Obwohl der Verkauf von Sammlerstücken, die an die Fahrt der »Titanic« erinnern, ein lukratives Geschäft geworden ist (vor allem in den USA), werden der Southamptoner Einrichtung auch heute noch interessante Stücke geschenkt oder leihweise zur Verfügung gestellt. Die meisten sind im Schiffahrtsmuseum der Stadt zu sehen; sie werden ergänzt durch eine umfangreiche Fotosammlung und ein Zeitungsarchiv.

Beredtes Zeugnis vom Schicksal der »Titanic« waren für uns außerdem die Erinnerungen derer, die sich damals an Bord befanden, sowie die Berichte ihrer Nachfahren. Diese Beiträge zur mündlichen Geschichtsüberlieferung [im englischen Sprachraum als »oral history« bezeichnet; Anm.d.Übers.] konnten wir mit Hilfe zahlreicher Interviews dokumentieren. Sie wurden ergänzt durch weitere Gespräche, die wir mit einer Reihe von Southamptoner Bürgern führten. Viele erinnerten sich noch daran, als Kind die »Titanic« am Hafen bestaunt zu haben, aber auch an die Aufregung, als sich die Nachricht vom Untergang des Schiffes in der Stadt verbreitete, und an die Menschen, die tagelang vor dem Büro der Reederei White Star auf Auskünfte warteten.

Daneben waren die Zeugenaussagen, die 1912 vor dem amerikanischen und britischen Untersuchungsausschuß gemacht wurden, sowie Zeitungsinterviews, die nach der Katastrophe gegeben wurden, wichtige Quellen für uns.

Augenzeugen berichten

Ein großer Teil des Buches besteht also aus authentischen Schilderungen der damaligen Geschehnisse. Ohne Zweifel sind in einigen Berichten sachliche Fehler enthalten. Erstens, weil Menschen, die sich an ein Ereignis erinnern, in der Regel keine genauen Angaben zur zeitlichen Abfolge oder zu technischen Details machen können. Zweitens, weil auch im Jahr 1912 manchem Reporter eine »gute Story«

Promenadendeck für Passagiere der dritten Klasse am Heck der »Titanic«. (»Cork Examiner«)

mehr wert war als sachlich richtige Aussagen. Um »harte Fakten« über die »Titanic« und ihr schnelles Ende zu sammeln, hätte man also andere Wege einschlagen müssen – doch das haben andere vor uns bereits getan.
Gerade weil wir uns in diesem Buch auf Augenzeugenberichte und persönliche Erinnerungen – mit all ihren Schwächen und Fehlern – konzentrieren, sind wir jedoch in der Lage, die Ereignisse von einer Seite zu zeigen, die selbst der kenntnisreichste »Titanic«-Experte so nicht darstellen kann: aus der Perspektive der unmittelbaren Erfahrung.

Stones Album (zeitgenössische Zeitungen), die Bealing Collection und die Associated British Port Collection (Hafenfotos) einschließen. Unter den anderen Quellen seien die Zeitung »Southern Daily Echo« hervorgehoben, die Hampshire Libraries, die Southampton Records Office, die Father Browne Collection und die vielen privaten Sammlungen, die oft von Nachfahren der Besatzungsmitglieder angelegt wurden.
Die Fotos im Farbteil zeigen Objekte und Dokumente der Southampton City Heritage Collections sowie aus dem Besitz von Mitgliedern der British Titanic Society und von Privatsammlern.

Die Jungfernfahrt beginnt: Vorbei an Tausenden von Schaulustigen verläßt die »Titanic« den Hafen von Southampton.
(Privatsammlung)

Um die Authentizität des Erzählten zu erhalten, haben wir die abgedruckten Berichte so wenig wie möglich redaktionell bearbeitet. Bei Texten und Fotos aus zeitgenössischen Zeitungen haben wir immer versucht, festzustellen, wo sie veröffentlicht wurden. Leider gelang uns dies nicht in allen Fällen, da viele der Artikel, die wir für unsere Arbeit erhielten, damals ausgeschnitten worden waren, um sie in Erinnerungsalben zu sammeln. Bei unsicherer Herkunft haben wir als Quellennachweis »Southampton City Heritage Collections« angegeben, denn dort werden die betreffenden Dokumente heute aufbewahrt.

Die Fotos des Buches kommen aus sehr unterschiedlichen Quellen. Der Hauptteil stammt aus den Southampton City Heritage Collections, welche die William Burrough Hill Collection (Fotos nach der Katastrophe),

Ausführliche Angaben zu den Bildquellen finden sich im Anhang des Buches. Dort sind auch alle Personen und Institutionen aufgeführt, die am Zustandekommen des Buches beteiligt waren.
Ganz besonders danken möchten wir jedoch bereits an dieser Stelle unseren Kollegen Rachel Wragg und Alastair Arnott, die sich um unsere Sammlung kümmern, Peter Ashton und seinen Mitarbeitern von der Zeitung »Southampton Daily Echo« sowie Brian Ticehurst von der British Titanic Society für ihre Hilfe sowie Simon Hardy vom City Heritage Service für seine selbstlose Unterstützung auf dem langen Weg zur Verwirklichung dieses Buches.
Last, but not least, möchten wir natürlich den Überlebenden der »Titanic« und allen anderen Interviewpartnern danken: Ohne ihre Hilfe wäre dieses Buch nie zustande gekommen.

THE SPHERE
AN ILLUSTRATED NEWSPAPER FOR THE HOME
With which is incorporated "BLACK & WHITE"
Volume XLIX. No. 640.
{REGISTERED AT THE GENERAL POST OFFICE AS A NEWSPAPER}
London, April 27, 1912.
[WITH SUPPLEMENT]
Price Sixpence.
HOW THE TITANIC WENT DOWN
F. Matania
DRAWN BY F. MATANIA
THE MODERN MESSENGER OF DEATH:
A typical bearer of the fateful tidings concerning the "Titanic"

KAPITEL 1

SOUTHAMPTON IM AUFSCHWUNG

»Die Ankunft der White Star Line«

Am 4. April 1912 erreichte die RMS »Titanic«, das damals größte Passagierschiff der Welt, kurz nach Mitternacht den Hafen von Southampton. In dreijähriger Bauzeit war sie in Belfast von der Werft Harland and Wolff für die White Star Line fertiggestellt worden, jetzt sollte sie in Southampton auf die Jungfernfahrt am 10. April vorbereitet werden.

In dieser knappen Woche, in der sie am neuen White-Star-Kai lag, wurde sie zum Schiff der Southamptoner, und das ist bis zum heutigen Tag so geblieben, auch wenn die »Titanic« nie mehr in die südenglische Hafenstadt zurückkehrte. Das Schiff, das jedermann für unsinkbar hielt, kollidierte in der Nacht vom 14. auf den 15. April 1912 südlich von Neufundland mit einem Eisberg und sank innerhalb von zweieinhalb Stunden. 1503 Menschen kamen dabei um, 705 überlebten in den wenigen Rettungsbooten, die an Bord gewesen waren, und wurden am Morgen des 15. April vom Passagierschiff »Carpathia« der Reederei Cunard aufgenommen.

Der Untergang des neuen Schiffes mit über 1300 Passagieren und knapp 900 Besatzungsmitgliedern rief auf der ganzen Welt ungläubiges Entsetzen hervor. Für viele Familien in Southampton wurde das Schiffsunglück zur persönlichen Tragödie, denn ein großer Teil der Crew kam aus der Stadt. 686 Mitglieder der Besatzung verloren beim Untergang der »Titanic« ihr Leben, nur 212 kehrten nach England zurück.

In den Tagen nach der Katastrophe richtete sich die Aufmerksamkeit der Öffentlichkeit auch vermehrt auf Southampton, denn dort begann eine quälend lange Zeit des Wartens. Doch viele mußten sich in ihr Schicksal finden – der Vater, der Ehemann, der Sohn würde nicht wiederkehren.

Über die Jahre vergaß man das Schicksal der »Titanic«-Besatzung und das Leid der Zurückgebliebenen, doch in Southampton ist die Erinnerung an diejenigen, die damals umkamen, bis auf den heutigen Tag lebendig geblieben.

Wäre die »Königin der Meere« einige Jahre früher gebaut und in Dienst gestellt worden, wäre vielleicht nicht Southampton das Opfer dieser menschlichen Tragödie gewesen. So aber ist die kurze Geschichte der »Titanic« auf immer mit dieser Stadt verbunden.

Blick über das Hafengelände von Southampton. (Aufnahme gegen Ende des 19. Jahrhunderts; Southampton City Heritage/Associated British Port Collection)

Konkurrenten im Transatlantikverkehr

Die »Titanic« war das neue Flaggschiff der Reederei White Star Line, die Thomas Ismay 1869 in Liverpool gekauft hatte und die unter seiner Leitung schnell dafür bekannt geworden war, die Transatlantikroute Liverpool–New York mit immer größeren, schnelleren, komfortableren und sichereren Passagierschiffen zu bewältigen – ein Erfolg, der die White Star Line auch zum gewichtigen Rivalen der älteren Reedereien Cunard, Guion und Inman gemacht hatte.

Sir Bertram Hayes, Kapitän auf dem Schwesterschiff der »Titanic«, der »Olympic«, erinnerte sich an Thomas Ismay: »Ich denke, daß er einer der weitblickendsten Männer in der Dampfschiffahrt war, und ich bin nicht sicher, ob die Reisenden jemals realisiert haben, welche Achtung sie ihm eigentlich für seinen Weitblick hätten zollen müssen. Ismay führte den größten Teil des Komforts, ja des Luxus ein, der heute als Selbstverständlichkeit angesehen wird.«

1893, sechs Jahre vor seinem Tod, sah sich Ismay selbst jedoch einem neuen Konkurrenten gegenüber: der American Line. Sie hatte die beiden Flaggschiffe der Reederei Inman gekauft – die »City of Paris« und die »City of New York«, beide wie die »Teutonic« und die »Majestic« von der White Star Line Gewinner des atlantischen Geschwindigkeitsrekordes, des sogenannten Blauen Bandes. Außerdem ließ die American Line ihre Schiffe zur Atlantiküberquerung nicht mehr in Liverpool, sondern in Southampton starten.

Was aber machte Southampton als Ausgangspunkt für Atlantikfahrten attraktiver als Liverpool? Bisher bedienten von dort aus zwar schon englische und andere europäische Schiffahrtslinien viele Häfen der Kolonialreiche, so fuhr zum Beispiel die Union Line nach Südafrika, die P & O in den Mittelmeerraum, nach Nordafrika und Indien, die Royal Mail Steam Packet Company (RMSP) zu den Westindischen Inseln und nach Südamerika. Auch hatten sich die beiden letzteren Linien bereits mit der London and South Western Railway (LSWR) zur Southampton Dock Company zusammengeschlossen, um den dortigen Hafen auszubauen, und die erste Eisenbahnlinie von London nach South-

Die beiden Schwesterschiffe im Hafen von Belfast; links die »Olympic«, rechts die »Titanic«. (Harland and Wolff)

Im Trockendock: Der Dampfer »City of Paris«, den die American Line 1893 von der Reederei Inman kaufte. (Aufnahme um 1893; Southampton City Heritage Collections)

Szenen aus dem Hafenleben von Southampton: Abschied am Kai, eine große Lagerhalle für Frachtgut, Beladen eines Schiffes, das neue Empress Dock.
(Postkarte um 1893; Southampton City Heritage Collections)

Passagiere verlassen in Southampton einen Dampfer der White Star Line; der Anschlußzug nach London steht schon bereit.
(Aufnahme um 1907; Southampton City Heritage Collections)

ampton war bereits 1840 eröffnet worden. Doch für die LSWR war Southampton nur Stützpunkt für ihre Dampfschiffe nach Frankreich und zu den Kanalinseln. Und der Passagierverkehr der englischen Reedereien über den Atlantik war bisher ohne Probleme über Liverpool abgewickelt worden. Die deutschen Gesellschaften im Transatlantikverkehr, der Norddeutsche Lloyd und die Hamburg-Amerika Linie, nutzen Southampton allerdings bereits seit den späten fünfziger Jahren des 19. Jahrhunderts als Zwischenstopp auf dem Weg nach Amerika.

Im Vergleich mit Liverpool hatte Southampton jedoch tatsächlich einige Vorteile zu bieten. Einer war das verhältnismäßig tiefe Hafenbecken, ein anderer die günstige Tide – zweimal täglich für etwa je drei Stunden Hochwasser. Dadurch konnte langes und kostspieliges Warten von Schiffen vor dem Hafen vermieden werden.

Außerdem lag Southampton wesentlich näher an London als an Liverpool und nah genug an Frankreich, um einen kleinen Umweg über Cherbourg zu machen und reichen amerikanischen Touristen und Geschäftsleuten den beliebten Parisbesuch zu ermöglichen, aber auch, um Auswanderer vom europäischen Festland abzuholen. Auch nach Queenstown [dem heutigen Cork; Anm.d.Übers.], das auf dem Höhepunkt der Auswanderungswelle in Irland die traditionelle Anlaufstelle für Emigranten war, war es von Southampton nicht weit.

Ein Hafen mit Zukunft

Seit 1892 waren sowohl die Hafenanlagen von Southampton als auch die Eisenbahnverbindung in der Hand der LSWR. Einer ihrer Direktoren hob 1911 die Vorzüge dieser Konstellation hervor: »Der Reisende wird die ganze Zeit vom Personal ein und derselben Firma betreut; dadurch können Unklarheiten und Störungen vermieden werden.«

Bereits 1890 war mit einem Kredit der LSWR über 250 000 Pfund ein neues, tiefes Hafenbecken, das Empress Dock, gebaut und von Königin Viktoria eröffnet worden. Fünf Jahre später wurde das fünfte Trockendock Southamptons, das Prince of Wales Dock, von seinem Namensgeber höchstpersönlich eingeweiht. Es war mit 227 Metern das längste Trockendock der Welt. Ebenso wichtig für den Southamptoner Hafen war jedoch, daß 1898/99 Liegeplätze für Kohleschiffe am Itchen fertiggestellt wurden.

Der Wechsel der American Line von Liverpool nach Southampton wurde enthusiastisch begrüßt. Zwanzig Jahre später erinnerte die Zeitung »Southampton Pictorial« an 1893 als das Jahr »der neuen Blüte Southamptons und der Ankunft der American Line«. Anfang des 20. Jahrhunderts war die Stadt bereits ein bedeutender Umschlagplatz für den Transatlantikhandel. Der Wettbewerb zwischen den ansässigen Reedereien verstärkte sich Jahr um Jahr, immer größere und schnelle-

Southamptoner Hafenbecken, das am 26. Juli 1890 eröffnet und von Königin Victoria auf den Namen Empress Dock getauft wurde.
(Postkarte um 1900; Southampton City Heritage Collections)

Das Trafalgar-Trockendock am Southamptoner Hafen bei seiner Einweihung 1905. (Southampton City Heritage/Associated British Port Collection)

re Schiffe nahmen ihren Weg über den Atlantik vom Hafen in Southampton. Wieder wurde ein neues Trockendock gebraucht. 1900 erhielt J. Aird den Zuschlag von der LSWR, und am westlichen Ende des Hafens wurde nach gewaltigen Ausschachtarbeiten das 267 Meter lange, gut 27 Meter breite und 10 Meter tiefe Dock gebaut. Unter dem Namen Trafalgar-Trockendock wurde es 1905, zum hundertsten Jahrestag der berühmten Seeschlacht, eröffnet.

Um 1900 wurde auch Southamptons größtes Hotel, das »South Western«, das 1867 unter dem Namen »Imperial« gegründet, 1870 umbenannt und 1882 von der LSWR gekauft worden war, modernisiert und umgestaltet. Im Zuge der Umbaumaßnahmen wurden die gesamte Innenausstattung erneuert, Küchen und Büros renoviert und ein elektrischer Fahrstuhl eingebaut. Das alles kostete stolze 28000 Pfund. Das South Western Hotel lag direkt neben dem Bahnhof und nahe bei den Hafenanlagen – eine ideale Unterkunft also für die vornehmsten und anspruchsvollsten Gäste der Stadt. Außerdem bot es einen festlichen Rahmen für Veranstaltungen und Abendeinladungen der LSWR und der Reedereien.

Die London and South Western Railway warb für das South Western Hotel: »Dienstmänner in roter Livree und ein Motorbus stehen bei Ankunft aller Expreßzüge in Southampton West bereit. Alle einlaufenden Passagierschiffe werden von Hurst Castle telegraphisch gemeldet, damit sich diejenigen, die Angehörige oder Freunde abholen wollen, bequem und zur rechten Zeit zum Hafen begeben können. Eines der besten Hotels des Landes für Privat- und Geschäftsreisende.«

Doch man sorgte in Southampton auch für weniger begüterte Passagiere. Als die Zahl der Auswanderer wuchs, wurden eine Reihe neuer Einrichtungen zu ihrer Unterbringung und zur Organisation der Ausreise geschaffen. Infolge des harten Konkurrenzkampfs zwischen den Schiffahrtslinien sank zu dieser Zeit der Preis für eine einfache Fahrt nach Amerika auf dem Zwischendeck auf acht Pfund (nach heutiger Kaufkraft etwa 1500 Deutsche Mark) und tiefer.

Die International Mercantile Marine

Gegen Ende des Jahres 1900 kam es zu einer dramatischen Firmenentwicklung, die Auswirkungen auf alle Southamptoner Schiffahrtsgesellschaften und letztlich auch auf den Bau der »Titanic« haben sollte. Die International Navigation Company, der die American Line

und die Red Star Line gehörten, unterstützte nun Bestrebungen des amerikanischen Finanzmannes, Stahlmagnaten und Eisenbahnbarons J. Pierpoint Morgan, einen mächtigen amerikanischen Transporttrust aufzubauen, der den Schiffsverkehr über den Atlantik beherrschen und diesen mit dem amerikanischen Eisenbahn- und Binnenschiffsverkehr verbinden sollte. Nach und nach wurden die im Transatlantikgeschäft tätigen Schifffahrtsgesellschaften von Morgan aufgekauft, darunter auch zwei der wichtigsten Kunden der Belfaster Werft Harland and Wolff, die auch Schiffe für die White Star Line, die Royal Mail Steam Packet Company und die neugegründete Union Castle Line baute.
William Pirrie, Direktor von Harland and Wolff, sah die Gefahren dieser Situation, aber auch die Möglichkeiten zu ganz neuen wirtschaftlichen Entwicklungen. Eiligst trat er in Kontakt mit Morgan und wurde dessen europäischer Vermittler. Im Juli 1901 warb er für dessen Vorhaben bei Albert Ballin, dem Generaldirektor der Hamburg-Amerika Linie, und Bruce Ismay, einem der Direktoren der White Star Line. Beide hatten zunächst starke Vorbehalte, und Ismays erste Reaktion war, »die ganze Sache für Betrug und Unsinn« zu erklären. Im November 1901 gelang es Pirrie jedoch, die White Star Line, die Hamburg-Amerika Linie und den Norddeutschen Lloyd zur Zustimmung zu bewegen – ihnen versichernd, daß der Zusammenschluß »eine großartige, ja geniale Sache« sei.
Was immer die persönlichen Gefühle der Familie Ismay waren, die Aktionäre der Reederei konnten die angebotene Kaufsumme auf keinen Fall zurückweisen: Die White Star Line wurde für zehn Millionen Pfund verkauft. Im Auftrag von Morgan erwarb Harland and Wolff außerdem einen Aktienanteil von 51 Prozent an der Holland America Line (einer ihrer Direktoren, John George Reuchlin, sollte Opfer der »Titanic«-Katastrophe werden). Ganz besonders wichtig wäre den Mitgliedern des Trusts noch der Beitritt der Reederei Cunard gewesen, doch alle Verhandlungen mißlangen. Das nun entstandene Firmenimperium führte den Namen International Mercantile Marine (IMM); die Fusionierung wurde im April 1902 bekanntgegeben. Unter den dreizehn Direktoren (acht davon Amerikaner) waren auch Bruce Ismay und William Pirrie. Vertraglich vereinbart wurde außerdem, daß »alle Aufträge für neue Schiffe und alle größeren Reparaturen ..., die in einer britischen Werft erfolgen sollten, an Harland and Wolff gegeben würden«.

Im Grunde waren die Luxusliner der White Star Line nun amerikanische Schiffe, sie blieben jedoch weiterhin unter britischer Flagge und unterstanden in Kriegszeiten dem Befehl der britischen Admiralität. Trotz seines launischen Verhaltens am Anfang der Beitrittsver-

Oben: Wer etwas auf sich hielt, stieg im frisch renovierten »South Western« direkt am Southamptoner Hafen ab. (Sammlung Bert Moody)
Unten: Eine Werbeanzeige des »South Western«: Gepriesen werden die äußerst günstige Lage des Hotels, der im Zimmer und in den Gesellschaftsräumen gebotene Komfort, die moderne Einrichtung (ein elektrischer Fahrstuhl!) und die dennoch maßvollen Preise. (Southampton City Heritage Collections)

handlungen wurde Bruce Ismay zum Präsidenten und Hauptgeschäftsführer der IMM und ihrer Tochtergesellschaften ernannt, und Morgan schätzte die Schiffe der White Star Line immer besonders.
Sir Bertram Hayes erinnerte sich: »Er war der White Star Line immer auf eine ganz besondere Weise verbunden. Als ich Vierter Offizier auf der ›Teutonic‹ war, überquerte er mit uns den Atlantik, danach sah ich ihn bis zu seinem Tod in Abständen auf anderen Schiffen wenn ich an den Gottesdienst an Bord denke, fällt er mir ein: Er kam regelmäßig, und bei seinen Lieblingsliedern sang er mit seiner Baßstimme aus voller Kehle.«
Von Anfang an waren die Schiffe die White Star Line die »Schmuckstücke« des Morgan-Imperiums, ganz besonders der Luxusliner »Oceanic« (1899) und die sogenannten »Big four«, die »Celtic«, »Cedric«, »Baltic« und »Adriatic«, die zwischen 1901 und 1907 bei Harland and Wolff in Belfast gebaut wurden. Sie waren für

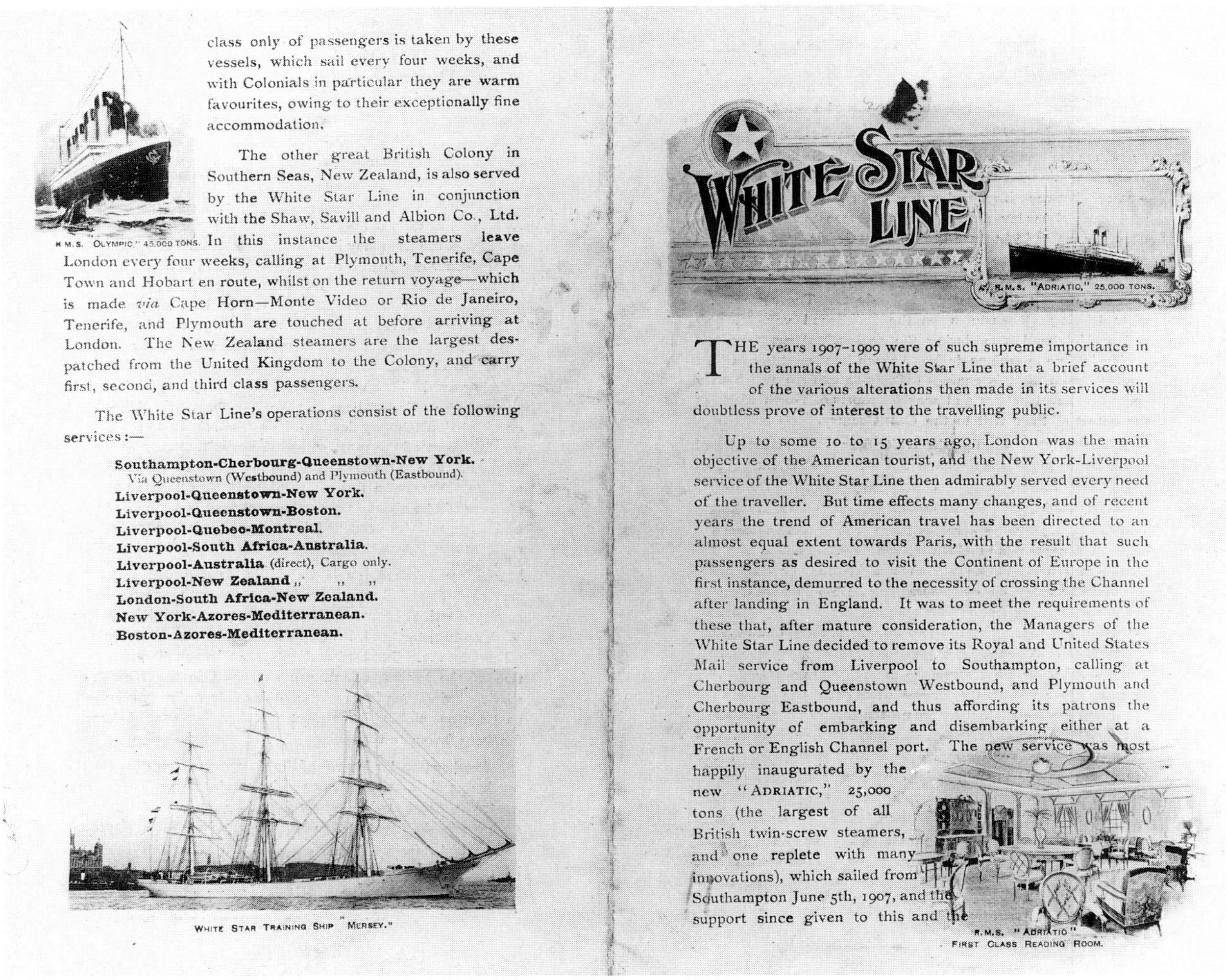

R.M.S. "OLYMPIC," 45,000 TONS.

class only of passengers is taken by these vessels, which sail every four weeks, and with Colonials in particular they are warm favourites, owing to their exceptionally fine accommodation.

The other great British Colony in Southern Seas, New Zealand, is also served by the White Star Line in conjunction with the Shaw, Savill and Albion Co., Ltd. In this instance the steamers leave London every four weeks, calling at Plymouth, Tenerife, Cape Town and Hobart en route, whilst on the return voyage—which is made *via* Cape Horn—Monte Video or Rio de Janeiro, Tenerife, and Plymouth are touched at before arriving at London. The New Zealand steamers are the largest despatched from the United Kingdom to the Colony, and carry first, second, and third class passengers.

The White Star Line's operations consist of the following services:—

Southampton-Cherbourg-Queenstown-New York.
Via Queenstown (Westbound) and Plymouth (Eastbound).
Liverpool-Queenstown-New York.
Liverpool-Queenstown-Boston.
Liverpool-Quebec-Montreal.
Liverpool-South Africa-Australia.
Liverpool-Australia (direct), Cargo only.
Liverpool-New Zealand ,, ,, ,,
London-South Africa-New Zealand.
New York-Azores-Mediterranean.
Boston-Azores-Mediterranean.

WHITE STAR TRAINING SHIP "MERSEY."

WHITE STAR LINE

R.M.S. "ADRIATIC," 25,000 TONS.

THE years 1907-1909 were of such supreme importance in the annals of the White Star Line that a brief account of the various alterations then made in its services will doubtless prove of interest to the travelling public.

Up to some 10 to 15 years ago, London was the main objective of the American tourist, and the New York-Liverpool service of the White Star Line then admirably served every need of the traveller. But time effects many changes, and of recent years the trend of American travel has been directed to an almost equal extent towards Paris, with the result that such passengers as desired to visit the Continent of Europe in the first instance, demurred to the necessity of crossing the Channel after landing in England. It was to meet the requirements of these that, after mature consideration, the Managers of the White Star Line decided to remove its Royal and United States Mail service from Liverpool to Southampton, calling at Cherbourg and Queenstown Westbound, and Plymouth and Cherbourg Eastbound, and thus affording its patrons the opportunity of embarking and disembarking either at a French or English Channel port. The new service was most happily inaugurated by the new "ADRIATIC," 25,000 tons (the largest of all British twin-screw steamers, and one replete with many innovations), which sailed from Southampton June 5th, 1907, and the support since given to this and the

R.M.S. "ADRIATIC" FIRST CLASS READING ROOM.

Eine Werbebroschüre der White Star Line. Auf der linken Seite werden die Reiserouten der Reederei vorgestellt; sie führen nach Nordamerika, Südafrika, Australien, Neuseeland, zu den Azoren und ins Mittelmeer. Auf der rechten Seite wird über die neueren Entwicklungen der Firma berichtet. (Aufnahme um 1912; Southampton City Heritage Collections)

unserer Linie. ... In späteren Lebensjahren wurden für Mr. Morgan auf verschiedenen Schiffen zu verschiedenen Terminen jeweils seine bevorzugten Kabinen reserviert, bis er schließlich entschied, mit welchem Schiff er fahren wollte.«

Einer der Schiffsärzte an Bord der »Olympic«, J. C. H. Beaumont, schrieb später in seinen Memoiren: »Die meisten von uns hatten ein wenig Angst vor ihm. Das war eigentlich völlig unbegründet, denn er war zwar nach außen rauh, hatte aber ein gutes Herz. Immer, kurze Zeit die größten Passagierschiffe der Welt, wenn auch nicht die schnellsten.
Schiffe mit allem Komfort zu bauen, war nun die Devise von White Star. 1906 entschieden Ismay, Pirrie und Morgan angesichts des Erfolgs der American Line und der neuen Entwicklungen im Hafen von Southampton, den Atlantikdienst der White Star Line ebenfalls von Liverpool nach Southampton zu verlegen – für Liverpool ein weitaus größerer Schlag als der Weggang der von der American Line aufgekauften Schiffe der Reederei Inman.

Das neue Büro der White Star Line

Das Trafalgar-Trockendock machte Southampton für die White Star Line ebenso attraktiv wie die Möglichkeit, einen Schiffsverkehr mit dem europäischen Festland aufzubauen.

Ein Southamptoner Bürger erinnerte sich: »Wir waren derart beeindruckt von der ›Oceanic‹, daß wir von der White Star Line buchstäblich nur mit angehaltenem Atem sprachen. Damals wagte niemand zu hoffen, daß die luxuriösen Schiffe der Linie ihren Heimathafen nach Southampton verlegen würden.«

Southampton hatte die Schiffe von White Star bisher nur wenige Male zu Gesicht bekommen: die alte »Britannic«, die hier während des Burenkrieges ausfuhr, die »Teutonic« 1889 und die »Germanic«, als sie 1898 und 1905 von der American Line gechartert war. Außerdem startete die »Celtic« zu zwei weiteren Reisen für die American Line von Southampton aus, kehrte dann aber nach Liverpool zurück.

1906 ernannte die White Star Line George Bowyer, der aus einer alten Southamptoner Lotsenfamilie stammte, zu ihrem Vertreter auf den Sitzungen des Hafenamts. Er sollte dafür sorgen, daß für die großen Schiffe der Reederei eine tiefere Fahrrinne ausgebaggert wurde.

Die gerade fertiggestellte »Adriatic« nahm am 5. Juni 1907 offiziell den Verkehr der White Star Line in Southampton auf. Außerdem eröffnete die Schiffahrtsgesellschaft eine gemeinsame Niederlassung mit der American Line in der Can.ite Road. Sie wurde geleitet von Philip Curry, über den sich George Bowyer in seinen Memoiren überschwenglich äußerte: »Ein Mann der höchstes Lob verdient, immer bereit, anderen, soweit es ihm möglich war, zu helfen. Einen beliebteren Beamten wird es in Southampton wohl kaum je geben.«

Und Bryan Hunt erinnerte sich: »Curry lebte nur einige Häuser weiter; Ende der zwanziger Jahre brachten er und seine Frau mir das Bridgespielen bei. Ich wünschte, daß ich damals schon etwas älter gewesen wäre, denn er wußte so viele aufregende Dinge und besaß viele interessante Dokumente.«

1909 wurde Kapitän Benjamin Steele zum Southamptoner Aufsichtsbeamten der White Star Line ernannt. Leiter des Gastronomiebereichs war 1907 bis 1912 J. Bartholomew, seit 1873 bei White Star und vorher Chefsteward auf der »Oceanic«. Leiter des Passagierwesens war für lange Jahre Edward Clibborn, der sich bei den Quäkern und einer Reihe von Wohltätigkeitsorganisationen engagierte.

Das Büro der White Star Line und der American Line in Southampton war die Schaltzentrale vor Ort und

CONCERNING THE CELTIC.

The monster Celtic, sister ship to the Cedric, presented a most imposing side when mooring at the Ocean Quay, her draught aft showing 26 feet, and about 24 feet at the stem, the bow at the load line being marked 37 feet. Her dimensions are somewhat under those of the Adriatic, which are 725 x 75½ feet, and a depth of 50 feet, with 12 bulkheads, and 9 decks; but the Celtic exceeds 700 feet on the load line, with a beam of 75 feet, and a depth giving extreme stability, so that movement is scarcely perceptible to travellers in ordinary health. Deep bilge keels are fitted for over 300 feet, and on some famous Liverpool liners are made 30 inches wide with bulb edges, so that rolling is practically unknown. The floors of modern liners are nearly flat, as in battle ships, the old pattern of keel being superseded by a deep box plate keel, combining with the cellular double bottom to give enormous strength, with safety in the event of stranding. The bottom also serves for water ballast, some steamers using the space for hundreds of tons of liquid fuel, to burn it alone, or in combination with coal. About two years ago a large Atlantic liner had her hull strengthened, in the Empress Dry Dock, by having rivetted amidships long sections of plating, the work being done by pneumatic hammers, seen here for the first time. The plan enables huge hulls to resist flexure and longtitudinal distortions when subjected to severe strains in heavy cross seas. This method of giving rigidity is fully carried out in the Celtic, the wide steel strap or belt – about 12 feet deep – covering the whole middle body, and giving a look of maximum strength. The vessel had also longitudinal bulkheads, extending above the water line from the bottom, the interior being thus a series of self contained coffer-dams, protecting the structure against casualties of the sea. The four-cranked engines are only designed for a moderate speed, but are fine examples of Belfast skill, as are all departments of the noble craft, which may be regarded as a chef d'ouvre of the famous firm.

Ein Zeitungsartikel von 1907 berichtet über Größe, Konstruktion und technische Details des White-Star-Line-Dampfers »Celtic«, der in Southampton eingelaufen ist. (Southampton City Heritage Collections)

gleichzeitig Bindeglied zu London, Liverpool und New York, wo die großen Entscheidungen der Firma getroffen wurden. Noch 1919 wurde in den Broschüren der White Star Line über die »Olympic« ausdrücklich betont: »Das Management großer Luxusliner wie der ›Olympic‹ verlangt eine perfekte Organisation. Und obwohl das größte im Dienst der White Star Line stehende Passagierschiff in Southampton liegt, ist der tatsächliche Heimathafen der Linie nach wie vor Liverpool.«
Auf ähnliche Weise illustriert die Situation, was Mr. Saalfeld, ein Passagier der »Titanic«, damals schrieb: »Der Name meines Freundes, der in leitender Stellung bei White Star in London arbeitet, wirkt Wunder.«
Die Geschicke der White Star Line in Southampton wurden im großen von London, Liverpool und New York aus gelenkt. Entscheidungen, die die Alltagsprobleme betrafen, wurden jedoch in der Canute Road gefällt. Das Büro lag günstig zwischen Hafen, Bahnhof und den Hotels, also im Zentrum des Geschehens. Trotzdem konnten Curry und seine Mitarbeiter noch nicht einmal von den rückwärtigen Fenstern im obersten Stock etwas von den Hafenanlagen, den Liegeplätzen der Schiffe und den anderen Ozeandampfern der IMM sehen. Nur die Masten und Schornsteine der Schiffsgiganten ragten über die Hausdächer auf.

Ein Grund zu feiern

Wer auch immer, wo auch immer das Schicksal der White Star Line bestimmte, für Southampton war die Verlegung des Atlantikdienstes der Reederei von Liverpool eine gute Nachricht, denn trotz des zunehmenden Schiffsverkehrs war die Zahl der Arbeitslosen in der Stadt hoch, am schlimmsten im Winter 1903/04:
»In fast jeder Straße gab es einige Männer ohne Arbeit. Sie machten sich zeitig am Morgen, ohne etwas gegessen zu haben, auf den Weg, um einen Job zu suchen, während ihre Kinder frierend und von einem kärglichen Frühstück kaum gesättigt zur Schule gingen und ihre Frauen, denen die Erschöpfung im Gesicht geschrieben stand, wieder irgend einen Gegenstand zum Pfandleiher trugen, um so wenigstens ein Abendessen für die Familie kochen zu können. Viele Männer wanderten in der Nähe des Hafens umher oder schlichen wie Gespenster immer wieder über die Canute Road. Je näher man den Hafentoren war, desto besser waren die Chancen, unter den Glücklichen zu sein, wenn Arbeit ausgerufen wurde. In den Augen der Männer spiegelte sich der Hunger, ein Ausdruck, der sich schnell in Hoffnungslosigkeit und Elend verwandelte, wenn sie wieder keine Arbeit fanden und unverrichteter Dinge nach Hause gehen mußten – mit leeren Taschen und leerem Magen. Viele mußten den Kampf aufgeben und waren

Die »Adriatic« von White Star im Hafen von Southampton. (Aufnahme um 1907; Sammlung Peter Boyd-Smith)

auf die Barmherzigkeit der Kirchengemeinde angewiesen; das Armenhaus in der St. Mary's Street war überfüllt. Noch 1907, als die Not schon nicht mehr ganz so groß war, gab es Hunderte von Arbeitslosen und es dauerte bis 1913, bis es wieder Vollbeschäftigung gab.« (A. Temple Patterson, skizziert nach Artikeln in der »Southampton Times« vom 21. November 1903, 9. Januar 1907, 30. November 1907, 4. Januar 1913.)
Eine Passagierin der zweiten Klasse der »Titanic«, Mrs. D. Hewlett, meinte später über ihre Mitinsassen in Rettungsboot Nummer 13: »Etwa 50 Menschen waren im Boot, die meisten davon Männer, die vorher arbeitslos gewesen waren: Heizer, Stewards, Köche, aber kein einziger echter Seemann.« (Aus einem Brief, geschrieben am 12. Mai 1912 an Bord der »Laconia«.)
Wie in jeder anderen Stadt auch waren die arbeitslosen Männer in Southampton natürlich froh über jede Stelle. Notfalls waren sie auch bereit, die gewünschte Berufserfahrung vorzugeben.
Kein Wunder, daß die ganze Stadt in heller Aufregung war, als die aus New York kommende »Adriatic« schließlich als erstes Schiff der White Star Line am 30. Mai 1907 im Hafen einlief. Die Hauptstraße war festlich beleuchtet, die Kirchenglocken läuteten, und ein Journalist schrieb in der Zeitung »Southampton Daily Echo«: »Die ungeheure Bedeutung, die die Verlegung der White Stare Line in den südlichen Teil des Landes hat, kann im Moment noch gar nicht ganz erfaßt werden.«
Der Hafenausschuß war am 28. Mai zusammengetreten und hatte feierlich Kenntnis genommen von der »Ankunft der White Star Line«. Der Vorsitzende sprach über das bevorstehende Eintreffen der »Adriatic«, und es wurde dem Vorschlag der Stadträte E. Gayton und A. J. Cheverton stattgegeben, eine Summe »von 20 Pfund [aufzuwenden], damit der Ausschuß seinen Beitrag zum Empfang der Schiffahrtslinie leisten könne«. Am 30. Mai beschloß man, den Royal Pier für eine Woche festlich zu beleuchten, die South Hampshire Temerance Band zu engagieren, damit sie am Abend

des 31. Mai am Kai spielte, und »die Herrn Cox und McPherson anzuheuern, um Raketen und Kanonenschläge abzufeuern und Ballons aufsteigen zu lassen«. Der Vorschlag, daß bei der Abfahrt des Schiffes am 5. Juni Musikgruppen mit Freiwilligen aus der Stadt spielen sollten, wurde abgelehnt.
Endlich, am 30. Mai, kam die »Adriatic«. Der Bürgermeister und Vertreter des Stadtrats machten sich mit dem Raddampfer »Princess Helena« auf, um sie vor der Hafeneinfahrt in Southampton Water zu empfangen und an Bord zu gehen. Am Vormittag des 1. Juni gab einer der Direktoren von White Star, Harold Sanderson, auf der »Adriatic« einen feierlichen Empfang für den Bürgermeister, Sir Charles Scotter von der London and South Western Railway und William Pirrie von der Werft Harland and Wolff.

Lotse George Bowyer erinnerte sich an die erste Zeit der White Star Line in Southampton: »1907 lotste ich die ›Celtic‹ von White Star zweimal in den Hafen und wieder hinaus. Sie war eingesetzt worden anstelle eines Passagierschiffes der American Line, das einige Zeit außer Dienst gestellt worden war. Bei der ersten Abfahrt im April hatte sie 1596 Menschen an Bord, mehr als je zuvor den Hafen von Southampton verlassen hatten. Bei einem Zwischenhalt in Cherbourg nahm sie noch einmal 582 Passagiere auf, so daß zusammen mit der Besatzung über 2500 Menschen auf dem Schiff waren. Die zweite Fahrt trat sie im Mai an.
Ende des Monats traf dann die ›Adriatic‹ ein, auf der Kapitän E. J. Smith das Kommando führte. Eine große Menschenmenge hatte sich am Kai versammelt, um das Schiff zu begrüßen, denn nun war die White Star Line wirklich nach Southampton gekommen. Am 3. Juni wurde die ›Adriatic‹ für das Publikum geöffnet, und 8888 Menschen besichtigten das gigantische Schiff. Der Erlös aus den Eintrittsgeldern wurde den örtlichen Krankenhäusern gespendet. Am 5. Juni stach sie das erste Mal von Southampton aus in See. Mit vielen Begeisterten an Bord folgte das Dampfschiff ›Prince of Wales‹ der ›Adriatic‹ bis Osborne und wünschte ihr eine gute Reise.«
Die »Adriatic« hatte also einen ungeheuren Eindruck auf die Stadt gemacht. Sie »überragte alle anderen Schiffe im Hafen himmelweit«. (G. E. Hopcroft)
»Wegen der für den Nachmittag erwarteten Ankunft der ›Adriatic‹ sind heute nicht alle Mädchen anwesend – die Eltern haben die Kinder mitgenommen.« (Berichtsbuch der Mädchenschule im Southamptoner Stadtteil Northam, Eintrag vom 30. Mai 1907)

Harland and Wolff in Southampton

Die Verlegung der White Star Line nach Southampton erforderte zahlreiche neue Einrichtungen am Hafen. Schnellstmöglich wurden Verbesserungen an Kais und Gebäuden vorgenommen, um den Anforderungen der

Auf der Baustelle des neuen White-Star-Kais in Southampton. (Aufnahme von 1908; Southampton City Heritage/Associated British Port Collection)

Der White-Star-Kai in Southampton ist fast fertig. An Liegeplatz 46 (rechte Seite des Hafenbeckens) hat bereits das Dampfschiff »Carisbrook Castle« von der Union Castle Line festgemacht. (Aufnahme um 1910; Southampton City Heritage/ Associated British Port Collection)

Die Werksanlagen der Schiffswerft Harland and Wolff am Hafen von Southampton. Hinten im Bild der Dampfer »St. Paul« der American Line, der im Trafalgar-Trockendock liegt. (Aufnahme um 1908; Privatsammlung)

Überschwemmung im Hafenviertel von Southampton. (Aufnahme von 1912; Southampton City Heritage Oral History)

Reederei gerecht zu werden, und die London and South Western Railway stellte neue Waggons für die Zugverbindung von London zu den Schiffen von White Star bereit.

Statt eigene Anlagen zu errichten wie zum Beispiel die Royal Mail Steam Packet Company, beauftragte White Star die Werft Harland and Wolff, Einrichtungen zur Reparatur und Wartung ihrer Schiffe in Southampton aufzubauen. Von nun an konnte die Reederei auf eine Belegschaft vor Ort zählen, auch wenn nach wie vor zu jeder Jungfernfahrt, bei jedem größeren Problem oder jeder dringenden Reparatur Arbeiter aus Belfast kommen würden.

Im März 1907 hatte Harland and Wolff in Southampton ein Grundstück am Trafalgar-Trockendock gepachtet. Robert Crighton, der Chefingenieur der Partnergesellschaft Red Star Line, leitete die neue Anlage, die in den nächsten zwölf Monaten von der Waring White Building Company fertiggestellt wurde.

Nach und nach entstanden eine Halle für Plattierungsarbeiten, eine Werkstatt zur Herstellung von Dampfkesseln, eine Montagehalle, verschiedene Schmieden, eine Messinggießerei, Werkstätten für Klempner, Tischler, Modellbauer, Maler, Elektriker und Schleiflackarbeiter, Büros für den Leiter und seinen Assistenten, für Buchhalter und Zeichner. Das Stockwerk über der Halle für Plattierungsarbeiten wurde von Harland and Wolff an die White Star Line vermietet und als Wäscherei benutzt. Die ganze Anlage kostete etwa 40 000 Pfund.

Die »Suevic« bekommt einen neuen Bug

Bereits 1907 wurden Harland and Wolff und die Firma Thornycroft von White Star mit einer außergewöhnlichen Reparaturmaßnahme beauftragt, die weltweit Aufsehen erregte und die neue Verbindung zwischen Southampton und Belfast ins Rampenlicht rückte. Der Liner »Suevic« war im März 1907 am Kap Lizard gestrandet. Der Bug des Schiffes war völlig zerstört, die übrigen drei Viertel des Rumpfes wurden von einer Bergungsfirma, der Liverpool Salvage Company, abgetrennt und nach Southampton gebracht. George Bowyer, der wieder als Lotse im Einsatz war, schrieb später: »Das Schiff bot ein seltsames Bild, wie es da übers Wasser herankam. Ich mußte es mit all meinem Fingerspitzengefühl längsseits bringen, damit es keinen harten Stoß bekam, sonst hätte das Schott versagt. ... Vorsichtig dirigierten wir es an seinen Liegeplatz, und jeder war froh, als es endlich festgemacht war. ... Dann baute die Belfaster Werft einen neuen Bug für das Schiff – so etwas erschien damals als ein reines Wunderwerk. Es gab in diesen Tagen einen Witz über die ›Suevic‹: Sie sei das längste Schiff der Welt – mit einem Heck in Southampton und einem Bug in Belfast.«

Als der Bug im September 1907 nach Southampton gebracht wurde, lotste Bowyer beide Schiffsteile zum Trafalgar-Trockendock. Eine Reihe von Schaulustigen stiegen in den Bug, »um nachher erzählen zu können, sie hätten eine kleine Reise in einem halben Schiff gemacht«. Die zwei Teile konnten erfolgreich zusammen-

Die »Suevic« von der White Star Line strandete im März 1907 an Kap Lizard, dem südlichsten Punkt Englands. Der Bug des Schiffes wurde zerstört, jedoch konnte der erhaltene Teil des Dampfers zur Reparatur nach Southampton geschleppt werden. (Aufnahme von 1907; Southampton City Heritage Collections)

Im Trafalgar-Trockendock werden der erhaltene Teil der »Suevic« (im Bild) und ein neuer, in Belfast gebauter Bug zusammengefügt. (Aufnahme von 1907; Southampton City Heritage Collections)

gefügt werden, und die »Suevic« nahm ihren Dienst wieder auf. Man feierte die Heldentat als »Sieg des genialen menschlichen Geistes über die gewaltigen Kräfte des Ozeans«. Einer der damals Verantwortlichen, Henry Creese, arbeitete später als Bordingenieur auf der »Titanic«.

Edward Simmons, dessen Vater Steward auf der »Titanic« war und beim Untergang starb, berichtete aus seiner Erinnerung: »Meine Mutter erzählte mir, daß sie als junges Mädchen eines Tages mit meiner Tante zum Hafen ging. Dort passierte etwas sehr Ungewöhnliches, von dem jeder in der Stadt sprach: Ein Schiff namens ›Suevic‹ war entzweigebrochen, beide Hälften waren in den Hafen geschleppt und auf das Trockendock gebracht worden. Und nun wurden sie wieder zusammengeschweißt. Meine Mutter war damals ungefähr 16 Jahre alt, mein älterer Vetter lag noch im Kinderwagen. Meine Mutter und meine Tante guckten über den Rand des Docks nach unten, als einer der Arbeiter vorbeikam und sie fragte, ob sie nicht hinuntergehen und sich die Sache genauer anschauen wollten. Also stiegen sie hinunter, während er auf das Baby aufpaßte.«

Die neuen Luxusliner

Die Gründe, die die IMM dazu brachten, für die White Star Line ehrgeizige Zukunftspläne zu entwickeln, lagen auf der Hand: Die »Big four« der Schiffahrtslinie waren zwar ein riesiger Erfolg, aber die Konkurrenz war groß. Zum einen verkehrten auf der Liverpool-New-York-Route seit 1907 die beiden Luxusliner »Lusitania« und »Mauretania« der Reederei Cunard (beide 31 900 Bruttoregistertonnen schwer, 24 Meter länger als die »Adriatic« und Gewinner des Blauen Bandes!); außerdem bauten auch die deutschen Reedereien immer neue Ozeanriesen, die einen guten Ruf genossen, so zum Beispiel die Hamburg-Amerika Linie die »Amerika« (1905) oder die »Kaiserin Augusta Viktoria« (1905).

Der geöffnete Rumpf der »Suevic« im Southamptoner Trockendock. (Aufnahme von 1907; Southampton City Heritage Collections)

Die Idee zu Luxuslinern einer ganz neuen Kategorie stammt wahrscheinlich vor allem von Pirrie. Bereits 1906 bis 1908 hatte die Werft Harland and Wolff zwei riesige neue Hellings gebaut. Bei einem Abendessen in Pirries Londoner Haus beschlossen nun er und Bruce Ismay, drei Passagierdampfer mit je 45 000 Bruttoregistertonnen und 270 Metern Länge zu bauen, die die »Lusitania« und die »Mauretania« an Größe und Luxus bei weitem übertreffen würden. Sie sollten allerdings nicht schneller als 22,5 Knoten fahren, eine wirtschaftlich sinnvolle und für die Reisenden bequeme Geschwindigkeit, die einen wöchentlichen Fahrbetrieb von Southampton nach New York erlaubte. Die ersten beiden Schiffe, »Olympic« und »Titanic«, würden zusammen etwa drei Millionen Pfund kosten. Sie sollten in der ersten Klasse vor allem reiche Amerikaner und Geschäftsleute befördern, in der zweiten Klasse Auswanderer und andere Reisende mit mittlerem Einkommen, in der dritten Klasse Auswanderer in bescheidenen, jedoch nicht ärmlichen Verhältnissen. Ein sehr kleiner Anteil des Schiffsraums war anfänglich für die traditionellen Schlafsäle für Auswanderer im Zwischendeck eingeplant, wurde auf der »Titanic« jedoch für Kabinen genutzt.
In Konstruktion und Aussehen, innen wie außen, würden sich die neuen Schiffe an die bereits bewährten Lösungen der »Oceanic« und der »Big four« anlehnen, jedoch sollte sich alles in ganz neuen Dimensionen abspielen: Zum ersten Mal würden Luxusliner der White Star Line vier gewaltige Schornsteine haben (einer davon allerdings eine Attrappe). In riesigen Kohlenbunkern würde das Heizmaterial für die Dampfkessel der Maschinen, die dreimal so groß wie zuvor waren und die gigantischen drei Schiffsschrauben antrieben, gelagert werden. Ein spezielles System von wasserdichten Abteilungen mit automatisch schließbaren Schottentüren würde jeder nur erdenklichen Gefahr standhalten. Und die allermodernsten Davits zum Auslegen der Rettungsboote würden von der Firma Welin geordert werden. Außerdem würde es an Bord unter anderem einen Frisörsalon, eine Dunkelkammer, ein Bügelzimmer, eine Bücherei und eine Telefonanlage geben.
Viele Einrichtungen, die bereits auf der »Adriatic« erfolgreich ausprobiert worden waren, wurden nun luxuriöser und größer entworfen und kamen vor allem den Passagieren der ersten Klasse zugute – so zum Beispiel ein Schwimmbad, eine Turnhalle, ein Türkisches Bad, ein A-la-carte-Restaurant, eine Lounge neben dem Speisesaal und Cafés, die mit ihren efeuberankten Spalieren an elegante Veranden erinnerten.
Trotz der gewaltigen Größe der Schiffe war kein öffentlicher Raum höher als ein Deck geplant, nur die Freitreppe im Foyer der ersten Klasse würde sich über zwei Decks aufwärts schwingen und von einer eleganten Glaskuppel überwölbt werden. In den meisten anderen Luxuslinern der Zeit wurden die Speisesäle auf die Höhe von zwei Stockwerken gebaut, und die Gesellschaftsräume besaßen ein kuppelförmiges Oberlicht. Die öffentlichen Räume der Schiffe von White Star würden hingegen vor allem durch ihre Weite und ihre luxuriöse Ausstattung bestechen, die Stilelemente englischen, französischen und amerikanischen Designs vereinen würde. Schnitzereien, Gießereiarbeiten und Intarsien aus Perlmutt würden Holz- und Stuckwerk zieren. Vorhänge und Wandbehänge aus Seide, Damast, Spitze und Samt würde es geben, unzählige Teppiche würden ausgelegt werden, die einen schlicht, die anderen mit Blumen- oder Blattmustern oder in üppigem orientalischen Stil.
Obwohl die »Olympic« und ihre Schwesterschiffe, die »Titanic« und später die »Britannic«, riesige Ausmaße erhalten würden, würden sie nicht mehr Passagiere als die halb so große »Celtic« aufnehmen, denn ein be-

Das Cornish Hotel in der Nähe des Southamptoner Hafens. Hier stiegen bevorzugt Passagiere und Auswanderer aus dem Südwesten Englands ab, die mit dem Schiff weiterreisten. Die Aufnahme wurde wenige Jahre nach dem Untergang der »Titanic« gemacht.
(Sammlung A. G. K. Leonard)

In der Turnhalle der »Titanic«: Mr. McCawley, der Sportlehrer, demonstriert, wie das Rudergerät funktioniert. (Sammlung Francis Browne SJ)

In einer Werkstatt der Werft Harland and Wolff. (Harland and Wolff)

Ein ganz besonderer Luxus: Das Türkische Bad auf der »Titanic«. (»Daily Mirror«)

trächtlicher Teil des Platzes an Bord würde für öffentliche Räume und geräumige Kabinen gebraucht. So war die »Olympic« ursprünglich für 689 bis 735 Passagiere der ersten Klasse, 674 Passagiere der zweiten Klasse, 862 Passagiere der dritten Klasse in Kabinen sowie 164 Passagiere der dritten Klasse im Zwischendeck angelegt worden. In der dritten Klasse gab es 66 Zweibettkabinen, 112 Vierbettkabinen, 37 Sechsbettkabinen, fünf Achtbettkabinen und zwei Zehnbettkabinen.

Solide Handwerksarbeit

Entworfen wurde die Einrichtung der neuen Luxusliner von der Firma Aldam Heaton & Co., die früher schon Schiffe der Reederei und die Häuser der Familie Ismay ausgestattet hatte. Mr. Heaton war bereits verstorben, weshalb nun Edward Croft-Smith leitender Gestalter und Ansprechpartner für White Star war.
Die Instandhaltung und Ausbesserungsarbeiten an der Innenausstattung der neuen Luxusliner sollten jedoch von Harland and Wolff in Southampton erledigt werden, und so würde auch mancher Schreiner oder Kunsttischler der Stadt eine Beschäftigung finden. Ab den zwanziger Jahren, als neue Docks in Southampton gebaut wurden, konnten Schiffe der White Star Line dort auch in größerem Stil überholt, beispielsweise gestrichen und gründlich renoviert werden, bis dahin wurde der größte Teil der Arbeit in Belfast erledigt.

Da die »Olympic« und ihre Schwesterschiffe so schnell wie möglich fertiggestellt werden sollten, wurde Heaton kurzerhand von der Ocean Transport Company, einer Partnerfirma innerhalb der International Mercantile Marine, und damit quasi von Harland and Wolff, aufgekauft. Dadurch hatte die Belfaster Werft nun eine eigene Abteilung für die Innenausstattung von Schiffen. Das Design von Heaton hatte sich mit jedem Dampfer der White Star Line, den die Firma einrichtete, immer deutlicher ausgeprägt zu einer unverwechselbaren Mischung aus spätviktorianischem und zeitgenössischem Stil. Was Heaton nicht selbst herstellte, wurde von Zulieferfirmen in Großbritannien oder auf dem europäischen Festland bestellt.
Begeistert berichteten Passagiere wie Lady Duff Gordon: »Ich hatte eine entzückende kleine Kabine mit einer elektrischen Heizung und rosafarbenen Vorhängen ... die wundervolle Spitzendecke, die rosafarbenen Kissen und die vielen Fotografien an den Wänden machten den Raum so freundlich.«

Der Kunsttischler Samuel Leith beispielsweise fertigte bei Harland and Wolff in Belfast Tische und Schränke für die Kabinen der »Titanic« an. Männer wie Leonard Waldron und Charles Wilson arbeiteten an den Schnitzereien für die »Olympic« und die »Titanic«. Andere, selbständige Holzschnitzer wie Mr. Moss stellten Holzsäulen her. (Er arbeitete später für die Firma Martyn's, deren Gründer seine Fahrt mit der »Titanic« kurzfristig stornierte und in London blieb. Seine Familie in Cheltenham wußte nichts von der Entscheidung und war über alle Maßen erleichtert, als er wohlbehalten wieder zu Hause ankam.)
Die Schnitzereien im Salon, im Speisesaal und der Rezeption der ersten Klasse waren besonders kunstvoll. In der zweiten Klasse fielen sie etwas einfacher aus und

Charles Wilson (ganz links) und andere Holzschnitzer in ihrem Arbeitsraum. (Privatsammlung)

wiederholten sich in den Motiven, in der dritten Klasse waren sie meist schlicht oder wurden durch aufgemalte Muster ersetzt. 186 Männer arbeiteten allein an den Holzschnitzereien der »Olympic«, und ebenso viele werden es etwa für die »Titanic« gewesen sein.

Der bereits erwähnte Charles Wilson fertigte auch den Mittelteil des allegorischen Reliefs »Ruhm und Ehre krönen die Zeit« für die »Olympic« an und eine mehr oder minder identische Holzarbeit für die »Titanic« (siehe Seite 39). Er erinnerte sich, daß keine Zeit mehr blieb, eine Uhr in die Mitte des Bildes einzusetzen, bevor die »Titanic« den Hafen von Belfast verließ. So mußte vorerst ein Spiegel eingebaut werden, der später dann durch eine Uhr ersetzt wurde.

Einer der Mitarbeiter bei der Innenausstattung der »Olympic« war sogar an der Kunstakademie in Southampton ausgebildet worden: »Es ist erfreulich, daß Cyril Robinson, ein Mann, der Kunst studiert hat und bei einer führenden Londoner Firma angestellt war, einen beachtlichen Teil der Holzschnitzereien auf der ›Olympic‹ und der ›Titanic‹ ausgeführt hat.« (»Hants Advertiser« vom 3. Januar 1912)

Bis zur letzten Minute blieb auf den neuen Schiffen viel zu tun: Es gab immer noch irgend etwas zu streichen, Schrauben mußten festgezogen, Teppiche ausgelegt und Vorhänge aufgehängt werden. Arbeiter der Werft, Angestellte der White Star Line und andere Helfer hasteten unter den aufmerksamen Blicken von Thomas Andrews, dem Konstruktionsleiter von Harland and Wolff, hin und her, und er selbst legte bis zum Schluß überall, wo es nötig war, Hand an.

Der Kampf um die Gunst der Passagiere

Doch zurück zum Anfang: In Southampton hatte sich inzwischen das Gerücht verbreitet, daß die White Star Line neue, gigantische Schiffe für den Transatlantikverkehr bauen lassen wollte.

Lotse George Bowyer: »Die Rede ging davon, daß White Star zwei Luxusliner mit einem doppelt so großen Schiffsraum wie die »Adriatic« bauen lassen wollte. Wir hielten das für Übertreibung, allenfalls mit dem sprichwörtlichen Körnchen Wahrheit daran. Bis zu dieser Zeit hätte man ein einfahrendes Schiff, das nur 1000 Tonnen mehr gehabt hätte, schon ungläubig angeschaut. Aber ein Sprung von 25000 auf 50000 Tonnen, das schien fast unmöglich.«

Die White Star Line war jedoch nicht die einzige Schiffahrtsgesellschaft, die Ozeanriesen in ganz neuen Dimensionen plante. Im Juni 1910 begann die Hamburg-Amerika Linie die Arbeit an dem ersten ihrer drei Giganten, der »Imperator«. Größe, Ausstattung und Passagierkapazität der Schiffe sollten das Trio der White Star Line bald übertreffen.

Die »Imperator« lief fünf Wochen nach dem Untergang der »Titanic« vom Stapel. In der ersten und zweiten Klasse konnte sie etwa so viele Passagiere wie die »Olympic« und die »Titanic« befördern, bot allerdings nicht nur Platz für 942 Reisende der dritten Klasse, sondern auch für 1772 Zwischendeckspassagiere. Gebaut wurde sie von der Vulkan Werft in Bremen, die anderen beiden Schiffe von der Werft Blohm & Voss in Hamburg. Die öffentlichen Räume der ersten Klasse auf der »Imperator« wurden vom Architekten des Ritz Hotels in Paris, Charles Mewès, gestaltet. Ihre Größe und Eleganz würden die Säle der »Olympic« und der »Titanic« geradezu durchschnittlich erscheinen lassen.

Mit der »Imperator« begann man, nur noch drei Schornsteine auf die großen Passagierschiffe zu setzen, die in ihrem Fall wegen der immensen Höhe besonders auffielen. Auch wenn ihre Schiffe größer und etwas schneller waren, verfolgte die Hamburg-Amerika Linie in etwa dieselbe Politik wie die White Star Line: Ihre Dampfer sollten vor allem luxuriös ausgestattet, aber keine »Hochgeschwindigkeitsschiffe« sein.

In Saint-Nazaire plante man ebenfalls einen Luxusliner, die »France«, ein schnelles Schiff mit 23666 Bruttoregistertonnen und das einzige in Frankreich mit vier Schornsteinen. In dieser Zeit erwartete man nicht, es je in Southampton zu sehen, denn französische Schiffe machten in der Regel nur einen Zwischenhalt in Plymouth; Southampton wurde erst ab den dreißiger Jahren angelaufen. Doch die »France«, deren Jungfernfahrt eine Woche nach dem Untergang der »Titanic« begann, tauchte 1913 überraschend auf dem Prince-Wales-Trockendock in Southampton auf.

Auch Cunard machte sich daran, für seine Linie Liverpool–New York einen Giganten wie die »Olympic« oder die »Imperator« zu bauen Die »Aquitania« wurde 1914 fertiggestellt, auch sie später ein wohlbekannter Gast in Southampton.

Im Wettlauf um die Gunst der Passagiere erschien es also unvermeidbar, ja die einzig richtige Lösung zu sein, immer größere und luxuriösere Schiffe zu bauen – doch sollte die Zeit erstaunlich schnell über diese Riesen des Ozeans hinweggehen.

Eisenbahnpräsident Charles M. Hays, der beim Untergang der »Titanic« ums Leben kam, machte gegenüber einem Mitreisenden folgende vorausahnende Bemerkung: »Die White Star Line, Cunard und die Hamburg-Amerika Linie richten all ihre Aufmerksamkeit darauf, die Vorherrschaft zu gewinnen und die luxuriösesten Schiffe zu bauen. Aber es wird gar nicht mehr lange dauern, dann wird eines der größten und schrecklichsten Schiffsunglücke das Ergebnis dieses Wettkampfs sein.«

Paradoxerweise erkannte hier einer, der als Mitglied der International Mercantile Marine zu den größten Förderern und Gewinnern des anwachsenden internationalen Verkehrs gehörte, die Gefahr. Die einfachen Hafenarbeiter und Seeleute von Southampton sahen sie nicht. Wer von denen, die so dringend Arbeit brauchten, hätte bei der glänzenden Aussicht auf immer neue Schiffe unheilvolle Vorzeichen erkennen können? Southamptons Haltung gegenüber den Schiffsgiganten war im allgemeinen sehr positiv, auch wenn ihre Größe für manchen furchteinflößend war.

Selbst Kapitän Smith, ein mit allen Wassern gewaschener Seemann, vertraute offensichtlich völlig auf die Ozeanriesen der neuen Zeit. Als die »Adriatic« auf ihrer Jungfernfahrt in New York eintraf, sagte er: »Ich kann mir keine Voraussetzung vorstellen, unter der solch ein Schiff sinken sollte, ich kann keine Katastrophe erdenken, die einem solchen Schiff zustoßen sollte. Die moderne Schiffsbautechnik hat Probleme dieser Art hinter sich gelassen ...«

Kais für die Giganten

Während an anderen Orten die Schiffe der Zukunft entworfen wurden, plante die London and South Western Railway (LSWR), zwischen dem Empress Dock und dem Trafalgar-Trockendock in Southampton ein neues Hafenbecken zu bauen. Ansporn waren die Verlegung der White Star Line, die Aussicht auf einen immer stärker wachsenden Handelsverkehr über den Atlantik und die zunehmende Größe der Schiffe. Im Oktober 1907 schloß die LSWR mit den Firmen Topham Jones und Railton einen Vertrag über den Bau

der neuen Hafenanlagen ab; die Kosten wurden auf 492231 Pfund veranschlagt. Es sollten Kais in einer Gesamtlänge von 1170 Metern entstehen und ein Hafenbecken, das auf eine Wassertiefe von gut 12 Metern bei Ebbe ausgebaggert werden mußte.
Während der Bauzeit konnten die Dampfer der White Star Line nur an den Anlegeplätzen 38 bis 41 am Ocean- und Test-Kai festmachen. Für die neuen Liegeplätze 43, 44 und 46 bis 49 sollte es vier große Hallen für die Fracht- und Passagierabfertigung, Wartesäle und öffentliche Toiletten geben. Für den Bau der ganzen Anlage waren 40 Monate vorgesehen; die Bauaufsicht übernahm F. E. Wentworth-Shields, der bald darauf leitender Hafeningenieur wurde.
Auf der Baustelle arbeiteten 850 bis 1200 Männer mit 85 Maschinen, darunter dampfgetriebene Bagger, um die Erde auszuheben und in Transportbehälter zu laden, eine Art provisorischen Damm am südlichen Ende der Baustelle aufzuschichten und die Anlegeplätze 48 und 49 zu bauen. Zu letzterem Vorhaben war es nötig, acht Tonnen schwere Betonblöcke ins Wasser abzusenken. Über eine provisorische Eisenbahnbrücke über den Fluß Test wurde ein Teil des ausgehobenen Materials mit Waggons abtransportiert und vor der Isle of Wight ins Meer geschüttet. Außerdem wurden neue Eisenbahngleise verlegt, damit die Passagiere mit dem Zug direkt bis auf den Kai fahren konnten.

Auseinandersetzungen mit dem Hafenamt

Aber die neuen Luxusliner brauchten nicht nur längere Kais und tiefere Hafenbecken. Auch die Fahrrinne, die von den Liegeplätzen über Southampton Water zum offenen Meer führte, mußte vertieft werden, damit die Schlepper die Schiffe ohne Probleme hinausbugsieren konnten.
Für Arbeiten im Fluß waren jedoch nicht die LSWR oder die Schiffahrtslinien verantwortlich, sondern das Southamptoner Hafenamt. Deshalb schrieb Philip Curry, der Leiter des Southamptoner Büros der White Star Line, am 18. Dezember 1908 an das Amt, um sicherzugehen, daß die Fahrrinne im Fluß bis zur Ankunft der neuen Schiffe fertig ausgebaggert sein würde: »Wir schätzen uns glücklich, Ihnen mitteilen zu dürfen, daß die Leitung der Oceanic Steam Navigation Company Limited (White Star Line) bei der Werft Harland and Wolff in Belfast zwei Passagierdampfer der Luxusklasse hat bauen lassen, um auf der Route Southampton–New York die allerhöchste Leistungsfähigkeit des Passagierverkehrs erreichen zu können. Die Schiffe werden jeden nur erdenklichen Reisekomfort bieten. Der Schiffraum wird größer sein, als der aller im Dienst stehenden oder im Bau befindlichen Passagierschiffe. Es wird für Ihr Amt natürlich völlig einsichtig sein, daß, wenn der Hafen von Southampton aus der Ankunft der beiden Dampfer großen Nutzen zieht, er sich auch gegenüber jedem Vorwurf oder Zweifel an seinen Möglichkeiten verwahren muß. Diese wären natürlich dann begründet, wenn die Einfahrt der Schiffe verhindert wäre, so etwa, wenn der Tiefgang in der Fahrrinne, die zum Hafen und zum Liegeplatz führt, nicht ausreichen würde.
Wir erachten es daher als unsere Pflicht, Ihnen mitzuteilen, daß die Schiffsbauer davon ausgehen, daß die beiden Schiffe bei ihrer Abfahrt in Southampton einen Tiefgang von 10,7 Metern haben. Wenn sie aus New York zurückkehren, wird ihr Tiefgang bei 9,8 Metern liegen (weniger Kohle, weniger Passagiere).
Die beiden Dampfer werden ihren Dienst voraussichtlich im Frühjahr 1912 aufnehmen. Wir hoffen zuversichtlich, von Ihrem Amt die Zusage zu erhalten, die Ausbaggerungsarbeiten so durchzuführen, daß dem geregelten Schiffsverkehr nichts mehr im Wege stehen kann.«

Das war der Anfang eines langen und schwierigen Kampfes, den die White Star Line mit dem Southamptoner Hafenamt auszufechten hatte. Grund der Auseinandersetzungen: Das Hafenamt – nicht die Reedereien – hatte die Kosten der Ausbaggerungsarbeiten aufzubringen. Mr. A. J. Day vom zuständigen Ausschuß schrieb am 4. Februar 1909 abweisend: »Es erscheint im jetzigen Moment nicht notwendig, mehr zu tun, als diesen Brief zur Kenntnis zu nehmen. Wenn der geeignete Zeitpunkt gekommen ist, wird sein Inhalt von unserem Ausschuß gebührend geprüft werden. Ich bin wirklich nicht der Meinung, daß wir mehr als dies tun sollten, bis wir nicht die vollständigen Planungsunterlagen [des neuen Kais] für die London and South Western Railway vorliegen haben ...
Wie Mr. Curry in seinem Brief ausführt, werden diese neuen Schiffe der White Star Line nicht vor dem Frühjahr 1912 in Southampton ankommen. Es kann also keine große Dringlichkeit in der Frage liegen, ob und wieweit ausgebaggert werden soll. Außerdem kann bis dahin viel passieren, was die Politik der Eisenbahngesellschaft und der White Star Line verändert. Ich bin sicher, wenn der Zeitpunkt gekommen ist, sich mit dem Problem zu beschäftigen, werden sowohl die London and South Western Railway als auch die International Mercantile Marine Company um ihre Zusicherung gebeten werden, daß die Schiffe Southampton nicht nur einen kurzen Besuch abstatten, sondern dort auch etliche Jahre bleiben.«
Stadtrat Henry Bowyer (der spätere Bürgermeister von Southampton) – der natürlich verwandt war mit dem

Eine scharfe Konkurrenz: 1913 nahm die »Imperator« ihren Dienst für die deutsche Hamburg-Amerika Linie auf. (Sammlung Michael Cross)

Lotsen George Bowyer – stand dem Problem nicht ganz so gleichgültig gegenüber und schrieb noch am selben Tag, es sei auch keine Alternative, nicht weiter auszubaggern und die immer größer werdenden Schiffe einfach im Fluß vor Anker gehen zu lassen, denn »für solche großen Schiffe wäre es unmöglich, im Fluß sicher zu wenden«.

Im Jahr 1909 wurden nur wenige Fortschritte in der Auseinandersetzung gemacht. White Star mußte langsam unruhig werden! So schickte man in seiner Ratlosigkeit am 6. Januar 1910 eine offizielle Delegation zum Hafenamt, der kein geringerer vorstand als Harold Sanderson, einer der Direktoren der White Star Line, engster Mitarbeiter und persönlicher Freund von Bruce

Ismay. Er wurde begleitet von Philip Curry, E. W. Bond, dem Southamptoner Aufsichtsbeamten Kapitän Benjamin Steele, Kapitän Haddock von der »Oceanic« und dem Lotsen George Bowyer.

»Nun meine Herrn, wir sind sehr erfreut, eine Abordnung der White Star Line zu sehen«, begann Stadtrat Oakley, der Vorsitzende des Hafenamtes. Dann kam er zur Sache: »Das Hafenamt hat große Bedenken, eine so gewaltige finanzielle Verpflichtung einzugehen – mehrere hunderttausend Pfund – zugunsten von nur zwei Schiffen, die vielleicht, vielleicht aber auch nicht, mehr als die vorhandenen 9,8 Meter Tiefgang haben. Es kann also nicht als wirtschaftlich sinnvoller Vorschlag betrachtet werden, wegen zwei Schiffen derart viel Geld auszugeben, wenn nicht sichergestellt werden kann, daß auch wieder Geld zurückfließt, um den Aktionären Zinsen zu zahlen und die gesunkene Kapitalsumme wieder aufzustocken. Wir würden daher gern von Ihnen hören, welche finanzielle Verpflichtung Sie einzugehen bereit sind. Was wäre Ihr Angebot für eine Anleihe über 55 Jahre, wenn das Amt bereit wäre, für eine etwa einen Meter tiefere Fahrrinne zu sorgen?«

Zwar war Sanderson sicher verblüfft, jedoch verschlug es ihm nicht die Sprache. Nachdem er erst auf andere Punkte eingegangen war, hob er zu einer ebenso wortgewaltigen Rede wie sein Gegenüber an: »Ihr Vorschlag versetzt mich wirklich in Erstaunen. Wir sollen also diejenigen sein, die für Verbesserungen in den Häfen zu sorgen haben, die unsere Schiffe anlaufen? Ich glaube nicht, daß irgendein anderer Hafen in Großbritannien solch einen Vorschlag wagen würde. Wir geben 1,5 Millionen Pfund für jedes der beiden Schiffe aus, und ... wahrscheinlich wird es noch mehr. ... Wir sind der Auffassung, daß wir mit Warenumschlag und Passagierverkehr, die wir mit den Schiffen nach Southampton bringen, wahrlich genug beitragen ... außerdem werden diverse Dinge für die Schiffe in Southampton gekauft werden.

11,3 Meter Tiefgang müssen mindestens erreicht werden, um die Schiffe sicher zu führen ... [unter den heutigen Bedingungen] hätten die »Olympic« und die »Titanic« 1909 achtzigmal nicht pünktlich ausfahren können wegen des niedrigen Wasserstandes ... als wir vor Jahren nach Southampton kamen, war es der Stolz der

Zwei Damen bestaunen den mächtigen Bug der »Titanic« in der Werft in Belfast. (Aufnahme von 1911; Harland and Wolff)

Stadt, daß die Schiffe hier ein- und ausfahren konnten, ohne auf einen höheren Wasserstand warten zu müssen wie in anderen Häfen. Wenn Sie, meine Herren, diesen Stolz nicht zu verteidigen bereit sind, ist unser Gespräch gegenstandslos. ... Sie haben zu entscheiden, nicht wir. ... In Liverpool sind die Passagiere nicht bereit, eine Verspätung hinzunehmen. Sollte das in Southampton auch so sein, dann sollten wir den Leuten doch einfach empfehlen, von Plymouth aus abzufahren – das würde allerdings ein düsteres Licht auf Southampton werfen.

Sie halten das vielleicht für keinen entscheidenden Nachteil. Aber sehen Sie nicht auf der anderen Seite, daß Sie nicht nur Ausgaben, sondern durch die Schiffe auch Einkünfte haben werden? Gekauft und verkauft wird in Southampton am Hafen, das ist ein Punkt, den Sie im Auge behalten sollten.«

Sanderson erinnerte die Vertreter des Hafenamtes an die großen Summen, die Fishguard, Belfast und New York für Ausbaggerungsarbeiten ausgegeben hatten, und fuhr dann fort: »Auf diesen großen Schiffen werden riesige Summen für Arbeitslöhne ausgegeben werden. Und es ist sicher nicht schwer zu sehen, daß diese Summen auf direktem oder indirektem Weg der Stadt Southampton zugute kommen, denn sie werden von den Besatzungsmitgliedern und ihren Familien sowie

Unten: Der Stapellauf steht kurz bevor – die »Titanic« auf der Werft Harland and Wolff in Belfast. (Privatsammlung)
Oben: Staunend verfolgt die Menschenmenge, wie sich das Heck der »Titanic« ins Wasser schiebt. (Postkarte zum Stapellauf des Schiffes; Sammlung Mike Petty)

den Männern, die im Hafen auf den Schiffen arbeiten, ausgegeben werden. Ich denke nicht, daß es anständig ist, uns abweisend zu behandeln als diejenigen, die als erste auf die Idee kommen, größere Schiffe bauen zu wollen. Wir sind nicht die ersten, und bald werden uns andere folgen, zum Beispiel die Deutschen.«
Sanderson bezog sich damit auf die »Imperator« und ihre Schwesterschiffe. Listig setzte er zum letzten Stoß an: »Ich weiß nicht, wieviel Bedeutung Sie dem Schiffsverkehr beimessen ... aber nehmen wir einmal an, ein Schiff, das eine Wasserhöhe von 10,7 Metern benötigt, würde aus dem Hamburger Hafen auslaufen – was könnte man in Southampton tun, um diesem die Einfahrt zu ermöglichen? Die Hamburger Schifffahrtsgesellschaft würde bestimmt gern den hiesigen Hafen nutzen, doch sicher nicht endlos damit warten wollen.«
In Wirklichkeit sollten die »Imperator« und ihre Schwesterschiffe erst nach dem Ersten Weltkrieg nach Southampton kommen, als die LSWR das Trafalgar-Trockendock vergrößert und das Hafenamt die Fahrrinne vertieft hatte.
Aber nach der beeindruckenden Rede Sandersons berieten sich die doch ziemlich ernüchterten Herren vom Hafenamt darüber, wie 88 650 Pfund für eine tiefere Fahrrinne bis zum Kai aufgebracht werden konnten. Die Stadträte rechneten damit, Unterstützung von der LSWR zu bekommen, doch bald gaben sie den Ball wieder zurück an Sanderson. Stadtrat Beavis, der offensichtlich wenig für Zukunftsvisionen übrig hatte, bemerkte dazu: »Man kann Southampton nicht mit Liverpool vergleichen, denn es hat fünfmal soviel Schiffsverkehr wie unsere Stadt.«
Nun verlor Sanderson langsam die Geduld: »Als wir nach Southampton kamen, wollten wir alles in unserer Macht Stehende tun, um den Verkehr über den Atlantik zu verstärken und eine erstklassige, erfolgreiche Schiffahrtslinie aufzubauen. Diesen Plänen folgend, bauten wir zwei prächtige Luxusliner. Und nun scheint sich bei einigen Herren Unmut darüber breitzumachen, daß wir dies getan haben.«
»Nein, nein«, beeilten sich eben diese Herren zu erwidern. Doch Stadtrat Beavis schlug zurück: »Sie sagten, Sie würden alles im Interesse der Stadt Southampton tun, doch Sie handeln nur im Interesse von White Star.«
»Beides gleichzeitig«, erwiderte Sanderson.
Man betrachtete die Sache jedoch immer noch voller Zweifel und fragte sich, ob White Star in einigen Jahren überhaupt noch in Southampton sein würde. Stadtrat W. T. Hirst: »Nehmen wir einmal an, die Schiffe werden nach einigen Jahren in einem anderen Hafen stationiert; was wird dann aus uns?« Sanderson antwortete: »Das ist nicht die entscheidende Frage. Was wird aus Ihnen, wenn Sie den Hafen nicht weiter ausbauen?« Hirst daraufhin: »So weit, so gut, aber ist diese Ausbaggerei wirklich nötig?« Sandersons Antwort: »Ich hoffe, daß Sie sie für nötig halten.« Daraufhin wieder Hirst: »Es gibt keinen Beweis dafür.«
Sanderson holte noch einmal aus: »Wir fingen an mit einem kleinen Schiff namens ›Oceanic‹, das nur 122 Meter lang war. Schritt für Schritt bauten wir unsere Schiffe immer größer, jedesmal mit vollem Erfolg. Nun haben wir einen sehr großen Schritt getan und sind bereit, dafür drei Millionen Pfund auszugeben.«
Noch einmal hakte Hirst ein: »Wir müssen über die Sache gründlich nachdenken, um zu beurteilen, ob die Arbeit wirklich nötig ist. Wo werden übrigens die Schiffe die Kohle zuladen – in Amerika?« Die Frage war berechtigt, und Sanderson versicherte ihnen: »Nein, die ›Adriatic‹ tut dies, aber die beiden neuen Schiffe haben nicht die Möglichkeit [Kohle für die Hin- und Rückfahrt zu bunkern] und werden daher in Amerika, aber auch in Southampton laden.«
Kapitän Steele und Bowyer waren gerade dabei, die Verspätungen der Schiffe auszurechnen, die sich durch Niedrigwasser ergeben würden, als Sanderson mit allem Nachdruck sagte: »Dann müssen wir eben nach Cherbourg gehen.«
Die Situation war und blieb verfahren. Wie Sanderson es ausdrückte: »Wir sind in dieser Frage festgelegt durch die beiden Schiffe ›Titanic‹ und ›Olympic‹«, und er fügte hinzu, »sie sollen die Vorreiter für andere Schiffe von gleicher Größe sein.«
Das Hafenamt verzichtet schließlich darauf, die Sache weiter um und um zu wälzen, und White Star gab sich freundlich. Doch im Grunde war man im Southamptoner Büro der Reederei empört über das Verhalten der Behörde. Auch in den einschlägigen Zeitungen war in diesem Sinne über die Auseinandersetzung zu lesen. Philip Curry machte sich ein Vergnügen der besonderen Art daraus, einen vernichtenden Zeitungsartikel aus »Syren and Shipping« an seinen Freund George Washington Sandell zu schicken: »Getreu seiner engstirnigen und knausrigen Art zeigt das Hafenamt von Southampton angesichts der beiden prächtigen Schiffe von White Star Line wieder einmal seine gewohnte Unfähigkeit ... Mangel an Ideen kann entschuldigt werden, jedoch nicht jene offene Dummheit, die diese Männer in Southampton an den Tag legen.«
Am Ende gab die London and South Western Railway die nötigen Anleihen und die finanzielle Unterstützung, um die Fahrrinne auszubaggern. Die Unzufriedenheit der Öffentlichkeit mit dem Verhalten des Hafenamts führte jedoch schließlich zur Gründung eines neuen Ausschusses, in dem 26 Mitglieder die Interessen der Schiffahrtsgesellschaften vertraten, drei Sitze auf offizielle Einrichtungen wie die LSWR entfielen und in dem zum ersten Mal auch Arbeiter organisiert waren.

Ironischerweise gab die »Titanic« selbst später den Anstoß zur weiteren Vertiefung der Fahrrinne. Als sie zu ihrer Jungfernfahrt aufbrach, sich ihre Schiffsschrauben das erste Mal drehten und sie gen Southampton Water dampfte, wurde das Wasser, das sie mit ihrem mächtigen Rumpf verdrängte, unter die »New York« von der American Line gespült, so daß deren Trossen rissen und sie sich auf die »Titanic« zubewegte. Es wäre zur Kollision gekommen, hätten nicht die Schlepper schnell reagiert und Kapitän Smith die »Titanic« rechtzeitig gestoppt. Der Zwischenfall wurde Gegenstand einer scharfen Auseinandersetzung zwischen White Star und dem Hafenamt; bald darauf wurde die Fahrrinne weiter vertieft.

Eine ähnliche Art des Problems stellte sich, als es um den Raum zum Wenden im Fluß ging. George Bowyer erinnerte sich: »Als wir sagten daß wir einen Drehkreis von gut 300 Metern für nötig hielten, glaubte jeder, wir seien verrückt geworden.«

Zur London and South Western Railway, dem zweiten einflußreichen Partner der Reedereien in Southampton, hatte die White Star Line von Anfang an eine sehr gute Beziehung, sicher auch, weil ihre Ziele sich zum Teil deckten. Außerdem war Bruce Ismay wie schon sein Vater im Eisenbahngeschäft und einer der Direktoren der London North Western Railway.

Die Arbeit am neuen Kai entwickelte sich gut, und die LSWR war damit einverstanden, ihn White-Star-Kai zu nennen, obgleich dort natürlich auch Schiffe anderer Linien anlanden würden. Am 20. Oktober 1910 wurde die Anlage eröffnet. Das erste Schiff, das am White-Star-Kai festmachte, war die »Teutonic«. Während an den Hallen für Passagiere und Fracht noch weiter gebaut wurde, liefen in den nächsten Monaten bereits eine Reihe weiterer Schiffe ein.

Zu dieser Zeit dachte man auch über ein neues Trockendock für die »Olympic« und die »Titanic« nach, denn noch nicht einmal das gewaltige Trafalgar-Trockendock war für diese Schiffe lang genug. Anfangs plante die LSWR gegen den Widerstand von Stadt und Hafenamt, ein rund 300 Meter langes Dock bei Woolston, auf der linken Seite des Itchen zu bauen, verwarf diese Idee jedoch, als man feststellte, daß für einen Bruchteil der Kosten das Trafalgar-Trockendock verlängert werden konnte. Der Auftrag zum Bau wurde im Mai 1910 wieder an die Firmen Topham Jones und Railton gegeben. Die Ausschachtungsarbeiten für die Verlängerung des Docks auf 273 Meter begannen im Oktober 1910, waren jedoch nicht vor dem Frühjahr 1913 abgeschlossen. Die neuen Liner mußten daher zuerst noch auf das Trockendock der Werft in Belfast. Die »Olympic« wurde das erste Mal am 16. Juli 1913 auf das Trafalgar-Trockendock geschafft.

Die »Olympic« geht auf Jungfernfahrt

1911 war der Rumpf der »Titanic« fertiggestellt, und am 31. Mai konnte sie vom Stapel laufen, kurz vor der Jungfernfahrt der »Olympic«. Die beiden riesigen Schiffe hatten ein unvergeßliches Bild geboten, als sie – äußerlich schon fertig – nebeneinander in der Werft lagen. Nun war der Platz der »Olympic« frei und konnte für das dritte Schwesterschiff, die »Britannic«, vorbereitet werden.

Im Juni 1911 brachte die »Olympic«, die in halsbrecherischem Tempo fertiggestellt worden war, ihre Probeläufe hinter sich, fuhr nach Liverpool und von dort nach Southampton.

Schon die Dimensionen dieses neuen Schiffes waren im wahrsten Sinn des Wortes umwerfend. George Bowyer: »Wir konnten unseren Augen kaum trauen – solch ein Schiff!« Kapitän Smith, der vorher die »Adriatic« kommandiert hatte, sagte ihm damals: »Ja, aber wenn Du einige Zeit an Bord gewesen bist, wird sie Dir nicht mehr so groß vorkommen.« Dafür brauchte Bowyer allerdings einige Zeit. Es erforderte schon ein ganz besonders gutes Augenmaß, das Schiff genau auf die Höhe der Abfertigungshalle auf dem neuen Kai zu bugsieren.

Die offizielle Broschüre von LSWR verkündete stolz: »Wegen der großen Höhe der ›Olympic‹ und ihres Schwesterschiffes, der ›Titanic‹, haben die Gangways

Ausflug zur Schiffswerft: Die »Olympic« am Kai von Harland and Wolff in Belfast.
(Aufnahme von 1911; Privatsammlung)

für Passagiere [von der Abfertigungshalle] zwei Stockwerke. So können sie bei unterschiedlich hohem Wasserstand einsteigen.« Um einen bequemeren Zugang zu den Schiffen zu ermöglichen, »[hatten] die Hallen eine Veranda gut fünf Meter über dem Boden Außerdem wurden auf dem White-Star-Kai zum ersten Mal im Southamptoner Hafen elektrische Kräne eingesetzt, die sich an den Hallenenden befanden, und elektrische Bogenlampen sorgten für die Beleuchtung.
George Bowyer: »Als wir am Morgen des 3. Juni ankamen, war noch nicht der ganze Ocean-Kai fertig [gemeint ist der White-Star-Kai, später in Ocean-Kai umbenannt; Anm.d.Übers.], nur der Liegeplatz der ›Olympic‹ an der Einfahrt (Nummer 44). Zwei große Dalben ragten vor den beiden Enden des Kais aus dem Wasser. Wir fuhren mit dem Bug voran zwischen ihnen ein und gelangten zum Liegeplatz. Am Abfahrtstag mußten wir mit dem Heck voran zwischen den Dalben durch und dann in den Itchen, wo damals der einzige bereits ausgebaggerte Wendeplatz war.«
Bis Bowyer die »Olympic« zum ersten Mal an den fast fertigen White-Star-Kai lotste, war die ganze Stadt voll gespannter Erwartung. Southamptoner Familienväter lasen ihren Frauen und Kindern Berichte vor über Größe und Pracht der »Olympic«, über Verbesserungen der Ausstattung und über die wasserdichten Schotten, über die das Magazin »Shipbuilder« schrieb, sie würden die »Olympic« praktisch unsinkbar machen.
Am 10. Juni 1911 konnte dann endlich jedermann das Schiff auch von innen besichtigen. J. C. H. Beaumont, einer der Schiffsärzte an Bord der »Olympic«: »Es war eine Sensation, als sie das erste Mal nach Southampton kam ... sie wirkte riesig und fast unheimlich, wie sie sich so hoch über den Wasserspiegel erhob. ... Alle anderen Schiffe erschienen im Vergleich mit ihr klein ...

Der Kapitän der »Titanic«, Edward Smith.
Rechts die »Titanic« im Trockendock der Belfaster Werft Harland and Wolff.
(Southampton City Heritage Collections)

Um zu verhindern, daß die Besucher sich verirrten, bildete man Gruppen, die durchs Schiff geführt wurden – aber auch die Führer kannten keineswegs die direkten Wege von einem Ort zum anderen.«
Obwohl die Krönung König Georgs V. und eine nachfolgende Flottenparade in Spithead die landesweiten Nachrichten beherrschten, war die »Olympic« für Southampton das Hauptthema. Das Schiff kam beim Publikum bestens an, und wie erwartet hatten auf dem Luxusliner neben Passagieren der zweiten und dritten Klasse Scharen reicher Amerikaner gebucht.

Noch nie zuvor hatte man ein solch gigantisches Schiff in Southampton gesehen: Einfahrt der »Olympic« in den Hafen. (Aufnahme von 1911; Southampton City Heritage Collections)

Blick vom South Western Hotel auf den White-Star-Kai. Links die »Olympic« (Liegeplatz 43/44), in der Mitte ein Dampfer der Royal Mail Steam Packet Company (Liegeplatz 45) und rechts zwei Dampfer der American Line (Liegeplatz 46 und 47). (Aufnahme von 1913; Southampton City Heritage Collections)

Am 14. Juni verließ die »Olympic« Southampton und brach zu ihrer Jungfernfahrt auf. Für die Schlepper, die sie aus dem Hafen brachten, war dies eine Art Testfahrt für die Zukunft – sie brauchten über eine Stunde, um das riesige Schiff in den Fluß zu ziehen und den Bug in Richtung auf Southampton Water zu drehen.
Am 17. Juni schrieb die Zeitung »Southern Daily Echo« über das Schiff, es sei »eine Leistung ohnegleichen. Southampton wird bald der Heimathafen von drei Schiffen sein, so groß wie die ›Olympic‹ ... die Arbeit an ihrer Zwillingsschwester, der ›Titanic‹, wird bereits Ende des Jahres abgeschlossen sein; das dritte Schiff steht noch am Baubeginn. Wenn alle drei Ozeanriesen fertig sind, werden 4,5 Millionen Pfund in sie investiert worden sein. Mit Stolz sieht die Stadt Southampton auf die größten Schiffe der Welt!«
Natürlich blickten andere Hafenstädte nicht neidlos auf Southampton. So konnte man zum Beispiel in Liverpool die Seeleute abfällig über die »Olympic« reden hören: »Rausgeschmissenes Geld ... sie ist zu groß ... kein Schiff ist unsinkbar ... das bringt nichts Gutes für Liverpool ... sie wird verdammt noch mal von Southampton abfahren.« (Aus »Tramps and Ladies« von J. Bisset, dem Ersten Offizier der »Carpathia«)

Bruce Ismay verkündete auf der Jungfernfahrt: »Die ›Olympic‹ ist ein Wunder«. Trotzdem schlug er für die »Titanic« bereits wieder Veränderungen vor. So sollte beispielsweise ein Teil der geschlossenen B-Deck-Promenade ersetzt werden durch Kabinen und Suiten der ersten Klasse, zwei davon mit jeweils einem privaten Promenadendeck, und durch ein Café (das berühmt gewordene Café Parisien), von dem aus man über das Wasser schauen konnte. Durch die zusätzlichen Kabinen und Suiten konnten hundert Passagiere mehr in der ersten Klasse befördert werden.
Da die vor dem Speisesaal erster Klasse gelegene Lounge auf der »Olympic« äußerst beliebt war, wurde auf der »Titanic« vor dem A-la-carte-Restaurant noch ein zweiter Saal dieser Art eingeplant. Relativ spät wurde außerdem entschieden, das vordere Drittel der offenen A-Deck-Promenade bei der »Titanic« zu verglasen, da sich Passagiere der ersten Klasse auf der »Olympic« über die aufspritzende Gischt beschwert hatten. Durch all diese Veränderungen verzögerte sich natürlich die Fertigstellung der »Titanic«.
Zu allem Überfluß mußte auch noch die »Olympic« im Oktober 1911 zurück in die Werft in Belfast, um repariert zu werden. Sie war nach der Ausfahrt aus Southampton mit dem britischen Militärschiff »Hawke« zusammengestoßen – ein berüchtigter Unfall, der in jener Zeit häufig erörtert wurde.
Eine Postkarte, die ein Belfaster Werftarbeiter im November 1911 an einen gewissen Ciss L. Watts in

Treppe für Passagiere der ersten Klasse auf der »Olympic«. (Southampton City Heritage Collections)

Blick in die Lounge der ersten Klasse auf der »Olympic«, die im Louis-quinze-Stil eingerichtet war. (Southampton City Heritage Collections)

Das Café Parisien auf der »Titanic«. (Privatsammlung)

Jede der zwei Luxussuiten auf der »Titanic« hatte ein eigenes Promenadendeck. (Illustrations Bureau)

Southampton schickte, gibt einen Eindruck von den Vorgängen in Belfast:

»Lieber Ciss,

wie geht es Dir? Ich hoffe gut. Bei mir ist Gott sei Dank auch alles in Ordnung. Ich bin jetzt auf der ›Arcadia‹. Eine leichte Arbeit, man hat nicht viel zu tun. Am Samstag habe ich die ganze Nacht auf der ›Olympic‹ gearbeitet. ... Letzten Donnerstag sah ich den Stapellauf der ›Arlanza‹. Ich hoffe, Du hast Arbeit. W. S. läßt grüßen. Alles Gute, Dein Frank. ...«
(Sammlung Mike Petty)

Endspurt für die »Titanic«

Im März 1912 kam die »Olympic« abermals zur Reparatur nach Belfast, weil eine Schiffsschraube auf mysteriöse Weise im Nordatlantik einen Flügel verloren hatte. Bei dieser Gelegenheit lernte H. S. Etches, der als Steward an Bord war, Thomas Andrews, den Konstruktionsleiter der »Olympic« und der »Titanic« kennen. Auf der Jungfernfahrt der »Titanic« sollte Etches dann als persönlicher Steward von Andrews arbeiten.
Der Arbeitsdruck in Belfast war enorm, und der für die Jungfernfahrt der »Titanic« geplante Termin – der 20. März 1912 – konnte nicht gehalten werden. Glücklicherweise war er nicht öffentlich bekanntgegeben worden. Die »Olympic« fuhr am 6./7. März 1912 wieder nach

Southampton zurück, bis zum Eintreffen der »Titanic« mußte man sich noch etwas gedulden.
Zur gleichen Zeit erhielt in Belfast die »Arlanza« von der Royal Mail Steam Packet Company (RMSP) den letzten Schliff; sie sollte am 10. Juni in Southampton einlaufen. RMSP schloß gerade in London Verhandlungen ab, um die Union Castle Line für fünf Millionen Pfund zu kaufen. Ironischerweise sollte der Direktor von RMSP, Lord Kylsant, später der Nachfolger von William Pirrie bei Harland and Wolff werden und die White Star Line 1927 der International Mercantile Marine wieder abkaufen.
Am 1. April war die »Titanic« fertig für die ersten Probeläufe, wegen schlechtem Wetter startete man allerdings erst am 2. April. 79 Mitglieder der Besatzung waren aus Liverpool und Southampton geschickt worden, dazu kamen zahlreiche Männer von Harland and Wolff. Gemäß den Anforderungen des Handelsministeriums wurden alle Prüfungen erfolgreich abgeschlossen.
Die Übergabepapiere wurden von Harold Sanderson für White Star und Thomas Andrews für Harland and Wolff unterzeichnet, und am 4. April, um acht Uhr abends fuhr die »Titanic« los, um einen Tag später nach 570 Seemeilen den Hafen von Southampton während des nächtlichen Hochwassers zu erreichen. Zur gleichen Zeit brach die »Olympic« von Southampton nach New York auf; Grüße zwischen den Schiffen wurden über die moderne Marconi-Funkanlage ausgetauscht. Der »Hampshire Independent« berichtete, die beiden seien »nicht weit von Portland [Halbinsel an der englischen Südküste; Anm.d.Übers.] entfernt« aneinander vorbeigefahren.

Miss E. Nancy Blair in »Chart and Compass«: »Mein Vater David Blair und sein enger Freund und Kamerad auf See, Offizier Lightoller, waren auf der ›Titanic‹, als sie von Belfast nach Southampton gebracht wurde.

»Ruhm und Ehre krönen die Zeit«: Das Treppenhaus der ersten Klasse wurde sowohl auf der »Olympic« als auch auf der »Titanic« von einem allegorischen Wandbild mit zwei Frauenfiguren geschmückt, in dessen Mitte eine Uhr eingelassen war. Die Aufnahme zeigt vermutlich einen Entwurf der von Charles Wilson für die »Olympic« angefertigten Holzarbeit.
(Siehe auch Seite 189; Privatsammlung)

Der Hafen von Plymouth. Das Gemälde wurde 1910 von dem Künstler Norman Wilkinson (1878–1971) für den Rauchsalon der ersten Klasse der »Titanic« angefertigt. Das Pendant dazu, ein Bild des New Yorker Hafens, hing im Rauchsalon der »Olympic«.
(Siehe Seite 188; Sammlung Rodney Norman Wilkinson)

Beide machten Bemerkungen über die wenigen Rettungsboote an Bord.«
David Blair schrieb an seine Schwägerin Miss Mackness in Schottland:
»Bin mit der ›Titanic‹ von Belfast angekommen. Leider muß ich Platz machen für den Leitenden Offizier der ›Olympic‹. ... Ich hoffe, daß ich später wieder auf das Schiff komme. Vielen Dank für das Paket und den Brief, Nancy wird sich sehr freuen; leider hat sie den Inhalt schon erspäht, weil sie schneller als wir war. Ich bin so froh, daß Winnie kommt; Nancy freut sich schon sehr auf ihren Besuch. Du sagtest, sie fährt Donnerstagabend. Sie sagte Freitag. Wir wissen jetzt nicht genau Bescheid. Ich werde morgen auf jeden Fall die Londoner Züge abpassen. Den Tag über war ich zu Hause, heute abend habe ich Wache an Bord. Das ist ein herrliches Schiff. Ich bin sehr enttäuscht darüber, daß ich auf der ersten Reise nicht dabeisein kann.
Viele Grüße von uns an alle. Dein D. B.«
(British Sailors Society)

Die »Titanic« während der weiteren Fertigstellungsarbeiten in der Belfaster Werft.
(Southampton City Heritage Collections)

Auch die »Titanic« wurde mit ziemlicher Sicherheit von George Bowyer in den Hafen gelotst. Doch so ausführlich er in seinen Memoiren von der »Olympic« berichtete, so sehr vermied er jeden Hinweis auf die Tage ihres Schwesterschiffes in Southampton.
Die »Titanic« lief bei Hochwasser mit hellerleuchteten Fenstern in den Hafen ein; sie muß einen wunderbaren Anblick geboten haben. Die sechs Schlepper »Ajax«, »Hector«, »Neptune«, »Albert Edward«, »Vulcan« und »Hercules« von der Royal Mail Steam Packet Company warteten bereits. Neben der »Titanic« sahen sie wie Spielzeugschiffe aus, doch hatten sie den Ozeanriesen fest im Griff. Unter dem sicheren Kommando der Schlepperkapitäne und ihrer Mannschaften bugsierte man sie mit dem Heck voran an den White-Star-Kai, zum Liegeplatz 43/44, den die »Olympic« gerade verlassen hatte. Der »Hampshire Independent« berichtete: »Ruhig und ohne Aufsehen dampfte die ›Titanic‹, das modernste und größte Schiff der Welt, das stille Wasser des Solent hinauf und machte in Southampton fest.«
Herbert Pitman, Dritter Offizier an Bord der »Titanic«, sagte vor dem amerikanischen Untersuchungsausschuß später schlicht: »Sie war einfach schnell am Liegeplatz festgemacht.«

Die »Titanic« im Hafen von Southampton.
(Aufnahme vom 10. April 1912; Southampton City Heritage Collections)

KAPITEL 2

SOUTHAMPTON IM JAHR 1912

»Eislaufen: der letzte Schrei«

Auch in der aufstrebenden Hafenstadt Southampton begann 1912 »das Zeitalter der Illustrierten«: Die Zeitung »Southampton Amusements« wurde neu gestaltet und von nun an als »penny weekly«, als Wochenmagazin mit dem Namen »The Southampton and District Pictorial« herausgegeben. Die Zeitschrift würde »aktuell [berichten] und reich bebildert werden von ausgezeichneten Fotoreportern. Bestellen Sie sofort bei Ihrem Zeitungshändler – Preis ein Penny – nicht vergessen: nächsten Mittwoch«, verkündete man am 6. April stolz. Eine der letzten »Amusements«-Ausgaben berichtete übrigens feierlich von der Whistrunde der Mercantile Marine League, die unlängst stattgefunden hatte: »Die Vertreter der London and South Western Railway empfingen im Avenue Hotel, Padwell Road, den Besuch der American und White Star Line, letztere erlitten mit 23 zu 13 eine vernichtende Niederlage ... American und White Star Line mußten noch ein weiteres Spiel absolvieren; sie trafen auf die Vertreter der Union Castle Line und gewannen vier von dreizehn Partien.«
Die erste Nummer der neuen Zeitschrift fiel zusammen mit der Jungfernfahrt der »Titanic«. Das Schiff bot natürlich ein spannendes Thema, und so animierte man gleich die Leser: »Wir möchten die Aufmerksamkeit der vielen Amateurfotografen in der Stadt ganz besonders auf unseren wöchentlichen Wettbewerb lenken – als Preisgeld für das beste Bild gibt es eine halbe Guinee. Wir wünschen uns ein freundliches Bild, es können aber auch Motive mit einer anderen Stimmung eingesandt werden.«

April 1912: Adeline Genée, die »Königin des Tanzes«, gastiert in Southampton, und im New Grand Theatre wird der »Walzertraum« gegeben (rechts). (Southampton Local Studies Library)

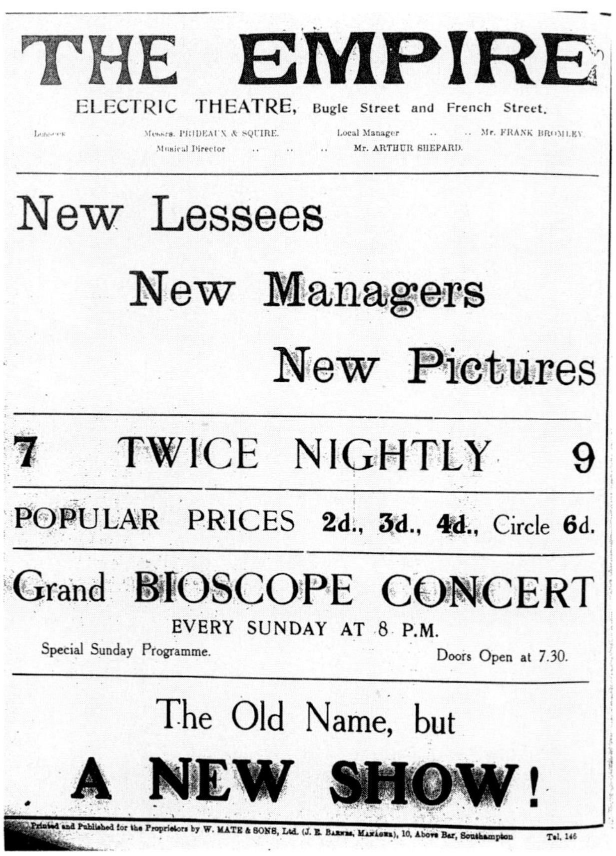

Werbeanzeige eines Southamptoner Kinotheaters. (Southampton Local Studies Library)

Wer hätte geahnt, daß bereits in der zweiten Ausgabe der Zeitschrift über das tragische Unglück der »Titanic« berichtet werden würde?
Neben der neuen Illustrierten brachten jetzt auch der »Hampshire Advertiser« und der »Hampshire Independent« regelmäßig Fotos: »Hiermit beginnt eine ganz neue Epoche des Lokaljournalismus, nichts Vergleichbares wurde bisher versucht ... das ist nur möglich durch eine sehr teure Anlage, die die Besitzer gerade in Betrieb genommen haben; ihre vorausschauende Firmenpolitik wird belohnt mit stark gestiegenen Verkaufszahlen. ... Dieselben Bilder werden nie in beiden Zeitungen erscheinen.« (»Southampton Echo«, 13. Januar 1912)
Anfang 1912 hatten die meisten Bürger von Southampton sicherlich die Scheidungssache Tharp–Studley verfolgt, über die in den Zeitungen reichlich berichtet wurde und durch die »Eaglehurst«, das Haus von Mr. Tharp in Fawley, bekannt wurde. Nach dem Skandal mußte Tharp das Haus schließlich vermieten, und

Die High Street in Southampton; im Hintergrund das Bargate, ein mittelalterliches Stadttor.
(Aufnahme um 1900; Southampton City Heritage Collections)

Die St. Mary's Street in Southampton.
(Aufnahme um 1900; Southampton City Heritage Collections)

Ende Februar war im »Hampshire Advertiser« zu lesen, daß es Signor Marconi, der Erfinder der drahtlosen Telegrafie, als Landsitz gemietet hätte.

Und was geschah im Frühjahr 1912 noch in Southampton? Da war zum Beispiel das Tudor House in der Bugle Street, das von Bürgermeister Bance für die Stadt erworben worden war und nun als Museum der Grafschaft Hampshire eingerichtet werden sollte; am Gebäude sollte ein historischer Garten angelegt werden. Eines der ersten Ausstellungsstücke würde das Schwert der Paradeuniform von Kapitän Smith sein, eine Schenkung seiner Witwe im Jahr 1913. Auch Sammlerstücke der Seefahrtsgeschichte würden hier gezeigt werden, bis man fünfzig Jahre später ein eigenes Schiffahrtsmuseum einrichtete.
Außerdem war zu vermelden, daß Bürgermeister Bance nach drei Amtsperioden im März 1912 seinen Abschied nahm und als Ehrengeschenk eine Schmuckkassette erhielt, auf der Emaillebilder das Tudor House, die »Olympic« und das Stadttor zeigten, das unter seiner Ägide wieder instand gesetzt worden war; daß J. G. Swords, Direktor der Woolston Boys School und Nestor der Southamptoner Pädagogen, in Pension ging; daß George Washington Sandell für die Studenten der Kunstakademie Preise zur Auszeichnung gelungener Seestücke gestiftet hatte; und daß William Burrough Hill, Auktionator und ebenfalls ein Wohltäter der Stadt, dabei war, dem Tudor House eine Reihe von Aquarellen zu schenken, die das schnell verschwindende »alte« Southampton zeigten. Er hatte die Bilder bei dem Künstler W. M. Cooper 1897 bis 1912 in Auftrag gegeben. Die immer größeren Schiffe, der Ausbau des Hafens und der Eisenbahn, der Aufstieg einiger Wirtschaftsbereiche sowie die beginnende Beseitigung der Armenviertel hatten das Gesicht Southamptons, dessen Bevölkerung inzwischen auf 120000 Einwohner angewachsen war, Schritt für Schritt verändert.

Am 27. März war im Leitartikel der Zeitung »Southern Daily Echo« zu lesen: »Die Ankunft der ›Titanic‹ [hat] eine ganz besondere Bedeutung. Sie läutet die große Zukunft Southamptons ein. ... Nichts kann ... die große Entwicklung des Hafens noch aufhalten. ... Die ›Tita-

Das sogenannte Tudor House in Southampton wurde im Jahr 1495 erbaut. 1912 wurde es von Bürgermeister Bance für die Stadt erworben und als Museum eingerichtet. Heute ist hier eine Ausstellung zum Leben in der Tudorzeit zu sehen.
(Aufnahme um 1910; Southampton City Heritage Collections)

Ausverkaufte Vorstellung: Blick in den Zuschauerraum des Palace Theatre in Southampton. (Aufnahme um 1910; Sammlung Alan Corbishley)

nic« ist ein Ansporn für die Männer, die die Geschicke der Stadt lenken, den Hafen nicht nur nach den heutigen Erfordernissen zu unterhalten, sondern der Zeit voraus zu sein.«

Nicht nur die White Star Line, auch die Reederei Cunard faßte allmählich Fuß in Southampton: 1911 hatte sie die Thomson Line gekauft und fuhr nun von hier aus mit den Schiffen »Ultonia«, »Ascania«, »Andania« und »Alaunia« nach Kanada. Cunards Expreßdienst nach New York blieb jedoch in Liverpool.

Im Februar 1912 brachte der »Hampshire Advertiser« einen Bericht über das Seemannsheim in der Oxford Street. Unterkünfte für Seeleute hatte es in der Stadt bereits seit 1861 gegeben; damals wurden drei Häuser am Ende der Canute Road genutzt. 1909 zog man dann ins neue Seemannsheim um, und die Zahl der jährlich beherbergten Männer stieg von 5000 auf 26753 im Jahr 1911. Da auch Seeleute untergebracht wurden, die für längere Zeit an Land waren und keine Arbeit hatten, gehörte die Rekrutierung von Schiffsmannschaften zu den Aufgaben des Heimvorstehers. Auch das neu bezogene Gebäude in der Oxford Street reichte bald schon nicht mehr aus, und so appelierte man an die Zuständigen, das Haus weiter auszubauen und noch einmal Platz für 52 Betten zu schaffen. Die Kosten dafür wurden auf 2000 Pfund geschätzt. Auch verschiedene Besatzungsmitglieder der »Titanic« waren in diesem Seemannsheim untergebracht.

Im März 1912 fand das alljährliche Dinner der Southamptoner Handelskammer im South Western Hotel statt. Unter den Gästen waren E. W. Bond und E. Clibborn von White Star. Bruce Ismay, William Pirrie und Philip Curry schickten Absagen.

Vor der Schankstube des Star Hotels in der High Street. (Aufnahme um 1900; Southampton City Heritage Collections)

Back row (left to right): W.A.Hammock (director), I.Turner (trainer), J.Robertson, J.McAlpine, W.Knight, A.C.Brown, D.Gordon, E.Salway, D.Slade, G.Swift (secretary). Second row: G.Rainsley (asst trainer), E.Arnfield (financial secretary), A.Small, B.Penton, J.R.Eastham, S.Ireland, A.Lee, J.Curry, G.Smith, F.Grayer, H.M.Ashton (director), W.Bulpitt (director). Sitting: C.Sheeran, A.Gibson, H.Hamilton, G.S.Kimpton, H.Brown, J.Denby, G.Handley. On ground: J.Wilcox, S.Chalcraft.

Auch der Fußballverein »The Saints« sorgte 1912 in Southampton für Schlagzeilen. (Sammlung Ray Mursell)

Während im Stadtrat der Bau eines neuen Wasserreservoirs im Stadtpark diskutiert wurde, hatten die Theater Southamptons eine bunte Mischung aus Varietés, Konzerten der Kirchenmusik und Auftritten von Militärkapellen im Programm.
Für den 11. April wurde der Auftritt von Adeline Genée, der »Königin des Tanzes« in ihrer »Special Flying Matinee« im Hippodrom erwartet. Am 9. April ließen ihr der Zahlmeister der »Titanic«, Mr. McElroy, und seine Frau Blumen in den dänischen Nationalfarben schicken.
Im New Grand Theatre spielte man einen »Walzertraum«, und Kinotheater wie der New Southampton Picture Palace und das Alexandra Picture Theatre boten Sensationen des neuen Mediums Film.
Auf dem Fußballplatz war der Torhüter der Saints, W. Knight, gerade besonders gut in Form. Eislaufen am Royal Pier oder der Shirley Road war der letzte Schrei, die ersten Kricketturniere im Park wurden geplant, und der Millbrook Football Club hatte gerade sein jährliches Festessen abgehalten.
Im »Southern Daily« wurde angekündigt, daß Mr. Felix Biet und Miss Nellie Biet »sechzig ihrer jungen Freunde« am Abend des Ostermontags in die Kell Memorial Hall zum Feiern einladen würden; Mr. Haye würde für Unterhaltung sorgen und zur Musik von Mrs. Filsell könne getanzt werden.

Am Osterwochenende vor der Abfahrt der »Titanic« gingen viele der Mannschaftsmitglieder noch ihren ganz normalen Geschäften nach. W. A. Jeffrey aus Highfield beispielsweise sang wie seit 16 Jahren auch an diesem Sonntag im Kirchenchor der Holy Rood Church. Andere verbrachten die verbleibende Zeit sicher mit Frau und Kindern oder gingen mit Freunden in ein Pub.
Ein Teil der Männer arbeitete bereits auf dem Schiff, denn es gab noch in letzter Minute viel zu tun. Kein Bewohner der Stadt wird in diesen Tagen geahnt haben, welche Aufregungen und welchen Schmerz die Southamptoner in den kommenden Wochen ertragen würden müssen.

KAPITEL 3

VORBEREITUNGEN

»Ein Schiff voller Blumen«

Die »Titanic« war wohlbehalten in Southampton angekommen. Doch bereits seit Ende Februar 1912 hatte die Dampfschiffahrt in ganz Großbritannien mit einem schweren Problem zu kämpfen: Die englischen Bergarbeiter streikten für einen garantierten Mindestlohn, und die Häfen wurden nicht mehr mit Kohle beliefert – viele Schiffe mußten außer Dienst gestellt werden. Allein in Southampton waren 17000 Männer arbeitslos. Und da die Liegeplätze im Hafen nicht mehr ausreichten, mußten eine Reihe von Schiffen neben- statt hintereinander festgemacht werden. Der Streik war nicht nur das Thema der Schlagzeilen, sondern auch der Sonntagsgottesdienste, und viele Familien konnten ihren kärglichen Lebensunterhalt nur noch mit der Unterstützung durch öffentliche Gelder bestreiten.

»22 freie Mahlzeiten ausgegeben heute. Das Elend, das durch den Stillstand der Arbeit infolge des Kohlestreiks verursacht wird, nimmt jeden Tag zu.« (Berichtsbuch der Mädchenschule im Southamptoner Stadtteil Northam, Eintrag vom 14. März 1912)

Fred Vaughen und seine Brüder wohnten in der Endle Street im Southamptoner Stadtteil Chapel. Die Straße wurde nach dem »Titanic«-Unglück als »Straße der Tränen« bekannt, weil dort besonders viele der beim Untergang umgekommenen Besatzungsmitglieder gewohnt hatten.
(Southampton City Heritage Oral History)

Ausflugszüge der LSWR, die Ostern nach Southampton und zu anderen Orten im Süden des Landes hätten gehen sollen, wurden gestrichen.

Doch es gab auch eine gute Nachricht: Die Abfahrt der »Olympic« und die Jungfernfahrt der »Titanic«, die nun für den 10. April geplant war, sollten nicht abgesagt werden. Ihre Geschwindigkeit würde notfalls etwas gedrosselt werden, um Kohle zu sparen. Außer der bereits in Belfast gebunkerten Ladung würde die »Titanic« im Vorrat gehaltene oder bereits in anderen Schiffen der International Mercantile Marine geladene Kohle erhalten: aus den White-Star-Linern »Oceanic« und »Majestic« sowie aus den Dampfern »New York«, »Philadelphia«, »St. Louis« und »St. Paul« der American Line. Einige Passagiere wurden von der »Philadelphia« auf die »Titanic« umgebucht. Am 6. April wurde der Streik beendet, doch es dauerte natürlich noch einige Zeit, bis wieder Kohle in Southampton war, um die Vorräte der außer Dienst gestellten Dampfschiffe aufzufüllen.

Die Kohle für die White Star Line wurde mit den Lastkähnen der Händler R. and J. H. Rea zu den Ozeanriesen gebracht und längsseits geladen. Die Firma belieferte seit 1893 Schiffe im Hafen von Southampton. 1895 transportierten ihre Lastkähne 1000 Tonnen Kohle auf einmal; als die »Olympic« 1911 einlief, konnte Rea über 4000 Tonnen in 15 Arbeitsstunden verladen – ein Weltrekord und ein Grund zum Stolz, doch eine unglaublich anstrengende und schlechtbezahlte Arbeit für diejenigen, die dafür sorgen mußten, daß die Kohle von einem Schiff ins andere kam.

In den besten Zeiten besaß die Firma Rea etwa hundert Lastkähne, die größtenteils in Southampton gebaut wurden oder von kleinen Werften am Itchen stammten. Das Büro von R. and J. H. Rea war in der Canute Road in Southampton.

Damit die Arbeit ohne Verluste und gefahrlos vonstatten gehen konnte, forderte James Rea 1907 vom Hafenamt, daß Dampfer, die aus der Richtung des Royal Pier an den Kais vorbeifuhren, ihre Geschwindigkeit drosselten, wenn an den Liegeplätzen 38 und 39 Schiffe von seinen Männern mit Kohle beladen wurden.

Reas Kähne machten als erstes jeweils an einem der neuen Spezialpiers für Lastentransporter fest. Dort wurde die Kohle mit elektrischen Kränen aus den großen Kohleschiffen gehievt, über den Pier geschwungen und in die Lastkähne geladen. Diese fuhren dann längsseits an die großen Passagierschiffe heran, und Reas Männer, sogenannte »coalies« [von englisch »coal« = Kohle; Anm.d.Übers.], begannen, die Kohle in Behälter zu schaufeln. Diese wurden zu anderen Arbeitern, die auf Plattformen unterhalb der Kohleluken im Schiffsrumpf standen, emporgehievt oder mit Hilfe einer Winde hinaufgezogen. Durch die Luken wurde die Kohle nun in die Bunker hinabgeschüttet.

Kähne der Southamptoner Kohlenfirma Rea beliefern die am White-Star-Kai liegende »Olympic«. (Aufnahme von 1911; Sammlung Peter Boyd-Smith)

Diese Postkarte zeigt einen Teil der 15 000 Flaschen Bier der Firma Charles George Hibbert & Co. für die »Titanic«. (Copyright S. B. Publications, entnommen aus dem Buch »RMS Titanic – a Portrait in Old Picture Postcards«)

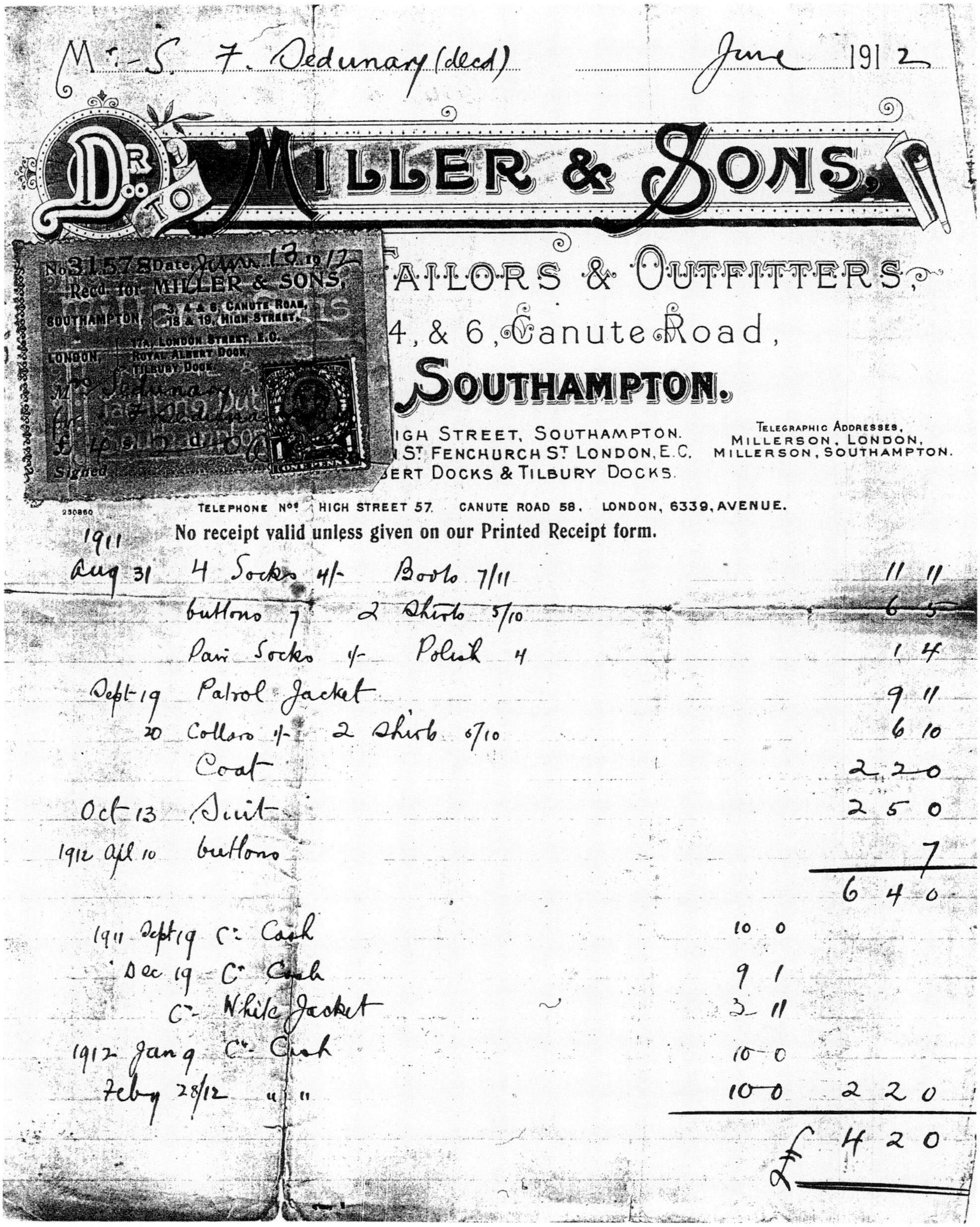

Mr. S. F. Sedunary (decd) June 1912

Dr. to Miller & Sons,

Tailors & Outfitters,

4, & 6, Canute Road,

Southampton.

No 31578 Date Jan 13 1912
Recd. for Miller & Sons,
Southampton, 2, 4 & 6, Canute Road, 18 & 19, High Street.
London, 17A, London Street, E.C. Royal Albert Dock, Tilbury Dock.
Signed

…igh Street, Southampton. …n St. Fenchurch St. London, E.C. …bert Docks & Tilbury Docks.

Telegraphic Addresses, Millerson, London, Millerson, Southampton.

Telephone No.s High Street 57. Canute Road 58. London, 6339, Avenue.

No receipt valid unless given on our Printed Receipt form.

1911 Aug 31	4 Socks 4/- Boots 7/11		11 11
	buttons 7 2 Shirts 5/10		6 5
	Pair Socks 1/- Polish 4		1 4
Sept 19	Patrol Jacket		9 11
20	Collars 1/- 2 Shirts 5/10		6 10
	Coat		2 2 0
Oct 13	Suit		2 5 0
1912 Apl 10	buttons		7
			6 4 0
1911 Sept 19	Cr Cash	10 0	
Dec 19	Cr Cash	9 1	
	Cr White Jacket	3 11	
1912 Jan 9	Cr Cash	10 0	
Feby 28/12	" "	10 0	2 2 0
			£ 4 2 0

Rechnung des Southamptoner Schneiders Miller & Sons für den Steward Sidney Sedunary, der sich hier 1912 neu einkleiden ließ.
(Southampton City Heritage Collections)

Martha Gale: »Mein Vater war ein Kohlenarbeiter, er belud Schiffe mit Kohle. Damals hatten nicht viele Leute eine feste Stelle – es ergab sich eher zufällig was. An einem Tag wurdest Du aufgesammelt, am nächsten wieder rausgeschmissen. Arbeitslosengeld gab es damals nicht. Um die Wahrheit zu sagen, ich weiß nicht, wie wir damals gelebt haben.«
Nachdem die Kohle gebunkert war, verschlossen Zimmermänner die Luken mit einer Dichtungsmanschette, die mit Mennige vollgesogen war. Außerdem mußte das Schiff von der feinen Staubschicht gereinigt werden, die sich unvermeidlich auf allen im Freien befindlichen Gegenständen absetzte. So weit wie möglich wurden die Innenräume dicht gemacht und Lüftungsanlagen und Luftschlitze verhängt oder geschlossen, aber es blieb immer noch genug zu tun.
Die Kohlevorräte der Schiffe, die die Reedereien der International Mercantile Marine außer Dienst gestellt hatten, waren entweder bereits am Hafen zwischengelagert worden oder mußten für die »Titanic« direkt aus den Schiffen geholt werden. Es wird keine leichte Arbeit für die Männer von Rea gewesen sein, alles, was in den Bunkern noch zu finden war, zusammenzuschippen und Stück für Stück hinauszubefördern, um nur ja genug Kohle für die »Titanic« zusammenzubekommen. Glücklicherweise gab es letztlich genug Kohle, um die 1880 Tonnen Vorrat, die bereits aus Belfast mitgebracht worden waren, aufzustocken.
Während der Woche, die die »Titanic« in Southampton lag, brauchte sie weitere 415 Tonnen Kohle, um die Frachtkrähne, die Lichtanlagen und die Heizung betreiben zu können.

Ein gutes Geschäft für Southamptoner Firmen

Neben Rea waren noch andere Handelsgesellschaften aus Southampton beteiligt an der Belieferung, Wartung und Verproviantierung der »Titanic« sowie an der Ausrüstung der Besatzung.
So stellten beispielsweise die Herren C. J. Smith bei den Probeläufen die Kompasse des Schiffes ein, und Miller's Naval Tailors mit Sitz in London und Tilbury sowie Geschäftsräumen in der High Street und der Canute Road in Southampton lieferten die Uniformen für die Mannschaft und die Offiziere der White Star Line und anderer Schiffahrtsgesellschaften: »Ja, es war recht schön dort. Wo ich arbeitete, hatten wir einen Chef, der hieß Mr. Temple; der starb an Krebs, und dann kam Mr. Saul. Und Mr. Saul erzählte uns, daß sie die ganzen Uniformen für die ›Titanic‹ gemacht hätten und daß sie sich damit schrecklich hätten beeilen müssen. Zu einem der Männer sagte er damals: ›Ich hoffe, daß ich die

Aus einer Werbebroschüre der Porzellanfirma Crown Derby. Das Bild zeigt Geschirr für die erste Klasse auf der »Olympic« und der »Titanic«. (Southampton City Heritage Collections)

Uniformen nie wiedersehen werde‹. Weil er dachte, sie würden sie alle wiederbringen, verstehen Sie. Und er meinte: ›Das war nur so hingesagt, weil die Arbeit schlimm war, weil man sich so schrecklich beeilen mußte.‹ Und er sagte: ›Ich dachte natürlich nicht daran, daß die ‚Titanic' untergehen könnte‹, und er sah die Uniformen nie wieder.« (Elsie Whitfield)

Mit Geschirr und Gläsern wurde die White Star Line von Stonier & Co. beliefert. Die Liverpooler Firma hatte im Hafen von Southampton ein Lager eingerichtet, da vor allem durch stürmische Überfahrten immer wieder viele Stücke kaputtgingen und ersetzt werden mußten. Der größte Teil des Geschirrs war bereits in Belfast an Bord der »Titanic« genommen worden. Leitende Angestellte von White Star und der Werft Harland and Wolff sowie Gäste hatten es auf der Probefahrt und der Überführung des Schiffes nach Southampton bereits benutzt.
Stonier stellte nicht nur selbst Geschirr her, sondern kaufte für die »Olympic« und ihre Schwesterschiffe auch von anderen Firmen wie beispielsweise Crown Derby Ware ein. Das Zeichen von Stonier wurde dann neben dem von Crown Derby auf der Unterseite jedes Geschirrteils ergänzt. Voll Stolz berichtete die Firma Crown Derby in einer speziellen Werbebroschüre darüber, daß sie das A-la-carte-Restaurant der »Titanic« ausstattete. Ein Teller dieses Geschirrs wurde Anfang 1912, als die »Olympic« in Belfast repariert wurde, an eine ihrer Stewardessen gegeben. Auf vielen Umwegen gelangte er ins Schiffahrtsmuseum von Southampton, wo er heute zu sehen ist.

Frank Bealing junior in einem Nelkenfeld der Gärtnerei an der Burgess Road.
(Aufnahme um 1914; Southampton City Heritage Collections)

Die Baumschule Bealing in Highfield lieferte die Pflanzendekoration und die Schnittblumen für die »Titanic«. Das Bild zeigt einen Angestellten der Firma, der Palmen auf einen Maultierkarren lädt.
(Aufnahme um die Jahrhundertwende; Southampton City Heritage Collections)

Das Bier für die »Titanic« kam von der Firma Charles George Hibbert & Co. mit Sitz in Southampton und London. Auch sie war sehr stolz darauf, den Ozeanriesen zu beliefern. Man druckte spezielle Plakate mit der Aufschrift »Flaschenbier für den White-Star-Liner ›Titanic‹, das größte Schiff der Welt« und fotografierte diese zusammen mit der Ladung, die per Güterzug und Lieferwagen in die neue Frachthalle am White-Star-Kai gebracht wurde, und mit den Transporteuren. Hibbert & Co. war wohl die einzige Southamptoner Firma, die in ihrer Werbung herausstellte, Lieferant für die »Titanic« zu sein. Sogar größere Firmen wie Crown Derby oder der Seifenlieferant Vinolia Otto taten dies selten. Mehr Aufmerksamkeit in der Öffentlichkeit erregten im allgemeinen die Schiffsbauer, die Hersteller der Maschinen, diejenigen, die für die Elektroinstallationen sorgten, und jene, die die schmückenden Metallarbeiten des Schiffes ausführten.

Eine Southamptoner Firma erklärte stolz: »Wir haben nie damit geworben, das hatten wir nicht nötig.« Gemeint ist F. G. Bealing and Son, Baumschule und Blumenhandlung in Highfield, die Schnittblumen, Palmen und andere Pflanzen für die Luxusliner der White Star Line lieferte. F. G. Bealing senior, der 1941 starb, gründete die Baumschule 1890 in Sholing. Sein Enkel Raymond Bealing beschreibt ihn als »die treibende Kraft, das geistige Zentrum und Rückgrat der Firma«. Er und seine schließlich ungefähr zwanzig Angestellten waren

Der Rauchsalon der ersten Klasse auf der »Olympic«. (Aufnahme von Frank Bealing; Southampton City Heritage Collections)

»großartige Männer (und später Frauen), die hohen Arbeitsdruck für ein sehr niedriges Einkommen akzeptierten«. Erster Großkunde der Firma war die Union Line (nach 1900 Union Castle Line). In diesen frühen Tagen der Luxusliner fanden die Herren der ersten Klasse noch eine Knopflochblume von Bealing an ihrem Platz im Speisesaal.

Mit der Verlegung von White Star nach Southampton begann Bealing, alle Schiff der Linie, die von Southampton aus starteten, mit Pflanzen auszustatten. Der Kontakt ergab sich durch die Firma Oakley & Watling, die Schiffe von White Star mit Obst belieferte. Die Schiffahrtsgesellschaft war der wichtigste Kunde von Bealing, bis Cunard und White Star 1934 fusionierten. Cunard-Liner bekamen ab 1919 Pflanzen von Bealing, die »Queen Elizabeth« und die »Queen Mary« noch bis in die frühen sechziger Jahre.

Da durch die Ankunft von White Star in Southampton die Nachfrage nach Pflanzen stieg, verlegte Bealing die Baumschule von Sholing auf ein größeres Gelände in Highfield. Daneben wurde das Haus der Familie mit Namen »Jesmondene« gebaut, in dem man bis zur Schließung der Firma 1963 lebte. Auf dem Gelände gab es zahlreiche Gewächshäuser; Tausende von Pflanzen wurden für die Luxusliner gebraucht.

Jedesmal wenn ein Schiff von White Star am Hafen lag, beluden Mr. Bealing, sein Sohn Frank und der Vorarbeiter W. F. Geapin gegen Abend die von Maultieren gezogenen Wagen mit Schnittblumen, Palmen und anderen Zimmerpflanzen und fuhren zum Kai. Verglichen mit späteren Zeiten, als man die »Queen Elizabeth« und die »Queen Mary« belieferte, wurden die Pflanzen am Anfang recht planlos verladen. Sie wurden einfach in einem der großen Foyers auf eine Plane gestellt und dann von den Bealings und Mr. Geapin in die öffentlichen Räume des Schiffes gebracht. Teils wurden die Plätze von den Innenausstattern oder den Angestellten von White Star bestimmt, teils auch von den Bealings selbst. Schnittblumen wurden in Kühlräume geladen, um sie für den nächsten Tag oder einen späteren Zeitpunkt der Überfahrt frisch zu halten.

»Wenn [auf der ›Titanic‹] an denselben Stellen wie bei ihrem Schwesterschiff, der SS ›Olympic‹, Pflanzen standen, dann wurden wohl 300 bis 400 Stück ... gebraucht. ... Kleinere Pflanzen wurden damals, denke ich, als Dekoration für die Eßtische benutzt.« (Raymond Bealing)

Die »Titanic« unterschied sich kaum von der »Olympic«, der Aufbau des Schiffes war also bereits vertraut. Palmen von Bealing sah man vor allem hinter den Stehlam-

Der Schreibsalon der ersten Klasse auf der »Olympic«; in der Ecke eine der typischen Palmendekorationen. (Southampton City Heritage Collections)

pen im Schreibsalon der ersten Klasse, in der Lounge erster Klasse, im A-la-carte-Restaurant, im Veranda-Café und im Palmenhof. Kleinere Pflanzen standen wahrscheinlich in Vasen oder Töpfen auf den Tischen einiger Gesellschaftsräume. Bealing hat vielleicht auch den Efeu geliefert, der die Wände des Café Parisien, des Palmenhofs und des Veranda-Cafés berankte. Zwar machte Harland and Wolffs eigener Fotograf Bilder von diesen Räumen, doch ist nicht klar, ob sie schon in Belfast entstanden oder ob er vielleicht mit nach Southampton fuhr. Sowohl Frank Bealing (der 1981 mit 91 Jahren starb) als auch W. F. Geapin erzählten später oft, daß sie mit dem alten Mr. Bealing noch am Abend vor der Abfahrt Pflanzen auf die »Titanic« gebracht hatten.

Mrs. Douglas und Mrs. Futrelle, beide Passagierinnen der ersten Klasse der »Titanic«, erinnerten sich noch an die Rosen auf den Tischen des Restaurants. Ohne es zu beabsichtigen, zollte auch Lady Duff Gordon den Bealings Anerkennung, als sie in ihren Memoiren »Discretions and Indiscretions« schrieb:

»Ich erinnere mich sehr gut an das letzte Essen auf der ›Titanic‹. Wir hatten eine große Vase mit Osterglocken auf dem Tisch, die so frisch waren, als hätte man sie gerade eben gepflückt.«

Die damals elf Jahre alte Eileen Lenox-Conyngham, die für die Ferien von Southampton nach Cherbourg übersetzte, beschrieb später die »›Titanic‹ als ein Schiff voller Blumen«.

Am Tag, als die »Titanic« den Southamptoner Hafen verließ, waren die üblichen Bealingschen »Knopflochblumen« an die Passagiere verteilt worden. Einige wurden bei der Abfahrt zum Kai geworfen und landeten im Wasser.

Roland Southwell, der damals neun Jahre alt war, stand am Kai und sah: »Alle Leute an Deck winkten und warfen Blumen; sie fielen alle ins Wasser.«

Die »Olympic« blieb, bis sie 1935 außer Dienst gestellt wurde, das bevorzugte Schiff der Bealings. Enkel Raymond Bealing und seine Frau erinnerten sich noch lebhaft an die Arbeit auf dem Schiff. Raymond wußte zu berichten, daß einer der Innenausstatter der »Olympic« und der »Titanic«, der für Harland and Wolff bzw. Heaton arbeitete, sich furchtbar darüber aufregte, als White Star entschied, das allegorische Eichenholzrelief »Ehre

Bettzeug und Decken in der Wäscherei von White Star. (»Southampton Pictorial«)

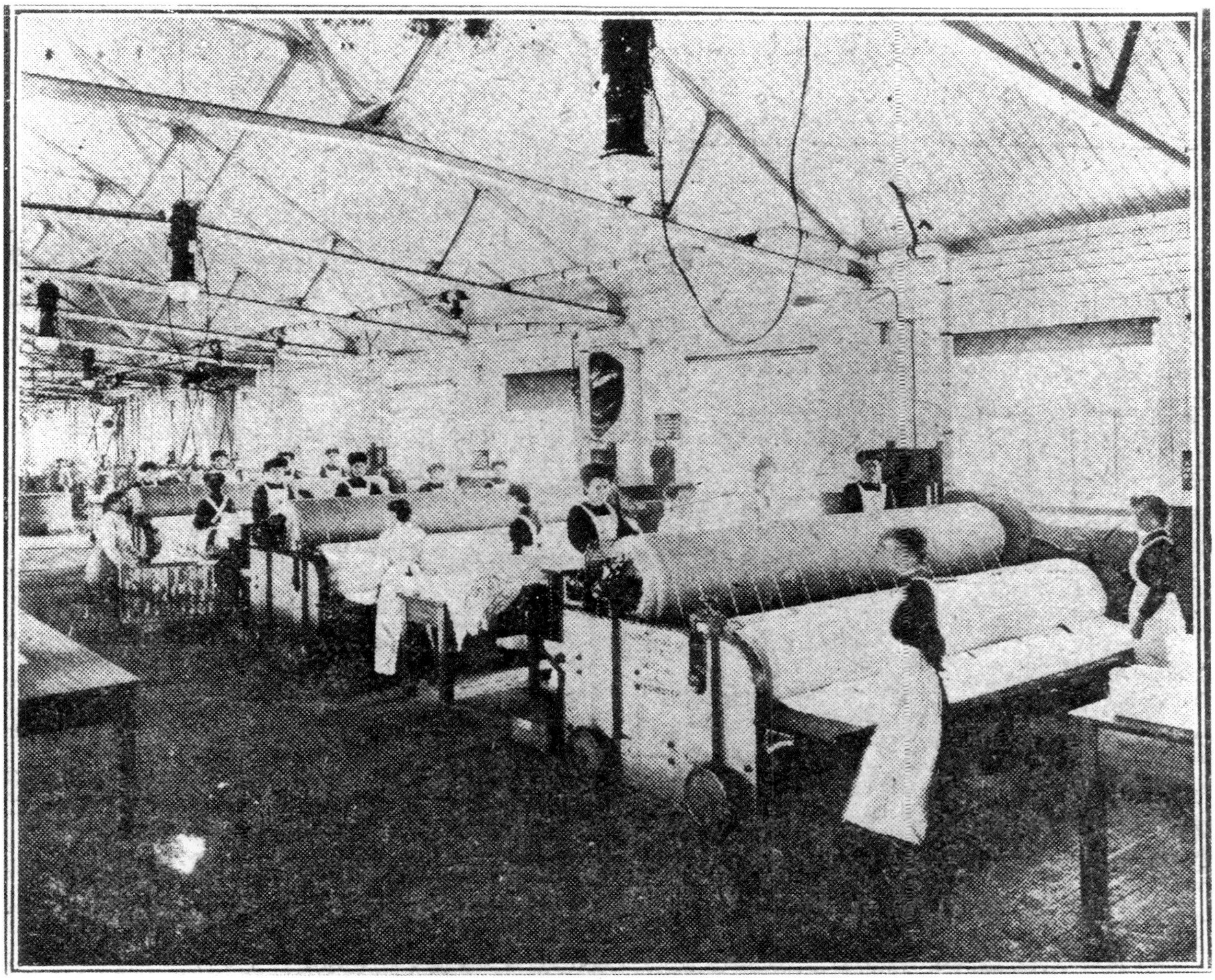

Blick in die Wäscherei der White Star Line, die über den Werkstätten von Harland and Wolff am Southamptoner Hafen eingerichtet worden war.
(»Southampton Pictorial«)

und Ruhm krönen die Zeit« an der Freitreppe der ersten Klasse in den frühen dreißiger Jahren streichen zu lassen: »Ich denke, es wurde gemacht, damit das Ganze moderner aussah, aber der Innenarchitekt war so entsetzt, daß er schwor, er würde nie wieder eine Treppe für ein Schiff entwerfen.«

J. C. Smith vom Zeitungshandel W. H. Smith am Hafen wird Angestellte von White Star, Mannschaftsmitglieder und Hafenarbeiter mit Zeitungen, aber auch allerhand nützlichem Kleinkram versorgt haben; vielleicht belieferte er auch die »Titanic«.
Wahrscheinlich fanden auch die Hustenpastillen »John's Cough Lozenges«, die zum Verkauf in der Below Bar und am Upper Prospect Place angezeigt waren, Anklang bei einigen aus der »Titanic«-Mannschaft.
Die von Cox and Sons in der Bernand Street hergestellten Rasier- und Taschenmesser, zum Teil mit dem eingravierten Schriftzug »Southampton«, waren sicher ein beliebtes Souvenir. Steward F. Dent Ray besaß ein solches Messer und nahm es mit, als er das sinkende Schiff verließ.
Und das Geschäft von Edwin Jones lieferte wahrscheinlich einen Teil der Tischtücher, die an Bord der »Titanic« benutzt wurden.

Wäschewaschen im Akkord

»... über der lauten Dampfkesselwerkstatt von Harland and Wolff ist die große Wäscherei der White Star und American Line.« (»Southampton Pictorial« vom 29. Mai 1913).
Fünfzig Frauen arbeiteten in der riesigen Wellblechhalle. Alle drei Wochen mußte die gesamte Wäsche der »Olympic« bewältigt werden – später hätte hier in den dazwischenliegenden zwei Wochen auch die Wäsche der »Titanic« und noch später die des dritten Schwesterschiffes »Britannic« gewaschen werden sollen.

Zu den Firmen, die die »Titanic« belieferten, gehörte auch die Obst- und Gemüsehandlung Oakley & Watling in der High Street. (»Southern Daily Echo«)

Die Oxford Street in Southampton. Im Hintergrund die Bahnstation, an der Reisende ausstiegen, die zum Hafen wollten. (Southampton City Heritage Collections)

Einmal brachte die »Olympic« nach nur einer Woche Fahrt eine Rekordladung an »Bettwäsche, Servietten, Laken, Bettdecken, Handtüchern und Ähnlichem« mit (»Southampton Pictorial« vom 29. Mai 1913); es sollen 75 000 Teile gewesen sein. Ein in der gleichen Woche anlandender Passagierdampfer der American Line wird wohl noch einmal etwa 23 000 Teile mitgebracht haben. (Auf die »Titanic« wurden insgesamt 196 000 Wäschestücke geladen, gezählt, in die Inventarliste aufgenommen und verstaut.)
Die frische Wäsche für ein Schiff mußte immer schon bereitliegen, die mitgebrachte schmutzige Wäsche wurde dann bis zur nächsten Rückkehr gesäubert. Die Wäscherei war mit den modernsten elektrischen Geräten ausgerüstet, mit Aufzügen, Bügelmaschinen, speziellen Trockengestellen für Decken und Handbügeleisen. Außerdem hatte sie eine eigene Entkalkungsanlage (was bei dem harten Wasser in Southampton sehr wichtig war), eine Teppichreinigungsmaschine und eine Desinfektionsanlage – unbedingt nötig nach stürmischen Überfahrten!
Durchs Fenster konnten die Wäscherinnen die Ozeanriesen am Kai liegen sehen – doch bei den Bergen von Wäsche, die immer wieder gebracht wurden, konnten sie ihren Blick sicher nur selten schweifen lassen. »Das Hafenviertel ist voller Gegensätze«, bemerkte der »Southampton Pictorial« über die Wäscherei der White Star und der American Line – mit dem, was nebenan in den Werkstätten der Werft Harland and Wolff getan wurde, war die Arbeit der Wäscherei ja nun auch wirklich nicht zu vergleichen.

Spargel, Würstchen und Zigarren

Harter Konkurrenzkampf herrschte zwischen den Lebensmittelhändlern, die die Schiffe belieferten. Unter denen, die die »Titanic« versorgten, waren auch einige Southamptoner Firmen, so etwa Oakley and Watling, die Obst und Gemüse führten, und Grey's, eine Viehhandelsfirma, die als kleiner Familienbetrieb in den achtziger Jahren des 19. Jahrhunderts in Liverpool gegründet worden war, aber nun auch eine Filiale in Southampton besaß.
Aubrey Grey: »Wir verdienten unser Geld mit Lebensmitteln – mit Fleischwaren und Konserven für die großen Schiffe. Mein Vater Eric Grey kam 1911 runter nach Southampton. Wir waren erst an der Queen's Terrace, später in der Oxford Street. Mein Vater, der 1956 starb, lieferte auf die ›Titanic‹ und sah das Schiff zur Jungfernfahrt aufbrechen.«
Manche Vorräte stammten wahrscheinlich auch von den Kanalinseln; sie wurden vermutlich mit Dampfern der London and South Western Railway in den Hafen gebracht und dort auf Zügen oder Wagen zu den Hallen am White-Star-Kai gefahren.
1196 Säcke mit Kartoffeln kamen per Hand oder per Kran auf die »Titanic«, und der vordere Ladebaum des Schiffes wurde vermutlich dazu benutzt, eine ganz besondere Last in den Frachtraum zu hieven: ein Auto der Marke Renault, das W. E. Carter, einem Passagier in der ersten Klasse, gehörte.
Die Frachtliste der »Titanic« verzeichnet »alles unter der Sonne nur Erdenkliche« – von chirurgischen Instrumenten, Strohhüten, Linoleum, Zahnpasta, Champagner, Golfbällen, Haarnetzen, Spitze, Samtstoffen und Zeitschriften bis zu kostbarem Schmuck und dem juwelenbesetzten Buch »Rubayyat« des Omar Khayyam. Wahrscheinlich 3000 bis 4000 Kisten, Ballen und Pakete wurden von den Schauermännern des Southamptoner Hafens unter den aufmerksamen Blicken von Mannschaft und Offizieren auf die »Titanic« geladen. Auch die vorab geschickten Schrankkoffer der Passagiere kamen bereits auf das Schiff.

Fruit & Vegetable List.

OAKLEY & WATLING,

. . Shipping Contractors, . .

118, HIGH STREET,

SOUTHAMPTON.

Telegrams, "Oakley, Southampton." Telephone No. 169.
Code—A.B.C., 5th Edition.

190

EVERY DESCRIPTION of DECORATIVE FLORAL WORK FOR SHIPS.

Fancy Baskets & Bouquets of Choicest Flowers,

— ALSO —

Ornamental Baskets of Assorted Fruit

FOR PRESENTATION TO PASSENGERS,

EXECUTED ON THE SHORTEST NOTICE.

Eine Anzeige der Firma Oakley & Watling. Geworben wird für kunstvolle Blumen- und Früchtearrangements, denn opulente Dekorationen wurden auf jedem Luxusliner großgeschrieben. (Southampton City Heritage Collections)

Southamptoner Postkartenhändler wie beispielsweise Gertrude Pratt in der Oxford Street konnten wahrscheinlich eine kleinere Anzahl von Karten, die die »Olympic« und die hastig fotografierte »Titanic« zeigten, zum Weiterverkauf an die White Star Line liefern. Doch zum größten Teil stammten die im Frisörladen an Bord angebotenen Postkarten von der White Star Line selbst und zeigten andere Motive nach Bildern von Künstlern wie Charles Dixon und Montague Black.
Von der »Olympic« wurden natürlich bereits zahlreiche Karten in den Städten verkauft, denn sie war in Southampton, aber auch an anderen Orten ein beliebtes Motiv. Auch Karten der »Titanic« – von denen einige in Wirklichkeit retouchierte Aufnahmen der »Olympic« waren – verkauften sich bereits in den Tagen um die Abfahrt gut, nach dem Untergang fanden sie als Gedenkkarten natürlich reißenden Absatz.

Die Firmen Southamptons, die mit Lebensmitteln handelten, machten auf jeden Fall ein gutes Geschäft mit der »Titanic«, das ist sicher – auch wenn sie nicht für alles, was zur Versorgung des Schiffes nötig war, Lieferaufträge von der White Star Line ergattern konnten.
Waren die Vorräte einmal an Bord, so mußten sie sortiert, geprüft und sorgfältig gelagert werden. Damit alle Köstlichkeiten verzehrt werden konnten, mußten 57600 Teile Geschirr, 29000 Stück Glasgeschirr und 44000 Besteckteile mitgenommen werden.

Aus der Proviantliste der »Titanic«

Frischfleisch	34000 Kilo	Zucker	4500 Kilo
Frischfisch	4983 Kilo	Mehl	250 Fässer
Stockfisch	1812 Kilo	Zerealien	4500 Kilo
Speck und Schinken	3397 Kilo	Äpfel	36000 Stück
Geflügel und Wild	11 325 Kilo	Orangen	36000 Stück
Eier	40000 Stück	Zitronen	16000 Stück
Würstchen	1130 Kilo	Weintrauben	450 Kilo
Kartoffeln	40 Tonnen	Grapefruits	13000 Stück
Zwiebeln	1585 Kilo	Marmelade	500 Kilo
Tomaten	1585 Kilo	Frischmilch	6819 Liter
frischer Spargel	800 Bund	Frische Sahne	1363 Liter
frische grüne Erbsen	1130 Kilo	Kondensmilch	2727 Liter
Salat	7000 Köpfe	Butter	2718 Kilo
Bries	1000 Stück	Biere	15000 Flaschen
Eiscreme	1988 Liter	Weine	1000 Flaschen
Kaffee	1000 Kilo	Spirituosen	850 Flaschen
Tee	360 Kilo	Mineralwasser	1200 Flaschen
Reis, getrocknete Bohnen usw.	4500 Kilo	Zigarren	8000 Stück

KAPITEL 4

DIE MANNSCHAFT WIRD GEMUSTERT

»Ein feiner Kahn«

Nachdem die »Titanic« in Southampton angekommen war, konnte die Besatzung vervollständigt werden. Zwar waren der Kapitän und die Offiziere bereits angestellt, doch noch niemand von der Mannschaft. 1912 gab es noch keine festen Schiffsbesatzungen – die Männer wurden nur für die jeweilige Fahrt bezahlt. Danach mußten sie wieder vorstellig werden und ihre Arbeitskraft anbieten. Sie wurden also vor jeder Reise gemustert und konnten sich nicht darauf verlassen, ihren Arbeitsplatz automatisch zu behalten.
Alfred Fanstone: »Chapel [ein Teil des Southamptoner Hafenviertels; Anm.d.Übers.] war ein Schlägerviertel. Die Leute, vor allem die Heizer, kamen von ihren Fahrten auf den ›Killerschiffen‹ nach Hause und sahen aus wie wandelnde Skelette. Es gab ein riesiges Besäufnis, und irgend jemand fing mit einer Schlägerei an; dann fuhren sie wieder los.
Wenn damals ein Schiff anlegte, wurde ... die Mannschaft ausbezahlt. Nur, wenn das Schiff zwei bis drei Wochen im Hafen lag, mußten die Leute an Land gehen. Da es aber keine Art von Arbeitslosenunterstützung gab, hatten sie kein Geld, um dort zu bleiben und verpflichteten sich deshalb schnell wieder auf einem neuen Schiff.«

Offizier Blair muß von Bord

Offizier David Blair kam mit der »Titanic« bereits aus Belfast und war natürlich der Annahme, daß er mit dem Schiff auch über den Atlantik fahren würde. Sehr zu seinem Leidwesen mußte er jedoch zurückbleiben.
Charles Lightoller: »Man dachte bei White Star, es wäre eine gute Idee, den Leitenden Offizier der ›Olympic‹ bei der ersten Fahrt auf der ›Titanic‹ fahren zu lassen, da er ja bereits Erfahrungen mit dem neuen Schiffstyp hatte. Diese fragwürdige Entscheidung nahm Murdoch und mir ziemlich den Schwung. Und abgesehen von der Enttäuschung, hinter dem neuen Offizier zurücktreten zu müssen, verursachte sie auch Verwirrung. Murdoch übernahm meine Pflichten als Erster Offizier, ich trat an Blairs Stelle als Zweiter Offizier und machte mich mit seinen Aufgaben vertraut, während er zurückgelassen wurde – ein Glück für ihn, wie sich ja zeigte.«
David Blair selbst schrieb an seine Schwägerin, wie traurig er darüber sei, nicht auf der ersten Reise des Schiffes dabeizusein.
Seine Tochter, Miss E. Nancy Blair, erinnerte sich später: »Mein Vater mußte von Bord gehen, sehr zu seiner Enttäuschung. Als er in aller Eile seine Habseligkeiten zusammenpackte, nahm er in seiner Tasche aus Versehen den Schlüssel vom Telefon im Krähennest mit.« (Text von Miss E. Nancy Blair in »Chart and Compass«; den Schlüssel vermachte Miss Blair der British Sailors Society.)
Zum selben Zeitpunkt verschwand das Fernglas für das Krähennest, das auf der Reise von Belfast bereits benutzt worden war und üblicherweise vom Ersten Offizier verwahrt wurde. Anscheinend hatte es Blair in seiner Eile weggeschlossen und vermutlich vergessen, Lightoller zu sagen, wo es zu finden sein würde. Die Männer vom Ausguck waren empört darüber, daß kein Fernglas da war.
»Ausguck Frederick Fleet: ›Wir fragten in Southampton nach einem, und sie sagten, es gäbe keines für uns.‹
Frage: ›Wen fragten Sie?‹
Antwort: ›Sie sagten, es wäre kein Fernglas für uns vorgesehen.‹
Frage: ›Wen fragten Sie?‹
Antwort: ›Mr. Lightoller, den Zweiten Offizier‹.« (Vor dem amerikanischen Untersuchungsausschuß)
Ausguck Archie Jewell: »[Wir] sahen die Kiste auf dem Krähennest, aber es war kein Fernglas da«. (Vor dem englischen Untersuchungsausschuß)
Ausguck G. A. Hogg: »Ich fragte nach dem Fernglas und sah nicht ein, warum ich keines bekommen sollte. Von Belfast nach Southampton hatte ich eines gehabt, aber auf der Fahrt von Southampton, bis das Unglück geschah, hatten wir keines. ... Ich fragte mehrmals nach dem Fernglas.«
Ausguck George Symons: »Alle anderen Schiffe hatten ein Fernglas.«

Gestandene Seeleute

Jedes Mannschaftsmitglied lieferte wie üblich sein Seemannsbuch ab. Es wurde, wenn nichts Außergewöhnliches vorgefallen war, nach jeder Fahrt mit dem Vermerk »sehr gut« wieder zurückgegeben.
Die Arbeitssituation war durch die nur sehr kurzen Atlantiküberquerungen extrem unsicher. »Unser Vertrag galt nur für die Zeit, die wir mit dem Schiff unterwegs waren«, sagte Joseph Scarrott später vor dem britischen Untersuchungsausschuß.
Die Seeleute konnten auf verschiedenen Schiffen einer Gesellschaft fahren, zu einer anderen Firma wechseln oder auf einem Privatschiff, beispielsweise einer Jacht, anheuern. Wenn sie jedoch gern auf ein bestimmtes Schiff zurückwollten, es Arbeit für sie gab und der für die Musterung zuständige Offizier ihnen gewogen war, konnten sie immer wiederkommen und blieben auf diese Weise manchmal durchaus etliche Jahre auf ein und demselben Schiff.
Beifällig zitierte die »Southampton Times« am 6. April 1912 einen Bericht aus der »Shipping Gazette«: »... daß

die Arbeitsbedingungen auf den Schiffen, die im Hafen von Hampshire [gemeint ist Southampton; Anm.d. Übers.] stationiert sind, aus dem Blickwinkel der Seeleute zufriedenstellend sind, wird immer wieder bei der Musterung der Mannschaften deutlich. Vor vier Tagen, als die Crew der ›Oruba‹ von der Royal Mail Steam Company gemustert wurde, gab es praktisch keine Veränderungen. Die Männer, die die letzte Fahrt mitgemacht hatten, wurden für die nächste auch wieder angestellt!«

Aber das übliche war, auf verschiedenen Schiffen und bei verschiedenen Linien zu arbeiten. So erging schiedene Linien, wissen Sie ... ich habe sechs Fahrten mit der ›Olympic‹ gemacht.«

Steuermann Hichens hatte auf Schiffen gearbeitet »nach Norwegen, Schweden, Petersburg und die Donau rauf.«

»Ich hatte den Atlantik noch nie überquert – ich kannte niemand an Bord.« (Harold Lowe, Fünfter Offizier)

Blieben die Mannschaftsmitglieder mehr oder minder bei einer Schiffahrtslinie, so konnte sich eine gewisse Routine einspielen und den Fahrgästen konnte der Ein-

10. April 1912: Noch liegt die »Titanic« am White-Star-Kai; wenige Stunden später wird sie den Hafen der Stadt Southampton für immer verlassen.
(Sammlung Peter Boyd-Smith)

es auch einer Reihe von Männern aus der »Titanic«-Mannschaft, die in Southampton wohnten. Sie sagten später vor dem amerikanischen Untersuchungsausschuß aus:

»Ich fuhr vor einigen Jahren mit der P & O Line von London nach Australien.« (Steward George Crowe, der vorher bei der American Line war)

»Normalerweise fahre ich im Winter auf der Route nach Bombay.« (Matrose George Moore)

Edward Wheelton, Steward in der ersten Klasse, meinte, die Crew »war nicht nur von White Star, sondern auch von ganz anderen Schiffen« gekommen.

Matrose Frank Evans war vorher »bei der Tintagel Castle [Union Castle Line] und auf der ›Olympic‹.«

Matrose Frederick Clench: auf See »seid neunzehn Jahren. ... Ich bin immer auf Dampfschiffen gewesen. Verdruck von Beständigkeit vermittelt werden. Manche Passagiere gewannen eine Vorliebe für den Service bestimmter Kellner oder Stewards, deretwegen sie auch durchaus eine Reise umbuchten. Wechselte das Personal selten, so wurde die Arbeit an Bord schneller und besser erledigt.

Mit einigem Recht konnte die White Star Line in ihrer damaligen Werbung hinweisen auf »die besondere Aufmerksamkeit, die allen Passagieren entgegengebracht wird vom Personal, von denen die meisten bereits seit Jahren im Dienst sind«.

Einige überlebende Besatzungsmitglieder der »Titanic« bekräftigten später durch ihre Aussagen vor dem amerikanischen Untersuchungsausschuß, daß zumindest ein Teil der »Titanic«-Besatzung schon länger bei White Star arbeitete:

Eine Straße in Northam.
(Southampton City Heritage Oral History)

Vor dem Pub »Belvedere Arms« (siehe auch Seite 63) in Northam.
(Southampton City Heritage Oral History)

Samuel Hemming war auf See, »seit ich fünfzehn Jahre alt war, bei der White Star Line bereits seit fünf Jahren, auf der ›Teutonic‹, ›Adriatic‹, ›Olympic‹.«
»Ich war gerade vier Jahre bei der White Star Line.« (Steward C. E. Andrews)
»Bei White Star seit der Kriegsmarine – die ›Oceanic‹ war das einzige andere Schiff [von White Star] neben diesem.« (Frank Osman)
»Vierzehn Jahre zur See. Bei der White Star Line seit zwölf Jahren ... seit sieben Jahren bin ich Chefsteward in der zweiten Klasse.« (John Hardy)
»War sieben, acht Jahre nur auf der ›Oceanic‹, davor nur auf Segelschiffen.« (Ausguck Archie Jewell vor dem britischen Untersuchungsausschuß)
Teile der »Titanic«-Mannschaft hatten ihre ersten Erfahrungen zur See bei der Kriegs-, nicht bei der Handelsmarine gemacht.
»Das war meine erste Fahrt, Sir. Ich arbeitete zum ersten Mal auf einem Handelsschiff. Ich war gerade aus der Marine ausgetreten [nach dreizehn Jahren].« Matrose Edward Buley nahm seinen Abschied in der Hoffnung auf mehr Verdienst in der Handelsschiffahrt, »um meine Mutter besser unterstützen zu können«. (Vor dem amerikanischen Untersuchungsausschuß)

Im »Belvedere Arms«, Northam. Viele Besatzungsmitglieder der Schiffe wurden in den Pubs angeworben. (Southampton City Heritage Oral History)

»Ich bin seit sechs Jahren Steward in der ersten Klasse bei White Star. ... Ich war mit einer Menge von den Männern bereits vorher gefahren.« (Edward Wheelton)
»Ich war für vier Jahre auf der ›Oceanic‹, im Krähennest. ... Ich kam schon in Belfast auf die ›Titanic‹ als Ausguck.« (Frederick Fleet)
»Ich bin seit sechs Jahren bei der White Star Line ... auf der ›Adriatic‹, der ›Olympic‹ und der ›Titanic‹.« (Steward Alfred Crawford, seit 1881 auf See)
»Diesen Monat bin ich fünf Jahre bei der White Star Line.« (Matrose Ernest Archer)
Steward Samuel Rule hatte unter Kapitän Smith bereits 35 Jahre auf den verschiedensten Schiffen der White Star Line gearbeitet. Joseph Chapman tat 1911 auf dem Schiff »St. Paul« von der American Line Dienst.
»Ich war erst in der Marine, dann kam ich zur Handelsschiffahrt«; »zwei Jahre auf Handelsschiffen, vorher vierzehn Jahre bei der Marine«. (Steuermänner Alfred Oliver und George Rowe vor dem amerikanischen Untersuchungsausschuß)
»Vorher bei der Königlich-Britischen Marine für neun Jahre, dann bei der Handelsschiffahrt.« (Matrose Frank Evans vor dem amerikanischen Untersuchungsausschuß)

Trotzdem auch sie schon meist des längeren auf Schiffen arbeiteten, waren nicht alle Stewards erfahrene Seeleute. Die Passagierin Mrs. White erinnerte sich beispielsweise an die Stewards Crawford und Hart sowie einen Koch in Rettungsboot Nummer 8. Zwei sagten von sich: »Ich habe nie vorher ein Ruder in der Hand gehabt«, der dritte meinte mutig: »Ich glaube, ich kann rudern.« (Vor dem amerikanischen Untersuchungsausschuß)

Die Nachfrage nach Arbeit auf der »Titanic« war sehr groß, da durch den Streik in den Kohlerevieren viele Schiffe, wie bereits im letzten Kapitel erwähnt, außer Dienst gestellt und die Mannschaften entlassen worden waren. Außerdem gab es generell in Southampton viele Arbeitslose; erst ein Jahr später sollte sich die Situation wieder zum Positiven wenden.

Die Rolle der Gewerkschaften

Anfang des 20. Jahrhunderts waren in England eine Reihe von Gewerkschaften gegründet worden, die sich für bessere Arbeitsbedingungen in den Betrieben einsetzten. Vor allem zwischen 1910 und 1913 kam es im Lande zu einer Reihe von Arbeitskämpfen.

Obwohl keine Unterstützung aus der Zentrale vorhanden war, rief das Southamptoner Büro der Gewerkschaft für Seeleute und Heizer im August 1910 zum Streik für eine Erhöhung der Heuer um zehn Schilling pro Woche auf. Die »Adriatic« von White Star fuhr deshalb mit Verspätung ab: Maschinisten und der Rest der Crew mußten sich bemühen, die Dampfkessel zu heizen, bis man eine eiligst in ganz England zusammengewürfelte Truppe von Männern, die als Heizer arbeiten sollten, an Bord nahm. Von ihnen waren 89 noch nie vorher zur See gefahren.

Der Streik wurde bald beendet, jedoch bereits im Frühjahr 1911 kam es zu einer richtiggehenden Streikwelle in der Stadt: Nachdem erst die Gewerkschaft der Bauarbeiter zum Ausstand aufgerufen hatte, streikten nun unter anderen Southamptons Schiffszimmermänner, Kohlenarbeiter, Matrosen, Heizer, Hafenarbeiter, Schauermänner und Bäcker.

Die Kohlenarbeiter hatten ab sechs Uhr morgens die »Olympic« beladen sollen, konnten aber erst um elf Uhr vormittags beginnen. Eine Bezahlung für die Zeit, die sie warten mußten, wurde ihnen verweigert. Es gab Auseinandersetzungen, und angeführt von Stadtrat Thomas Lewis und Harry Orbell von der Gewerkschaft der Hafenarbeiter streikten nun fast alle Kohlenarbeiter im Hafen. Dann traten die Matrosen und Heizer der »Olympic« in den Ausstand und forderten mehr Heuer mit dem Argument, daß die Arbeit auf solch einem riesigen Schiff ganz besonders schwierig sei. Alle Matrosen und Heizer im Hafen schlossen sich diesem Streik an. Für einige Tage war der Schiffsverkehr in Southampton lahmgelegt. Aber alles verlief friedlich, und auch die Polizei verhielt sich ruhig. Der Southamptoner Stadtrat berief einen Schlichtungsausschuß und setzte sich für eine schnelle Klärung mit den Arbeitgebern ein.

Unzählige Köche arbeiteten auf den großen Passagierdampfern. Im Bild eine Küche auf der »Titanic«. (»Daily Graphic«)

Aus einem Sitzungsprotokoll der Gewerkschaft der Seeleute (British Seafarers' Union): »Am Dienstag, dem 2. April 1912, wurde in den Southern District Schools eine Mitgliederversammlung abgehalten. Um acht Uhr eröffnete der Präsident die Sitzung und bat den Sekretär ... das Protokoll des letzten Zusammentreffens zu verlesen. Einnahmen und Ausgaben der letzten Woche wurden ebenfalls offengelegt.
Der Präsident berichtete über den Präzedenzfall der ›Olympic‹, und nach längerer Diskussion wurde von J. Fanstone und G. Guard vorgeschlagen, die Frage zurückzustellen und Präsident und Geschäftsführer zu ermächtigen, eine Rechtsberatung zu diesem Thema in Anspruch zu nehmen.
Der Vorschlag wurde einstimmig angenommen.
Als nächstes wurde die Verhaftung von Mr. Tom Mann und anderen besprochen und folgende Stellungnahme verabschiedet: Daß die Mitgliederversammlung der Gewerkschaft der Seeleute energisch gegen die Behandlung von Mr. Tom Mann und anderen protestiert und deren sofortige Freilassung fordert. Es wurde ebenfalls entschieden, eine Abschrift an den Premierminister und an Mr. Tom Mann zu schicken ...
Bro J. Lock brachte die Frage von einigen Männern vor, die bei der White Star Line angestellt gewesen waren und nun auf Schiffen anderer Linien arbeiten wollten. Sie waren zurückgewiesen worden mit der Begründung, sie wären von White Star entlassen worden. Nach einer Diskussion wurde entschieden, die Sache in die Hand der Funktionäre zu legen.«
(University of Warwick)

Die Schiffahrtsgesellschaften waren natürlich anfänglich überhaupt nicht geneigt, mit den Gewerkschaften zusammenzuarbeiten. Streiks in Liverpool und Southampton setzten auch die White Star Line unter Druck, und man suchte nervös nach Auswegen. Am 21. Juni 1911 telegrafierte die Zentrale in Liverpool an Bruce Ismay, der sich auf der Jungfernfahrt der »Olympic« befand: »Position der Arbeiter in Southampton sehr unbefriedigend. Schauermänner, Kohlenarbeiter, Mannschaften haben alle Arbeit niedergelegt. Mannschaften wollen Liverpooler Grundsatzentscheidung nicht akzeptieren. Denken, wir sollten in Southampton kein weiteres Zugeständnis machen, würde unweigerlich die Liverpooler Regelung kippen. ... Informieren [das Büro in] Southampton, wenn wir keine Mannschaft für die ›Adriatic‹ zusammenbekommen auf Grundlage der Regelung. Denken, daß klare Haltung der Firma nötig ist, um Lage in Southampton zu klären, bevor die ›Olympic‹ zurückkommt. Sind Sie einverstanden?«
Ismay antwortete: »Bin ganz Ihrer Meinung, daß die Mannschaften in Southampton nicht bevorzugt behandelt werden dürfen gegenüber denen in Liverpool.«

Joe Chapman als Junge vor seinem Elternhaus in der Portland Street, Southampton. Er fuhr als Bootsmann auf der »Titanic«. (Southampton City Heritage Collections)

Aber kurz darauf teilte das Liverpooler Büro mit: »Hoffen immer noch, daß das Problem der Mannschaftsbezahlung in Southampton zufriedenstellend gelöst werden kann, aber hier wie auch in Southampton ist gefordert worden, die Gewerkschaften dadurch voll anzuerkennen, daß Funktionäre [der Gewerkschaften] auf den Dampfschiffen erlaubt werden. Glauben, Cunard Line und andere haben zugestimmt, unsere Position ist daher sehr geschwächt.«
Ismay, die International Mercantile Marine und andere Schiffahrtslinien akzeptierten das Unvermeidbare; der Zusammenarbeit mit den Gewerkschaften konnten sie damit nicht mehr ausweichen.

Die Offiziere und Maschinisten der Schiffe waren wahrscheinlich meist Mitglieder der Imperial Merchant Service Guild oder der Marine Engineers Association. Für den Großteil der Männer an Deck, in den Maschinenräumen und im Versorgungsbereich arbeiteten folgende Gewerkschaften:
Die National Sailors' and Firemens' Union of Great Britain and Ireland (mit 5000 Mitgliedern nach den Streiks 1911 und der Anerkennung durch die Schifffahrtslinien), die National Union of Ship's Stewards, Cooks, Butchers and Bakers, die 1909 ihr Büro in

Southampton eröffnete, und »eine große Zahl der Männer an Bord waren Mitglieder der Dockers Union«, der Dock Wharf and Riverside Workers Union, wie Ausguck R. R. Lee bei den britischen Untersuchungen zum Untergang der »Titanic« berichtete.
Außerdem gab es noch The National Union of Stewards und diverse Sparvereine für Stewards – ein Southamptoner Verein hatte 47 Mitglieder, von denen alle außer einem beim Untergang der »Titanic« starben. Arthur Paintin, der persönliche Steward von Kapitän Smith auf der »Olympic« und der »Titanic«, schrieb in seinem letzten Brief an seine Eltern: »Ich bin seit letztem August in einem Stewardclub, und nach zwölf Monaten gibt es die ersten Gewinnausschüttungen.«
Jedoch noch eine weitere wichtige Gewerkschaft wurde im Oktober 1911 gegründet: die British Seafarers' Union. Ihr Geschäftsführer war Thomas Lewis, der vor dem britischen Untersuchungsausschuß sagte: »Es sind Männer aus Southampton, Euer Ehren. Es ist zum heutigen Zeitpunkt eine Southamptoner Gewerkschaft. Sie heißt zwar British Seafarers' Union, aber ihre Zentrale ist in Southampton und sie hat [in Southampton; Anm.d.Übers.] viertausend Mitglieder. Mehr oder minder alle Seeleute von der ›Titanic‹ waren Mitglieder unserer Gewerkschaft.«

Thomas Lewis, der Geschäftsführer der Gewerkschaft British Seafarers' Union. (University of Warwick)

SEAMEN! JOIN THE BRITISH SEAFARERS' UNION!

The B.S.U. is out to secure HIGHER WAGES, SHORTER HOURS, BETTER FOOD, and DECENT SLEEPING and GENERAL ACCOMMODATION FOR SEAFARERS.

B.S.U. BENEFIT LIST.

	Membership.	
SHIPWRECK BENEFIT	6 months	£1 10 0
,, ,,	2 years	£2 0 0
,, ,,	3 ,,	£2 10 0
,, ,,	4 ,,	£3 0 0

DEATH BENEFIT (after 6 months' membership) - £5 0 0
ACCIDENT BENEFIT - - 8/- per week for 8 weeks
DISPUTE PAY or STRIKE PAY.
LEGAL AID BENEFIT.—Members are entitled to legal assistance in all matters arising out of their employment.

Full information can be obtained at the following Offices:—

8, TERMINUS TERRACE, SOUTHAMPTON	ARTHUR CANNON
GLASGOW BRANCH: 212, BROOMIELAW & 122, OLD GOVAN ROAD	E. SHINWELL
ARDROSSAN BRANCH: 5, PRINCES STREET	J. McHENRY
LIVERPOOL BRANCH: 59, SOUTH JOHN STREET	GRIFF JONES

Eine Werbeanzeige der British Seafarers' Union. Die Gewerkschaft setzte sich für bessere Arbeitsbedingungen, höhere Löhne sowie bessere Unterbringung und Versorgung der Seeleute an Bord ein. Die Unterstützungsgelder, die sie im Falle eines Schiffsunglücks zahlte, halfen auch vielen Hinterbliebenen von Besatzungsmitgliedern der »Titanic«. (University of Warwick)

Diese »Southamptoner Gewerkschaft« wurde von White Star beauftragt, Matrosen, Heizer, Schmierer und Trimmer für die Jungfernfahrt der »Titanic« auszusuchen.
Während die Offiziere nach direkter Verhandlung mit White Star aufs Schiff kamen, wurde der Rest der Besatzung von den Gewerkschaften in deren eigenen Räumlichkeiten oder der Heuerstelle der White Star Line ausgewählt. Die Musterung für die »Titanic« begann am Samstag, den 6. April. Es gab viele Bewerber und 228 Männer verpflichteten sich über die British Seafarers' Union, 100 über die National Sailors' and Firemens' Union, weitere Männer folgten.
Die Matrosen Ernest Archer und W. Brice sowie Steward Frederick Clench beispielsweise gaben vor dem amerikanischen Untersuchungsausschuß an, sich am Montag, zwei Tage vor Abfahrt des Schiffes also, verpflichtet zu haben. »Die Besten aus Southampton«, sagte Heizer George Kemish später über die Besatzung der »Titanic«.
Nachdem während des Bergarbeiterstreiks kaum jemand Arbeit gehabt hatte, waren die meisten Bewerber, vor allem die mit Familie, erpicht auf eine Anstellung. Eine Ausnahme war Matrose Joseph Scarrott: »Ich verpflichtete mich am Montag, dem 8. April, als Matrose. ... Die Sache erschien mir wie ein Traum, und ich konnte gar nicht glauben, daß ich es getan hatte. Aber daß mein Seemannsbuch nicht mehr in meiner Tasche war, überzeugte mich von der Wirklichkeit. Als ich an diesem Morgen zum Hafen ging, hatte ich ebensosehr die Absicht, mich auf der ›Titanic‹ zu verpflichten wie zum Mond zu fliegen. Ich hatte schon einen sicheren Job als Steuermann auf einem Passagierschiff der Union Castle Line. ... Als ich nach Hause kam und meiner Schwester erzählte, was ich getan hatte, erklärte sie mich für verrückt. Es war das erste und letzte Mal, daß ihr das Schiff mißfiel, für das ich mich verpflichtet hatte. Tatsächlich glaubte sie mir erst, als sie feststellte, daß ich mein Seemannsbuch nicht mehr hatte.« (»Pier Review«, 1932)

Die Ortsgruppe der British Seafarers' Union in Southampton. (University of Warwick)

Heizer William Major (stehend) mit zwei Freunden, aufgenommen in einem Southamptoner Fotostudio. (Privatsammlung)

Auch Harry Burrows war im Zweifel, ob er sich verpflichten sollte, erzählte seine Mutter später einem Reporter der »Southampton Times«: »Mein Sohn Harry fährt zur See, und er war einen Monat zu Hause geblieben in der Hoffnung, auf der ›Titanic‹ angestellt zu werden. Er ging zum Hafen, um sich zu verpflichten, aber im letzten Moment änderte er seine Meinung; dafür sind wir sehr dankbar. Ich kann nicht erklären, warum er sich anders entschied; ein sonderbares Gefühl kam über ihn, sagte er mir.«

Heimatadresse Southampton

Viele Mitglieder der »Titanic«-Besatzung lebten noch nicht sehr lang in der Stadt. Nach dem Unglück zitierte der »Southampton Pictorial« nicht ohne Ironie eine »rührende kleine Geschichte«, die ein gewisser Henry L. Marshall von der kalifornischen Zeitung »Corvina Argus« in die Welt gesetzt hatte. Mr. Marshall schrieb: »Wer wird die tragische Geschichte des Mannes aus Southampton erzählen? Er war ein echter Southamptoner, einer von 800 sorgsam ausgewählten Männern in dieser Crew, alle aus alteingesessenen Familien der englischen Stadt der Seeleute.«

Diese romantische Sicht der Dinge wird durch die Listen der Besatzungsmitglieder, in denen die Geburtsorte verzeichnet sind, nicht untermauert. Sie zeigen vielmehr, daß etwa vierzig Prozent der Crew ursprünglich aus Hampshire stammten, der Rest aus anderen Teilen Großbritanniens und Irlands. Aber viele Seeleute zogen im Lauf ihres Lebens nach Southampton, weil hier am ehesten ein Arbeitsplatz auf einem der großen Passagierschiffe zu bekommen war.

Ein Teil der Besatzungsmitglieder hatten ihre familiären Wurzeln in Lancashire; sie waren 1893 der American Line oder 1907 der White Star Line von Liverpool nach Southampton gefolgt. Zu ihnen gehören auch zwei Männer, die im Drama der »Titanic« eine ganz besondere Rolle gespielt haben: Ausguck Frederick Fleet, der angeblich als erster den Eisberg sichtete, und der Zweite Offizier Charles Lightoller. Letzterer konnte sich ein großes Haus in Netley bei Southampton leisten.

Kapitän Smith kam ursprünglich aus Staffordshire, zog dann nach Liverpool zur White Star Line und kam 1907 nach Southampton, wo er ein großes Haus in der Winn Road kaufte.

George Beedem aus Harlesdon, der als Steward auf der »Titanic« angeheuert hatte, ging in seiner freien Zeit auf Wohnungssuche in Southampton. Er schickte einen Brief an seine Frau, um mit ihr über ein eigenes Haus zu beraten: Sie solle darüber nachdenken und sehen, ob das möglich wäre. Er schrieb ihr: »Ich bin froh, wenn wir alle hier unten in Southampton sind.« Oft verstärkte Heirat die Bindung an die Stadt. Wie G. A. Hogg aus Hull vor dem amerikanischen Untersuchungsausschuß sagte: »Meine Leute sind alle dort, aber meine Frau [mit zwei Kindern] ist in Southampton. Die Stadt ist jetzt mein Zuhause. Ich habe eine Frau aus Hampshire geheiratet.«

George Dodd, zweiter Steward der ersten Klasse, war vorher Butler bei Bruce Ismay in Liverpool gewesen, hatte sich aber immer gewünscht, zur See zu fahren. Ismay stand dem nicht im Wege, und Dodd zog nach Southampton. Nach Erzählungen der Familie Ismay fand Dodd großen Anklang auf den Luxuslinern.

»Jeder der Stewards und Kellner vertraute auf ihn. Wann immer ein Problem auftrat, hieß es, ›Frag Dodd, der weiß, was zu tun ist‹.« Als die »Titanic« unterging, machte er anderen Männern der Besatzung Mut; er selbst überlebte nicht.

1934 berichtete die Firmenzeitschrift von White Star, daß ein gewisser James Taylor im Alter von 84 Jahren gestorben war. Er war 58 Jahre bei White Star gewesen, länger als jeder andere Mitarbeiter. Nach einer Ausbildung bei der Inman Line in Liverpool hatte er bei verschiedenen anderen Schiffahrtsgesellschaften gearbei-

tet und war dann für lange Dienstjahre zu White Star nach Southampton gegangen.
Und Matrose Joseph Scarrott kam eigentlich aus Plymouth, wo viele Schiffe einen Stopp einlegten, nach 1907 auch viele White-Star-Liner.
Bei der Musterung für die »Titanic« nannten 699 von 898 Männer Southampton als gegenwärtige Adresse, obwohl einige von ihnen nur eine zeitweilige Unterkunft angeben konnten – so zum Beispiel Archie Jewell, dessen Wirtin auf diese Weise seinem Vater in Cornwall mitteilen konnte, daß er überlebt hatte. Einige hatten Zimmer in Hotels oder Gasthäusern in Southampton, so etwa der Funker Harold Bride im Bannister‹s Hotel oder der Schmierer W. Lake im Florence Hotel.
Die Familie von Steward Arthur Paintin kam aus Oxford. Eine Fahrt nach Hause, um sie zu besuchen, war nicht immer möglich, »weil wir jetzt die kurzen Sommerfahrten beginnen«, und eine Freundin betreffend schrieb Paintin an seine Eltern: »Ihr solltet sie besser nach Southampton schicken für ein, zwei Tage, wenn wir hier sind. Ich sehe keine Chance wegzukommen.«

Violet Jessop, ebenfalls Stewardeß an Bord der »Titanic«, arbeitete während des Ersten Weltkriegs als Krankenschwester auf der »Britannic«.
(Aus »The Only Way to Cross« von John Maxtone-Graham)

Die Damen der »Mannschaft«

Einen Teil der Besatzung hatte Mr. Marshall völlig vergessen, als er dem heldenhaften Seefahrer aus Southampton gedachte: Zur Crew gehörten auch 23 Frauen, neun von ihnen aus Southampton. 18 waren Stewardessen, eine arbeitete als Wirtschafterin in der dritten Klasse, zwei waren Masseurinnen und zwei Kassiererinnen im Restaurant. Drei der Frauen starben beim Untergang, zwei davon aus Southampton.

Stewardeß Kate Gold aus Southampton wurde gerettet. (»Daily Mirror«)

Mrs. M. Bennett, die das Unglück überlebte, war 30 Jahre alt und Stewardeß; sie kam aus Southampton. Wie viele andere der »Titanic«-Crew war auch sie von der »Olympic« übernommen worden.
Mrs. Kate Gold, die ebenfalls überlebte, kam aus Bassett bei Southampton. In einem Artikel der Zeitung »Express« hieß es am 19. April 1912 über sie: »Eine Dame aus Southampton, die an Bord der unseligen ›Titanic‹ war, Stewardeß K. Gold, hat bereits drei Schiffsunglücke miterlebt. Sie war auf der ›Suevic‹, als das Schiff vor zwei, drei Jahren auf dem Rückweg von Australien strandete. Sie war auf der ›Olympic‹, als diese vor einigen Monaten mit der HMS Hawke kollidierte und nun wurde sie aus dem entsetzlichsten Unglück in der Geschichte der Handelsschiffahrt gerettet. Trotz all dieser Erfahrungen wird Mrs. Gold das Leben auf See, das sie, wie sie sagt, liebt, nicht aufgeben. Sie ist eine Frau mit starken Nerven, und die ersten beiden Unglücke konnten sie auch nicht davon abbringen, weiterhin auf einem Schiff zu arbeiten.«
Auch Stewardeß Violet Jessop war auf der »Olympic«, als diese mit der »Hawke« zusammenstieß. Und Miss S. Stap, die aus Birkenhead bei Liverpool kam, war sogar auf See geboren worden. Lady Duff Gordon, die in

der ersten Klasse reiste, erinnerte sich später an die »fröhliche Stewardeß mit dem weichen irischen Akzent, die Geschichten erzählte von all den ängstlichen Damen, die sie auf den Atlantiküberquerungen kennengelernt hatte.«

Stewardeß Lucy Violet Snape, die für eine kleine Tochter zu sorgen hatte, erhielt ihre Anstellung auf der »Titanic« wohl durch die Fürsprache des Abgeordneten J. King; sie konnte beim Untergang des Schiffes nicht gerettet werden.

Mrs. McClaren, gleichfalls Stewardeß, war eine Schwester des Salonstewards Frank Allsop aus Woolston. Sie wurde gerettet, er überlebte nicht.

Die beiden Masseurinnen Miss Caton und Mrs. Slocombe kamen aus London. Ebensowenig wie die Kassiererinnen im Restaurant gehörten sie zu den üblicherweise an Bord arbeitenden Besatzungsmitgliedern. F. Dent Ray, Steward in der ersten Klasse, erinnerte sich, daß auch im Café Frauen angestellt waren.

Stewardeß Annie Robinson war aus Belfast und bekannt mit Thomas Andrews von Harland and Wolff. Als Bruce Ismay sie drängte, eines der Rettungsboote zu besteigen, sagte sie: »Ich bin nur eine Stewardeß.« Er gab zurück: »Das spielt keine Rolle, Sie sind eine Frau, setzen Sie sich rein.« Mrs. Robinson wurde nach dem Unglück als Zeugin vor dem britischen Untersuchungsausschuß vernommen.

Mrs. McClaren, die als Stewardeß auf der »Titanic« arbeitete, konnte gerettet werden. (Sammlung Peter Boyd-Smith)

Lucy Violet Snape aus Southampton war 22 Jahre alt, als sie an Bord der »Titanic« ihre erste Fahrt als Stewardeß antrat. Sie überlebte nicht. (»Daily Mirror«)

Stewardeß Evelyn Marsden, 27 Jahre alt, wohnte an der West Marlands Terrace, Southampton. Die »Derbyshire Times« teilte am Samstag, dem 20. April 1912 mit: »Miss Marsden, die Nichte von Mr. George Robinson aus Chesterfield, ist unter den Geretteten. Dies wurde Mr. Robinson gestern (Freitag früh) telegrafisch mitgeteilt.«

Miss T. E. Smith, 42 Jahre alt, überlebte ebenfalls. Sie wohnte in Bitterne, einem Ortsteil von Southampton, und war ebenfalls von der »Olympic« auf die »Titanic« gekommen.

Mrs. Catherine Jane Wallis, wohnhaft in der St. Mary's Street in Southampton, arbeitete in der dritten Klasse; sie überlebte nicht. Auch die in Irland geborene, 32 Jahre alte Stewardeß Katherine Wals, damals wohnhaft in Southampton, wurde ein Opfer der Katastrophe.

Stewardessen waren 1912 auf dem Luxusliner noch eine Seltenheit; auf der riesigen »Titanic« sind die 18 Frauen damals wohl kaum aufgefallen. Steward Edward Wheelton, der vom amerikanischen Untersuchungsausschuß über die Anzahl der Stewardessen an Bord befragt wurde, äußerte sich denn auch vage: »Ich kann es Ihnen nicht sagen. Es gab Stewardessen und Frauen, die im Türkischen Bad arbeiteten.« Als er gedrängt wurde anzugeben, ob vielleicht etwa 50 Frauen an Bord waren, meinte er: »Ich glaube nicht, daß es so viele waren.«

In den fünfziger Jahren, als der Passagierverkehr über den Atlantik auf dem Höhepunkt angelangt war, fuhren auf der »Queen Elizabeth« und der »Queen Mary« von Cunard jeweils etwa hundert Stewardessen und andere weibliche Besatzungsmitglieder.

Southamptons bekannteste Stewardeß war Mary Rogers. Sie kam um, als der Dampfer »Stella« von der London and South Western Railway 1899 vor Guernsey verunglückte. Sie soll ihren Rettungsring mit den Worten »goodbye, goodbye« weggegeben haben. Am Karfreitag 1912 war im »Southampton Pictorial« ein Bild ihres Denkmals unter einem Foto von einem Schornstein der »Titanic« zu sehen – was für ein seltsamer Zufall.

Gute Bekannte, alte Freunde

Wie wir bereits gesehen haben, war ein Teil der Crew schon seit längerem bei der White Star Line. Chefbäcker Charles Joughin erklärte: »Praktisch alle waren vorher auf der ›Olympic‹ gewesen.« – Das allerdings war wohl etwas übertrieben.

Thomas Jones aus Liverpool meinte: »Ich weiß, ich war mit einigen von ihnen bereits zusammen auf See gewesen ... wir waren eine gute Mannschaft ... ich kannte viele Heizer.«

Andere wurden von Steward Mackay vor dem amerikanischen Untersuchungsausschuß jedoch als »Fremde auf dem Schiff [beschrieben]. Sie kamen auf keinen Fall mit uns von der ›Olympic‹ auf die ›Titanic‹.« Zu ihnen gehörte auch Steward Arthur Paintin. Er hatte in den Diensten eines gewissen Mr. Justice North in Oxford gestanden, bevor er 1907 bei White Star zu arbeiten begonnen hatte.

Und manche waren auch von den wegen des Kohlestreiks außer Dienst gestellten Schiffen »Oceanic«, »New York« und anderen Linern der International Mercantile Marine gekommen.

Wie gut sich viele Besatzungsmitglieder kannten, zeigen die folgenden Äußerungen. Chefsteward John Hardy erklärte nach dem Unglück beispielsweise: »Ich hatte großen Respekt und spürte tiefes Bedauern für Offizier Murdoch«; er ergänzte, daß Murdoch, als die »Titanic« immer tiefer ins Wasser sank, zu ihm gesagt habe: »Ich glaube, sie ist verloren, Hardy.«

Stewardeß Mary Sloane sprach liebevoll vom »guten alten Doktor [O'Loughlin]«. Und ein Steward sagte über Kapitän Smith: »Wir kannten ihn als einen guten, weichherzigen Mann und sahen in ihm so etwas wie einen Vater.«

Und Charles Lightoller schrieb in seinem 1935 erschienenen Buch »Titanic and Other Ships« über Smith: »Er war der Liebling aller und ein Mann, auf den jeder Offizier hörte. Als ich ihn das erste Mal sah, wettete ich, daß er eine Stimme wie ein Nebelhorn hätte. In Wirklichkeit aber hatte er eine angenehm ruhige Stimme und ein durch nichts zu erschütterndes Lächeln. Eine Stimme, die er selten erhob; was nicht heißt, daß er das nicht konnte. Tatsächlich habe ich ihn oft Befehle so laut brüllen hören, daß einen der Schlag hätte rühren können.«

Daß das kameradschaftliche Verhältnis zueinander über Leben und Tod entscheiden konnte, erfuhr Bäcker Charles Joughin, der während des Unglücks

Links Lord Pirrie, Direktor der Belfaster Werft Harland and Wolff, rechts Kapitän Edward Smith. Die Aufnahme wurde 1911 auf der »Olympic« gemacht.
(Southampton City Heritage Collections)

zu einem Faltboot schwamm: »Ich versuchte hineinzukommen, wurde jedoch zurückgestoßen; aber ich blieb in der Nähe. Ich schwamm zur anderen Seite des Bootes, und der Koch Maynard sah mich und hielt mich fest.«

Viele von der Mannschaft nannten einander beim Spitznamen. Ein Heizer wurde »Scooch« (George) Kemish gerufen, ein Frisör »Gus Whitemann« (Augustus Weikmann), ein Bootsmann »Big Neck« (Nichols), ein anderer Heizer »Wally« (Walter) Hurst. Das galt auch für die Offiziere: »Lights« wurde der Zweite Offizier Charles Lightoller genannt, »Davie« (David) Blair und »E. J.« hieß (Edward John) Smith, der Kapitän.

Arthur Paintin (rechts), persönlicher Steward von Kapitän Smith auf der »Titanic«. (Southampton City Heritage Collections)

Die Offiziere kannten einige von der Mannschaft, aber natürlich nicht alle. Lightoller erinnerte sich beispielsweise an »Klein, der Frisör in der zweiten Klasse war. Diesen Mann kannte ich persönlich.« (Vor dem amerikanischen Untersuchungsausschuß)

Tausend Aufgaben

Geht man die Besatzungslisten der »Olympic« und der »Titanic« durch, so trifft man auf unglaublich viele verschiedene Berufe. Neben dem Kapitän und den Offizieren waren der Zahlmeister und die Schiffsärzte die ranghöchsten Männer an Bord. Zur übrigen Besatzung gehörten unter vielen anderen Heizer, Kohlentrimmer, Schmierer, Maschinisten, Steuermänner, Ausguckposten, Lampentrimmer, Elektriker, Mechaniker, Zimmermänner und Funker.

In den Küchen arbeiteten Schlachter, Köche, Bäcker, Konditoren und Kellermeister mit ihren unzähligen Gehilfen. Die verschiedenen Köche waren spezialisiert auf Vorspeisen, Suppen, Gegrilltes, Fisch, Braten, Soßen oder Gemüse; auch mußte für die jüdischen Gäste an Bord koscher gekocht werden. Dazwischen hatten Tellerwäscher, Glaspolierer und Träger ihre Aufgabe. Und nicht zuletzt mußten immer wieder Kaffee und Tee gekocht werden.

Um das Wohlbefinden der Passagiere kümmerten sich Stewards in den Speisesälen, in den Salons, im Veranda-Café, an Deck und in der Bibliothek. Außerdem gab es Stewards und Stewardessen, die für die Kabinen zuständig waren, sowie Stewards, die die Bäder auf den Gängen in Schuß hielten (nur einige Erste-Klasse-Kabinen und Suiten hatten 1912 bereits eigene Bäder).

Außerdem gab es Personal für das A-la-carte-Restaurant, einen Telefonisten, Hausdiener, Pagen, Liftführer, Bügler, einen Schiffshornisten, der die Mahlzeiten ankündigte, Frisöre, Dolmetscher für die Passagiere der dritten Klasse, Lagerarbeiter, Masseurinnen, Personal für das Türkische Bad und den Squashraum sowie einen Sportlehrer; Buchhalter und Assistenten des Zahlmeisters, Setzer und Drucker, Stenographen, Sortierer für die Poststelle und schließlich das Schiffsorchester.

Nur wenigen an Bord wird wohl klar gewesen sein, Menschen wie vieler unterschiedlicher Berufe auf der »Titanic« arbeiteten und dafür sorgten, daß alles reibungslos funktionierte. Doch jeder einzelne der fast 900 Besatzungsmitglieder wußte genau, was er zu tun hatte.

Matrose Joseph Scarrott gab vor dem britischen Untersuchungsausschuß zu Protokoll: »In unserem Rettungsboot war ein Mann, von dem wir dachten, er sei Matrose, aber er war Fensterputzer.«

Die Aussagen einiger Crewmitglieder vor den Untersuchungsausschüssen werfen ein Licht auf den Arbeitsalltag an Bord der »Titanic«.

Fünfter Offizier Harold Lowe: »Wir hatten unsere Aufgaben, und die erledigten wir. Ansonsten waren wir niemandem Rechenschaft schuldig.«

Steward Alfred Crawford: »Wir kümmerten uns um die Angelegenheiten der Passagiere, machten ihre Kabinen sauber und alles andere. ... Ich war auf dem vorderen B-Deck.«

Edward Wheelton, Steward in der ersten Klasse: »Üblicherweise mußten wir nach unten, um die Mahlzeiten vorzubereiten, bevor wir aus dem Hafen ausliefen.«

John Hardy, Chefsteward in der zweiten Klasse: »Ich hatte bis elf Uhr abends im Einsatz zu sein und dann darauf zu achten, daß alle Räume geschlossen und die Lichter gelöscht wurden.«

Matrose Edward Buley: »Werktags schrubbten wir nachts immer die Decks; Sonntagnacht hatten wir nichts zu tun.«

Steward George Crowe: »Wir hatten immer für die Passagiere da zu sein und bei Tisch zu bedienen.«

Matrose Frederick Clench: »Von sechs bis fünf zu arbeiten, alles aufzukehren und die lackierten Partien sauberzuhalten, das war meine Aufgabe.«
Lampentrimmer Samuel Hemming: »Ich hatte Farben und solche Sachen zu mischen, außerdem mußte ich die Lampen auf allen Decks instand halten ... nachts holte ich sie herein, und bei Tagesanbruch brachte ich sie wieder heraus.«
Lagerverwalter Frank Prentice beschrieb sich selbst als »Kuli für den Zahlmeister«. (»TV Times«)
Des weiteren erklärten Befragte vor dem amerikanischen Untersuchungsausschuß:
Die Feueralarmübung wäre nichts weiter gewesen, als »den Schlauch herauszuziehen und festzustellen, daß alles in Ordnung war«. (Steward Andrew Cunningham)
»Ich war im Dienst während aller Mahlzeiten sowie etwa eine Stunde vorher und nachher; bei Frühstück, Mittag- und Abendessen.« (William Burke, Steward im Speisesaal der ersten Klasse)
»An Deck waren wir eigentlich nie. Wir betreuten die Passagiere, und damit waren wir völlig beschäftigt ... jeder der Stewards, die für Kabinen zuständig waren, hatte seine festen Räume ... keiner mehr als zwölf ... es war üblich, daß um elf Uhr abends alle überflüssigen Lampen ausgemacht wurden und von elf bis zwölf vier der Kabinenstewards dablieben. Das war nur eine Stunde. Dann traten zwei Stewards die Mittelwache an von zwölf Uhr bis vier Uhr morgens. Um halb fünf wurden sie von denen, die den Tag über Dienst hatten, abgelöst bis zur nächsten Nacht.« (John Hardy, Chefsteward in der zweiten Klasse)
»Jeden Morgen gegen sieben Uhr ging ich zu seiner Kabine und brachte ihm etwas Obst und Tee ...«, berichtete H. S. Etches, der Steward von Thomas Andrews auf der »Titanic«. Bewegt von der Erinnerung, erwähnte er auch den Anzug, den Andrews trug, wenn er zu den Räumen mit den Dampfkesseln hinabstieg, und den er dort sicher sehr dreckig machte: »Ich habe diesen Anzug noch vor Augen, wie er auf dem Bett lag, nachdem er ihn ausgezogen hatte.«
Stewardeß Annie Robinson hatte sich »um sieben Damen, ein junges Mädchen und eine Gouvernante zu kümmern«.
»Ich war verantwortlich für das Bad auf dem vorderen Deck – auf dem vorderen Teil des F-Decks.« (James Widgery, Steward in der zweiten Klasse)
»Es war üblich, daß wir Heizer und Trimmer an Deck gingen [in diesem Fall in Queenstown] und die Post vom Tender in den Postraum schafften.« (Heizer John Podesta in der Zeitschrift »Titanic Commutator«)

Die vier überlebenden Offiziere der »Titanic«. Von links nach rechts: Fünfter Offizier Harold Lowe, Dritter Offizier Herbert Pitman (sitzend), Zweiter Offizier Charles Lightoller, Vierter Offizier Joseph Boxhall. (Southampton City Heritage Collections)

Kein Alkohol für die Besatzung

Wie Thomas Ismay, der Gründer der Reederei, schon auf seinen ersten Schiffen angeordnet hatte, durften auch 1912 die Besatzungsmitglieder auf keinem Dampfer der White Star Line Alkohol trinken. Dazu einige Aussagen vor den Untersuchungsausschüssen:
Matrose Frederick Clench: »Auf einem Schiff wie jenem sah man ja fast nie irgend etwas, das einen zur Zügellosigkeit hätte verleiten können. ... Ich will damit sagen, man konnte nichts zu trinken bekommen, also war man gezwungenermaßen Abstinenzler.«
Ausguck George Symons: »Wir hätten an Bord nie Alkohol ausgegeben bekommen.«
Ausguck G. A. Hogg: »Ich weiß nicht, wo man etwas hätte herkriegen sollen.«
Chefsteward John Hardy: »Erstens konnten es sich die Besatzungsmitglieder gar nicht leisten, alkoholische Getränke zu kaufen. Auf einem anderen Weg wäre aber niemand an Alkohol herangekommen ... aber auch so [wenn jemand Geld gehabt hätte] wäre es aussichtslos gewesen, denn niemand hätte einen Mann der Besatzung bedient.«

Jack Stagg, der als Steward auf der »Titanic« arbeitete, kam beim Unglück ums Leben. Vor der Ankunft in Queenstown schrieb er einen letzten Brief an seine Frau. (Southampton City Heritage Collections)

Der Alltag an Bord

Die meisten Stewards waren darauf angewiesen, ihren Lohn mit Trinkgeldern aufzubessern, vor allem wenn sie Frau und Kinder oder die Eltern zu versorgen hatten und besonders während der Zeit der Arbeitslosigkeit und der Streiks in Southampton. Die besten Chancen hatte, wer bei Tisch bediente; daher war diese Aufgabe besonders beliebt.
Steward Jack Stagg, der beim Unglück umkam, schrieb in einem Brief an seine Frau Beatrice: »... nichts als Arbeit. Was für Passagiere ich habe, kann ich Dir noch nicht sagen, denn erst, wenn wir morgen in Queenstown abfahren, wird alles geregelt werden. Wie auch immer, es gibt nur 317 Passagiere in der ersten Klasse, und wenn ich einen Tisch bekomme, kann ich schon glücklich sein, mehr als zwei werden es sicher nicht.«
Das Bild, das die Mitglieder der Besatzung selbst von ihrem Arbeitsalltag zeichneten, wird ergänzt durch Briefe und Berichte von Passagieren der »Titanic«. Relativ wenige von ihnen erwähnten jedoch Crewmitglieder namentlich; eine Ausnahme bildeten persönliche Stewards. Aber wer des öfteren mit der White Star Line reiste, kannte natürlich den Kapitän und einige andere Männer an Bord. Fred Hoyt erzählte Oberst Archibald Gracie: »Ich kannte Kapitän Smith bereits über fünfzehn Jahre« (beide Passagiere in der ersten Klasse).
Edith Russell, die als Passagierin in der ersten Klasse reiste, bevorzugte kleinere Schiffe; sie schrieb ihrem Sekretär Mr. Shaw: »Ich fühle mich wie in einem riesigen Hotel, nicht wie auf einem gemütlichen Schiff. Alle sind so steif und formell. Es gibt Hunderte von Dienern, Pagen, Stewards, Stewardessen und anderen hilfreichen Geistern.« (Aus »Her Name Titanic« von Charles Pellegrino)
Über den Beginn ihrer Seereise in Cherbourg berichtete Mrs. Russell: »›Der Laufsteg wurde auf beiden Seiten von zehn Männern festgehalten, weil er so furchtbar schaukelte. ... Später stand ich etwas abseits und sah Scharen von Köchen, Bäckern und Stewards große Holzkisten an Bord bringen. Ich fragte einen von ihnen, was denn in diesen Kisten sei. Er sagte mir, sie enthielten Gemüsekonserven und Proviant aller Art für die Hin- und Rückfahrt ... die Sache dauerte ganze zwei Stunden.‹
Der Steward erklärte ihr: ›Wir haben wirklich eine ganz schöne Menge Leute an Bord, aber das ist nichts gegen die Rückfahrt. Soweit ich weiß, sind wir ausgebucht.‹«
(»Her Name Titanic« von Charles Pellegrino)
Den pflichtbewußten und mutigen Steward Robert Wareham, der ihren Glücksbringer, ein kleines Schweinchen mit Spieluhr, rettete, behielt Mrs. Russell

immer in Erinnerung; seine letzten Worte zu ihr waren: »Ich hoffe, wir kommen lebendig aus dieser Sache raus. Ich habe eine Frau und fünf kleine Kinder.« Doch er sollte das Unglück nicht überleben.
Oberst Archibald Gracie erinnerte sich besonders deutlich an den Sportlehrer T. W. McCawley aus Southampton: »Einer der Personen an Bord, die jeder kannte ... wie gut wir Überlebenden uns an diesen kräftigen kleinen Mann in weißen Flanellhosen und mit breitem englischen Akzent erinnern. Mit unermüdlicher Begeisterung zeigte er uns die vielen technischen Vorrichtungen und spornte uns an, die Gunst der Stunde zu nutzen und alles auszuprobieren – vom Fahrradfahren über das Rudern und Boxen bis zum Reiten auf dem mechanischen Kamel oder dem Pferd.«

Lawrence Beesley, Passagier in der zweiten Klasse, beschrieb in seinem kurz nach der Katastrophe erschienenen Buch eine Begegnung mit einem der Liftboys:
»Er war sehr jung, nicht mehr als sechzehn glaube ich, ein hübscher Junge, mit einer Vorliebe für die See, die Deckspiele und für den Blick über den Ozean – und er bekam nichts davon mit. Eines Tages, als er mich nach draußen begleitete und durch das Vorraumfenster dem Verlauf eines Deckspiels zusah, sagte er in einem hoffnungsvollen Ton: ›Oh! Ich wünschte, ich könnte manchmal hinausgehen!‹ Ich wünschte es auch und machte ihm das Angebot, für eine Weile auf seinen Lift acht zu geben, während er sich das Spiel anschauen könnte, aber er schüttelte freundlich lächelnd den Kopf und fuhr als Antwort hinab, einem Klingelbefehl von unten folgend.« (Lawrence Beesley, »Titanic. Augenzeuge der Katastrophe«, Seite 41/42)
Selina Rogers, Passagierin der zweiten Klasse, erinnerte sich: »Wir hatten eine sehr nette Stewardeß und einen Steward; ihre Namen waren Miss Walsh und Mr. Petty [aus Southampton].« Und später: »Mir war sehr übel. Die Stewardeß brachte mir freundlicherweise ein Glas Milch. Von Viertel nach sieben bis acht Uhr abends spielte das Schiffsorchester vor der Bibliothek.« (Aus der Zeitschrift »Titanic Commutator«)
»Das Orchester spielte nachmittags zum Tee«, schrieb Adolph Saalfeld, Passagier in der ersten Klasse, seiner Frau in einem Brief.
Mrs. I. Shelley, die in der zweiten Klasse ab Southampton reiste, war mit ihrer Unterbringung überhaupt nicht zufrieden. Sie beschrieb später für den amerikanischen Untersuchungsausschuß einige der Schwierigkeiten, die die Besatzung mit dem neuen Schiff hatte, auf dem sich alles noch nicht richtig »eingelaufen« hatte. Was sie damit (sicher nicht bewußt) auch festhielt, war die äußerst diplomatische Umgehensweise des Personals mit den Passagieren: »Die Stewardeß wurde zum Zahlmeister geschickt, um den Umzug in die bezahlte Kabine zu erbitten. Er sagte jedoch, er könne nichts tun, bis man nicht Queenstown verlassen habe. Dann würde er alle Tickets durchgehen und feststellen, ob irgendwo ein Fehler passiert sei. Eine Erkältung, neun ›Gesuche‹ beim Zahlmeister und eine Warnung, sich bei Kapitän Smith zu beschweren, führten schließlich dazu, daß vier Stewards Mrs. Shelley abholten und unter vielen Entschuldigungen in die bezahlte Kabine brachten. Die Stewardeß sagte auf Befragen: ›Der Zahlmeister hat sich erst erkundigt, ob Sie wirklich so krank seien, ich antwortete, daß daran kein Zweifel bestehe. ... Ich erklärte ihm auch, daß die Kabine so klein sei, daß ich oder der Steward nichts darin tun könnten, wenn Sie sich nicht auf Ihre Betten zurückzögen. Der Zahlmeister sagte mir, er müsse nun sofort handeln, sonst würde die Firma Schwierigkeiten bekommen.‹ Doch die neue Kabine war genauso kalt wie die, aus der man gekommen war. Auf die Bitte, die Heizung aufzudrehen, antwortete der Steward, das sei leider nicht möglich, da das Heizungssystem der Kabinen zweiter Klasse nicht funktionieren würde.«

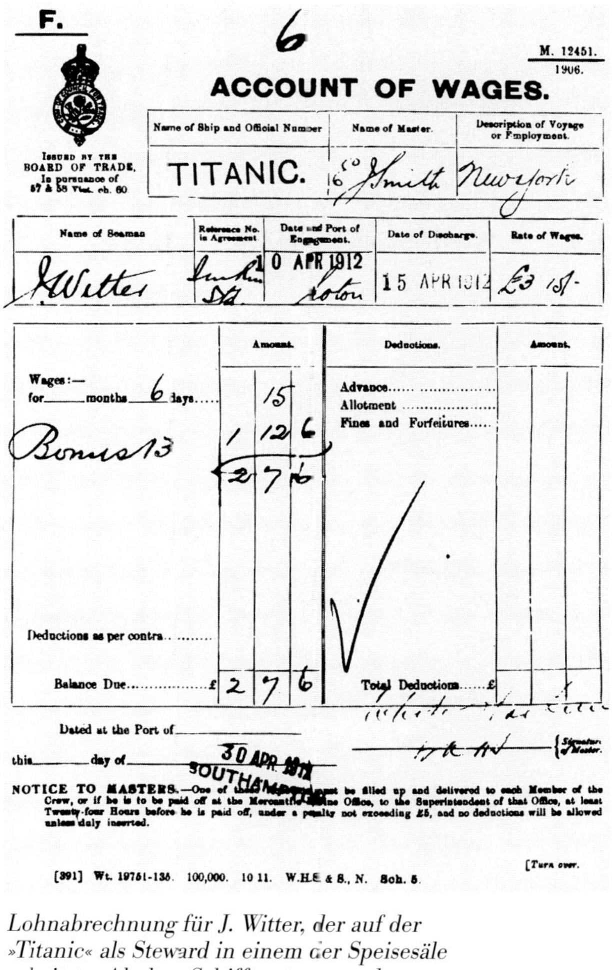
F.
6
M. 12451.
1906.
ACCOUNT OF WAGES.
Issued by the BOARD OF TRADE, In pursuance of 57 & 58 Vict. ch. 60

Name of Ship and Official Number	Name of Master.	Description of Voyage or Employment.
TITANIC.	6° J Smith	New York

Name of Seaman	Reference No. in Agreement	Date and Port of Engagement.	Date of Discharge.	Rate of Wages.
J Witter		10 APR 1912	15 APR 1912	£3 15/-

	Amount.	Deductions.	Amount.
Wages:— for ____ months 6 days....	15	Advance......	
Bonus 13	1 12 6	Allotment	
	2 7 6	Fines and Forfeitures.....	
Deductions as per contra..........			
Balance Due..........£	2 7 6	Total Deductions......£	

Dated at the Port of ____
this ____ day of ____ 30 APR 1912 SOUTHAMPTON
{Signature of Master.
NOTICE TO MASTERS.—One of these Accounts must be filled up and delivered to each Member of the Crew, or if he is to be paid off at the Mercantile Marine Office, to the Superintendent of that Office, at least Twenty-four Hours before he is paid off, under a penalty not exceeding £5, and no deductions will be allowed unless duly inserted.
[Turn over.
[391] Wt. 19751-135. 100,000. 10 11. W.H.E & S., N. Sch. 5.

Lohnabrechnung für J. Witter, der auf der »Titanic« als Steward in einem der Speisesäle arbeitete. Ab dem Schiffsuntergang, dem 15. April also, wurde er wie alle anderen Besatzungsmitglieder von der Reederei nicht mehr bezahlt, siehe »Date of Discharge«. (Southampton City Heritage Collections)

Eine Kabine erster Klasse an Bord der »Titanic«.
(Harland and Wolff)

Mrs. Shelley hob hervor, »daß, obwohl das gesamte Personal an Bord sehr willig war, alle große Schwierigkeiten mit ihrer Arbeit hatten. Der Steward bzw. die Stewardeß fanden noch nicht einmal ein Tablett, um Mrs. Shelley das Essen zu bringen, und so trugen sie alles einzeln herbei. Das ging langsam, störte sehr, und außerdem waren die an sich guten und reichlichen Mahlzeiten auf diese Weise natürlich ruiniert. Obwohl beide, Steward und Stewardeß, sich an ihre Chefs wandten, gab es keinerlei Unterstützung; es schien einfach keinerlei Organisation zu geben ... auf der Damentoilette war nur ein Teil der Installationen angebracht worden, der Rest lag noch in Kisten verpackt da.« Aber während des Unglücks dachte Mrs. Shelley, »daß keine Schiffsbesatzung sich hätte vorbildlicher verhalten können als diese«. (Beeidigte Erklärung in der dritten Person für den amerikanischen Untersuchungsausschuß)

Viele Passagiere in der dritten Klasse – zu viele, als daß der Dolmetscher L. Müller sich um alle hätte kümmern können – hatten Probleme, sich überhaupt mit der Besatzung zu verständigen. Ein Skandinavier berichtete: »Wir verstanden einfach nicht, was das Schiffspersonal sagte. Sie sprachen nur Englisch.«

Die Bezahlung

Einige Beispiele mögen illustrieren, in welchem Größenverhältnis die Verdienstmöglichkeiten der Besatzungsmitglieder auf der »Titanic« zueinander standen: Steward Sidney Daniels beispielsweise verdiente 3 Pfund, 15 Schilling im Monat, Stewardeß Annie Robinson 3 Pfund, 10 Schilling. Matrose Edward Buley 5 Pfund und Ausguck G. A. Hogg 5 Pfund plus 5 Schilling Zuschlag. Der Funker Harold Bride erhielt 48 Pfund im Jahr von der Marconi Company und Kapitän Smith bekam ein jährliches Gehalt von 1250 Pfund – doppelt soviel wie Kapitän Rostron von der »Carpathia«, die die Überlebenden der »Titanic« aufnahm.
Zum Vergleich: Eine Suite auf der »Titanic« kostete für die einfache Überfahrt 870 Pfund.

Schlafzimmer einer Suite erster Klasse an Bord der »Titanic«. (Harland and Wolff)

Eine Kabine erster Klasse an Bord der »Titanic«. (Harland and Wolff)

Das Verhältnis zu den Passagieren

Die Beziehung der Crewmitglieder zu den Passagieren war doch recht unterschiedlich. Wie bereits erwähnt, war in einigen Fällen das Verhältnis zueinander ausgesprochen eng und vertrauensvoll.

Steward F. Ray zum Beispiel nahm große Schwierigkeiten auf sich, um Mr. Dodge in eines der Rettungsboote zu bringen – Familie Dodge hatte auf der »Titanic« gebucht, weil Ray auf dem Schiff fuhr. Steward Alfred Crawford legte die Rettungsweste um »einen alten Herrn mit Namen Stewart und band ihm die Schuhe zu«.

Andere hatten keine so nahe Beziehung zu den Passagieren und sahen alles etwas mehr aus der Distanz. Sicher auch, weil sie zum Teil noch neu waren, zum Teil aber auch eine Arbeit verrichteten, die sie in keinen näheren Kontakt zu den Reisenden brachte. Frank Prentice, der im Lager arbeitete, erinnerte sich: »Es war ein großes Fest – das beste Essen, Musik und Tanz – oh, sie hatten eine schöne Zeit.« (Aus einem Interview für »TV Times«, 1982)

Wer zur Prominenz gehörte, wußten die Besatzungsmitglieder meist. Heizer George Kemish beispielsweise erkannte den gefeierten Journalisten W. T. Stead, wie er in den letzten Minuten vor Untergang des Schiffes allein im Rauchsalon der ersten Klasse saß und las.

Die Besatzungsmitglieder, die mit den ausländischen Auswanderern in der dritten Klasse zu tun hatten, scheinen ihnen gegenüber eine Mischung aus Verwirrung und Ablehnung, manchmal auch Neugier empfunden zu haben. Über die irischen Emigranten bemerkte einer, daß sie »wenigstens Englisch sprachen«. Und Chefsteward John Hardy erinnerte sich, daß in seinem Rettungsboot Syrer waren, »die die ganze Nacht in ihrer seltsamen Sprache miteinander redeten«.

Berühmt wurde der Bericht des Offiziers Harold Lowe, der vom Rettungsboot aus nach Überlebenden suchte und, als er einen entdeckte, zunächst bei sich dachte: »Besser andere retten als ausgerechnet einen Japaner.« Nachdem der Mann jedoch im Boot war, änderte sich Lowes Meinung schnell, denn er erholte sich und half kräftig beim Rudern. »Ich schämte mich für das, was

Eine der Suiten erster Klasse an Bord der »Titanic«. (Harland and Wolff)

ich gesagt hatte. Wenn ich die Chance hätte, würde ich seinesgleichen zehnmal retten.«
John Edward Hart, einer der beiden Stewards in der dritten Klasse, die überlebten, gab freimütig zu, daß männliche Passagiere der dritten Klasse in der Unglücksnacht bis 1.15 Uhr nicht an Deck gelassen wurden.
Auf der anderen Seite arbeitete Mrs. Wallis, eine der drei Stewardessen, die nicht gerettet wurden, in der dritten Klasse; sie wird bis ganz zum Schluß, ohne an sich selbst zu denken, am Ort ihrer Verantwortung geblieben sein.
Stewards und Offiziere hatten natürlich am meisten mit den Passagieren zu tun, Matrosen hingegen kaum. »Wir waren alle weit weg von den Salons. Wir waren im Vorschiff.« (Matrose Edward Buley) Die Teile der Besatzung, die unter Deck arbeiteten, trafen fast nie mit den Passagieren zusammen.

So hat man sich die Arbeit der Heizer in den Kesselräumen eines Dampfers vorzustellen. Das Bild wurde an Bord der »Moor« aufgenommen, einem im Vergleich zur »Titanic« sehr kleinen Schiff der Union Castle Line. (Southampton City Heritage Collections)

Hart im Nehmen: die Heizer

In einer ganz eigenen Welt im Bauch des Schiffes arbeiteten die Heizer. Sie hatten einen besonderen Verhaltenskodex und wurden vom Rest der Besatzung, und besonders von den Offizieren, mit großem Respekt behandelt. Berüchtigt waren die Heizer auf den alten Dampfschiffen aus Liverpool. Charles Lightoller sagte einmal über sie: »Härtere Burschen als die Heizer auf einem Western-Ocean-Mail-Schiff kann man sich nicht vorstellen.« Die Southamptoner Heizer hingegen waren um 1912 wohl etwas weniger extrem als ihre Kollegen. Auf den neuen Schiffen, so Charles Lightoller, »war diese Form der martialischen Härte nicht mehr nötig, in Southampton also eigentlich nicht mehr zu finden.« Doch begegnete man ihnen trotzdem mit Distanz und Vorsicht.

Ihren Landurlaub in Southampton verbrachten die Heizer der »Titanic« zum größten Teil in den Kneipen der Stadt. Einige mußten allerdings an Bord bleiben, weil in Bunker Nummer 10 ein Feuer schwelte. Um die Sache unter Kontrolle zu bringen, löschten sie die Kohlen ab und schaufelten sie beiseite, bis der Grund des Bunkers erreicht war.
Heizer George Kemish fand die Kesselräume der »Titanic« eine Verbesserung: »Ein feiner Kahn – etwas anderes als die alten Seelenverkäufer, die wir gewohnt waren, auf denen uns das Gedärm im Leib durcheinandergeschüttelt wurde und wo wir in der blödsinnigen Hitze schmorten.« Aber nachdem die »Titanic« den Eisberg gerammt hatte, war es »ein ganz verfluchter Job ..., die Feuer auszukriegen«. (Walter Lord, »Die letzte Nacht der Titanic«, Seite 17 und 31)

In dramatischen Worten erzählt das nachfolgende Gedicht vom schwerverdienten Lohn derer, die tief unten im Schiffsbauch dafür sorgten, daß die Dampfkessel der Ozeanriesen nicht ausgingen:

In der Hölle – Lied der Heizer

Das ist die Hölle des Schiffes,
Die Öfen wie Feuerdrachen,
Mit Augenschlitzen in grellem Schein
und dem ewig hungrigen Rachen.

Aus tropischer Nacht
Jagt der Wind hernieder in die Schlote.
Weit fliegen die Gedanken.
Doch Verzweiflung ist unserer Herzen Bote.

Wir schaffen das glühendheiße Blut
Für dieses seelenlos pochende Wesen.
Unser Leben ist nicht weniger Kraftstoff
Als die Kohle, die wir ihm geben.

Aber wir sind stolz
Nicht demütig und nicht weichlich
Wir werden gefürchtet – und gut bezahlt:
In der Woche zehn Schilling reichlich!

Herum und immer herum
Dreht sich die Schiffsschraube doch;
Verlorene Seelen rufen in der Dunkelheit
Wie lang, mein Gott, wie lange noch?

Francis Adams

(Aus »The British Seafarer«, University of Warwick)

»Außenseiter« der Besatzung

Obwohl letztlich alle ganz unterschiedliche Aufgaben versahen, es also »die Besatzung« genaugenommen gar nicht gab, wurden Mitglieder einiger spezieller Berufsgruppen wohl in gewisser Weise als Außenseiter betrachtet. Es waren dies die Musiker, die Funker, die Männer in der Poststelle und die Angestellten des A-la-carte-Restaurants. Letzteres war eine Neuerung auf der »Olympic« und der »Titanic«.

Die White Star Line hatte dem Londoner Spitzengastronom Luigi Gatti die Konzession für das Restaurant angeboten. Gatti hatte früher das Restaurant des Ritz Hotels in Paris geleitet, ehe er Oddenino's Imperial Restaurant in London übernommen hatte. Nachdem er in das Angebot von White Star einschlug, bezog er mit seiner jungen Frau Edith und dem Sohn Vittorio ein Haus in Southampton, das er nach seinem Geburtsort in Italien »Montalto« nannte. Wenige Tage vor der Abfahrt gab Vittorio seinem Vater einen kleinen Teddybären; er wurde später beim Toten gefunden und der Familie geschickt.

Gatti brachte sein eigenes Personal mit an Bord. Alle waren Franzosen oder Italiener und hatten vorher – anders als die Köche und Kellner der Speisesäle – in London gearbeitet. Ihre Namen stechen hervor zwischen all denen der englischen Crew: Roggi, Rota, Gilardini, Salussolia, Vallasori. ... Auch zehn Verwandte von Gatti befanden sich unter dem Personal des Restaurants; es war ihre erste große Schiffsreise.

Die Einstellung der übrigen Besatzung dem Restaurantpersonal gegenüber war recht unterschiedlich. Steward J. Johnson beispielsweise erinnerte sich an Gatti als »einen netten, kleinen Mann, wie ein Chefsteward mit eigenem Bereich«, sagte jedoch etwas abfällig über die anderen: »Die meisten waren Italiener oder Franzosen. Ich habe sie nicht kennengelernt. Ich hatte nie etwas mit ihnen zu tun.« (Vor dem amerikanischen Untersuchungsausschuß)

Zu dieser Zeit, zwei Jahre vor dem Ausbruch des Ersten Weltkriegs, waren Ausländer in Großbritannien wie auch in anderen europäischen Ländern häufig die Zielscheibe chauvinistischer Bemerkungen. Am 19. Juni 1912 berichtete der »Southampton Pictorial«, die nationale Lotsenvereinigung hätte dagegen protestiert, das Lotsenzertifikat an Ausländer zu vergeben: »Es gibt schon so viele ausländische Anwärter in England, daß man damit ein ganzes Armeekorps aufstellen könnte, und es ist absurd, Lotsen auszubilden, die einem Feind den Weg in unsere Häfen zeigen können.«

Der Speisesaal erster Klasse an Bord der »Titanic«. (Sammlung Francis Browne SJ)

E. Roggi.

Rota.

V. Gilardini.

Valvasfore,

Alaria.

Crovello.

Angestellte des A-la-carte-Restaurants an Bord der »Titanic«. Als Italiener hatten sie einen schweren Stand gegenüber den englischen Besatzungsmitgliedern.
(»Daily Mirror«)

Wenn bei den späteren Nachforschungen zum Untergang der »Titanic« die Rede von rücksichtslosem Verhalten, Drohungen oder Problemen der Passagiere war, so schrieben überlebende Besatzungsmitglieder diese fast immer Italienern oder anderen Ausländern zu. Im Lauf der amerikanischen Untersuchung verwahrte sich der italienische Botschafter in Washington ausdrücklich gegen derlei Anschuldigungen von seiten der englischen Besatzungsmitglieder; Steuermann Arthur Bright und Offizier Harold Lowe mußten sich daraufhin für ihre ausfälligen Bemerkungen entschuldigen.
Obwohl Luigi Gatti und alle seine Verwandten beim Unglück starben, stieg Familie Gatti später mit einem Restaurant erfolgreich in das Southamptoner Geschäftsleben ein. Vom Personal des A-la-carte-Restaurants an Bord der »Titanic« überlebte keiner außer dem Franzosen Paul Maugé.

Die Funker John Phillips und Harold Bride wurden von der White Star Line bezahlt, obwohl sie Angestellte der Marconi Company und nur an die Schiffahrtsgesellschaft »ausgeliehen« waren. 1912 war es noch immer eher ungewöhnlich, daß es Funker auf einem Passagierschiff gab. Erst der Untergang der »Titanic« machte deutlich, wie wichtig eine Funkverbindung auf See war.
Die Musiker reisten auf einem Gruppenticket als Passagiere in der zweiten Klasse. Zu ihrer Kabine auf dem E-Deck gehörte ein eigener Raum für die Instrumente.

Im Postraum der »Titanic« werden Briefe sortiert. (»Southampton Pictorial«)

Seepost nach Amerika

Dann gab es da noch die Männer von der Poststelle. Sie kümmerten sich um alle Sendungen, die von England nach Amerika transportiert wurden, und um alle Briefe, die von Passagieren an Bord geschrieben wurden. Sie waren nicht bei der Schiffahrtsgesellschaft angestellt, sondern bei den regionalen Ämtern der britischen und der US-amerikanischen Post in Southampton und in New York, die für die Seepost zuständig waren. Rechtliche Grundlage dafür war ein britisch-amerikanisches Abkommen von 1905, welches vorsah, daß britische und amerikanische Postangestellte auf Schiffen der White Star und der American Line den Postverkehr abwickelten. Im Mai des Jahres 1905 nahm man auf englischer Seite den Dienst in Liverpool und Southampton auf. 1907, als White Star nach Southampton wechselte, stand dann auf dem Poststempel zu lesen »British Sea Post Office, Southampton«, wenig später wurde der Text jedoch geändert in »Transatlantik Post Office«.

In einem Brief an den Southamptoner Postmeister aus dem Jahr 1908 wird erwähnt, daß »diese Arbeit als beste in der US-Post angesehen wird ... sie [die Angestellten] werden sehr viel besser als andere bezahlt, Minimum 1200 [Dollar] im Jahr ... im Winter eine harte und anstrengende Arbeit ... nur gesunde Männer halten das durch.« (GPO Archives)

Auf ein weniger ernstes Problem wurde 1908 von Mr. Bruce, einem leitenden Londoner Postbeamten, hingewiesen: »Die Uniform, die Angestellte der Post auf allen britischen Schiffen tragen, gibt Anlaß zu Verwechslungen mit Mitgliedern des Schiffsorchesters; Änderungen werden empfohlen.« (GPO Archives) Das Posthorn, das auf einem Abzeichen an der Uniform war, wurde daraufhin ersetzt durch eine Krone.

Ende 1912 fuhren 16 Postangestellte von Southampton und Liverpool aus auf den Schiffen der White Star und der American Line. Vier gingen mit auf die Jungfernfahrt der »Titanic«, zwei aus New York und zwei aus Southampton.

Die Postangestellten auf der »Olympic« hatten sich jedoch über ihre Unterkunft beschwert. Am 9. April 1912, einen Tag vor der Abfahrt, besahen sich daher Postmeister W. James, Commander Foakes und Mr. Parsons das Quartier auf der »Titanic«. Es lag zusammen mit dem Sortierraum auf dem F-Deck, das Postlager war direkt darunter, auf dem G-Deck. Die geforderten Veränderungen waren, wie Mr. James berichten konnte, bis zum Abfahrtstag größtenteils ausgeführt worden.

Die Herren stellten fest: »Mr. March und Mr. Gwynn von der amerikanischen Post sowie Mr. Rabley von der britischen Post waren an Bord. Sie hatten eine Reihe von Beanstandungen, die Schlaf- und Eßräume betreffend. Einige davon müssen nicht ernst genommen werden und können unberücksichtigt bleiben. Ihre Klage

darüber, daß ihre Schlafräume in sehr lauter Umgebung liegen, sollte jedoch der Reederei zu Gehör gebracht werden.
Ihre Schlafräume liegen in einem Block von Kabinen der dritten Klasse, und es muß angenommen werden, daß deren Passagiere, die zum größten Teil Kontinentaleuropäer der Unterschicht sein werden, sich zu Zeiten während der Nachtstunden laut unterhalten oder sogar singen und auf Musikinstrumenten spielen werden. Außerdem gibt es eine Tür in der Nähe, die von den Zwischendeckspassagieren häufig benutzt wird und deren Schlagen die Postangestellten in der Nacht stören wird. Diese Angaben gründen sich auf den Erfahrungen, die sie auf der ›Olympic‹ gemacht haben, wo ihre Kabinen am selben Ort lagen. ... Wenn sie tagsüber zügig und gut arbeiten sollen, ist es nötig, daß sie nachts ungestört schlafen.
Außerdem beklagen sie sich über ihren Eßraum und wollen bei den Passagieren essen; ich denke jedoch, der vorgesehene Raum genügt ... und keine Veränderungen sind nötig. Es sollte jedoch vorgeschlagen werden, daß der Durchgang zum Eßraum für die Diener und Dienstmädchen der Passagiere mit einer Tür versehen wird. So kann vermieden werden, daß wie derzeit alle durch den Eßraum der Postangestellten gehen. Was Größe und Ausstattung betrifft, ist die Unterbringung besser als die auf allen anderen britischen Schiffen im Atlantikverkehr, die ein Büro der Seepost an Bord haben.« (GPO Records, Aktennotiz vom 11. April 1912, 355/768/11)
Am 13. April wurde die White Star Line in Liverpool über die Sache informiert. Die Postangestellten auf der »Olympic« bezogen bald darauf bessere Kabinen auf dem E-Deck; für diejenigen, die auf der »Titanic« mitgefahren waren, kam diese Neuerung jedoch zu spät.

Unterkünfte und Arbeitsplätze

Die meiste Zeit des Tages verbrachten die Crewmitglieder natürlich bei der Arbeit – verstreut in alle Winkel des Schiffes: auf den Decks, in Salons und Speisesälen, in den Maschinenräumen, in Passagierkabinen, Küchen, Lagerräumen oder auf der Brücke. Der Großteil ihrer Schlafsäle lag jedoch zusammen auf dem E-Deck, unter den Speisesälen erster und zweiter Klasse sowie über den Speisesälen der dritten Klasse. Außerdem gab es ganz am Bug, auf Deck D, F und G, Unterkünfte vor allem für Heizer und Schmierer, die über Wendeltreppen mit dem Arbeitsgang zu den Kesselräumen ganz unten im Schiffsrumpf verbunden waren.
Kurios erscheint es, daß in einer Zeit, die auf strikte Trennung der sozialen Schichten bedacht war – und an Bord eines Schiffes, auf dem diese Trennung eher verstärkt als gemildert wurde – die Unterkünfte für Passagiere aller drei Klassen und für fast 450 Besatzungsmitglieder auf einem Deck lagen. Doch ahnten die wenigsten, daß sie ganz »demokratisch« auf einem Stockwerk, dem E-Deck, wohnten, denn die einzelnen Bereiche waren voneinander abgetrennt. Neben den Passagieren schliefen also einträchtig Steuermänner, Drucker und Kellner, die fünf Musiker, Köche, Bäcker, Stewards, Tellerwäscher und Matrosen – ein derart riesiges »schwimmendes Hotel« zu konstruieren, erforderte eben gewagte architektonische Lösungen.

Die Unterkünfte der Besatzung nahmen etwa fünf Sechstel der Backbordseite des Schiffes ein. Passagiere der dritten Klasse waren vor allem am Heck und an der Steuerbordseite des Bugs untergebracht. Passagiere der zweiten Klasse hatten Kabinen an der Steuerbordseite des Hecks, Passagiere der ersten Klasse im Mittelteil der Steuerbordseite. Hier hatte auch eine Frau der Besatzung ihr Quartier; die 18 Stewardessen waren jeweils zu dritt in einem Raum zwischen den Kabinen der Passagiere auf dem A-, C- und D-Deck untergebracht.
Diener und Dienstmädchen, die Passagiere begleiteten, hatten ihren eigenen Eßraum auf dem C-Deck. Die Messen für den Großteil der Besatzung und die Kombüse für Matrosen, Heizer und Schmierer waren auf dem C-Deck am Bug; die Maschinisten hatten ihre eigene Messe.
Entlang der Besatzungsunterkünfte auf dem E-Deck führte ein breiter Gang. Er wurde von der Mannschaft »Scotland Road« genannt, von den Offizieren, die ihre Kabinen oben auf dem Bootsdeck hatten, »Park Lane«.
»Ja, den nannten wir Scotland Road, diesen breiten Gang, der von zwei oder drei Abteilungen der dritten Klasse her kam. Er führte zu einem Notausgang, der in die zweite Klasse führte. Es war ein breiter Arbeitsgang.« (Chefbäcker Charles Joughin vor dem britischen Untersuchungsausschuß)

Und welchen Eindruck hatten die Männer der Besatzung im allgemeinen vom Schiff und von ihren Quartieren?
Matrose Joseph Scarrott beispielsweise besah sich die »Titanic« genau »von vorn bis achtern ... besonders die Unterkünfte der Mannschaft, und ich muß sagen, das war das komfortabelste Schiff, das ich je gesehen hatte.« (»Pier Review«, 1932)
Heizer George Kemish fand, daß die Titanic »eine feine Sache« war.
Aber die Entfernungen zwischen Oberdeck und Quartieren waren groß auf dem riesigen Schiff. Matrose W. Lucas meinte später: »Manchmal brauchte ich länger, als ich dachte ... ich wußte nicht, wie ich meinen Weg finden sollte. Es war ein neues Schiff.«

Zweiter Offizier Charles Lightoller stellte fest: »Ich brauchte vierzehn Tage, bis ich den Weg von einem Ende des Schiffes zum anderen ohne Probleme fand ... ein Seemann geht nicht mit einem Lageplan in der Hand umher, er muß das Schiff wie seine Westentasche kennen.«
»[Ich war] wie viele andere stolz darauf, auf ein solch wunderbares Schiff zu kommen.« (Steward Sidney Daniels in einem Brief)
»Wie die ›Olympic‹, ja, aber viel mehr Aufwand. ... Nehmen Sie den Speisesaal. Die ›Olympic‹ hatte nicht mal einen Teppich, aber die ›Titanic‹ – ah, man sank darin ein bis zu den Knien. Und dann die Möbel: so schwer, man konnte sie kaum anheben. Und die Wandtäfelung ... man kann sie größer und schneller bauen, aber die Sorgfalt und Mühe machten es bei ihr, mit der man sie gebaut hatte. Sie war ein schönes, ein wundervolles Schiff.« (Bäcker Reginald Burgess; aus Walter Lord, »Die letzte Nacht der Titanic«, Seite 220)
Eher gemischte Gefühle hatte Arthur Paintin, der persönliche Steward von Kapitän Smith. Er schrieb an seine Eltern: »Mein Gott, was für ein prächtiges Schiff, viel besser als die ›Olympic‹ – zumindest was die Passagiere betrifft; mein kleiner Raum ist nicht halb so schön, kein Tageslicht, immer die elektrische Lampe an, aber es hilft nichts, sich darüber aufzuregen.«
J. C. H. Beaumont, Schiffsarzt auf der »Olympic«, erinnerte sich, daß das Schiff 1911 bei der Besatzung »deren Quartiere geräumig, gut belüftet, praktisch eingerichtet und alles in allem komfortabel waren«, recht beliebt war.
Aber böse Vorahnungen, von denen im nachhinein bei der »Titanic« viel die Rede war, beschlichen manchen wohl schon ein Jahr zuvor, als die riesige »Olympic« ihren Dienst aufnahm.
Charles Lightoller sagte einmal: »Es ist schwer zu sagen, worin diese tiefe Verbindung von Mannschaft und Schiff liegt, aber sie ist ganz sicher bei jeder Fahrt übers Meer da. Es ist nicht immer ein Gefühl der Zuneigung. Ein Mann kann ein Schiff mehr hassen als einen Menschen.«

Und was dachten die Familien der Besatzungsmitglieder über die »Titanic«? Ein Reporter vom »Daily Graphic« formulierte seinen Eindruck kurz vor dem Abfahrtstag: »Alle diese Frauen in Southampton sind stolz darauf, daß ihre Männer auf dem größten Schiff, das je von Menschen erbaut wurde, arbeiten dürfen. Sie schwatzen über die ›Titanic‹, als würde sie auch ihnen ein wenig mitgehören ... Gerüchte und Märchen über ihren Ruhm, ihren Luxus und ihre Kraft werden in jeder Straße von Southampton erzählt ... mit der Stimme des Volkes: Nach der ›Titanic‹ gibt es nichts mehr!«
Frauen – einfältig und leicht vom Glanz der »großen Welt« zu blenden. ... Ob der Herr Journalist da wirklich »Volkes Stimme« hörte?

Blick auf das Zentrum von Southampton. Die Stadt liegt zwischen der Mündung des Test (im Vordergrund) und des Itchen (im Hintergrund). Schiffe, die aus dem Hafen ausfahren, gelangen durch die Bucht Southampton Water und vorbei an der Isle of Wight zum offenen Meer.
(Aufnahme von 1912: Southampton City Heritage Collections)

KAPITEL 5

DIE REISE BEGINNT

»Da fährt Daddys Schiff«

Ein Schiff von den Ausmaßen der »Titanic« war eine Attraktion für die Southamptoner, wenn man auch zugeben muß, daß das Interesse nicht mehr ganz so groß war wie ein Jahr zuvor bei der »Olympic«: »Na ja, die ›Titanic‹ war für uns nur wieder ein neues Schiff, eines der vielen großen Schiffe ... wir interessierten uns sehr für die ›Olympic‹ und die ›Mauretania‹ und die ›Lusitania‹, die auch alle um diese Zeit in Southampton einliefen. Sie alle waren damals technische Wunderwerke, und als die ›Titanic‹ kam, war sie halt ein weiteres Wunderwerk; wir dachten nicht besonders viel über sie nach, bis das schreckliche Unglück passierte.« (Interview mit John Wright im Rahmen des Oral-history-Projektes Southampton)

»Ihre Schornsteine hoch aufgereckt,
Am Kai von Southampton sie liegt,
Und stolz an den luftigen Masten
die Flagge von White Star fliegt.«
(»The Loss of The Titanic«, Southampton 1912)

Trotzdem kamen natürlich eine Menge Leute zum Hafen, um das neue Schwesterschiff der »Olympic« zu bewundern. Um Größe und Schönheit eines Luxusliners tatsächlich würdigen zu können, mußte man in Southampton allerdings entweder auf dem Wasser, auf einem der ferner gelegenen Kais oder etwas außerhalb der Stadt sein. Ansonsten gab es kaum einen Punkt, von dem aus man einen freien Blick auf den sehr tief gelegenen Hafen genießen konnte. Die andere Möglichkeit war, auf ein hohes Gebäude zu steigen. Die Zeitung »Southern Daily Echo« berichtete am 9. April 1912: »Die enorme Größe der ›Titanic‹ kann durch nichts besser verdeutlicht werden als dadurch, daß ihre Masten und Schornsteine über den Bäumen und Häusern der Stadt zu sehen sind, wenn man auf der Anhöhe des Stadtparks oder an höhergelegenen Punkten von Portswood steht.«

Dieses Vergnügen war Passagieren, die mit der Bahn anreisten, leider nicht vergönnt. Sie konnten nur einen kurzen Blick auf einen Teil des Schiffes werfen, ehe der Zug auf dem Kai, auf der anderen Seite der Abfertigungshalle, einfuhr.

Passagier Lawrence Beesley, der bereits am Abend vor der Abfahrt der »Titanic« in der Stadt angekommen war, fand auch keine Gelegenheit, das Schiff in seiner Gänze zu bewundern: »In einer gewissen Distanz zu stehen, um einen vollständigen Blick auf ihre wundervollen Abmessungen zu haben, hatte die Nähe der Hafenanlagen von Southampton unmöglich gemacht.« (Lawrence Beesley, »Titanic. Augenzeuge der Katastrophe«, Seite 75)

Die »Titanic« am White-Star-Kai in Southampton. Links: Am Karfreitag, dem 5. April, wurde zur Feier des Tages geflaggt. (Links: Southern Newspapers; rechts: Ulster Folk and Transport Museum)

Arbeiter an einem der Schornsteine der »Titanic«. (Sammlung Peter Boyd-Smith)

Beesley sollte die »Titanic« später – mitten im Atlantik – in ihrer vollen Größe aufragen sehen, wie einen New Yorker Wolkenkratzer.

Arbeiter, die am ersten Morgen nach Ankunft des Schiffes an Bord kamen, bemerkten, daß die Farbe an einigen Stellen noch nicht trocken war. Und da noch soviel in den Innenräumen der »Titanic« zu tun war, beschloß White Star widerstrebend, sie vor der Jungfernfahrt nicht zur Besichtigung für das Publikum zu öffnen. »Man braucht gar nicht erst zu fragen«, informierte die »Southampton Times« am 30. März, vier Tage vor der Ankunft der »Titanic«, schmollend ihre Leser.

Der »Southampton Pictorial« schrieb dennoch etwas später in seiner ersten Ausgabe: »Obwohl die ›Titanic‹, das allerneueste Werk der Schiffsbaukunst, seit ihrer Ankunft aus Belfast vom Publikum nicht von innen besichtigt werden konnte, sind Hunderte von Schaulustigen am Hafen gewesen, um den Giganten, der an genau derselben Stelle wie eine Woche zuvor das Schwesterschiff ›Olympic‹ liegt, wenigstens von außen zu sehen. Vielleicht das Beeindruckendste an diesem Stahlkoloß sind die vier riesigen Schornsteine (gelbbraune elliptische Zylinder mit einer schwarzen ›Kappe‹, die gut 50 Meter über dem Kiel aufragen; sie stellen alle anderen Schiffe in den Schatten und lassen die Abfertigungshallen am Hafen zu völlig unbedeutenden Schuppen schrumpfen.«

Die wenigen, die abgesehen von Besatzungsmitgliedern, Hafenarbeitern und Lieferanten die »Titanic« von innen sehen konnten, waren Persönlichkeiten des öffentlichen Lebens, Freunde und Familien der Crew, Büropersonal von White Star und Vertreter der Presse. Die meisten kamen im Lauf der Woche, nachdem die letzten Arbeiten beendet worden waren. Die Schwester von Offizier David Blair, der nicht mit auf die Jungfernfahrt gehen konnte, war eine der Besucherinnen. Ihre Nichte (Blairs Tochter) berichtete später: »Meine Tante kam auf Besuch nach Southampton, wo wir damals wohnten. Sie erzählte mir Jahre später, daß mein Vater ihr einen Tag vor der Abfahrt das Schiff gezeigt hatte. Das dauerte Stunden, und es herrschte eine unglaubliche Betriebsamkeit dort; Teppiche wurden ausgelegt, und die Dekorateure waren bis zum letzten Moment entsetzlich beschäftigt.« (Text von Miss E. Nancy Blair in »Chart and Compass«)

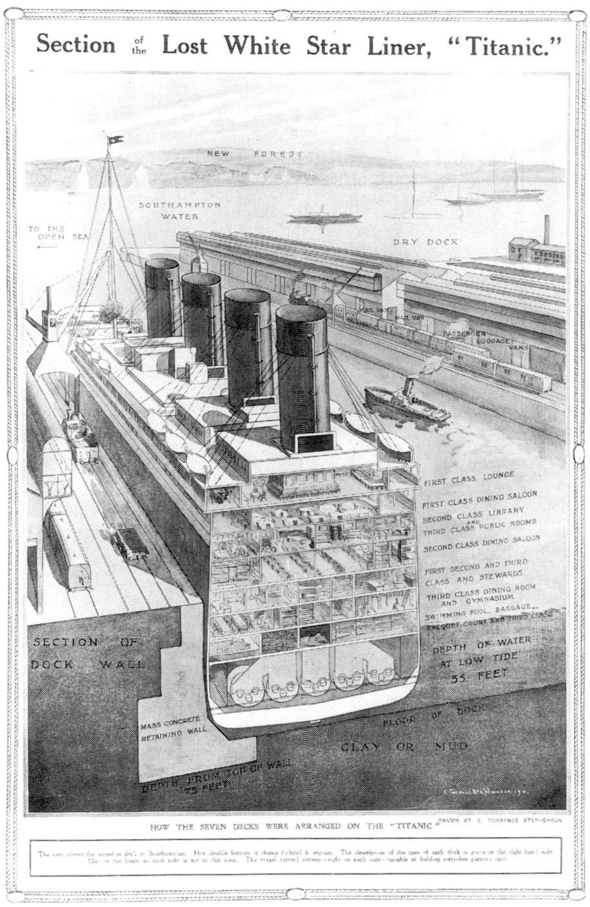

Ein Querschnitt durch den Rumpf der »Titanic« zeigt von den Kesselräumen (unter der Wasserlinie) bis zum Bootsdeck alle »Stockwerke« des Schiffes. (Abbildung aus »The Sphere«; Sammlung Peter Boyd-Smith)

Die »Titanic« an ihrem Liegeplatz in Southampton. Das Bild entstand am Karfreitag, dem 5. April 1912. (Southampton City Heritage Collections)

Auch Thomas Andrews, der für die gesamte Konstruktion der »Titanic« verantwortlich zeichnete, war mittendrin im geschäftigen Kommen und Gehen. Shan Bullock berichtet in der Biographie »Thomas Andrews – Shipbuilder«, die 1912 erschien: »Er brachte Dinge wie Kleiderständer, Tische, Stühle, Kojenleitern ... an ihren Platz und sagte, er könne nicht eher ruhig sein, bis alles fertig und in Ordnung wäre. Er war immer beschäftigt, führte die Eigentümer durch das Schiff, sprach mit tausend Leuten, diskutierte schon wieder Pläne für neue Schiffe und überwachte die Fertigstellung der Innenausstattung.«

Als er das Café Parisien sah, faßte er den Plan, die Korbmöbel grün streichen zu lassen – diese Idee wurde später auf der »Olympic« verwirklicht, als dort bei den nächsten Ausbesserungsarbeiten ein ganz ähnliches Café eingerichtet wurde.

Shan Bullock: »Andrews erhielt im Lauf seiner Karriere viel Anerkennung ... von der White Stare Line, der Hamburg-Amerika Linie und – ich denke, das schätze er ebensohoch – von den Stewards der ›Olympic‹.« Einige von ihnen waren auch auf der unglückseligen Jungfernfahrt der »Titanic« dabei.

Warten auf die Abfahrt

Steward George Beedem von der »Olympic«, ein Schützling von John Bartholomew, dem Leiter des Gastronomiebereiches bei White Star, sollte den Untergang der »Titanic« nicht überleben. Ohne das Unglück zu ahnen, schrieb er in einem der Briefe, die er kurz vor der Abfahrt an seine Mutter und seine Frau schickte: »Ich wünsche dieses verdammte Schiff, um das sie soviel Wirbel machen, auf den Grund des Meeres.«

Zunächst vermittelt sich in Beedems Briefen der Eindruck von Ruhe, ja einer gewissen Monotonie; über die Arbeit ist wenig zu sagen, Familienbelange und der Plan, nach Southampton umzuziehen, stehen im Vordergrund. Überdruß wird dann spürbar, als der Lohn nicht gezahlt wird und für den Putzdurchgang in letzter Minute einfach keine Staubtücher zu finden sind ...

Drei Briefe von George Beedem seien hier zitiert:

»An Bord der RMS ›Titanic‹(vergiß das bitte nicht)

Liebe Mutter,

... zwischen den beiden Dampfern kannst Du kaum einen Unterschied finden. Heute war ich nur auf dem Schiff, um aufzupassen, daß es ordnungsgemäß an seinem Platz liegt. Keiner hat etwas getan, weil Karfreitag ist. ... Ich werde bei Mr. B. arbeiten. Gesehen habe ich ihn noch nicht. Ich ging letzten Samstag ins Büro; dort sagte mir nur sein Chef, daß ich am Donnerstag auf der ›Titanic‹ sein solle, also fuhr ich sofort nach Hause [nach Harlesdon; Anm.d.Übers.]. Dort hatte ich eine schöne Zeit, aber es war viel zu kurz. Lill ging es nicht besonders gut, und ich bin froh, wenn wir alle hier unten in Southampton sind. Ich denke, sie wird runterkommen, wenn ich von der Fahrt zurück bin, und sich umschauen.

Bin froh zu hören, daß es dem Onkel bessergeht. ... Die letzte Fahrt war nicht gerade überdurchschnittlich, wegen dem Kohlestreik reiste niemand. Wir kamen praktisch leer zurück, aber ich denke, dieses Mal werden wir hin und zurück voll sein. Neulich fand ich einen blinden Passagier, aber das habe ich Dir ja alles schon erzählt. Deinen Brief habe ich nicht bekommen; er ist, denke ich, auf dem Weg nach Amerika. Ich habe keine Briefmarke, so wird dieser Brief erst morgen weggehen. Ich wüßte gern, wie es Onkel J. geht – wenn Du mir ein paar Zeilen schreibst, vergiß nicht: ›Titanic‹, nicht ›Olympic‹. Es geht mir ganz gut, also viele Grüße, in Liebe
George
Mr. B. wird wohl mit uns auf Fahrt gehen.«

Beedems Erwartung wurde enttäuscht: John Bartholomew fuhr nicht auf der »Titanic« mit.

»Southampton, 5. April 1912
›Titanic‹
Freitagabend
...

Meine liebste Lill,

Karfreitag, und ich habe den ganzen Tag gearbeitet. Ich ging gestern gegen neun Uhr an Bord. Es sind noch nicht viele Leute hier, sie kommen erst morgen. Es gibt keinen großen Unterschied zwischen den beiden Dampfern. Ich war heute nur hier, um aufzupassen, daß das Schiff ordnungsgemäß an seinem Platz liegt. Keiner hat gearbeitet. ... Es war schönes Wetter heute. Und jetzt: Wie geht es Deinem Hals? ... Ich kann kein Schreibpapier finden, nur das in meiner Tasche, ich muß noch mal rumgucken. ... Ich habe mein Seemannsbuch zu Hause auf der Anrichte vergessen, bitte schicke es. Jetzt weiß ich nicht mehr, worüber ich noch schreiben soll, Liebes. Eine Briefmarke werde ich vor morgen früh nicht bekommen. Jetzt werde ich noch etwas herumspazieren. ... Ich bin ganz gern allein hier. Also schöne Grüße, meine Lieben; ich hoffe, Charlie schläft jetzt durch,
also mach es gut, Dein
Dada«

»An Bord der RMS ›Titanic‹
9. April 1912, Dienstag

Liebe Lill und lieber Charlie,

dies ist die letzte Nacht, und morgen fahren wir Gott sei Dank los. So eine Woche, wie ich sie hinter mir habe, möchte ich nicht noch einmal erleben. Am Sonntag habe ich in der ganzen Stadt nach einer Wohnung gesucht. ... Ich vermute nicht, daß wir am Samstag vor fünf Uhr nachmittags vom Schiff runterkommen werden. Ich hoffe, Dein Hals ist besser, erzähle mir alles ganz genau in Plymouth. Meine Erkältung ist gar nicht gut, und ich bin froh, hier wegzukommen und ordentliches Essen zu kriegen. Wie immer wirst Du sagen, daß ich nicht richtig auf das Geld aufpasse. Ich bin für den Karfreitag nicht bezahlt worden; nur zehn von uns haben gearbeitet, und keiner wurde bezahlt, weil irgendein Idiot uns von der Liste gestrichen hat. ... Sonst habe ich über die letzten drei Tage nichts zu berichten. Ich habe mich miserabel gefühlt. Und wie soll man ohne Staubtücher oder irgendwas anderes vernünftig arbeiten? Ich wünsche dieses verdammte Schiff, um das sie soviel Wirbel machen, auf den Grund des Meeres. Mutter schrieb, daß es Onkel John etwas bessergeht, er aber noch nicht aufstehen kann. ... Also viele Grüße an Euch beide, in Liebe
Dein George«
(Alle drei Briefe aus einer Privatsammlung, durch Vermittlung der British Titanic Society)

Das Urteil der Presse

Die Zeitungen »Illustrated London News« und »Hampshire Advertiser« schickten am 6. April ihre Fotografen zur »Titanic«. Die »Southampton Times« schrieb in ihrer Rubrik »Ship and Shore – Maritime Notes«, in der Neuigkeiten aus der Welt der Schiffahrt besprochen wurden, die »Titanic« sei: »ein wundervolles Schiff ... in einem Hafen, in dem man die prächtige ›Olympic‹ so gut kennt, ist es eigentlich überflüssig, viel über die ›Titanic‹ zu sagen. Die wenigen, die die Ehre hatten, das Schiff in Southampton zu besichtigen, wußten kaum, wie sie ihre Bewunderung ausdrücken sollten. Jemand sagte, die ›Olympic‹ sei alles gewesen, was man sich hätte wünschen können, und die ›Titanic‹ wäre – nun ja, noch etwas mehr! ... Diese Herren hatten schnell bemerkt, daß auf der ›Titanic‹ [im Vergleich zur »Olympic«; Anm.d.Übers.] einige Veränderungen vorgenommen worden waren; besonders fiel auf, daß mehr Kabinen [der ersten Klasse] eingerichtet worden waren. Die beiden privaten Promenaden [die zu zwei Luxussuiten gehörten; Anm.d.Übers.] wurden mit Interesse besichtigt ... eine reizende Neuerung ist das Café Parisien ... ein Teil des Decks neben dem Restaurant wurde dafür verwandt, und es [das Café; Anm.d.Übers.] ist eine ganz neue Einrichtung auf einem Passagierdampfer. ... Vor dem Restaurant wurde eine Lounge eingerichtet ... die wundervolle Ausstattung [der »Olympic«] wurde wiederholt, auch die Passagiere der zweiten Klasse können viele Annehmlichkeiten genießen, und die Gegebenheiten in der dritten Klasse sind ebenfalls sehr zufriedenstellend.«

Die Schlepper ziehen die »Titanic« langsam vom White-Star-Kai weg. Mit dieser Aufnahme gewann H. G. Lloyd einen Fotowettbewerb des »Southampton Pictorial«.
(»Southampton Pictorial«)

Wie die Passagiere reisten, wurde in der »Southampton Times« auf breitem Raum erläutert, wie die Besatzung untergebracht wurde, interessierte nicht im entferntesten. Als Vertreter der Presse 1969 die »Queen Elizabeth 2« besichtigten, war dies anders – soziale Gesinnung und Geschäftsmethoden hatten sich gravierend geändert, und die Unterbringung der Arbeitskräfte an Bord war ein Thema von Interesse geworden.

Natürlich ging der Berichterstatter der »Southampton Times« auch auf die bevorstehende Ankunft der Schiffsgiganten »Imperator« und »Vaterland« von der Hamburg-Amerika Linie ein.
Zwar triumphierte er, daß das Spiel »zwei zu null von der White Star Line gewonnen werden wird ... mit einer dritten ›Olympic‹ in der Auftragsliste von Harland and Wolff«, meinte aber auch: »Es wäre interessant zu wissen, ob sie größer als die ›Imperator‹ sein wird.« (Wie sich später herausstellte, war die »Britannic« kleiner als die »Imperator«, obwohl man mit ihr eine längere, breitere und schwerere Version der Schwesterschiffe gebaut hatte.)
Der Redakteur fuhr fort: »Das letztendliche Ziel der White Star Line ist es, einen wöchentlichen Schiffsverkehr mit riesigen Dampfern dieser Art von Southampton aus einzurichten. Offensichtlich sind ihnen jedoch die Deutschen dicht auf den Fersen. Hin und wieder übertrifft die White Star Line sie und kann dann voll Vertrauen darauf bauen, das Richtige getan zu haben, während die Deutschen nichts vorangebracht haben.«
Nach ihrer Indienststellung 1913 bot die »Imperator« für kurze Zeit eine Attraktion besonderer Art: Als Gallionsfigur befand sich am Bug ein Adler, der auf einer Weltkugel mit der Inschrift »Mein Feld ist die Welt« saß – dem Firmenmotto der Hamburg-Amerika Linie. Die Ironie des Schicksals wollte es, daß Adler und Weltkugel durch einen Sturm vom Schiff gerissen wurden.
Mit Blick auf den kahlen, rechtwinkligen Bug der »Titanic« beklagte die »Southampton Times« 1912, Gallionsfiguren seien bei den britischen Ozeandampfern wie der alte Klipperbug des 19. Jahrhunderts aus der Mode gekommen. Einige Gallionsfiguren gab es zwar noch an älteren Dampfern, beispielsweise von der Royal Mail Steam Company. Auch vergoldete Verzierungen, die in der Sonne majestätisch glitzerten, waren an Passagierschiffen vieler Linien noch zu finden. Doch um den schwarzen Rumpf die Luxusliner von White Star lief nur ein einfaches goldenes Band.
»Diejenigen, die sich etwas auf ihren ästhetisch geschulten Blick zugute halten, beklagen die heutige Angewohnheit der Schiffsbauer, den Schnelldampfern einen geraden Vorsteven zu geben. Tatsächlich ist die alte Tradition, eine Gallionsfigur am Bug anzubringen, fast ausgestorben ... daß die kühnen Deutschen diese Tradi-

tion offensichtlich wiederbeleben wollen, ist eine ziemliche Überraschung. Was keinem nützlichen Zweck dient, hat heutzutage im modernen Schiffsbau keinen Platz mehr.« (»Southampton Times«/»Hants Express« vom 6. April 1912)

Bilder der »Titanic«

Unter den Schaulustigen, die sich die »Titanic« im Hafen von Southampton besahen, waren auch eine Reihe von Profi- und Amateurfotografen. Einige machten ihre Schnappschüsse sicher mit dem Rollfilm des klangvollen Namens »Flagge«, der von W. J. Dodridge in der Victoria Road in Woolston verkauft wurde. Auch arrivierte Fotografen wie Debenham und Smith fertigten Aufnahmen an; vermutlich war es einer ihrer Mitarbeiter auf der Isle of Wight, der festhielt, wie die »Titanic« den Ort Cowes am 10. April passierte.
Eine Reihe von Firmen stellten Postkarten der Schiffe her, die im Southamptoner Hafen zu sehen waren; eines der beliebtesten Objekte war die »Olympic«. Wer hätte wohl ahnen können, wie wertvoll die wenigen Fotos, die von der »Titanic« gemacht wurden, später werden würden? Einige der Fotografen nahmen die »Titanic« am Karfreitag auf, festlich mit Flaggen geschmückt – eine öffentliche Geste, um der Stadt die Ehre zu erweisen und die Enttäuschung darüber, daß das Schiff nicht besichtigt werden konnte, etwas zu mildern.
Der Abfahrtstag bot natürlich die besten Möglichkeiten für ein attraktives Bild. Ein Preisgeld von einer halben Guinee würde der »Southampton Pictorial« später an den jungen H. G. Lloyd vergeben, der im Bild festhielt, wie die »Titanic« langsam das Hafenbecken verließ. »Ein geschickter, junger Amateurfotograf – er gibt einen guten Eindruck von der Größe des Schiffes, gleichzeitig hält er aber auch die Details der Abfahrt sehr schön im Bild fest.« Das Foto wurde später in Southamptoner Läden verkauft (siehe Seite 90).
Nur sehr wenig Haushalte in den Hafenvierteln Chapel, Northam und St. Mary dürften wohl einen Fotoapparat besessen haben. Doch war der Preis erschwinglich, so ließ man sich gern fotografieren oder kaufte Fotos und Postkarten mit einem persönlichen Bezug. Die Porträtfotografen der Stadt hatten regelmäßig Kunden aus den Reihen der Schiffsbesatzungen.
Auch einige Maler sahen sich die »Titanic« genau an, bevor sie das Motiv nach ihrer persönlichen künstlerischen Auffassung gestalteten. George Washington Sandell zeigte das Schiff, wie es unter düsterem Himmel an der Küste entlangfuhr, George Fraser malte die »Titanic«, als sie zur Jungfernfahrt aus dem Hafen auslief (siehe Seite 190 und 191). Er hatte all die Menschen, die an Bord gingen, beobachtet, malte einige von ihnen und wollte später noch mehr Personen hinzufügen. Nach dem Unglück brachte er es nicht über sich, weiterzumalen – so blieben die vorderen Decksaufbauten auf seinem Gemälde fast menschenleer.
Walter Dane Bryer schließlich, ein junger Elektriker und guter Aquarellmaler aus Northam, stellte die »Titanic« auf See dar – in der Szenerie eines frischen Apriltages (siehe Bild Seite 190).

Im Southamptoner Hafenviertel: Auch viele Besatzungsmitglieder der »Titanic« werden in einem der abgebildeten Pubs in der Albert Road Stammgäste gewesen sein.
(Aufnahme von 1912; Privatsammlung)

Zu Gast in den Southamptoner Hotels

Zwar reiste die Mehrzahl der »Titanic«-Passagiere erst am Abfahrtstag mit dem Zug aus London an, doch übernachtete ein Teil bereits in der Stadt. Die reichsten und »bedeutendsten« Fahrgäste stiegen im South Western Hotel ab. Unter ihnen war auch Thomas Andrews, der die Konstruktion der »Olympic« und der »Titanic« geleitet hatte. Er sollte den neuen Luxusliner testen und über Verbesserungsmöglichkeiten nachdenken. Daher war er mit dem Schiff von Belfast gekommen und wohnte die Woche über im Hotel, während er die letzten Arbeiten an Bord überwachte.
Sein Sekretär Thomas Hamilton erinnerte sich: »Die ganzen Tage, die das Schiff in Southampton lag, ruhte Mr. Andrews nicht einen Moment lang. Gewöhnlich verließ er das Hotel gegen 8.30 Uhr und machte sich auf den Weg zum Büro [von Harland and Wolff], wo er sich um seine Korrespondenz kümmerte. Dann ging er an Bord, blieb dort bis 18.30 Uhr, anschließend kam er wieder zum Büro, um Papiere zu unterschreiben.«
Den Tag vor der Abfahrt trafen auch Bruce Ismay und seine Familie aus London ein und übernachteten im South Western Hotel. Dort wartete bereits der Diener Richard Fry, und Ismays Sekretär W. H. Harrison stieß hinzu, um das Reisetrio komplett zu machen. Frau und Kinder waren nur mitgekommen, um Ismay zu verabschieden – obwohl Mrs. Ismay und der Bruder James Ismay bei der Jungfernfahrt der »Olympic« dabeigewesen waren. Dieses Mal wollte Ismay sehen, »wie sie arbeitet, und dadurch Verbesserungen entwickeln für das

Die Portiers des South Western Hotels. (Southampton Archives Service)

Der Zug, der die Passagiere der »Titanic« zum White-Star-Kai in Southampton bringen wird, steht abfahrbereit in London. (Sammlung Francis Browne SJ)

nächste Schiff, das wir bauen [die »Britannic«]«. (Vor dem amerikanischen Untersuchungsausschuß)
Die Offiziere von White Star trafen sich gelegentlich im South Western zum Abendessen; auch Doktor Beaumont und Doktor O'Loughlin, die Schiffsärzte der »Olympic« und der »Titanic«, kamen dazu. Beaumont erinnerte sich an O'Loughlin: »Ob er irgendwelche Vorahnungen in bezug auf die ›Titanic‹ hatte, weiß ich nicht (ich denke, es ist bekannt, daß Zahlmeister McElroy welche hatte). Aber ich erinnere mich, daß er mir bei einem Gespräch im South Western Hotel sagte, er

Zeitgenössische Postkarte des South Western Hotels. (Southampton Archives Service)

wäre dieses Leben leid – immer von einem Schiff aufs nächste. Als er dies Kapitän Smith gegenüber bemerkte, meinte dieser, er sei verrückt und er solle mit ihm kommen. So entschied das Schicksal, daß ›Billy‹ auf die ›Titanic‹ ging und ich auf die ›Olympic‹.«

Harold Campbell aus dem Stadtteil Newtown, ein junger Bursche, der die Schule so schnell wie möglich beendet hatte und gern zur See wollte, war Hausdiener im Star Hotel. Ein Chefsteward von der »Titanic« bot ihm an, ihn zu empfehlen, damit er auf dem Schiff arbeiten könne. Irgendwie wurde nichts aus der Sache. Später war Campbell Steward auf der »Homeric« und auf Schiffen der Royal Mail Steam Packet Company – froh darüber, daß er damals nicht auf die »Titanic« gegangen war.

Der Direktor eines Southamptoner Hotels, vermutlich des Oriental, war mit Chefingenieur Bell befreundet. Als besondere Aufmerksamkeit zeigte Bell seinem Sohn am Abend vor der Abfahrt die Maschinenräume der »Titanic«.

Und Lawrence Beesley, Passagier in der zweiten Klasse, der vermutlich in einem Hotel in der Canute Road übernachtete, schrieb später:
»Es ist großartig, sich daran zu erinnern, wie ich an diesem Morgen im Frühstücksraum des Hotels saß, genau vor dem Fenster, von dem aus man die vier hohen Schornsteine der ›Titanic‹ sehen konnte. Sie überragten die Dächer der verschiedenen Abfertigungsgebäude gegenüber und die Prozession von Heizern und Stewards, die ihren Weg zum Schiff hin nahmen. Hinter mir saßen drei Passagiere der ›Titanic‹, die die kommende Reise besprachen und – neben anderem – abschätzten, wie die Wahrscheinlichkeit eines Unfalls auf See mit dem Schiff wäre. Als ich mich vom Frühstück erhob, warf ich einen Blick auf die Gruppe und erkannte sie später an Bord wieder, aber sie waren nicht unter denjenigen, die auf den Namensaufruf an Bord der ›Carpathia‹ am folgenden Montagmorgen antworteten. (Lawrence Beesley, »Titanic. Augenzeuge der Katastrophe«, Seite 17/18)

Das Atlantic Hotel im Hafenviertel von Southampton wurde 1894 von John Doling eröffnet; hier fanden Auswanderer eine bescheidene Unterkunft. Dolings Tochter und seine Schwiegertochter befanden sich unter den Passagieren der zweiten Klasse an Bord der »Titanic«; beide wurden gerettet.
(Sammlung A. G. K. Leonard)

Antreten zur Musterung

»Aus dem Hafen von Southampton
dampfte zur Jungfernfahrt
Die prächtige, starke Titanic
Das modernste Schiff ihrer Art ...
Und die Menschen standen jubelnd am Kai,
Das Schiff fuhr ab und sie riefen good bye.«
(Aus dem Gedicht »Be British« von 1912)

»Kapitän John Smith wohnte in der Winn Road. Ich war damals elf Jahre alt und trug die Zeitungen aus für Smith and Sons am Bahnhof von St. Denis. ... Ich belieferte fast jedes Haus in der Winn Road; am oberen Ende der Straße begann ich, dann ging ich auf der einen Seite runter, auf der anderen wieder rauf. Während der Woche machte ich die Runde, bevor ich zur Schule ging. Als ich beim letzten Haus vor dem von Kapitän Smith war, kam er gerade heraus. Und ich werde mich immer dran erinnern, wie er sagte: ›Da nehme ich doch meine Zeitung mit, mein Sohn.‹ Ich gab sie ihm, und er ging zum Hafen runter, um die ›Titanic‹ zu besteigen. Das war ungefähr um sieben Uhr morgens, denn um acht Uhr mußte er dort sein zur Musterung vor den Herrn vom Handelsministerium. Alle von der Besatzung, vom Kapitän bis zum Schiffsjungen, hatten dort zu sein.« (Albert Benham; Sammlung Lee Raymond)

»Endlich war der Abreisetag gekommen, und die Menschen auf dem Schiff, das tagelang einem geschäftigen Bienenstock geglichen hatte, waren nun ... zum ›Ausschwärmen‹ bereit.« (Offizier Charles Lightoller)
»Das Wetter war sehr gut – hätte besser nicht sein können, Sommerwetter.« (Offizier Herbert Pitman)
Kurz nach Sonnenaufgang kamen als erste die Besatzungsmitglieder in kleinen Gruppen an Bord.
Matrose Joseph Scarrott: »Ich hatte Befehl, um sieben Uhr morgens auf dem Schiff zu sein. Am Mittwoch, dem 10. April, die Abfahrt würde um zwölf Uhr mittags sein. Die Reise war ohne größeren Aufenthalt geplant; wir würden also von Southampton nach New York fahren, ausladen, wieder einladen und in sechzehn Tagen zurück sein. Obwohl es eigentlich nicht nötig war, meine ganzen Sachen auf diese kurze Reise mitzunehmen, wollte ich irgendwie nichts zurücklassen; und ich dachte immer wieder darüber nach, ob ich mitfahren sollte oder nicht. Heute, nach neunundzwanzig Jahren auf See, kann ich sagen, daß ich nie wieder solch ein Zögern bei mir erlebt habe wie damals. Und dabei hatte ich bereits auf der ›Titanic‹ gearbeitet, als sie von der Werft nach Southampton kam, und konnte mir das Schiff von vorn bis achtern genau ansehen. Das tat ich auch, besonders die Unterkünfte der Mannschaft, und ich muß sagen, das war das komfortabelste Schiff, das ich je gesehen hatte.

Mittwoch, 10. April. Ich entschied, daß ich fahren würde, aber mit keinem guten Gefühl. Bevor ich das Haus verließ, gab ich meiner Schwester einen Abschiedskuß und sagte: ›Leb wohl‹. Als ich hinaus war, rief sie mich zurück und fragte, warum ich nicht wie sonst ›also dann, bis bald‹ gesagt hätte. Ich gab zurück, ich hätte gar nicht bemerkt, was ich da gesagt hätte; hatte ich auch wirklich nicht. Sie können sich vorstellen, wie mich dieser Zwischenfall auf dem Weg zum Schiff beschäftigte.

Wenn man als Matrose an Bord geht, macht man immer so ziemlich dasselbe. Man geht in sein Quartier, sucht sich eine Koje und holt sich die Anziehsachen, die man braucht, aus seinem Seesack. Und dann, wenn die Musterung beginnt, zieht man seinen Matrosenanzug an. Ich nahm meinen Seesack mit, machte ihn aber nicht auf und zog mich auch nicht um. Zur Musterung, zur Feueralarmübung und zur Übung mit den Rettungsbooten ging ich ohne meinen Anzug.

11.45 Uhr. Alle Mann auf den Posten zum Ablegen. Ich bin auf meiner Bootsstation steuerbord, achtern. Und ich habe immer noch keinen Matrosenanzug an. Mein Handeln und Verhalten ist das Gegenteil von dem, was es sein sollte.« (»Pier Review«, 1932)

Matrose Frank Evans: »Wir gingen am Mittwoch um sechs Uhr morgens an Bord der ›Titanic‹.«

Und Heizer John Podesta: »Ich stand auf am Morgen des 10. April 1912 und ging aufs Schiff zur Acht-Uhr-Musterung, eine Sache die meistens etwa eine Stunde dauerte.«

Kapitän Smith kam um 7.30 Uhr an Bord, während die Offiziere die Nacht bereits auf dem Schiff verbracht hatten. Bevor die Züge mit den Passagieren einliefen, gingen die Besatzungsmitglieder in ihre Quartiere, zogen sich um, waren bei der Musterung und erhielten gegebenenfalls eine medizinische Behandlung. Einige nahmen an einer kurzen Übung teil, bei der zwei Rettungsboote zu Wasser gelassen wurden.

»Alle Matrosen waren dabei«, sagte George Moore später vor dem amerikanischen Untersuchungsausschuß. »Etwa dreißig bis vierzig. ... Wir ließen zwei Boote zu Wasser.« Auf die Frage, ob sie gewußt hätten, daß die Rettungsboote auf der »Titanic« nicht für alle reichen würden, antwortete er: »Ich denke, das wußten wir.«

»Wir hatten Musterung, dann eine Inspektion der Offiziere und dann die Übung mit den Rettungsbooten. Zwei wurden benutzt. In eines von ihnen stiegen wir ein. In jedem saßen neun Leute.« (Matrose Frank Evans vor dem amerikanischen Untersuchungsausschuß)

»Wären wir alle zu der Übung gegangen, wäre das Essen für die Passagiere nicht fertig geworden. ... So viele Heizer, Matrosen, Steuermänner und Stewards waren für die Rettungsboote eingeteilt worden.« (Edward Wheelton, Steward in der ersten Klasse)

Am 20. April, zwölf Uhr mittags, sollte es von Pier 59 des New Yorker Hafens wieder losgehen: Die White Star Line wirbt für die Überfahrt mit der »Titanic« zurück nach Southampton. Die Unterkünfte dritter Klasse werden in der Anzeige als bequem und komfortabel angepriesen. (»Southern Daily Echo«)

Das Kommando führte Offizier Harold Lowe, der vor dem amerikanischen Untersuchungsausschuß aussagte: »Wir wurden in den Booten heruntergelassen und ruderten ein paar Runden, dann kamen wir zurück und wurden wieder hochgezogen. Danach gab es Frühstück, und jeder ging an seine Aufgaben.«

Kapitän Smith gab inzwischen die von ihm unterschriebenen Abfertigungspapiere an Kapitän Steele, den Southamptoner Aufsichtsbeamten von White Star, und an Kapitän Clarke vom Handelsministerium. »Kapitän Clarke nennen wir eine Nervensäge, weil er so genau ist ... er läßt uns für jede Kleinigkeit blechen«, gab Zweiter Offizier Charles Lightoller am Anfang der amerikanischen Untersuchungen zu.

Passagiere und Schaulustige treffen ein

Auch weniger offizielle Besucher als Kapitän Clarke kamen an Bord: »Mein Vater war Seemann ... bevor ich geboren wurde, arbeitete er eine Zeit für die Royal Mail Steam Packet Company. Davor war er Skipper der Jacht ›Latona‹, die Baron von Knoop gehörte. Mein Vater sagte einfach: ›Ich nehme Dich mit runter, damit Du die ‚Titanic' siehst‹ ... er dachte, das wäre eine schöne Sache für mich, und er kannte Kapitän Smith. ... Ich erinnere mich, daß wir in die Straßenbahn stiegen, die vor unserem Haus in der Shirley Road vorbeikam, und zum Hafen hinunterfuhren. ... Als wir durch die Hafentore gingen, konnten wir in einiger Entfernung rechter Hand die ›Titanic‹ sehen ...
Wir betraten das Schiff auf einer überdachten Gangway. Es war riesig und beeindruckte mich tief; eine große Freitreppe lag direkt vor mir. Dann erinnere ich mich noch an einen hochgewachsenen, bärtigen Mann, der einen Gehrock trug. Er hatte eine Schirmmütze auf, und was mich beschäftigte, war, daß sie anders aussah als die modernen Mützen. ... Mein Vater sprach mit ihm. ... Es war überall ein entsetzliches Gewühl, und Kapitän Smith war von Leuten umringt.« (Interview mit Roy Diaper im Rahmen des Oral-history-Projektes Southampton)
Ein zufälliger Besucher der »Titanic« war der Marinemaler Norman Wilkinson auf dem Weg nach Devon. Er schrieb später: »Als wir die Landungsbrücke in Southampton erreichten, sah ich den neuen White-Star-Liner ›Titanic‹. Das Schiff würde am Nachmittag zu seiner Jungfernfahrt aufbrechen. Ich sagte zu meinem Freund: ›Was für ein Glück. Ich kenne den Kapitän. Wir werden an Bord gehen und uns umsehen.‹
Der Unteroffizier an der Gangway sagte uns, Kapitän Smith sei an Bord, und brachte uns zu seiner Kabine. Er war um die sechzig Jahre alt und seit vierzig Jahren im Dienst der White Star; er strahlte großes Vertrauen aus. Er begrüßte mich herzlich, erklärte aber, daß er enorm beschäftigt sei und uns dem Zahlmeister anvertrauen würde, der uns das Schiff zeigen solle. Wir machten einen ausführlichen Rundgang. Im Rauchsalon hing ein Gemälde, das ich im Auftrag von Lord Pirrie von der Belfaster Werft Harland and Wolff, von der das Schiff stammte, gemalt hatte. Auf dem Bild war der Hafen von Plymouth zu sehen. Auf der SS ›Olympic‹

Kapitän Smith auf dem Bootsdeck der »Titanic«. (»Illustrated London News« vom 20. April 1912)

hing das Pendant dazu, das den Hafen von New York zeigte. Beide hatte ich nach Skizzen, die ich in den Häfen angefertigt hatte, gemalt. Und so fuhr die ›Titanic‹ am 11. April [sic] nach New York ... niemand von uns hatte auch nur die leiseste Angst, daß ihr etwas passieren könnte; sie war das modernste Schiff und galt als wirklich unsinkbar.« (Norman Wilkinson, »A Brush with Life«; siehe Abbildungen Seite 39 und 188)
So viele Besucher kamen, und die Lebenswege so vieler Menschen berührten sich zum letztenmal. Steward Arthur Paintin hatte gehofft, in Southampton noch einen Brief an seine Eltern einstecken zu können, doch er hatte keine Zeit. Ehefrau und Tochter von Kapitän Smith kamen kurz an Bord, waren auf der Brücke und verließen das Schiff wieder. Familie Ismay sah sich die »Titanic« an, bevor sie Bruce Ismay auf Wiedersehen sagte und auf den Kai zurückging, um bei der Abfahrt des Schiffes zu winken.

Der Zug aus London, mit dem Passagiere der zweiten und dritten Klasse kamen, traf um 9.30 Uhr am White-Star-Kai ein. Die Fahrgäste wurden durch die Abfertigungshalle geschleust und die Ausreiseformalitäten erledigt, Passagiere der dritten Klasse durchliefen Gesundheitskontrollen, dann ging man an Bord und wurde von den Stewards zu den Kabinen gebracht.
Der Gehilfe des Zahlmeisters in der zweiten Klasse beruhigte Mrs. Becker, eine Passagierin, die noch nie bei der Jungfernfahrt eines Schiffes an Bord gewesen war: »Sie brauchen sich überhaupt keine Sorgen zu machen. Und wenn dem Schiff irgend etwas zustoßen sollte, würden die wasserdichten Abteile es vor dem Sinken bewahren, bis wir Hilfe bekommen würden.« (Aus der Zeitschrift »Titanic Commutator«)
Einer der Männer an Deck, die sich um das Gepäck kümmerten, wurde von der Passagierin Sylvia Caldwell gefragt: »›Kann dieses Schiff wirklich nicht sinken?‹ ›Nein, Madame‹, hatte dieser geantwortet, ›Gott selbst könnte dieses Schiff nicht versenken.‹« (Walter Lord, »Die letzte Nacht der Titanic«, Seite 59)
Bis alle Passagiere der zweiten und dritten Klasse an Bord und ihre Gepäckstücke verstaut waren, brauchte es wesentlich mehr Zeit, als bei den Passagieren der ersten Klasse. Sie kamen in einem eigenen Zug mit leichter Verspätung um 11.30 Uhr an.

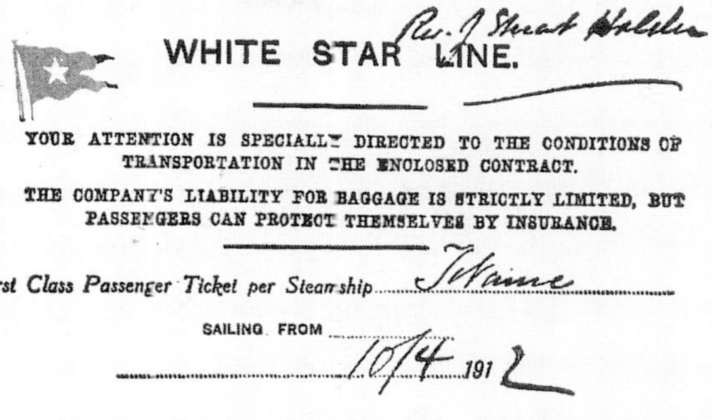
WHITE STAR LINE.

YOUR ATTENTION IS SPECIALLY DIRECTED TO THE CONDITIONS OF TRANSPORTATION IN THE ENCLOSED CONTRACT.

THE COMPANY'S LIABILITY FOR BAGGAGE IS STRICTLY LIMITED, BUT PASSENGERS CAN PROTECT THEMSELVES BY INSURANCE.

First Class Passenger Ticket per Steamship Titanic

SAILING FROM

10/4 1912

Ein Gepäckschein der »Titanic« für Reisende der ersten Klasse.
(Merseyside Maritime Museum)

Einige Herren von der Presse entdeckten den bekannten Journalisten und Sozialreformer W. T. Stead, der erklärte, er habe eigentlich nicht unbedingt die Jungfernfahrt der »Titanic« mitmachen wollen, doch Präsident Taft hätte ihn gebeten, auf der bevorstehenden Weltfriedenskonferenz in New York zu sprechen.
Obwohl die Passagiere der »Titanic« aus allen Teilen Großbritanniens, vom europäischen Festland, den Vereinigten Staaten, ja sogar aus Japan kamen, nahmen für die letzte Strecke des Weges doch mehr oder minder alle dieselben beiden Züge von London.

Schaute man vom Promenadendeck der ersten Klasse hinunter, so waren die geschäftigen Menschen auf dem Kai schon recht weit weg. Ganz am anderen Ende des Schiffes kamen die Passagiere der zweiten Klasse über eine Gangway auf die »Titanic«. (Sammlung Francis Browne SJ)

Aus Southampton und Umgebung kamen nur wenige Fahrgäste. In der zweiten Klasse reiste »Mr. H. P. Hodges, der bekannte Southamptoner Musikalienhändler« (»Southampton Pictorial« vom 17. April 1912), dessen Firma sich um den musikalischen Rahmen von Veranstaltungen des Hafenamts am Royal Pier kümmerte. Er wollte einen Verwandten in Boston besuchen. »Kaum hätte ich damals gedacht, daß ich Mr. Hodges das letzte Mal die Hand schütteln sollte, als ich ihn am Abfahrtstag um etwa zehn Minuten vor zwölf traf. Wir redeten über die Newtown Ward Association, und Mr. Hodges zeigte großes Interesse.« (R. W. Jesson im »Hants Advertiser« vom 27. April 1912)

Harvey Collyer, seine Frau Charlotte und Tochter Marjorie wohnten in Bishopstoke bei Southampton. Sie wollten nach Amerika auswandern und hatten eine Überfahrt zweiter Klasse auf der »Titanic« gebucht.

»Den Tag, bevor wir losfuhren, gab es ein Riesenspektakel; es schien, als wären Hunderte aus der Nachbarschaft gekommen, um uns Lebewohl zu sagen, und am Nachmittag hatten die Mitglieder der Kirchengemeinde auch noch eine Überraschung für meinen Mann. Sie führten ihn zu einem Sitz unter dem alten Baum auf dem Kirchhof, und dann gingen einige zum Glockenturm und läuteten ihm zu Ehren alle Glockenspiele, die sie kannten. Es dauerte mehr als eine Stunde, und er freute sich sehr. Irgendwie machte es mich etwas traurig. Sie ließen die feierlichen alten Glockenspiele ebenso ertönen wie die fröhlichen; mir war das eine zu große Abschiedsfeier.« (Charlotte Collyer 1912 im Frauenmagazin »American semi-monthly Magazine«)

Ebenfalls unter den Passagieren der zweiten Klasse war Familie Brown, die den Hafen von Southampton kannte, da sie viele Jahre in Südafrika gelebt hatte und regelmäßig von dort nach London gereist war. Mrs. Brown und ihre fünfzehnjährige Tochter Edith, die später in Southampton lebte, wurden gerettet.

Auch Familie Dean hatte Verbindungen zu Southampton, da die Eltern von Mrs. Dean in Woodlands, einem Dorf vor der Stadt, wohnten. Mrs. Dean, die ihren Mann beim Unglück verlor, zog mit ihren zwei kleinen Kindern nach Southampton, um dort ein neues Leben zu beginnen. Ihr Sohn Bert sollte später Dorothy Sinclair heiraten, deren Vater einen Teil des Geschäfts von oben erwähntem H. P. Hodges gekauft hatte. Die Firma mit Namen Gale and Sinclair vertrieb zugunsten eines der Hilfsfonds Notenblätter zum Gedenken an die »Titanic«. »Mein Vater arbeitete für einen gewissen Mr. Hodge ... er wollte mit der ›Titanic‹ nach Amerika fahren und ertrank ... er hatte ein Klaviergeschäft, das mein Vater dann übernahm. Er erwarb es für 1000 Pfund ... dort verkaufte er Notenblätter ... als sich die Sache gut entwickelte, hatte er dann sogar einen Geschäftsführer ...« (Interview mit Dorothy Dean, geborene Sinclair, im Rahmen des Oral-history-Projektes Southampton)

Ebenso wie die Passagiere waren natürlich auch die Berichterstatter der Zeitungen neugierig, die »Titanic« am Abfahrtstag endlich von innen zu sehen. Der Reporter vom »Daily Graphic«, der zu dieser Gelegenheit nach Southampton gekommen war, schrieb in lyrischem Ton über »die glückliche Abfahrt. Die Luft war erfüllt von Stimmengewirr, von Lebewohl und guten Wünschen. Wir waren von Stolz erfüllt an diesem Morgen. ... Wir, die gekommen waren, um einstweilen Abschied zu nehmen von geliebten Menschen und Freunden, sahen etwas ganz wunderbar Neues auf dem Promenadendeck – es hieß Café Parisien ... einige von uns schauten in die Luxussuiten ... bewunderten die fein gearbeiteten Glaswaren, die Blumen und Früchte ... keiner interessierte sich für die Rettungsboote.«

Auch Passagiere, die wie Lawrence Beesley früh dran waren, machten sich gespannt an die Erkundung des Schiffes: »Zwischen der Zeit des Anbordgehens und dem Ablegen besuchte ich mit zwei Freunden, die zur Verabschiedung aus Exeter gekommen waren, die unterschiedlichen Decks, Salons und Büchereien, die so ausgedehnt waren, daß es nicht übertrieben ist zu behaupten, man könne seinen Weg auf dem Schiff verlieren.

Wir schlenderten beiläufig in die Turnhalle auf dem Bootsdeck und waren mit einem Fahrradtrainer beschäftigt, als der Instrukteur [Mr. McCawley] mit zwei Photographen hereinkam und darauf bestand, daß wir zurücktreten sollten, bis seine Freunde – wie wir zu dieser Zeit dachten – eine Aufnahme von dem Gebrauch seiner Apparate machten. Es war wenig später, als wir entdeckten, daß sie die Photographen einer der Londoner Illustrierten Zeitungen waren. Immer mehr Passagiere kamen herein, und der Lehrmeister lief hierhin und dorthin. Er sah aus wie das Ebenbild kräftiger, rosawangiger Gesundheit und Fitneß in seinem weißen Anzug, wie er einen Passagier auf das elektrische ›Pferd‹, einen auf das ›Kamel‹ setzte, während die lachende Gruppe der Zuschauer den ungeübten Reitern zusah, wie sie auf- und abgeschwungen wurden, als er einen kleinen Motor einschaltete, der die Maschinen zu wirklichkeitsnahen Pferde- und Kamelbewegungen veranlaßte.« (Lawrence Beesley, »Titanic. Augenzeuge der Katastrophe«, Seite 18/19)

Und der damals sechzehnjährige R. C. Lawrence aus Southampton erinnerte sich: »Kurz vor der Abfahrt eilte ich an Bord mit der letzten zu liefernden Schreibmaschine und gab diese beim Zahlmeisterbüro ab. Da ich wußte, daß die ›Titanic‹ als das modernste Passagier-

In Begleitung einer Freundin, die zu seiner Verabschiedung nach Southampton gekommen war, probiert Passagier Lawrence Beesley vor der Abfahrt der »Titanic« die Fahrräder in der Turnhalle aus. Beesley überlebte den Untergang des Schiffes und schrieb noch im selben Jahr ein Buch über seine persönlichen Erfahrungen bei der Katastrophe. (»The Loss of The SS. Titanic«, deutscher Titel »Titanic. Augenzeuge der Katastrophe«; Foto aus der Sammlung Francis Browne SJ)

schiff des Ozeanverkehrs galt, nahm ich natürlich die Gelegenheit wahr, mich umzuschauen. Ich sah das wundervolle Schwimmbad – das etwas Neues auf Atlantikdampfern war – und bald gelangte ich auch in die Turnhalle. Dort wurde ich aufgefordert, verschiedene elektrisch betriebene Geräte auszuprobieren. Ich ritt auf einem ›Kamel‹, einem ›Esel‹ [sic] und fuhr auf einem Fahrrad. Auf Wunsch des Sportlehrers mußte ich alle unangenehmen Bewegungen, die auf dem ›Kamel‹ und dem ›Esel‹ nur möglich waren, aushalten und auf dem Fahrrad steile Steigungen bewältigen; all dies konnte mit nur einem Schalterklicken eingestellt werden.

Plötzlich wurde ich aus der Turnhalle gezogen und bekam gesagt, ich soll eiligst das Schiff verlassen, denn Sirenen und Glocken wären schon verklungen. Ich sprang die Niedergänge herunter, drängte mich durch die Menge der Passagiere, doch wußte ich nicht, wo steuer- und wo backbord war. Irgendwie gelangte ich endlich zur Gangway. Die zwei Offiziere und die Matrosen hatten die Leinen schon losgemacht, und eine Lücke klaffte zwischen der Schiffswand und der Gangway. Unter Protest meinerseits und nicht wiederzugebendem Geschimpfe der Männer befahlen die Offiziere den Matrosen, die Gangway wieder heranzuziehen. Ich rannte sie herunter, so schnell ich konnte, und war froh, wieder sicheren Boden unter den Füßen zu haben. Ich hatte das Gefühl, beinahe auf der ›Titanic‹ gefahren zu sein.

So war meine Aufgabe erfüllt und auch mein kleiner Ausflug beendet. Ich ging zum Ende des Kais und betrachtete das unsinkbare Mammutschiff, wie es an mir vorüberglitt und hinaus nach Southampton Water fuhr, bis es nur noch ein kleiner Punkt am Horizont war. Das ist meine Erinnerung an die ›Titanic‹, genau fünfzig Jahre ist es jetzt her.« (R. C. Lawrence, »Southern Daily Echo« vom 17. April 1962)

In der Menschenmenge am Kai waren viele Kinder mit ihren Eltern und viele Jugendliche, beispielsweise der sechs Jahre alte Bert Lester mit seinem Vater, Mrs. Lightoller und ihre beiden Söhne, Philip Moberley (der später als Offizier auf der »Olympic« diente) mit seinem Vater und der fünfzehn Jahre alte Radsportler E. L. P. Pearson.

»... Ich durfte runtergehen und die ›Titanic‹ sehen ... vom Kai aus, wie sie zu ihrer Jungfernfahrt aufbrach. ... Ein großes Vergnügen war es für mich, die Schiffe ausfahren zu sehen, wissen Sie ... Ich erinnere mich, wie die Schlepper ... ihre Pfeifen bliesen und alles. Es war ein toller Anblick, sehr interessant. Aber damals ahnte ich noch nicht, daß ich später auch auf den Schiffen fahren sollte. Ja, ich ging mit siebzehn zur See.« (Interview mit Albert Shute im Rahmen des Oral-history-Projektes Southampton)

In letzter Sekunde

»Sechs von uns gingen um etwa zehn vor zwölf [vom Pub »The Grapes«] zum Hafen und zum Schiff. Bei mir und meinem Kumpel waren drei Brüder mit Namen Slade (Bertram, Tom und Alfred). ... Ein Passagierzug näherte sich uns vom anderen Ende des Kais. Ich hörte die Slades sagen: ›Ach, laßt den Zug doch erst mal vorbeifahren‹, aber Nutbean und ich überquerten die Gleise noch und gingen an Bord. Da es ein langer Zug war, kamen die Slades zu spät, die Gangway war schon hochgezogen – und so blieben sie zurück« [zusammen mit dem Trimmer Mr. Penney, der bei den Slades wohnte]. (Heizer John Podesta, »Southern Daily Echo«)

Ganz ähnlich versuchten auch drei andere Brüder mit dem Familiennamen Pugh in letzter Minute das Schiff zu erreichen – einer blieb zurück, Alfred und Percy schafften es. Und Lawrence Beesley beobachtete: »Eine Gruppe von Heizern rannte entlang des Kais auf die Gangway zu, ihre Kleider und Habseligkeiten um ihre

Ein letztes Winken zum Abschied, und die »Titanic« verläßt den Hafen von Southampton. Francis Browne, der diese Aufnahme machte, fuhr als Gast der Familie Odell bis nach Cherbourg. Während der wenigen Stunden an Bord machte er eine Reihe von Bildern. Da es relativ wenig Fotos von der »Titanic« gibt, wurden seine Aufnahmen zu wertvollen Dokumenten. (Sammlung Francis Browne SJ)

Schaulustige auf dem Dampfer »New York« beobachten, wie die »Titanic« aus dem Hafen fährt. (Ulster Folk and Transport Museum)

Schultern geschlungen in der Absicht, das Schiff noch zu erreichen. Aber ein Unteroffizier, der dort Wache stand, führte sie zum landseitigen Ende der Brücke, entschlossen, sie nicht an Bord zu lassen. Sie erklärten sich gestikulierten, offensichtlich um zu versuchen, ihre Verspätung zu begründen, doch er blieb unnachgiebig und wies sie mit einer bestimmenden Geste zurück. Die Landungsbrücke wurde trotz ihres Protestes zurückgezogen, ein endgültiges Ende unter ihre Bemühungen setzend, die ›Titanic‹ noch zu erreichen.« (Lawrence Beesley, »Titanic. Augenzeuge der Katastrophe«, Seite 20/21)

»Mein Vater war Trambahnfahrer und sagte zu mir: ›Ich nehme Dich heute um elf Uhr mit und bringe Dich zum Kai.‹ ... er ließ mich am Ende der High Street raus, wo heute der Town Quay ist, wo das Schiff nach Hythe abfährt, gerade an dieser Ecke. Und ich erinnere mich, wie ich dastand auf diesen Schienen, um zwölf Uhr am Mittwoch, dem 10. April – White-Star-Line-Schiffe gingen nämlich immer am Mittwochmittag, Cunard-Schiffe immer am Samstagmittag. Also, ich erinnere mich, wie die ›Titanic‹ ausfuhr, das Heck voran herumschwang – ihr Heck also der Stadt zuwandte ... sie richteten sie geradeaus, und fort fuhr

Die »Titanic« beginnt ihre Jungfernfahrt. (Sammlung Peter Boyd-Smith)

sie, den Fluß hinab. Das war am Mittwoch. Und ich weiß noch, wie ich am darauffolgenden Montagmorgen hörte, sie sei gesunken ... Ich ging nach Hause und sagte dort zu meinem Vater: ›Ich habe gerade auf der Post gehört, daß die ‚Titanic' gesunken ist.‹ Er bekam mich zu fassen und schüttelte mich. Er sagte: ›Rede nicht so dummes Zeug, dieses Schiff ist unsinkbar!‹ Aber es war doch wahr.« (Albert Benham; Sammlung Lee Raymond)

Es geht los

Endlich konnte die Fahrt beginnen. Die Leinen wurden losgemacht und die »Titanic« von den Schleppern langsam weggezogen. »Sie gab ein eindrucksvolles Bild ab, wie sie so ruhig Southampton Water hinunterglitt im glänzenden Sonnenlicht und alle anderen Schiffe wie Spielzeugboote erscheinen ließ«, schrieb danach einer der Journalisten.

Der Kapellmeister der Heilsarmee, Mr. Buckingham, würde später erzählen, wie er die Abfahrt der »Titanic« in Southampton gesehen und den Menschen an Bord des Schiffes, das dem Unglück geweiht war, zum Abschied noch einmal zugewunken habe. (»The War Cry« vom 27. April 1912) »Ich saß auf meinem Rad und sah die ›Titanic‹, wie sie ihren Liegeplatz verließ und aus dem Hafen von Southampton fuhr. Ich hörte das Orchester spielen«, erinnerte sich Radsportler Edward »Lance« Pearson, der zu den Osterferien zu Hause in Southampton war (siehe Bild Seite 103).

»Ich erinnere mich gut, daß ich mit acht Jahren die ›Titanic‹ zu ihrer Jungfernfahrt aufbrechen sah, von der sie nie zurückkehren sollte. Wir standen zusammen am Ufer, bei Woodcocks Werft in Millbrook. Ich und die sechs Kinder der Wormalds. Sie hießen Jackie, Joe, George, Fred und Mick, den letzten Namen habe ich vergessen. Sie sagten: ›Da fährt Daddys Schiff‹, und winkten zu dem weitentfernten Dampfer. Er war Bäcker auf der ›Titanic‹. Sein Leichnam wurde von der ›Carpathia‹, dem Schiff, das die ›Titanic‹ gewarnt hatte, aus dem Meer gefischt.

Die »Titanic« bei der Abfahrt in Southampton. (Southampton City Heritage Collections)

Seine Witwe mit ihren sechs Kindern buchte Plätze auf der ›Olympic‹, einem Schiff der White Star Line, kurz nachdem die ›Titanic‹ gesunken war, und machte sich auf den Weg nach Neuschottland, um das Grab ihres Mannes zu sehen. In Ellis Island kehrte sie um, und alle kamen wieder nach Hause, sechs Wochen, nachdem sie losgefahren waren.
Ihr Haus wurde in der Zwischenzeit vermietet. Meine Eltern hatten ihre Möbel in einem Raum verwahrt, bis sie wieder in Southampton waren.« (G. W. Eustace, »Southern Daily Echo« vom 4. Mai 1970)

Fast ein Zusammenstoß

Zuerst lief alles glatt beim Start, und die »Titanic« setzte sich ruhig und elegant in Bewegung. Als sie jedoch die Dampfer »Oceanic« und »New York« passierte, kam es zu einem Zwischenfall. Doch der Reihe nach:
Als die Schlepper »Neptune«, »Hector«, »Vulcan«, »Hercules«, »Albert Edward« und »Ajax« die »Titanic« von ihrem Liegeplatz wegmanövrierten, setzte sich die Menschenmenge in Bewegung und lief bis zum äußersten Ende des Kais mit. Die Schlepper drehten das Schiff, so daß es in Richtung auf Southampton Water und zum offenen Meer fahren konnte.
»Es ist zu bezweifeln, daß die ›Olympic‹ den neuen Kai jemals in solch großartiger Weise verlassen hat wie die ›Titanic‹ bei dieser Gelegenheit. ...
Ein Teil derer, die am Kai standen, begannen bereits, sich auf den Heimweg zu machen, und von einigen waren überraschte Ausrufe darüber zu hören, mit welcher Eleganz ein 46000-Tonnen-Schiff sich auf dem Wasser bewegen könne.« (»Southampton Times« und »Hampshire Express«)
»Die Gangway wurde eingezogen, und die ›Titanic‹ bewegte sich langsam aus dem Hafenbecken, begleitet von den letzten Mitteilungen und Abschiedsgrüßen jener am Kai. Es gab kein Hurra und kein Getute der Flotte der anderen Schiffe im Hafenbecken, wie man es bei dieser Gelegenheit eigentlich erwartet hätte, wenn das größte Schiff der Welt zu seiner Jungfernfahrt in die See verabschiedet wird. Die ganze Begebenheit verlief recht ruhig und ziemlich gewöhnlich und enthielt wenig von der malerischen und interessanten Zeremonie, die wir uns unter diesen Umständen vorgestellt hätten.« (Lawrence Beesley, »Titanic. Augenzeuge der Katastrophe«, Seite 20)
»Das Schiff wurde kurz nach zwölf Uhr vom Liegeplatz gezogen hin zum Wendepunkt an der Spitze der Kaianlagen. Ich war noch an Deck und hörte die Schiffstelegraphen klingeln, um die Maschinen zu starten. An Liegeplatz 38 lagen Seite an Seite zwei miteinander vertäute Dampfer. Die Maschinen der ›Titanic‹ arbeiteten

Unter den Schaulustigen am White-Star-Kai war auch der junge Radsportler E. L. P. Pearson. Die Aufnahme aus dem Jahr 1912 zeigt den Southamptoner Lokalmatador mit seinen Pokalen. (Privatsammlung)

bereits, und die Trossen der Schiffe rissen entzwei wie dünne Fäden, so daß sie von der Mauer wegdrifteten. So etwas habe ich niemals vorher oder nachher gesehen (und ich bin noch bis 1923 zur See gefahren).« (Heizer John Podesta, »Southern Daily Echo«)
Die Dampfer an Liegeplatz 38 waren die »Oceanic« und die »New York« von der American Line. Als die »Titanic« vorbeifuhr, wurde das von ihrem massigen Rumpf verdrängte und von den Schiffsschrauben aufgewühlte Wasser unter die beiden gedrückt.
In der Folge rissen die Leinen der »New York« mit einem lauten Knall, und das Schiff bewegte sich auf die »Titanic« zu; es schien unvermeidlich zur Kollision zu kommen. Die Leinen waren so leicht gerissen, »wie ein Lebensmittelhändler ein Stück Schnur mit den Händen zerreißt«.
Lawrence Beesley: »Als aber unser Schiffsbug den der ›New York‹ erreichte, trat eine Serie von Ereignissen ein, schnell wie aus dem Revolver geschossen. Auf der Kaiseite der ›New York‹ flogen schlangenförmige dicke Taue durch die Luft in die Menge, die zurückwich, um den fliegenden Seilen zu entkommen. Wir hofften, daß

Im Hafen von Southampton: Die Schlepper »Hector« und »Neptune« am Bug der »Titanic«. (Sammlung Francis Browne SJ)

niemand von den Seilen getroffen worden war, aber ein Seemann neben mir war sicher, daß er eine Frau gesehen hätte, die weggetragen wurde, um versorgt zu werden. Und dann, zu unserer Verwunderung, kroch die ›New York‹ auf uns zu, langsam und heimlich, wie von einer unsichtbaren Kraft gezogen, der sie nicht widerstehen konnte. ... Auf der ›New York‹ wurden Befehle gerufen, Seeleute rannten hin und her, ließen Seile herab und warfen Fender über die Seite, an der wir scheinbar zusammenstoßen würden.« (»Titanic. Augenzeuge der Katastrophe«, Seite 21/22)

Kapitän Smith ließ die Schiffsschrauben der »Titanic« sofort anhalten, während die Schlepper »Vulcan« und »Hercules« schnell eingriffen. Einer der kenntnisreichsten Berichte unter den vielen Schilderungen der Situation war der von Kapitän Gale von der »Vulcan«: »Zunächst zogen wir die ›Titanic‹ aus dem neuen Hafenbecken ... dann sollten wir längsseits gehen, um noch eine Reihe von Arbeitern, die die ›Titanic‹ verlassen sollten, aufzunehmen.

Ein Offizier des Liners gab mir zu verstehen, ich solle an die Backbordseite des Schiffes gehen. Als ich dorthin fuhr, kamen wir achtern am Schiff vorbei, dessen Maschinen bereits langsam arbeiteten. Die ›Titanic‹ hatte 10,7 Meter Tiefgang. Die Flut war noch nicht sehr hoch, und sie lief nahe am Grund. Als sie auf Höhe der ›New York‹ war, rissen deren Leinen. Das Kielwasser des Liners mag Grund dafür gewesen sein, also der Druck des Wassers, jedenfalls rissen alle Leinen, und die ›New York‹ begann, sich zu bewegen.

Irgend jemand rief, ich solle die ›New York‹ zurückschieben, aber so etwas wäre unmöglich gewesen. Wäre ich zwischen die beiden Schiffe gefahren, dann wären wir ziemlich sicher eingeklemmt worden, und Gott weiß, was dann passiert wäre. Aber statt dessen drehte ich die ›Vulcan‹ und bekam eine Stahltrosse backbord auf das Heck der ›New York‹.

Mit der ersten Trosse hatten wir noch kein Glück, aber unsere Männer hatten sofort eine zweite zur Hand, und wir konnten die ›New York‹ anhalten, als sie nur noch einen guten Meter von der ›Titanic‹ entfernt war. Hätte die ›New York‹ das ausfahrende Schiff berührt, so hätte sie es auf der Höhe des achteren Schornsteins getroffen. Die ›Titanic‹ ihrerseits hätte die Steuerbordschraube der ›New York‹ gerammt und wäre gegen die Steuerbordseite des Hecks geschlagen, doch konnten wir den American-Line-Dampfer noch rechtzeitig von der ›Titanic‹ wegbringen.«

Oben: Als die »Titanic« an der »Oceanic« und »New York« (beide links) vorbeifährt, kommt es fast zum Zusammenstoß. (Sammlung Peter Boyd-Smith)
Mitte: Die »New York« wird im Itchen wieder vertäut. Links hinter der »Titanic« quer die »New York« und längs die »Oceanic«. (Sammlung Peter Boyd-Smith)
Unten: Die »Titanic« fährt dem offenen Meer entgegen. Rechts im Bild der Bug der »New York«. (Privatsammlung)

Kapitän Gale ergänzte, daß er eine so knappe Sache nur selten erlebt habe: Die zerrissenen Leinen der »New York« lagen im Wasser, und leicht hätten sie sich in der Schraube des Schleppers verfangen und diesen lahmlegen können. Der »Vulcan« waren Kollisionen nicht fremd; 1897 hatte man bereits den Zusammenstoß der »Atrato« von der Royal Mail Steam Company mit dem Raddampfer »Princess Beatrice« miterlebt.

»Southampton Times« und »Hants Express« berichteten über die Ereignisse bei der Ausfahrt der »Titanic«: »Mehr Schaulustige als gewöhnlich hatten sich am Kai versammelt ... und einige, die einen noch besseren Blick haben wollten, kletterten auf die ›Oceanic‹ und von dort auf die ›New York‹ von der American Line, die längsseits an ersterer vertäut war. ...
Auf einmal war alles in heller Aufregung – eine Kollision schien unvermeidbar. Eine große Menschenmenge, darunter auch viele Fotografen und Polizisten, war auf dem Kai zu sehen. ...
Die waghalsigen Schaulustigen konnten erst wieder von Bord gehen, als die ›New York‹ wieder längsseits der ›Oceanic‹ vertäut war. Eine schnell konstruierte Gangway wurde hinübergeschoben und die ›unfreiwilligen Reisenden‹ waren froh, wieder sicheren Boden unter den Füßen zu haben.«

Auf der »Titanic« waren Hilfselektriker George Ervine und Alfred Middleton von Harland and Wolff »oben auf dem achteren Schornstein; wir sahen alles ziemlich genau. Ich dachte, es würde einen ordentlichen Aufprall geben ... aber ich glaube, es ist niemand was passiert.« »Niemand kam zu Schaden, aber es sah nach Ärger aus«, schrieb später Chefingenieur Bell.
Auch die Besatzung der »Titanic« wurde von dem Zwischenfall überrascht. Und Matrose Joseph Scarrott, der immer noch mit dem Schicksal haderte, sagte zu einem Kumpel: »›Ich hole mein Zeug, und wenn die ‚New York' längsseits kommt, gehe ich auf die.‹ Aber ich hatte kein Glück, weil sie nicht nah genug rankam.«
»Vielleicht noch eine Warnung«, dachte sich Steward Arthur Lewis.

Der Schlepper »Vulcan« wirft eine Trosse zur »New York« hinüber und hindert sie damit, sich weiter vom Kai zu entfernen.
(Privatsammlung)

Oben: Die »New York« wird aus dem Weg geschafft und wieder vertäut – endlich kann die »Titanic« den Hafen von Southampton verlassen. Ganz links im Bild sieht man einen Passagier an der Reling der »Oceanic« stehen und hinabschauen. Die Aufnahme machte Miss May, Passagierin der ersten Klasse, vom Deck der »Titanic« aus. (Privatsammlung)
Rechts: Ein gerissenes Tau der »New York«. (»Southampton Pictorial«)

Die »Titanic« fuhr nun Southampton Water hinab, vorbei an den Vororten Hythe und Fawley. Dort warteten zwei Zuschauerinnen, die eine ganz besondere Verbindung zu diesem Schiff hatten: Beatrice und Degna Marconi. Sie waren die Frau und die Tochter des Italieners Guglielmo Marconi, dem Erfinder der drahtlosen Telegrafie, die seit 1899 auf Schiffen der American Line eingesetzt wurde, aber erst 1909 weltweit Anerkennung fand. In diesem Jahr sank der White-Star-Liner »Republic« nach einem Zusammenstoß mit der »Florida«, und alle Passagiere sowie die gesamte Besatzung konnten gerettet werden, weil die über Funk alarmierte »Baltic« schnell genug zu Hilfe eilen konnte. [Im selben Jahr erhielt Marconi gemeinsam mit Karl Ferdinand Braun den Nobelpreis für Physik; Anm.d.Übers.]
Danach wurden Marconi-Funkanlagen auf den meisten Dampfschiffen installiert, auch auf der »Olympic« und der »Titanic«.

Die »Titanic« passiert den Southamptoner Vorort Hythe.
(The University of Liverpool Archives)

Nach einem Unfall und einer Augenoperation, aber auch, um die Anstrengungen des öffentlichen Lebens hinter sich zu lassen, wurde Marconi geraten, eine Zeitlang das ruhige Landleben Englands zu genießen.

Degna Marconi: »Mutter fand ein romantisches, aber unpraktisches Haus, von dem man über Southampton Water blicken konnte, mietete und möblierte es: ›Eaglehurst‹ in Fawley. Ein wunderbarer Rasen, wie man ihn nur in England findet, lag wie ein Teppich zwischen Haus und Meer. Von den Balkontüren aus schienen vorbeifahrende Schiffe geradewegs über das Gras zu gleiten.

Was wir Kleinen neben unserem Ponywagen und dem geschützten Kieselstrand am meisten mochten in ›Eaglehurst‹, war der Turm. Er war eine etwas merkwürdige, amüsante architektonische Verrücktheit des 18. Jahrhunderts. Vater war so selten zu Hause, und wenn, dann verbrachte er seine Zeit in seinem Arbeitszimmer, das er im Turm eingerichtet hatte.

Der Turm stand auf dem Rasen, nah am Wasser, und meine Mutter kletterte mit mir am Morgen jenes 10. April 1912 hinauf, um die ›Titanic‹ wegfahren zu sehen. Ich war erst dreieinhalb Jahre alt, und doch erinnere ich mich noch, wie fest sie meine Hand hielt und wie traurig sie war. Später begriff ich, warum. Sie wünschte sich damals, auch an Bord zu sein.

Sie und Vater waren von der White Star Line eingeladen worden, als Gäste auf der Jungfernfahrt der ›Titanic‹ dabeizusein, doch daraus wurde nichts. Vater buchte seine Überfahrt auf die ›Lusitania‹ um. Mutter hoffte, auf der ›Titanic‹ nachzukommen. Aber dann machte Giulio [Degnas Bruder] alles zunichte, weil er an einem dieser schweren Fieber erkrankte.

Zusammen winkten wir dem Schiff, das groß und strahlend in der Frühlingssonne dahinfuhr, und Dutzende winkten zurück. Als die ›Titanic‹ auf dem ruhigen Wasser unseren Blicken entschwand, stiegen wir die Stufen langsam hinunter. Es war ein langer Weg nach unten.« (Aus »My Father Marconi«)

Das Unheil kündigt sich an

Eine Reihe von Passagieren wie Besatzungsmitgliedern äußerten später, sie hätten Ahnungen kommenden Unglücks gehabt oder wären kurz vor der Abfahrt »schlechten Vorzeichen« begegnet.

Steward Arthur Lewis berichtete in der Zeitung »Southern Daily Echo«: »Am Abend vor der Abfahrt bat ich meine Frau, mir meinen weißen Stern an die Mütze zu nähen, doch während sie dies tat, zerbrach der Stern. Mit einem Ausdruck der Bestürzung sagte sie: ›Das gefällt mir gar nicht.‹«

Aus einem Gespräch, das von der »Southampton Times« am 20. April 1912 in einem Artikel zitiert wurde: »Sie mögen ja nicht an Träume glauben, aber

Mrs. Slade, ich sage Ihnen die Wahrheit, wenn ich Ihnen erzähle, daß einer meiner Jungen von diesem Schiff in der Nacht vor der Abfahrt träumte und er danach sagte, er habe Angst vor ihm.«

»Mein Vater war so voller Vorfreude, und meine Mutter war so aus der Fassung ... Das erste Mal in meinem Leben sah ich sie weinen ... sie war so verzweifelt bei der Aussicht abzureisen, sie hatte diese Vorahnung, eine ungewöhnliche Sache für sie ...
Wir kamen an dem Tag mit dem Zug an ... Ich war sieben und hatte noch nie vorher ein Schiff gesehen ... es sah riesig aus ... alle waren voll Spannung; wir gingen runter zur Kabine, und dann sagte meine Mutter zu meinem Vater, sie hätte nun ihren Entschluß gefaßt, auf diesem Schiff keine Nacht zu Bett zu gehen, sie würde wach bleiben ... sie entschied, daß sie nachts nicht schlafen würde, und sie tat es auch nicht.« (Interview mit Eva Hart im Rahmen des Oral-history-Projektes Southampton)
»Gleich nachdem wir angekommen waren, ging mein Vater los, um unsere Überfahrt zu buchen. Er wollte in die erste Klasse, aber sie war bereits vollständig belegt. Sie sagten, sie hätten nur noch drei Plätze in der zweiten Klasse für uns, also nahmen wir die; so kamen wir auf die ›Titanic‹. ...
Er [mein Vater] hatte eine böse Vorahnung, bevor er Südafrika verließ. Aber er wollte meiner Mutter nicht erzählen, was für eine. Als wir unsere Kabine hatten, packten wir alles aus und verstauten es, dann gingen wir an Deck und sahen all die Leute, wissen Sie, die sich auf der ›Titanic‹ umschauten. ...
... alle waren so glücklich und sagten auf Wiedersehen zu jedem, verstehen Sie. Wir hatten niemand, von dem wir uns verabschieden konnten, das hatten wir schon in Südafrika gemacht. Aber dann war da ein Schiff, das hieß ›New York‹, und das wäre beinahe in die ›Titanic‹ reingefahren. ... Mein Vater sagte, als er das sah, das sei ein schlechtes Vorzeichen.« (Interview mit Edith Haisman, geborene Brown, im Rahmen des Oral-history-Projektes Southampton)
»›Wir hatten einen halben Tag schulfrei, um sie zu sehen. Ich lebte in Woolston; von dort aus konnten wir auf den Hafen gucken. Der Lehrer paßte auf uns auf, und wir sahen, wie die ‚Titanic' ein Stück herauskam, dann gab es eine Verzögerung, und sie fuhr wieder zurück zum Kai; so warteten wir und warteten. Endlich startete sie wieder und fuhr diesmal hinab

Die »Titanic« fährt Southampton Water hinab. (Southampton City Heritage Collections)

in Richtung auf Southampton Water, das war das letzte, was wir von ihr sahen.‹
Frage: ›Wollen Sie damit sagen, es war ein schlechtes Zeichen, daß sie noch einmal zurückfuhr ...?‹
Antwort: ›Nun, das war, was ein alter Herr neben mir sagte: ein Zeichen für Unglück.‹«(Interview mit Mrs. Lois Jacobs, geborene Brown, im Rahmen des Oral-history-Projektes Southampton)
»Er nahm immer einen kleinen Revolver mit, nur so ein kleines Ding, immer bestens geölt, in einem Kästchen. Er hatte ihn auf allen seinen Fahrten dabei, um sich zu schützen. Aber dieses Mal sagte er meiner Großmutter, sie solle ihn aufbewahren, er brauche ihn nicht auf dieser Reise, und meine Großmutter hielt das für ein Omen. Sie hob ihn dann immer in ihrer Truhe auf, und als der Zweite Weltkrieg ausbrach und alle Waffen abgegeben werden mußten, brachte sie ihn auf die Polizei.« (Interview mit Mrs. Jean Fagin, Enkelin von Steward Jack Stagg, im Rahmen des Oral-history-Projektes Southampton)

Edith Haisman, geborene Brown, mit ihrer Mutter Catherine Elizabeth; beide überlebten den Untergang der »Titanic«. Die Aufnahme entstand im Jahr 1916 in Südafrika. (Siehe Text Seite 109: Southampton City Heritage Oral History)

»Meine Mutter ging nie hin, um meinen Vater zu verabschieden. Aber an diesem Tag tat sie es, und sie schwor immer, daß wäre das Schlimmste gewesen, was sie je getan hätte.« (Interview mit Molly Adams, Tochter von John Stewart, der als Steward im Veranda-Café der ersten Klasse arbeitete)
»Obwohl ich noch nicht mal ganz acht Jahre war, als die ›Titanic‹ Southampton verließ, erinnere ich mich genau an jenen Tag. Mein Vater und sein Bruder waren beide auf dem Schiff, und beide kamen um. Es war das einzige Mal, daß meine Mutter zum Hafen ging, um sich von meinem Vater zu verabschieden. Er sagte immer, daß Seemänner glaubten, das bringe Unglück.
Ganz abgesehen natürlich von unserem persönlichen Schicksalsschlag, sind mir zwei Dinge besonders im Gedächtnis geblieben. Die erste Sache spielte sich auf dem Kai ab: Während meine Mutter sah, wie die ›Titanic‹ begann, sich zu bewegen, fing sie an zu weinen. Als ich sie fragte, warum, antwortete sie: ›Dieses Schiff wird New York nie erreichen, Liebes.‹ Ich sehe noch die Leute um uns herum und höre ihre Bemerkungen über das ›dummes Frauenzimmer‹.
Und dann erinnere ich mich noch daran, daß meine Mutter, nachdem wir ein oder zwei Tage gewartet hatten, ob Vaters oder der Name seines Bruders auf den Listen der Überlebenden waren, beim Frühstück sagte: ›Euer Vater wird nicht mehr heimkehren; in dieser Zeitung steht, daß es auch Kinder gab, die nicht gerettet werden konnten, und Euer Vater hätte nie ein Kind zurückgelassen, egal, in welcher Lage.‹ Das ist in meinen Augen eine der wunderbarsten Sachen, die eine Frau über ihren Ehemann sagen kann.« (W. A. Hawkesworth in »Southern Daily Echo«, Mai 1970)
»Als die ›Titanic‹ sank, war ich noch ein kleines Kind. Mein Vater wurde auf die ›Olympic‹ versetzt, bitter enttäuscht, weil alle seine Freunde auf der ›Titanic‹ fuhren. Sie alle kamen beim Unglück um. ...
Am 14. April fiel bei uns zu Hause krachend ein großes Bild von der Wand. Damals glaubten die Frauen der Seeleute, das sei ein schlechtes Omen. Meine Mutter sagte: ›O Gott, morgen wird ein Schiff untergehen.‹ Sie dachte natürlich nicht im entferntesten an die ›Titanic‹, die ja als unsinkbar galt. Die Erinnerung ist in meinem Geiste immer noch lebendig, so wie ich die Jungen, die mittags durch die Straßen liefen, immer noch ausrufen höre: ›Die ‚Titanic' ist gesunken ... die ‚Titanic' ist gesunken.‹« (C. L. Daughtrey in »Southern Daily Echo«, Dezember 1970)
»Sonntagnacht, ungefähr zu der Zeit, als das Schiffsunglück sich ereignete, hatte Mrs. Gatti ein seltsames Gefühl von Bedrohung; für den Rest der Nacht konnte sie nicht mehr schlafen. Das Gefühl war so stark, daß sie am nächsten Morgen nach London fuhr und bei ihrer Schwester blieb. Wie auf der ›Titanic‹ hatte Mr. Gatti bereits auf der ›Olympic‹, die mit der ›Hawke‹ kollidierte, das Restaurant betrieben.« (»Daily Mirror« vom 19. April 1912)
»Ich fragte einmal meine Großmutter, warum mein Großvater nicht an Bord der ›Titanic‹ gewesen sei. Sie antwortete, er habe eine sehr schwere Lungenentzündung gehabt und wäre deshalb zu Hause geblieben. Sie fügte hinzu, daß er in der Nacht des Unglücks plötzlich aus dem Koma erwacht sei und gesagt hätte: ›Bruce ist in Schwierigkeiten, Bruce ist in Schwierigkeiten.‹« (Ein Enkel von James Ismay, dem jüngeren Bruder von Bruce Ismay)

KAPITEL 6

Letzte Briefe an die Familie

»Dann schreibe ich Dir aus New York«

Unser erster Hafen war Cherbourg. Bevor wir dort ankamen, hatte ich mich in das Unvermeidliche gefügt und meine normale Arbeit begonnen. Nachdem wir Passagiere und Post vom europäischen Festland aufgenommen hatten, fuhren wir in Richtung Queenstown, unserem letzten Stopp, bevor wir den Atlantik überqueren würden, wie wir hofften, in Rekordzeit.« (Joseph Scarrott in »Pier Review«, 1932)
Von Southampton überquerte die »Titanic« also erst einmal mit Kurs auf Cherbourg den Kanal; dort langte sie um halb sieben Uhr abends an – wegen des Zwischenfalls mit der »New York« eine Stunde zu spät. Unter den 22 Passagieren, die nur bis Cherbourg fuhren, war auch die elf Jahre alte Eileen Lenox-Conyngham: »Wir fuhren mit meiner Mutter und meiner Tante Alice in die Ferien nach Frankreich. Wir alle wurden leicht seekrank. Mutter wollte den größten, sichersten, solidesten Dampfer, den es gab. Sie entschied sich für die ›Titanic‹.« Sie vertrieb sich die Zeit der Überfahrt unter anderem damit, an ihr Kindermädchen Louisa Sterling einen Brief zu schreiben (siehe Seite 113).

»An Bord der RMS ›Titanic‹
Mittwoch, 10. April 1912

Liebe Louisa,

die ›Titanic‹ ist das größte Schiff der Welt, es gibt ein Schwimmbad, eine Turnhalle, ein Türkisches Bad. Das Schiff ist ungefähr um 12.15 losgefahren, dann hatten wir eine lange Pause, weil es die Taue eines anderen Schiffes, der ›Oceanic‹, kaputtgemacht hatte; das fing an zu treiben und stieß gegen dieses Schiff, aber nach einer Weile hatten sie wieder alles in Ordnung. Das ist die erste große Reise, die die ›Titanic‹ macht. Sie fährt ganz ruhig.
Gestern sind wir mit einem Boot auf dem Fluß gewesen, Denis [der Bruder] und ich haben ganz viel gerudert; gestern morgen sind wir zum Meer gefahren. Letzten Montag war Denis mit einem kleinen Jungen fischen, Denis hat nichts gefangen, aber er hat einen Aal gefunden, den er am nächsten Tag zum Frühstück bekommen hat.
Es ist ganz ruhig, keinem ist bis jetzt übel. Wir sollen um fünf in Cherbourg ankommen, aber ich denke nicht, daß wir dort vor sechs sein werden.
Bitte schreib mir bald.
Viele Grüße Eileen«
(Aus einer Privatsammlung)

Später berichtete Eileen Lenox-Conyngham, nun Mrs. Schefer, in einem Interview im Rahmen des Oral-history-Projektes Southampton: »Ich wurde am 11. Juli 1900 in Edinburgh geboren. Mein Vater unterrichtete alte Sprachen am Fettes College; wir waren vier Kinder. Ich war die zweite, meine Schwester war älter als ich, dann gab es meinen fast gleichaltrigen Bruder [Denis], der mit mir auf der ›Titanic‹ war, und einen sehr viel jüngeren Bruder, der damals noch ein Baby war. Ja, also den Brief schrieb ich an Louisa, die mein Kindermädchen gewesen war und sich nun um meinen jüngeren Bruder Alwyn kümmerte. Wir mochten sie sehr, sehr gern.
Meine Großmutter, die Mutter meines Vaters, lebte in Irland, in Nordirland; später, als ihr Mann starb, ging sie nach Dublin. Jedes Jahr fuhren wir sie und die ganze Familie besuchen. Mein Vater war eines von elf Kindern, die über die ganze Welt verstreut lebten. Doch wenn sie konnten, kamen sie im Sommer alle an einem Ort am Meer zusammen, um nah bei meiner Großmutter zu sein. Bei dieser Reise mußten wir ja immer übers Meer, fuhren aber alle vier schrecklich ungern mit dem Schiff und waren vom ersten Moment an seekrank. Das war der eine Grund dafür, daß wir auf der ›Titanic‹ waren. Meine Mutter dachte, wenn wir auf einem so riesigen Schiff wie der ›Titanic‹ wären, würden wir den Seegang auf dem Kanal nicht spüren; das stimmte auch. Der zweite, noch wichtigere Grund war, daß die ›Titanic‹ als eines der Wunderschiffe der Welt galt, und meine Mutter meinte, es wäre ein großartiges Erlebnis für uns, auf ihr zu fahren.
Meine Eltern entschieden, daß dieses Jahr zwei von uns mit meinem Vater die Großmutter besuchen sollten, die anderen zwei mit meiner Mutter nach Frankreich fahren sollten. Die jüngste Schwester meines Vaters würde auch mitkommen, so daß wir vier sein würden. Sie dachten, wir würden etwas Französisch lernen und berühmte Bauwerke besichtigen.
Wir reisten mit dem Zug und blieben bei meiner Patentante, Miss Burrell, die ein Haus bei Southampton hatte. Sie besaß ein Auto, mit dem sie uns in die Stadt fuhr ...
Und dann, als wir an dem Morgen in Southampton ankamen, waren wir völlig perplex, wie riesig die ›Titanic‹ war, denn wir kannten nur kleine Schiffe – ihre Größe, ihre Schönheit, sie war einfach herrlich!! Herrlich!! Ich erinnere mich noch an das Bild, das sie bot, als wir an Bord gingen. Diese enorme Größe, diese Schönheit der Linien, und wir konnten überall herumlaufen und uns alles ansehen ... wir hatten, erinnere ich mich, ein sehr schönes Mittagessen im Speisesaal mit der geschwungenen Treppe und all diesen Sachen.
Wir bekamen Mittagessen und Tee an Bord. Als wir Cherbourg erreichten, fuhr ein Tender zu uns heraus, weil die ›Titanic‹ im dortigen Hafen und in Queenstown [wegen ihrer Größe; Anm.d.Übers.] natürlich nicht fest-

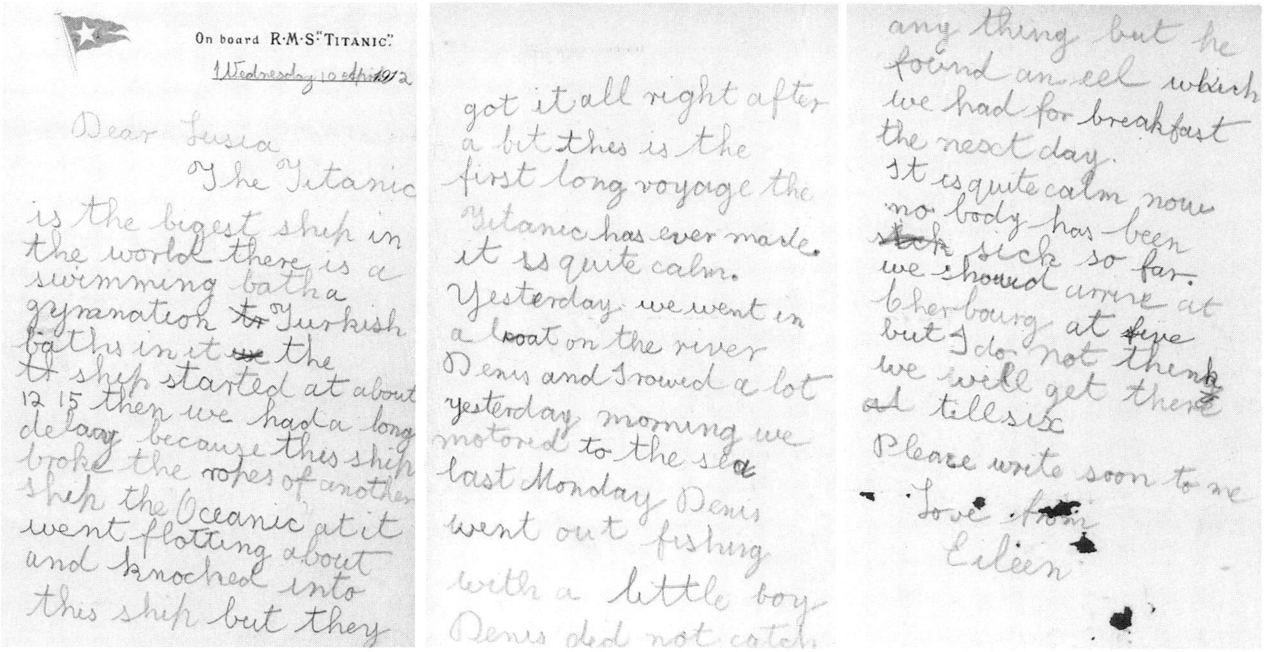

On board R·M·S "Titanic"
Wednesday 10 April 1912

Dear Lusia
The Titanic is the bigest ship in the world there is a swimming bath a gymnatioh t Turkish baths in it we the tt ship started at about 12 15 then we had a long delay because this ship broke the ropes of another ship the Oceanic at it went flotting about and knocked into this ship but they got it all right after a bit this is the first long voyage the Titanic has ever made. it is quite calm. Yesterday we went in a boat on the river Denis and I rowed a lot yesterday morning we motored to the sea last Monday Denis went out fishing with a little boy Denis did not catch any thing but he found an eel which we had for breakfast the next day. It is quite calm now no body has been stck sick so far. we should arrive at Cherbourg at five but I do not think we will get there at til six
Please write soon to me
Love from
Eileen

Unter den Passagieren, die nur bis Cherbourg fuhren, war auch die elf Jahre alte Eileen Lenox-Conyngham. Stolz schrieb sie während der Überfahrt einen Brief an ihr Kindermädchen Louisa Sterling. (Übersetzung des Textes siehe Seite 112; Privatsammlung)

machen konnte. So kam also ein kleines Schiff und brachte die Amerikaner, die sich Frankreich angeschaut hatten, und die Franzosen, die nach New York wollten, und dann setzte es uns an Land über.
Sie war so wunderschön, die ganze Einrichtung war so schön ... die Gläser und das Porzellan und die Blumen, alles war ganz neu.
Wir liefen nur herum, verstehen Sie ... wir hatten keine Kabine, weil wir nicht an Bord übernachteten. Es waren ja nur vier Stunden Überfahrt, so wanderten wir durchs ganze Schiff. ...
Nach dem Mittagessen waren wir beide sehr aufgedreht. Um uns zu beruhigen, sagte meine Mutter: ›Ihr könnt euch hinsetzen und Briefe schreiben.‹ Also schrieben wir Briefe und Postkarten, und dieser ist als einziger noch da, weil Louisa ihn zufällig aufgehoben hat.
Oh, es gab einen Schreibraum. Wir liefen zu verschiedenen Tischen und probierten sie aus.
Dunkel erinnere ich mich noch an den riesigen Speisesaal. Es war alles sehr aufregend, weil Kinder in diesen Tagen wenig an der Welt der Erwachsenen teilhatten. Wir aßen nicht zusammen mit unseren Eltern, und die Mahlzeiten waren meist sehr einfach, Pudding und solche langweiligen Sachen ... und so war es natürlich etwas ganz Besonderes, das feine Essen der Erwachsenen zu bekommen.
Wir sahen ein Türkisches Bad ... es gab ein Schwimmbad, aber ohne Wasser ... es wurde nicht eingelassen, bevor man nicht auf See war, das Wasser war zu dreckig ... ja, also wir sahen das Schwimmbad, das Türkische Bad und spielten mit den Sachen in der Turnhalle.
Ich erinnere mich, wie der Tender von Cherbourg herankam, wir hineinstiegen, und dann standen wir da und sahen, wie die ›Titanic‹ davonfuhr. Wir übernachteten in einem kleinen Hotel in Cherbourg ... Wir reisten erst nach Bayeaux und sahen dort den berühmten Teppich, dann, erinnere ich mich, ging es weiter nach Chartres, um die Kathedrale zu besichtigen, und dann fuhren wir nach Paris. Und in Paris hörten wir von dem Unglück.
Es war ein Riesenschock, daß dieses wunderbare Schiff gesunken war, weil es doch so schön gewesen war. Aber wir begriffen zunächst nicht, daß so viele Menschen umgekommen waren. Wir dachten, sie wären in Rettungsboote gesetzt und aufgefischt worden und so weiter; nach und nach kam dann heraus, wie entsetzlich viele ihr Leben verloren hatten.
Als wir spazierengingen, sahen wir dieses Plakat ›Tödlich getroffen, die Königin der Schiffe‹. Wir meinten, das könne nicht die ›Titanic‹ sein, aber natürlich war sie es.«

174 Passagiere wurden von den beiden 1911 in Belfast für die White Star Line gebauten Tendern »Nomadic« und »Traffic« in Cherbourg zur »Titanic« gebracht: 42 Reisende der ersten Klasse – unter ihnen John Jacob Astor mit seiner neuen Frau, Margaret (»Molly«) Brown aus Denver, Familie Ryerson, Benjamin Guggenheim, die Modeschöpferin »Lucile« (Lady Duff Gordon) und ihr Mann, Sir Cosmo Duff Gordon – 30 Passagiere der zweiten Klasse und 102 Passagiere der dritten Klasse vom europäischen Festland, zum größten Teil

Kroaten, Syrer, Armenier und andere Auswanderer aus dem Nahen Osten. Die Besatzung hatte darauf zu achten, daß alle sicher vom Tender ins Schiff gelangten – der Laufsteg schwankte beträchtlich.

Thomas Andrews schrieb an seine Frau in Irland: »Wir kamen in einer ordentlichen Zeit hier an und nahmen noch eine ganze Menge Passagiere an Bord. Die beiden kleinen Tender sahen gut aus; Du wirst Dich erinnern, wir bauten sie vor etwa einem Jahr. Wir werden morgen früh wohl um ungefähr 10.30 Uhr in Queenstown ankommen. Das Wetter ist schön, und alles sieht nach einer guten Reise aus. Ich sitze am Tisch des Doktors.« (Shan Bullock, »Thomas Andrews, Shipbuilder«, 1912)

Die Post wurde mit den Tendern von der »Titanic« an Land gebracht und auf umgekehrtem Wege neue Sendungen an Bord genommen. Um zehn Minuten nach acht Uhr startete die »Titanic« wieder, diesmal Richtung Irland, nach Queenstown. Das hellerleuchtete Schiff bot einen prächtigen Anblick gegen den dunklen Himmel der Frühlingsnacht.

Steward George Beedem, der den Untergang nicht überlebte, gab in Queenstown folgenden Brief an seine Frau und seinen Sohn auf:

»An Bord der RMS ›Titanic‹
Donnerstagmorgen

Meine Lieben,

... Wir haben angenehme Leute an Bord diesmal, aber nicht so viele. Eine Menge kommen wohl noch in Queenstown, je mehr, desto besser. Wenn es Dir nicht gut genug geht, komm diesmal nicht runter [nach Plymouth; Anm.d.Übers.] ... Als wir heute ausliefen, rissen die Leinen des American-Line-Schiffes ›New York‹, und es driftete geradewegs auf unseren Bug zu, knapp an der ›Oceanic‹ vorbei. Wir mußten die Maschinen auf Gegenschub schalten; einer der Schlepper brachte das Schiff unter Kontrolle, ehe etwas passieren konnte. Auf jeden Fall war es ein ziemlicher Schreck für uns alle. Diesmal gibt es überall auf dem Schiff neue Gesichter. Ich habe mich gerade rasiert und so weiter und bin froh, wenn es vier ist; dann kann ich mich bis halb acht ausruhen. Ich weiß nicht, worüber ich noch schreiben

In der Turnhalle an Bord der »Titanic« konnte man unter anderem rudern und auf einem elektrischen Pferd reiten. (Harland and Wolff)

soll ... Jetzt mache ich Schluß. Vergiß nicht: Komm nicht, wenn Du Dich nicht gesund genug fühlst, es wäre nur Zeitverschwendung und täte Dir nicht gut.
Nun Tata, ich bin froh, daß Dir die Bilder gefallen haben, und ich vermute, die Schokoladeneier sind alle schon in dem großen, großen Loch verschwunden.
Viele Grüße Euch beiden.
Dada«
(Aus einer Privatsammlung, durch Vermittlung der British Titanic Society)

Heizer John Podesta: »Alle Liner von White Star und Cunard, die zur Atlantiküberquerung ausfuhren, stoppten hier, um Post und Passagiere vom Tender aus aufzunehmen. Es war üblich, daß wir Heizer und Trimmer an Deck gingen und die Post vom Tender in den Postraum schafften. Ein Heizer, den ich sehr gut kannte [John Coffee] – ich war mit ihm auf der ›Oceanic‹ und der ›Adriatic‹ gewesen – sagte zu mir: ›Jack, ich gehe auf diesen Tender, um meine Mutter zu besuchen.‹ Er fragte mich, ob irgend jemand schaute, ich sagte nein und wünschte ihm viel Glück. Einige Sekunden später war er weg!« [Coffee verbarg sich unter den Postsäcken des zurückfahrenden Tenders und gelangte unentdeckt nach Queenstown.]
Wie John Podesta sagte, war Queenstown traditionell der letzte Hafen in Europa, in dem Auswanderer, aber auch Postsendungen aufgenommen wurden, bevor man den Atlantik überquerte. Als die Schiffe der White Star Line noch von Liverpool aus starteten, lag Queenstown quasi auf dem Weg, in alter Gewohnheit stoppte man dort auch noch, als man vom viel südlicher gelegenen Southampton abfuhr. Auf dem Rückweg wurde allerdings statt dessen in Plymouth gehalten.
Die »Titanic« traf um 11.30 Uhr vormittags ein und ankerte vor Roche's Point. 113 Passagiere der dritten Klasse, 7 Passagiere der zweiten Klasse und 1385 Postsäcke wurden auf die Tender »America« und »Ireland« gebracht.
Zusammen mit anderen Passagieren verließen auf demselben Tender wie der flüchtige Heizer John Coffee Familie Odell und ihr Gast Francis Browne die »Titanic«. Sie wurden später berühmt für die Fotos, die sie auf diesem ersten Teil der Reise machten (siehe Seite 26 oben, 80, 92, 97, 100 oben und 104).

Die Post, die Passagiere und Besatzungsmitglieder aufgaben, bevor die Reise über den Atlantik begann, wurde in Queenstown ausgeladen und erreichte ihren Bestimmungsort, kurz bevor sich die Nachricht vom Untergang der »Titanic« verbreitete.
Jene Briefe, die in den Händen von Angehörigen oder Sammlern die Zeit überdauerten, sind die letzte, ergreifende »Begegnung« mit denen, die damals um-

Thomas Andrews, Leiter der Konstruktionsabteilung der Werft Harland and Wolff. Er kam beim Untergang der »Titanic« ums Leben.
(Ulster Folk and Transport Museum)

kamen; einige dieser Dokumente sollen im folgenden zitiert werden.

Richard Geddes, der an Bord der »Titanic« als Steward in der ersten Klasse arbeitete, schrieb an seine Frau Sarah Ann, in Southampton.

»An Bord der RMS ›Titanic‹

Meine liebste Sal,

nach einer Menge Schwierigkeiten fuhren wir gestern ab. Als wir die ›New York‹ und die ›Oceanic‹ passierten, rissen die Leinen der ›New York‹, und beinahe wäre sie in uns hineingefahren, aber man konnte den Zusammenstoß gerade noch verhindern. ... Ach Liebste, viel Trinkgeld wird auf der Hinreise wohl keiner verdienen, aber das macht nichts, wenn es auf der Rückfahrt besser geht. Man kann es nicht ändern, vielleicht haben wir auf der nächsten Reise mehr Glück. Ich hoffe, es geht Dir gut, und Du machst Dir nicht zu viele Sorgen, denn ich denke, dazu gibt es gar keinen Grund. Wie kommt mein Schatz denn ohne mich zurecht? Ich glaube, sie vermißt mich etwas – was meinst Du?

Dieses Schiff ist sehr viel besser als die ›Olympic‹, das denke zumindest ich, solider und alles bis jetzt.
Wenn wir Mittwoch pünktlich einlaufen, und ein Schiff fährt gerade, dann schreibe ich Dir aus New York ...
Ich werde eine Briefkarte an ... schicken ... Du solltest besser auch schreiben. Ich werde nun schließen, Liebe, denn ich habe keine Neuigkeiten mehr. Es geht mir recht gut.
Mit innigen Grüßen an Dich und die Kinder,
Dein Mann Dick«
(Aus einer Privatsammlung)

Oben: Richard Geddes, der an Bord der »Titanic« als Kabinensteward arbeitete. Vor der Ankunft in Queenstown schrieb er noch einen Brief an seine Frau. Geddes kam beim Schiffsuntergang ums Leben. (Siehe Text Seite 115)
Unten: Sarah Ann Geddes.
(Beide Aufnahmen aus einer Privatsammlung)

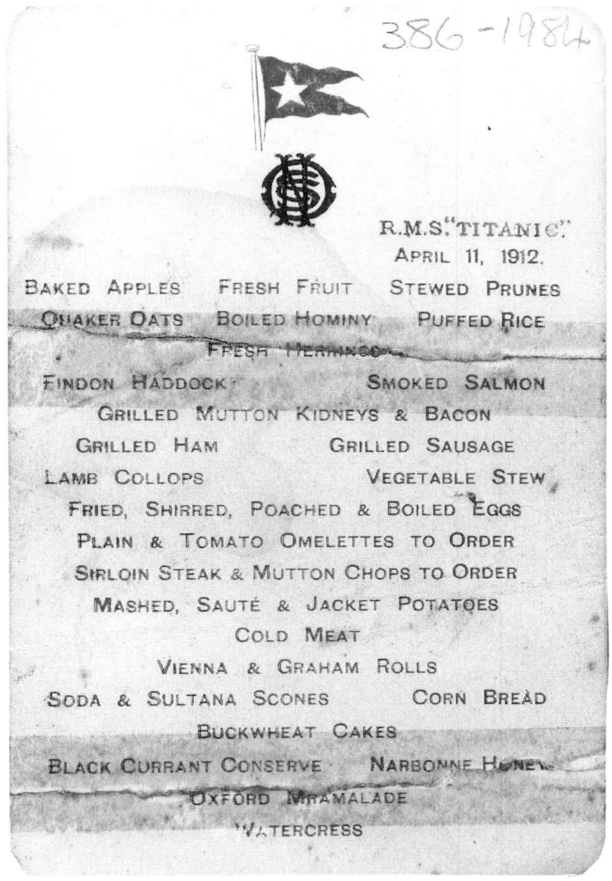

386-1984

R.M.S. "TITANIC."
APRIL 11, 1912.

BAKED APPLES FRESH FRUIT STEWED PRUNES
QUAKER OATS BOILED HOMINY PUFFED RICE
FRESH HERRINGS
FINDON HADDOCK SMOKED SALMON
GRILLED MUTTON KIDNEYS & BACON
GRILLED HAM GRILLED SAUSAGE
LAMB COLLOPS VEGETABLE STEW
FRIED, SHIRRED, POACHED & BOILED EGGS
PLAIN & TOMATO OMELETTES TO ORDER
SIRLOIN STEAK & MUTTON CHOPS TO ORDER
MASHED, SAUTÉ & JACKET POTATOES
COLD MEAT
VIENNA & GRAHAM ROLLS
SODA & SULTANA SCONES CORN BREAD
BUCKWHEAT CAKES
BLACK CURRANT CONSERVE NARBONNE HONEY
OXFORD MARMALADE
WATERCRESS

Das Frühstück erster Klasse am 11. April 1912.
(Southampton City Heritage Collections)

Steward Edward Hendy, der im Speisesaal zweiter Klasse arbeitete, schrieb in aller Eile auf die Rückseite einer Menükarte für das Frühstück des 11. April einige Zeilen an seine Frau Sophia in Southampton:

»Queenstown, 11. April 1912

Liebste,

zu guter Letzt kamen wir gut weg. Wir dachten, es würde eine Kollision geben, weil die ›New York‹, als wir an ihr vorbeifuhren, durch den Sog alle ihre Leinen durchriß. Aber alles kam wieder in Ordnung. Mir geht es ganz gut und ich hoffe, Dir und den Kleinen auch.
Herzlichst, Dein Ehemann Ted.«
(Southampton City Heritage Collections)

Harvey Collyer, der als Passagier in der zweiten Klasse reiste, schrieb seinen Eltern noch einen Brief. Er wollte zusammen mit seiner Frau Charlotte und ihrer gemeinsamen Tochter Marjorie den Atlantik überqueren, um in Amerika eine Obstfarm zu kaufen – und in einem milderen Klima zu leben, denn Charlotte litt an Tuberkulose. Sie hatten bisher in Bishopstoke bei Southampton gewohnt, wo Harvey Collyer ein Lebensmittelgeschäft gehabt hatte.

»›Titanic‹ 11. April

Liebe Mutter, lieber Vater,

... bisher haben wir eine herrliche Reise gehabt, das Wetter ist wunderbar und der Dampfer prächtig. ... er ist wie eine schwimmende Stadt. ... Du kannst Dir fast nicht vorstellen, daß Du auf einem Schiff bist. Es ist kaum eine Bewegung zu spüren, der Dampfer ist so groß, daß wir bis jetzt noch nicht seekrank waren. Heute sollen wir in Queenstown ankommen, da dachte ich, ich schicke Euch diesen Brief noch mit der Post. Wir hatten eine schöne Abfahrt von Southampton, und Mrs. S. und die Jungen ... verabschiedeten uns. Wir werden wieder schreiben, wenn wir in New York sind, und dann von Payette aus.
Ganz herzliche Grüße, macht Euch keine Sorgen um uns. Eure Euch liebenden Kinder Harvey & Lot & Madge«
(Aus einer Privatsammlung)

Oben: Auch Steward Fred Simmons schrieb noch einmal an seine Frau. Er überlebte nicht.
Unten: Winifred Simmons mit ihrem Sohn Edward.
(Beide Bilder aus einer Privatsammlung)

Wegen Personalmangel wurde Steward Fred Simmons in letzter Minute noch von der »Oceanic« geholt:

»An Bord der RMS ›Titanic‹, Queenstown

Nur ein paar Zeilen in Eile, damit Du weißt, daß es mir gut geht und ich recht zufrieden mit dem Schiff bin. Natürlich weiß ich nicht, ob ich Aussichten auf Trinkgeld habe oder nicht, aber ich hoffe es. Wie geht es Dir? Ich hoffe, Du und das Baby seid wohlauf. Ich glaube, ich werde es ganz bequem hier haben. Wenn Du mir schreibst, adressiere bitte an F. C. Simmons, denn es gibt noch zwei andere mit dem Namen an Bord. Liebling, jetzt habe ich nichts mehr zu berichten und bin in Eile, Grüße an alle zu Hause und Küsse an Dich und Teddy
von Deinem Mann Fred.«
(Aus einer Privatsammlung)

Arthur Paintin, der Steward von Kapitän Smith, schrieb an seine Eltern in Oxford:

»An Bord der RMS ›Titanic‹, Queenstown 11. 4. 1912

Liebe Mutter, lieber Vater,

vielen Dank für Euren netten, langen Brief, den ich am Morgen der Abfahrt erhielt Ich wollte schreiben, bevor wir abfuhren, aber es war einfach keine Zeit. Ich kann

Auch Arthur Paintin, der persönliche Steward von Kapitän Smith, kam beim Untergang der »Titanic« ums leben.
(Siehe Text Seite 117; Privatsammlung)

mir gar nicht vorstellen, daß ich zehn Tage zu Hause war, und ich bin sehr traurig darüber, daß ich nicht nach Oxford kommen konnte, weil wir jetzt die kurzen Sommerreisen [die keine längeren Aufenthalte an Land erlauben; Anm.d.Übers.] beginnen (falls es keine Unfälle gibt).
Ich sage das, weil das Pech der ›Olympic‹ uns gefolgt zu sein scheint. Als wir am Morgen ablegten und ziemlich nah an der ›Oceanic‹ und der ›New York‹ vorbeifuhren, die am alten Liegeplatz der ›Adriatic‹ festgemacht waren, rissen die Leinen der ›New York‹ wie dünne Fäden, und sie driftete auf uns zu – ob es der Sog war oder etwas anderes, weiß ich nicht. Einige Zeit lang gab es große Aufregung, aber ich glaube nicht, daß etwas passiert ist, außer daß ein oder zwei Leute von den Tauen getroffen wurden.
... Ich bin seit letztem August in einem Stewardclub, und nach zwölf Monaten gibt es die ersten Gewinnausschüttungen.
... Mein Schnupfen ist immer noch ziemlich schlimm, aber nichts im Vergleich mit letzter Woche. Ostern haben wir sehr ruhig verbracht, weil Henry nicht ausgehen konnte.
Ich hoffe, die Radfahrer hatten eine gute Zeit, und ich hoffe, Mr. Barker hat einen guten Eindruck gemacht.
Mein Gott, was für ein prächtiges Schiff, viel besser als die ›Olympic‹ – zumindest was die Passagiere betrifft; mein kleiner Raum ist nicht halb so schön, kein Tageslicht, immer die elektrische Lampe an, aber es hilft nichts, sich darüber aufzuregen. ...
Ich frage mich, ob ich Nellie noch sehe, bevor sie fortgeht: Ihr solltet sie besser nach Southampton schicken für ein, zwei Tage, wenn wir hier sind. Ich sehe keine Chance wegzukommen. Meint Ihr, sie hat genug Geld? Wenn nicht, gebt ihr doch etwas von Elsies Konto ...
Alice freute sich sehr über das Buch, und ich sagte ihr, sie solle es zurückgeben, wenn sie es ausgelesen hätte.
Nun denke ich, muß ich wieder einmal Au revoir sagen.
Herzliche Grüße an alle von
Eurem Sohn Arthur«
(Aus einer Privatsammlung)

Samuel Hocking, Passagier in der zweiten Klasse, schrieb an seine Frau:

»An Bord der RMS ›Titanic‹
11. April 1912

Meine liebe Ada,

nur ein paar Zeilen, weil ich gehört habe, daß wir in Queenstown, Irland, noch einmal halten wegen Passagieren, und dabei wird Post mit an Land genommen ...
Es ist 7.30 Uhr, ein herrlicher Morgen mit ziemlichem Wind, aber keinem starken Seegang; wirklich, bisher war es so ruhig wie auf einem Mühlteich, aber ich denke, der Seegang wird stärker werden im Golf von Biscaya, wenn der Wind anhält.
Das wäre ein Schiff für Dich; Du glaubst kaum, daß Du auf See bist, nur durch die vibrierende Bewegung, die durch die Maschinen entsteht und wegen der ich so schlecht schreiben kann, merkst Du es. Ich sehne herbei, daß Du nachkommst. Ich wünschte, es wäre möglich gewesen, daß wir alle zusammen gefahren wären, das wäre sehr schön gewesen.
Ich habe ein junges Paar namens Chapman aus Liskeard kennengelernt. Er war für sechs Monate auf Urlaub zu Hause, hat geheiratet und nun fahren sie zusammen weg. Er arbeitete wie ich für seinen Vater, konnte aber nicht mehr mit ihm auskommen. Ich freue mich, daß ich jemand Nettes getroffen habe, aber in der zweiten Klasse trifft man sowieso keine ungehobelten Leute. Ich habe eine Kabine für mich allein, ein bißchen einsam, aber das ist mir lieber, als jemand zu haben, der nicht Englisch spricht und mit dem ich mich nicht unterhalten kann. Zwei Betten sind in einer Kabine und ein Sofa. Wenn Du kommst, und ich hoffe, das wird nicht mehr lange hin sein, wirst Du also mit den beiden Kindern gar keine Probleme haben. Ich hoffe, es geht Dir und den Kindern gut. Sie fragen wohl

nach mir? ... Zigaretten sind mein einziger Luxus, und ich rauche einige am Tag!
Ich ging um zehn Uhr gestern abend zu Bett, konnte aber nicht schlafen wegen des Geklappers von Wasserflaschen, Gläsern und zahllosen anderen Sachen; so war ich froh, um sechs Uhr früh wieder aufzustehen. Aber ich hoffe, ich werde mich bald dran gewöhnen.
... Nun, liebe Ada, muß ich zum Schluß kommen, denn wir sind schon recht nah an Queenstown, und ich fürchte, daß ich die Post verpasse; also tausend Küsse an Dich und die Kinder und beste Grüße an Mabel und alle zu Hause.
Dein Mann Jim.
...
Jeder sagt mir, ich solle den Schritt, den ich getan habe, nicht bereuen, also Kopf hoch ...«
(Aus einer Privatsammlung)

Auch Steward Jack Stagg schrieb am Abend vor der Ankunft in Queenstown noch einen Brief an seine Frau:

»An Bord der RMS ›Titanic‹
Queenstown, 1912

Liebe Beatie,

nur ein paar Zeilen, damit Du weißt, daß ich wohlbehalten angekommen bin. Aber was das für ein Tag war, nichts als Arbeit! Was für Passagiere ich habe, kann ich Dir noch nicht sagen; erst, wenn wir morgen in Queenstown abfahren, wird alles geregelt werden. Wie auch immer, es gibt nur 317 Passagiere in der ersten Klasse, und wenn ich einen Tisch bekomme, kann ich schon glücklich sein, mehr als zwei werden es wohl nicht ...
Du hast sicher davon gehört, daß die ›New York‹ aus ihrer Vertäuung gerissen wurde durch den Sog unseres Schiffes; es sah so aus, als würde es wieder mal eine Kollision geben, aber die Schlepper brachten sie [die ›New York‹; Anm.d.Übers.] Gott sei Dank rechtzeitig unter Kontrolle. Nun Liebling, Du mußt entschuldigen, daß dies nur ein kurzer Brief wird, aber es ist schon spät, und wir müssen morgen wieder um 4.30 Uhr aufstehen; ich denke, es wird wieder so eine ›rosige‹ Zeit geben, in der man viel Gepäck und viel Vorräte einladen muß. Ich finde kein Schiff so schlimm wie dieses – eine Ausnahme macht das Essen –, und wir müssen schuften wie ein Haufen Verrückter, aber das wird wohl nicht lange andauern, wenn sich die Dinge erst einmal etwas geordnet haben.
Also, gute Nacht meine Liebe, und achte darauf, nicht Dein ganzes Geld auszugeben. ...
Grüße an alle ... Jack
Ich habe heute einen halben Schilling eingenommen. Was für ein Glück.«
(Southampton City Heritage Collections)

Steward Jack Stagg, der beim Unglück ums Leben kam, und seine Frau Beatrice. (Siehe Text Seite 74; Privatsammlung)

Mrs. Dean und ihre beiden Kinder gehörten zu den wenigen Passagiere der dritten Klasse, die beim Unglück gerettet wurden. Ihr Mann kam ums Leben. Ettie, Millvina und Bertram Dean gehörten später zu den prominentesten Überlebenden des Schiffsuntergangs (siehe auch Abbildungen Seite 127, 140, 274, 286, 288). Nach der Rückreise von Amerika verließ Mrs. Dean England nie mehr.

»Liebe Mutter,
nur eine Karte, damit Du weißt, daß es uns bis jetzt sehr gut geht. Das Baby [die neun Wochen alte Millvina; Anm.d.Übers.] war sehr unruhig. Mit besten Grüßen, Ettie«
(Sammlung Ken Marschall)

Bildseite der Postkarte, die Ettie Dean an ihre Mutter in Southampton schickte. (Siehe Text links; Sammlung Ken Marschall)

Erster Offizier Murdoch (Mitte) und Zweiter Offizier Lightoller an der Gangwaytür, aufgenommen am 11. April in Queenstown. (»Cork Examiner«; Southampton City Heritage Collections)

Spaziergang auf dem Bootsdeck der »Titanic«, aufgenommen am 11. April beim Stopp in Queenstown. (»Cork Examiner«; Southampton City Heritage Collections)

Der in Southampton bekannte Musikalienhändler H. P. Hodges reiste zweiter Klasse mit der »Titanic«; er überlebte nicht. (»Southampton Pictorial«)

Die folgenden Zeilen an Hector Young von der Newtown Conservative Association in Southampton gab der Musikalienhändler H. P. Hodges aus Southampton in Queenstown auf:

»Bis jetzt haben wir eine schöne Zeit gehabt. Man merkt überhaupt nichts von der Bewegung des Schiffes ... auf dem obersten Deck marschieren 20 Jungen hin und her und singen. Andere spielen Karten oder Domino; einige lesen und einige schreiben. Alles ist ganz anders, als das, was man auf See zu sehen erwarten würde.«
(Southampton City Heritage Collections)

Ein letzter kurzer Gruß nach Hause von Steward E. A. Stroud aus Southampton; auch er fand beim Untergang der »Titanic« den Tod:

»SS ›Titanic‹, Queenstown

Liebe Mutter,

nur ein paar Worte in der Hoffnung, daß es allen gutgeht. Habe es ganz gut getroffen. Fünf Damen und acht Kinder. Grüße von Deinem Sohn, Ted.
Mrs. E. Stroud, 120 Malmesbury Road, Shirley, Southampton, England«
(Aus einer Privatsammlung)

Um halb zwei Uhr mittags lichtete die »Titanic« die Anker. Die Gangwaytür wurde geschlossen, die Schiffsschrauben begannen sich zu drehen, der Luxusliner nahm Kurs auf den offenen Atlantik und ließ das letzte Stückchen Land hinter sich. An Bord waren 2208 Passagiere und 898 Mann Besatzung. Jeder meinte, eine ganz normale Überfahrt nach Amerika vor sich zu haben.

Doch »ich mag dieses Schiff immer noch nicht ... Ich habe ihm gegenüber kein gutes Gefühl«, schrieb der Leitende Offizier Henry Wilde in einem Brief an seine Schwester, den er in Queenstown aufgab. Auch er würde im eisigen Meer den Tod finden.

Oben: Von links: Elsie Doling, deren Eltern das Atlantic Hotel in Southampton betrieben (siehe auch Bild Seite 94 und Text Seite 174), ihre Schwägerin Ada Julia Doling und Mr. Frederick Wheeler auf dem Bootsdeck der »Titanic«. Beide Frauen überlebten, Mr. Wheeler wurde nicht gerettet. (»Daily Mirror«)

Unten: Promenadendeck an Bord der »Titanic«. (»Illustrated London News«)

KAPITEL 7

Auf dem Atlantik

»Eisberg voraus!«

Während der ruhigen Fahrt der ersten Tage hatte die »Titanic« bereits eine Reihe von Eiswarnungen erhalten. Sie waren von Kapitän Smith jedoch nicht sonderlich ernst genommen worden – nicht zuletzt deshalb, weil Eis in diesen Breiten und um diese Jahreszeit etwas ganz Normales war.

Am Sonntag, dem 14. April 1912, war das Wetter immer noch gut und die See so ruhig, daß sie wie eine Glasplatte aussah. Ein morgendlicher Gottesdienst wurde für alle Passagiere im Speisesaal der ersten Klasse gehalten, und der Tag ging seinen ganz normalen Gang. Bereits seit dem Vormittag wurden Eiswarnungen an die »Titanic« durchgegeben, die inzwischen auf der Höhe der Neufundlandbänke war:
9.00 Uhr: »Große und kleine Eisberge und Eisfelder 42° Nord, von 49° bis 51° West« (Funkspruch der »Caronia« an die »Titanic«)
11.40 Uhr: »Viel Eis.« (»Noordam« an »Titanic«)
13.42 Uhr: »Eisberge und große Eisfelder 41° 51' Nord, 49° 52' West ... wünschen Ihnen und der ›Titanic‹ viel Erfolg.« (»Baltic« an »Titanic«)
Um 17.30 Uhr fiel Passagieren auf, daß die Temperatur an Deck rapide sank.
Weitere Meldungen folgten über Funk:
19.30 Uhr: »42° 3' Nord, 49° 9' West. Drei große Eisberge etwa fünf Meilen südlich von uns.« (»Californian« an »Antillian«, ebenfalls aufgefangen von der »Titanic«)
21.40 Uhr: »42° bis 41° 25' Nord, 49° bis 50° 30' West, sahen viel schweres Packeis und auch zahlreiche große Eisberge, außerdem Eisfelder, gutes Wetter, klar.« (»Mesaba« an »Titanic«)
Diese Nachricht erreichte Kapitän Smith vermutlich nicht. Der beim Unglück verstorbene Funker John Phillips, der zu diesem Zeitpunkt allein im Dienst war, soll zuviel damit zu tun gehabt haben, die Nachrichten der Passagiere über Cape Race [auf Neufundland; Anm.d.Übers.] in die USA zu senden, als daß er sie auf die Brücke hätte bringen können.
22.30 Uhr: »Wir haben gestoppt und sind umgeben von Eis.« (Versuchter Funkspruch von der »Californian« an die »Titanic«)
Diese Nachricht wurde von Phillips nach der Aussage des Zweiten Funkers Harold Bride mit den Worten »Geh aus der Leitung! Halt's Maul! Du blockierst meinen Funkspruch. Ich bin in Verbindung mit Cape Race« unterbrochen – eine grobe, aber wohl nicht unübliche Reaktion darauf, daß ein anderer Funker das Absetzen der eigenen Meldungen störte. Vermutlich merkte Phillips auch gar nicht, daß sich die Meldung um 22.30 Uhr von der um 19.30 bereits aufgefangenen Warnung der »Californian« (siehe oben) unterschied.

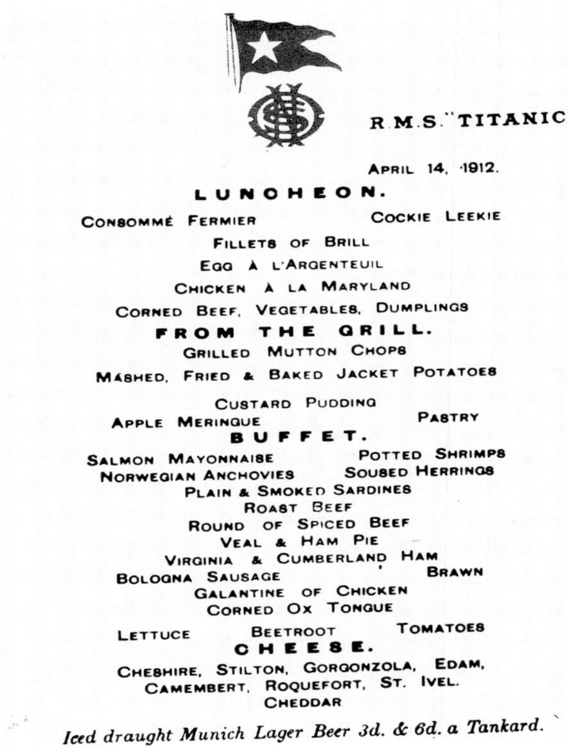
R.M.S. "TITANIC

APRIL 14, 1912.

LUNCHEON.

CONSOMMÉ FERMIER COCKIE LEEKIE
FILLETS OF BRILL
EGG À L'ARGENTEUIL
CHICKEN À LA MARYLAND
CORNED BEEF, VEGETABLES, DUMPLINGS

FROM THE GRILL.

GRILLED MUTTON CHOPS
MASHED, FRIED & BAKED JACKET POTATOES
CUSTARD PUDDING
APPLE MERINGUE PASTRY

BUFFET.

SALMON MAYONNAISE POTTED SHRIMPS
NORWEGIAN ANCHOVIES SOUSED HERRINGS
PLAIN & SMOKED SARDINES
ROAST BEEF
ROUND OF SPICED BEEF
VEAL & HAM PIE
VIRGINIA & CUMBERLAND HAM
BOLOGNA SAUSAGE BRAWN
GALANTINE OF CHICKEN
CORNED OX TONGUE
LETTUCE BEETROOT TOMATOES

CHEESE.

CHESHIRE, STILTON, GORGONZOLA, EDAM,
CAMEMBERT, ROQUEFORT, ST. IVEL.
CHEDDAR

Iced draught Munich Lager Beer 3d. & 6d. a Tankard.

Menükarte des Speisesaals erster Klasse für Sonntag, den 14. April. (Southampton City Heritage Collections)

Kurz vor Mitternacht sah einer der Ausguckposten, Frederick Fleet, dann einen Eisberg und rief sofort die Brücke an: »Eisberg voraus«. Der Erste Offizier William Murdoch bedankte sich und ließ die Türen der wasserdichten Schotten schließen und die »Titanic« nach backbord schwenken, um dem Eisberg auszuweichen. Doch sie schrammte an ihm entlang, und sechs der Abteile tief unten im Schiffsrumpf wurden aufgerissen.
Bald darauf wurde befohlen, die Rettungsboote klarzumachen. Nur 650 Passagiere und Besatzungsmitglieder stiegen ein, obwohl noch weitere 400 Personen Platz gehabt hätten. Einige Männer sprangen ins Wasser und schwammen den Booten hinterher, die auf ein mysteriöses Schiff am Horizont zuruderten.
Um 2.10 Uhr in der Nacht brach das Schiff, das immer tiefer und tiefer ins Wasser gesackt war, entzwei, und in kurzem Abstand sanken beide Teile hinab auf den Grund des Meeres. Die meisten Passagiere und Besatzungsmitglieder wurden mit in die Tiefe gerissen, doch einige Hunderte blieben, von den Schwimmwesten gehalten, an der Wasseroberfläche, um dort zum allergrößten Teil jammervoll zu erfrieren. Rosa Abbott, Passagierin aus der dritten Klasse, wurde mit ihren Söhnen (die beide umkamen) vom Heck der »Titanic« ins Wasser geschleudert, erreichte aber Faltboot A und wurde von der »Carpathia« am Morgen aufgenommen. Etwa 30 Menschen konnten sich auf ein anderes Faltboot retten, das in letzter Minute von der »Titanic« frei-

kam und kieloben im Wasser lag. Einige wenige wurden von Rettungsboot 14 aus dem Wasser gezogen, das – anders als die anderen Boote – noch einmal zur Unglücksstelle zurückkehrte, nachdem die Schreie der Schwimmenden langsam abgenommen hatten.

Sorglos bis zuletzt

Wie viele andere Überlebende erinnerte sich auch Edith Haisman später an die Aufbruchstimmung vor der Reise: »Ich wurde in Südafrika geboren, während des Burenkrieges ... mein Vater hatte das Masonic Hotel in Worcester ... ich kam 1896 zur Welt. Die Schwester meiner Mutter in Amerika, in Seattle, sagte: ›Warum kommt Ihr nicht hierher, die Geschäfte gehen phantastisch hier.‹ ... Wir waren einige Monate in London ... Vater kaufte eine Menge Bettzeug, Laken und Bettdecken, für das neue Hotel, das er in Seattle eröffnen würde ...« (Interview im Rahmen des Oral-history-Projektes Southampton)

Millvina Dean, die jüngste Passagierin an Bord, berichtete: »Wir waren Auswanderer, meine Eltern hatten eine Kneipe in London ... und nun gingen wir nach Kansas, dort wollte mein Vater ein Tabakwarengeschäft kaufen ... Mein Großvater und meine Großmutter kamen zum Hafen, um uns Lebewohl zu sagen, und Großvater sagte: ›Oh, das ist ein wundervolles Schiff.‹ ...

Das alles war sehr mutig von meiner Mutter, denn wir waren noch sehr, sehr klein, und sie wußte ja nicht wirklich, wie es dort weitergehen würde. Sie wußte nicht, ob mein Vater es schaffen würde, das Geschäft zum Laufen zu bringen.« (Interview im Rahmen des Oral-history-Projektes Southampton)

Darstellung des Unfallhergangs.
(»The Sphere«; Southampton City Heritage Collections)

Und Eva Hart erinnerte sich: »Ich wurde in Ilford, Essex, am 31. Januar 1905 geboren, mein Vater war Bauunternehmer ... er hatte einen Freund, auch ein Bauunternehmer, der war nach Kanada ausgewandert und dem ging es dort bemerkenswert gut ... er wollte meinen Vater dazu bewegen, zu ihm zu stoßen ... innerhalb einer Nacht war alles beschlossen. ...
Es war eine Vierbettkabine ... wir belegten drei Betten, und meine Mutter hatte einen Tisch, an dem sie saß und strickte oder nähte. ...
Sie spürte nur diesen kleinen ›Stoß‹, wie sie es immer beschrieb, denn wir waren ja weit entfernt. Wir befanden uns auf der Backbordseite des Schiffes, und die

»Mr. und Mrs. George A. Harder, ein junges Paar auf der Hochzeitsreise, unten in der Kabine E 50, waren noch wach, als sie einen dumpfen Schlag hörten. ... Mr. Harder sprang aus dem Bett und lief zum Bullauge. Als er durch das Glasfenster hinausschaute, sah er eine Wand aus Eis vorübergleiten.« (Walter Lord, »Die letzte Nacht der Titanic«, Seite 12; Abbildung aus »The Sphere«; Southampton City Heritage Collections)

Bertram Dean (rechts) kurz vor der Abreise auf der »Titanic«. Seine Frau und die beiden Kinder Millvina und Bertram überlebten, er kam ums Leben. (Siehe Text Seite 125; Privatsammlung)

Kollision war auf der Steuerbordseite; hätte sie geschlafen, sie wäre nicht davon aufgewacht ... sie weckte sofort meinen Vater auf ...
Mein Vater ging raus und sprach mit einem der Seeleute, kam zurück und sagte: ›Wir haben einen Eisberg gerammt ... sie machen die Rettungsboote fertig, aber Ihr werdet alle zum Frühstück wieder an Bord sein.‹ ...
Sie fingen an, die Rettungsboote herunterzulassen, und mein Vater nahm in aller Ruhe meine Mutter und mich ...
Ich sah ihn nie wieder ... er sagte zu mir, ich solle Mamis Hand nehmen und ein braves Mädchen sein, das war alles, was er sagte. ...
Die Panik, glaube ich, setzte ein, als die Boote weg waren, wir konnten es hören ... als wir vom Schiff wegruderten ... da konnten wir hören, wie die Menschen an Deck rannten und schrien und nach Rettungsbooten suchten ... ich hatte Angst ... es war schrecklich ... Der Bug ging zuerst unter, das Heck ragte aus dem Meer, wie mir schien, für eine lange Zeit ... es stand starr gegen den Himmel, dann kippte es und versank; man hörte die Menschen schreien ... schließlich war das gräßliche Getöse der fallenden, schreienden und ertrinkenden Menschen zu Ende. Irgendwann einmal sagte ich zu meiner Mutter: ›Wie schrecklich dieser Lärm war‹, und ich werde mich immer erinnern, wie sie antwortete: ›Ja, aber erinnere dich auch an die Stille, die danach kam‹ ... denn plötzlich gab es kein Schiff mehr, gab es keine Lichter mehr, gab es keine Schreie mehr.« (Interview im Rahmen des Oral-history-Projektes Southampton)
Noch einmal Millvina Dean: »Meine Mutter redete nicht viel über das Unglück. Sie sagte nur ein, zwei Sachen ... Ich glaube, sie wollte nicht zu sehr darüber nachdenken. ...
Sie erzählte mir, daß mein Vater gehört hatte, es sei etwas passiert, wieder herunterkam und sagte: ›Du solltest besser die Kinder anziehen und dich selbst auch, wir sind offensichtlich gegen einen Eisberg gestoßen.‹ So eilten wir an Deck, und meine Mutter wurde in ein Rettungsboot gesetzt und mein Bruder und natürlich ich ... das war das letzte Mal, daß meine Mutter meinen Vater sah. ...
Und ich erinnere mich, wie sie mir erzählte, in dem Rettungsboot sei ein Chinese gewesen; die anderen Frauen hätten sich so sehr darüber aufgeregt, daß ein Chinese dort war, während ihre eigenen Männer nicht hatten einsteigen dürfen, daß sie sagten, sie wollten ihn über Bord schmeißen, aber sie besannen sich eines Besseren und taten es doch nicht. (Interview im Rahmen des Oral-history-Projektes Southampton)
Edith Haisman: »Als sie gegen den Eisberg stieß, war ich in meiner Kabine ... ich schlief ... aber die Erschütterung war so stark, als sie den Eisberg rammte, sie

Familie Hart. Benjamin Hart wurde nicht gerettet, seine Frau Esther und die kleine Eva überlebten. (Siehe Text Seite 126; Privatsammlung)

Ein französisches Schiff vor Neufundland versucht, sich einen Weg durch das Eis zu bahnen.
(»The Sphere«, Southampton City Heritage Collections)

Ein Dampfschiff, das den Nordatlantik überquert, fährt durch dichte Treibeisfelder.
(»The Sphere«)

Die Rettungsboote der »Titanic« werden zu Wasser gelassen. In Wirklichkeit betrug die Entfernung vom Bootsdeck zum Wasser allerdings nur 60 Fuß (gut 18 Meter), nicht wie unten links angegeben 75 Fuß (fast 23 Meter). (»The Sphere«; Southampton City Heritage Collections)

fuhr so schnell und wurde richtig zurückgeworfen. ... Ich war jung ... Ich begriff nicht, daß wir ertrinken könnten ... denn als ich auf dem Bootsdeck stand und mein Vater mit Reverend Carter sprach, drehte ich mich um und sagte zu meinem Vater: ›Sieh mal, da hinten ist ein Schiff, sieh die Lichter‹, und dann gingen die Lichter aus. ...

... einige Leute begannen mit dem Eis, das auf das Deck gefallen war, zu spielen; sie wollten es nicht glauben und sagten: ›Nein, sie ist unsinkbar‹ – und gingen wieder zu Bett ... Ich fand es wundervoll, das Eis so zu sehen, wissen Sie ... ich war nur erstaunt über das, was passiert war, wie alle anderen auch. ...

Mein Vater redete nie etwas ... er rauchte eine Zigarre ... setzte meine Mutter und mich in ein Rettungsboot ... dann ging er weg; sie glaubten einfach nicht, daß das Schiff sank.

Man merkte ja auch nicht, fühlte nicht, daß das Schiff bereits begann unterzugehen; bis man draußen im Rettungsboot war, dann sah man, daß die Lichter immer tiefer sanken ...

Das Schreien und Weinen war furchtbar; die Menschen waren so aus der Fassung, so etwas habe ich nie wieder gehört, man konnte das Schreien all der Menschen hören, die an Deck geblieben waren, es war entsetzlich.

Unser Rettungsboot hatte die Nummer 14 ... wir waren eine ganze Menge Leute im Boot ... die meisten davon Frauen ... aber ein Mann, der sich als Frau verkleidet hatte, sprang noch hinein, als das Rettungsboot schon herabgelassen wurde ... und der Offizier sagte: ›Ich hätte nicht übel Lust, dich zu erschießen, du hättest das Boot zum Kentern bringen können.‹ ...

Fast sechs Stunden mußten wir im Rettungsboot bleiben ... eisig war es, entsetzlich kalt ... .« (Interview im Rahmen des Oral-history-Projektes Southampton)

Die Damen beweisen Mut

»Heroische Haltung der weiblichen Überlebenden«, »Damen auf der Ruderbank«, »Mutiger als Männer« – die Zeitungen feierten menschliche Größe und körperliches Durchhaltevermögen von Frauen während der Katastrophe. Zwei Ausschnitte aus Artikeln, die nach dem Unglück erschienen, illustrieren, wie man das Verhalten der Passagierinnen beurteilte:

»Direkt von unserem Korrespondenten aus New York, Sonntag:

Immer mehr Beispiele machen deutlich, daß die Damen, die an Bord der ›Titanic‹ waren, in keiner Weise je für irgend etwas werden Scham empfinden müssen, was von ihrer Seite aus während der Katastrophe passierte. Jede Tugend, die von Männern gezeigt wurde, fand ihre vielfache Entsprechung bei den Frauen; die Beispiele sind zahlreich. Ich habe heute genug Aussagen Überlebender gesammelt, um zeigen zu können, daß, wenn Mut zum entscheidenden Faktor für das Stimmrecht gemacht würde, viele Frauen, die mit der ›Carpathia‹ am Donnerstag gelandet sind, nicht eine Stimme, sondern ein Dutzend verdient hätten.

Die ganze Welt weiß um die Hingabe von Mrs. Isador Strauss [sic; richtig: Isidor Straus], die ihren Ehemann nie allein gelassen hätte, ebenso wie um die Treue von Mrs. Allison und ihrer Tochter aus Montreal. ›Ich werde nicht ohne dich gehen‹, sagte Mrs. Strauss zu ihrem Ehemann, und setzte sich gegen alle Bemühungen der Crew, sie in ein Rettungsboot zu bringen, zur Wehr. ›Nein‹, sagte Mrs. Allison mutig und entzog sich allen, die sie und ihre Tochter in Sicherheit bringen wollten. Physische Gewalt war nötig, um Mrs. Astor in ein Rettungsboot zu bringen ebenso wie Mrs. Walter Clark aus Los Angeles, Mrs. George Widener aus Philadelphia, Mrs. Jacques Futrelle, Mrs. John Trayer, Mrs. Turell Cavendish [sic; richtig: Tyrell Cavendish] und viele andere englische und amerikanische Damen.

Der Heroismus von Edith Evans, die ihr Leben gab, damit das anderer gerettet werden konnte, verdient ganz besondere Aufmerksamkeit. Miss Evans war knapp dreißig Jahre alt und verbrachte, da sie wohlhabend genug war, viel Zeit mit Reisen. Auf der ›Titanic‹ war sie als Passagierin zusammen mit ihren Tanten Mrs. Cornell, Mrs. Appleton und Mrs. Brown. Das Zeichen für Frauen und Kinder, die Rettungsboote zu besteigen kam, und Mrs. Cornell und Mrs. Appleton sicherten sich einen Platz. Mrs. Morgan und Mrs. Evans blieben zurück für eines der späteren Boote. Sie fanden Plätze, doch als das Boot hinabgelassen werden sollte, sah man, daß es überfüllt war. Eine Person mußte wieder aussteigen. Miss Evans erhob sich, obwohl ihre Tante sie zurückhielt, und erklärte, daß sie das Boot verlassen würde. ›Ich werde diejenige sein, die geht‹, sagte die junge Frau. ›Sie haben Kinder zu Hause; ich habe niemand.‹ Sie sprang heraus, und das Rettungsboot wurde hinuntergelassen. Das war das letzte Mal, daß sie gesehen wurde.

Einer der Matrosen ... ist müde, etwas teilnahmslos und niedergedrückt durch die Dinge, die er seit letztem Montag erlebt hat. Aber seine Augen leuchten auf und seine Stimme bekommt Klang, wenn man ihn nach den Frauen in den anstrengenden Stunden nach dem Untergang der ›Titanic‹ fragt: ›Da war eine Frau in meinem Boot, das war eine Dame!‹ sagte er dem Daily Telegraph gestern. ›Es war die Gräfin von Rothes. Ich war einer derjenigen, denen befohlen worden war, in die Boote zu gehen, und mein Platz war im Rettungsboot Nummer 8. Es waren 35 Leute im Boot, die meisten Frauen, aber auch einige Männer. Ich hatte das Kommando, mußte aber rudern, und ich wollte, daß jemand an der Ruder-

Eine dramatische Darstellung des untergehenden Schiffes. (Von William Müller; Southampton City Heritage Collections)

pinne war. Als ich sah, wie sie sich hielt, und hörte, wie ruhig und entschlossen sie mit den anderen sprach, da wußte ich, daß sie besser ihren Mann stand als jeder, den wir an Bord hatten, also gab ich ihr das Kommando. Ich setzte sie an die Ruderpinne, und dort blieb sie, bis die ‚Carpathia' fünf Stunden später herankam. Und es gab noch eine andere Frau an Bord, die ihre Arbeit sehr gut machte. Sie zog mit mir zusammen am Riemen; ihren Namen hat sie mir nicht gesagt, aber sie war jede Minute bei der Sache. Sie war es, die vorschlug, wir sollten singen. Singen? Ja, Sie sagen es! Und wir sangen! Das gab uns Halt. Wir sangen, während wir ruderten, alle, ... und wir sangen noch, als wir die Lichter der ‚Carpathia' sahen. Dann hörten wir auf und beteten.‹« (Southampton City Heritage Collections)

»Von Miss Bentham wird berichtet, daß sie fest schlief, als die Stewards kamen, um sie zu holen. Sie stand auf, zog sich warm an und wurde in ein Boot gesetzt. Dieses war sehr voll, so voll, daß ein Seemann seine Beine ins eiskalte Wasser hängen lassen mußte. Nach einiger Zeit sah man, wie sehr der Mann unter der Kälte litt. Miss Bentham stand auf, ließ ihn sich drehen und setzte sich an seine Stelle, die Füße im Wasser.
Miss Marie Young stellte ihren Mut unter Beweis, indem sie diejenigen, die das Kommando über ihr Rettungsboot hatten, zwang, noch mehr Passagiere aufzunehmen. ›Es waren 26 Menschen an Bord, während Miss Young meinte, 40 könnten gefahrlos Platz finden. 26, mehr dürfen nicht‹, sagte ein Seemann. Die junge Frau erklärte, daß aber noch Menschen an Bord genommen werden sollten, und sie war so energisch, daß man einige, die im Wasser schwammen, herauszog.
Die Menschen in vielen der Rettungsboote waren in Gefahr, denn sie nahmen mehr Schwimmer aus dem Wasser auf, als die Fahrzeuge ohne Risiko tragen konnten. Auch Mrs. Joel Swift war eine derjenigen Frauen, die zum Ruder griffen. 24 Personen waren in ihrem Boot, vier davon Männer, alle Mitglieder der Besatzung. ›Lassen Sie mich helfen‹, sagte sie; und das tat sie. Sie bewegte auch andere Frauen dazu, indem sie ihnen erklärte, das würde sie warm halten.

Die »Carpathia« fuhr seit 1903 für die Reederei Cunard; 1912 übernahm Kapitän Arthur Rostron das Kommando. (Southampton City Heritage Collections)

Auch Miss Marie Young, die Musiklehrerin der Kinder Präsident Roosevelts, ruderte. Sie war in einem Boot, von dem sie sagte, es sei für 80 Personen gedacht gewesen, doch nur 28 hätten in ihm gesessen. Miss Young, die sah, daß nur vier Männer zum Rudern im Boot waren, setzte sich und ging an die Arbeit. Sie war sehr selbstbewußt und rügte sogar einen Seemann dafür, daß er rauchte.

Mrs. Marvin konnte nicht rudern, aber sie half, indem sie sich eines kleinen braunäugigen Mädchens aus Frankreich annahm, das ins Boot gesetzt worden war, bevor es hinabgelassen worden war. Die Kleine gehörte zu niemand, und Mrs. Marvin hielt sie noch immer in den Armen, als ungefähr fünf Stunden später die ›Carpathia‹ zu Hilfe kam. Das Mädchen wird nun von dem Frauen-Hilfskomitee betreut.

Miss Jessie Leitch aus London, Passagierin in der zweiten Klasse, kam an Land mit dem sechs Monate alten Kind ihres Vetters, Reverend John Harper, ebenfalls aus London, der beim Unglück starb. Mr. Harper gab ihr das Kind, küßte das Kleine zum Abschied und blieb zurück, um mit dem Schiff unterzugehen. Miss Leitch wickelte das Kind in ihre eigenen Kleider und hielt stoisch die Kälte aus, bis Hilfe kam. Sechs oder sieben Babys, alle Waisenkinder, liegen nun in den Kinderbettchen des Hilfskomitees. Allen geht es gut.

Mrs. Kenyon kam in ein Boot, in dem drei Männer, die nicht zur Besatzung gehörten, ruderten. Sie bemerkte, daß keiner von ihnen vernünftig mit den Riemen umgehen konnte. Mrs. Kenyon und einige andere Frauen befahlen den Männern, ihre Plätze frei zu machen und ruderten selbst. Sie führten zusammen mit einem Seemann das Boot, bis Hilfe kam.« (Southampton City Heritage Collections)

Eva Hart: »Das Schlimmste in der Nacht war wirklich, daß das Rettungsboot Nummer 14, in dem ich war, so hoffnungslos überfüllt war, daß sie anfingen, Leute rauszuholen und in andere Boote zu setzen ... Ich wurde von meiner Mutter getrennt ... als der Tag anbrach und wir von der ›Carpathia‹ aufgenommen wurden, war ich nicht im selben Rettungsboot wie sie ... Den Rest der Nacht weinte ich nach ihr ... und auf der ›Carpathia‹ fand ich sie dann.«

Frage: »Wie kamen Sie an Bord der ›Carpathia‹?«

» ... in einem Sack, hochgezogen in einem Postsack, weil wir Kinder die Strickleitern nicht hochklettern konnten, so wurde jedes von uns in einen Postsack gesteckt; es war fürchterlich, so über dem Wasser zu baumeln. ... Ich wurde in eine Klinik gebracht, als ich in New York ankam, weil ich immer noch so krank war. Nach kurzer Zeit fuhren wir nach Hause. Der wichtigste Gedanke meiner Mutter war, nach England zurückzukommen, aber ich war diejenige, die Schwierigkeiten mit der Rückfahrt hatte, ich hatte schreckliche Angst; sie war ganz ruhig ... sie hatte keine Furcht mehr ... sie hatte so viel damit zu tun, mich an Deck zu bekommen, um etwas frische Luft zu kriegen, ich hatte solch schreckliche Angst.« (Interview im Rahmen des Oral-history-Projektes Southampton)

Millvina Dean: »Wir fuhren nach Amerika, blieben in einem Krankenhaus für sechs Wochen und kamen dann wieder nach Hause zurück ... Meine Mutter erhielt eine Waisenrente für uns, bis wir 18 waren ... sie zahlten auch dafür, daß mein Bruder auf die King Edwards und ich auf die Greggs Schule gehen konnten ...« (Interview im Rahmen des Oral-history-Projektes Southampton)
Edith Haisman: »Nachdem wir von der ›Carpathia‹ an Bord genommen worden waren, guckte ich jedesmal, wenn ein Rettungsboot kam, ob mein Vater darin war, aber er war nicht dabei; meine Mutter wandte sich mir zu und sagte: ›Du hast deinen Vater verloren, du wirst deinen Vater niemals wiedersehen ... er ist tot‹. ... Und am nächsten Morgen, als das Tageslicht kam, hätte man niemals geglaubt, daß der Eisberg so ein Unglück über ein Schiff hatte bringen können. ...
Als wir in New York ankamen, waren dort Menschenmassen am Hafen; Ich glaube, ganz New York war da ...« (Interview im Rahmen des Oral-history-Projektes Southampton)

Auch Frauenrechtlerinnen kommentierten die Ereignisse beim Untergang der »Titanic«; hier ein Ausschnitt aus einem zeitgenössischen Zeitungsartikel: »Das ritterliche Verhalten der Frauen beim tragischen Unglück der ›Titanic‹ nahmen einige unserer bedeutendsten Frauenrechtskämpferinnen zum Anlaß, zu erklären, daß ›Frauen von Natur aus mutiger als Männer seien‹ und sie es deshalb zurückweisen sollten, zuerst in die Rettungsboote zu gehen.
Dieser neue Blick auf die Dinge wurde gestern auch von Miss Lida Stockes-Adams, einer bekannten Frauenrechtskämpferin aus Philadelphia, geäußert. Sie erklärt, Frauen hätten eine der größten Chancen im Kampf um ihre Rechte preisgegeben, da sie sich nicht durchgesetzt und unter Beweis gestellt hätten, daß sie, was die persönliche Tapferkeit angehe, auf einem höheren Niveau als die Männer stünden.
›Natürlich‹, räumte sie ein, ›ist es schwer, auf die Frage zu antworten, ob Frauen und Kinder bei solch einer Katastrophe als erste gerettet hätten werden sollen, ich jedoch denke, sie hätten nicht bevorzugt behandelt werden sollen. Ich meine, die Frauen hätten darauf bestehen müssen, daß eine gleiche Anzahl von Männern und Frauen in die Rettungsboote einsteigen hätten können oder daß die Männer die gleiche Chance, ihr Leben zu retten, bekommen hätten, auch wenn sie körperlich stärker waren. Wäre dies passiert, so wäre das ein großer Fortschritt im Kampf um die Rechte der Frau gewesen. Irgendwann wird es ähnliche Unglücke geben, und ich wage zu sagen, daß Frauen und Männer eine solche Katastrophe in gleicher Weise bestehen werden und Frauen versuchen werden, Männer zu retten.‹

Rettungsboot Nummer 14 unter dem Kommando des Fünften Offiziers Harold Lowe erreicht mit Faltboot D im Schlepptau das Dampfschiff »Carpathia«. (Southampton City Heritage Collections)

Faltboot D fährt an die »Carpathia« heran. (Southampton City Heritage Collections)

Rettungsboot Nummer 6 nähert sich der »Carpathia«. (Southampton City Heritage Collections)

Endlich in Sicherheit – eine Strickleiter wird von der »Carpathia« heruntergelassen.
(Southampton City Heritage Collections)

Nachdem Miss Adams dieses Zukunftsbild entworfen hatte, rühmte sie die Männer der ›Titanic‹ für ihr heldenhaftes Verhalten.« (Southampton City Heritage Collections)

Nach dem Unglück berichtete Charlotte Collyer aus Bishopstoke bei Southampton einem amerikanischen Frauenmagazin ihre Erlebnisse. Unter der Überschrift »Die wahre Geschichte einer Überlebenden« wurde ihre ergreifende Schilderung im Mai 1912 im »American semi-monthly Magazine« abgedruckt: »Am nächsten Morgen fuhren wir nach Southampton, und mein Mann holte sein ganzes Geld von der Bank; auch das, das er für den Verkauf unseres Geschäftes bekommen hatte. Der Bankangestellte fragte ihn, ob er nicht lieber einen Scheck haben wolle, aber er schüttelte den Kopf und steckte die Geldnoten in seine Brieftasche, die er bis zum Ende in der Brusttasche seiner Jacke trug. Es waren einige tausend amerikanische Dollar.

Wir hatten die wenigen Besitzstücke, die wir von unserem alten Haushalt behalten hatten, bereits vorausgeschickt, so daß wir, als wir an Bord der ›Titanic‹ gingen, nur unsere persönlichen Sachen bei uns hatten.

Wir reisten zweiter Klasse, und von unserem Deck, das ziemlich weit vorn lag, sahen wir den großartigen Abschied, der dem Schiff bereitet wurde. Ich glaube nicht, daß es jemals vorher eine so große Menschenmenge in Southampton gegeben hat, und ich bin auch nicht überrascht, daß sie zusammenkam.

Die ›Titanic‹ war wundervoll, viel prächtiger und größer, als ich mir erträumt hatte. Die anderen Schiffe im Hafen wirkten neben ihr wie Nußschalen – und das waren doch die Dampfer der American Line und anderer Reedereien, die einem vor wenigen Jahren noch riesig erschienen waren.

Ich erinnere mich, daß ein Freund zu mir sagte: ›Fürchtest du dich nicht vor der Fahrt übers Meer?‹ Aber ich war vertrauensvoll. ›Pah, auf diesem Schiff!‹ antwortete ich. Bevor wir den Hafen verließen, sah ich den Unfall mit der ›New York‹. Der Dampfer wurde aus seiner Vertäuung gerissen und trieb auf uns zu. Das jagte niemandem Angst ein, sondern bewies nur, wie stark die ›Titanic‹ war.

An die paar ersten Tage der Reise erinnere ich mich nicht besonders gut. Ich war etwas seekrank und blieb die meiste Zeit in der Kabine. Aber am Sonntag, dem 14. April, war ich wieder auf den Beinen. Zum Abendessen saß ich an meinem Platz im Speisesaal und genoß das Essen, wenn ich es auch zu schwer und reichhaltig fand. Kein Aufwand war gescheut worden, um sogar den Passagieren der zweiten Klasse an diesem Sonntag das beste nur mögliche Abendessen zu bieten. Nachdem ich gegessen hatte, hörte ich noch eine Weile dem Orchester zu; gegen neun oder halb zehn Uhr begab ich mich dann auf meine Kabine. Ich war gerade zu Bett gegangen, als die Stewardeß kam. Sie war eine nette Frau, sehr freundlich zu mir. Ich möchte diese Möglichkeit nutzen, um ihr zu danken, denn ich werde sie nie wiedersehen. Sie ging mit der ›Titanic‹ unter.

›Wissen Sie, wo wir sind?‹ sagte sie. ›Man nennt es das Teufelsloch, da sind wir jetzt.‹ ›Was heißt das?‹ fragte ich. ›Das ist ein gefährliches Gebiet des Meeres‹, antwortete sie. ›Hier hat es schon viele Unfälle gegeben. Man sagt, die Eisberge kommen bis hier herunter. Es wird sehr kalt an Deck, es ist jetzt vielleicht schon Eis um uns herum.‹ Sie verließ die Kabine, und ich schlief ein. Was sie über die Eisberge gesagt hatte, erschreckte mich nicht. Aber es zeigte, daß die Besatzung sich der Gefahr bewußt war.

Soweit ich das sagen kann, hatten wir unsere Geschwindigkeit nicht im mindesten gedrosselt. Es muß kurz nach zehn Uhr gewesen sein, als mein Mann hereinkam und mich aufweckte. Bevor er sich fürs Zubettge-

hen fertig machte, setzte er sich hin und redete mit mir, wie lange kann ich nicht sagen. Und dann der Zusammenstoß! Ich hatte das Gefühl, als ob eine riesige Hand das Schiff ergriffen und ein, zwei Mal geschüttelt hätte, dann stoppte es jäh seine Fahrt. Das heißt, es gab einen langen, dann einen kurzen Ruck nach rückwärts. Ich fiel nicht aus dem Bett, und mein Mann taumelte nur kurz; wir hörten keine ungewohnten Geräusche, nichts, was auf die Zerstörung von Stahlplatten oder Holzwerk hindeutete, aber wir merkten, daß die Maschinen nicht mehr arbeiteten. Man versuchte, sie einige Minuten später wieder anzustellen, aber nach einigem Stottern und Rumpeln war es wieder still.
Unsere Kabine lag so, daß wir dies alles genau verfolgen konnten. Mein Mann und ich waren nicht beunruhigt. Er sagte, es müsse einen Zwischenfall im Maschinenraum gegeben haben, und wollte erst gar nicht an Deck gehen. Dann überlegte er es sich doch anders, nahm seine Jacke und verließ mich. Ich lag uhig in meinem Bett mit meinem kleinen Mädchen und schlief fast wieder ein. Es schienen mir nur einige Augenblicke, dann kam mein Mann zurück. Er war nun etwas aufgeregt. ›Stell dir vor‹, stieß er hervor, ›wir sind gegen einen Eisberg gefahren, gegen einen großen, aber es besteht keine Gefahr, das hat mir ein Offizier gesagt.‹

Wir gehen lieber an Deck

Über meinem Kopf konnte ich die Schritte der Leute an Deck hören, Gestampfe und seltsame Geräusche, als würden Taue umhergezerrt. ›Haben die Leute Angst?‹ fragte ich ruhig. ›Nein‹, antwortete er. ›Ich glaube nicht, daß der Zusammenstoß viele in der zweiten Klasse aufgeweckt hat, und nur einige aus den Salons haben sich die Mühe gemacht, an Deck zu gehen. Ich sah einige Passagiere beim Spiel, als ich vorbeiging. Ihre Karten waren ihnen vom Tisch geflogen, aber sie suchten sie wieder zusammen und begannen wieder von vorn, bevor ich den Rauchsalon verließ.‹ Das beruhigte mich. Wenn diese Leute sich keine Sorgen machten, warum sollte ich mir dann welche machen?
Ich denke, mein Mann hätte sich schlafen gelegt, ohne weiter über die Sache nachzudenken, wenn wir nicht plötzlich Hunderte von Menschen den Gang vor unserer Tür hätten entlangrennen hören. Sie schrien nicht, aber das Getrappel ihrer Füße erinnerte mich an Ratten, die durch einen leeren Raum huschen. Ich konnte mein Gesicht im gegenüberliegenden Spiegel sehen, es war sehr weiß geworden; auch mein Mann war ganz blaß, und er stotterte, als er zu mir sagte: ›Wir gehen lieber an Deck und sehen nach, was passiert ist‹. Ich sprang aus dem Bett und zog über mein Nachthemd einen Morgenrock und einen Mantel. Mein Haar war

Die Rettungsboote der »Titanic« werden bei der Ankunft in New York von der »Carpathia« zu Wasser gelassen. (Southampton City Heritage Collections)

offen, aber ich band es schnell zusammen. Zu diesem Zeitpunkt schien das Schiff, obwohl es sich nicht von der Stelle bewegt hatte, ein wenig vornüber zu kippen.
Ich nahm meine Tochter, wie sie war, in ihrem Nachthemd, wickelte eine Decke aus der Kabine um sie und ging aus der Tür. Mein Mann folgte mir. Keiner von uns beiden nahm irgend etwas von unseren Sachen aus der Kabine mit, er ließ sogar seine Uhr auf dem Kissen liegen. Wir zweifelten nicht einen Augenblick daran, daß wir zurückkehren würden.
Als wir das Promenadendeck der zweiten Klasse erreichten, waren dort bereits sehr viele Menschen. Einige Offiziere gingen auf und ab, aber ich würde sagen, daß zu diesem Zeitpunkt eigentlich noch niemand wirklich Angst hatte. Mein Mann ging hinüber zu einem Offizier – es war entweder der Fünfte Offizier Harold Lowe oder der Erste Offizier Murdock [sic; richtig: Murdoch] – und fragte etwas. Ich hörte diesen antworten: ›Nein, wir haben keinen Scheinwerfer, aber wir haben ein paar Raketen an Bord. Bleiben Sie ruhig! Es besteht keine Gefahr.‹
Wir drei standen dicht beieinander. Ich erkannte keines der Gesichter um mich herum, vielleicht wegen der Aufregung. In die Nähe des Erster-Klasse-Decks war ich nie gekommen, also hatte ich keinen der Prominenten an Bord gesehen.
Plötzlich gab es Aufregung bei einem der Aufgänge, und wir sahen einen Heizer von unten hinaufsteigen. Er blieb nicht weit entfernt von uns stehen. Alle Finger seiner einen Hand waren abgerissen worden. Blut rann aus den Stümpfen, Blut war auf seinem Gesicht und seinen Kleidern. Das Rot hob sich deutlich ab gegen den Kohlenstaub, mit dem er bedeckt war. Ich ging hinüber und sprach mit ihm. Ich fragte ihn, ob Gefahr bestünde. ›Gefahr‹, schrie er mit sich überschlagender Stimme, ›das kann man wohl sagen! Da unten, das ist die Hölle, seht mich an. Dieses Schiff wird in zehn Minuten wie ein Stein sinken.‹ Er wankte davon und legte

sich ermattet hin, den Kopf auf ein Tauknäuel. In diesem Moment überkam mich zum erstenmal Angst, fürchterliche Angst. Dieser arme Mann mit seiner blutenden Hand und seinem verschmierten Gesicht ließ in mir ein Bild von zerschmetterten Maschinen und verstümmelten menschlichen Körpern aufsteigen. Ich drückte mich fest an meinen Mann. Obwohl er sich sehr unerschrocken gab, sah ich, daß sein Gesicht weiß wie Papier war.
Uns wurde klar, daß der Unfall viel schlimmer war, als wir gedacht hatten; doch selbst jetzt noch glaubten ich und all die anderen Menschen um mich herum nicht, daß die ›Titanic‹ wirklich sinken würde. Die Offiziere liefen hin und her und riefen Befehle. Ich weiß nicht mehr genau, was während der nächsten Viertelstunde passierte. ... Ich sah, wie der Erste Offizier Murdock Wachen an den Aufgängen aufstellte, damit nicht noch andere wie der verwundete Heizer nach oben kommen konnten. Wie viele unglückliche Männer auf diese Weise daran gehindert wurden, ihr Leben in Sicherheit zu bringen, weiß ich nicht, aber vielleicht hatte Mr. Murdock recht. Er war ein gebieterischer Mann, außergewöhnlich mutig und beherrscht. Ich hatte ihn den Tag vorher kennengelernt, als er die Quartiere der zweiten Klasse inspizierte, und fand, daß er ein Bär von Mann war, der vor nichts Angst haben würde. Das erwies sich als richtig, denn bis zuletzt sorgte er für Ordnung, und er starb auf seinem Posten. Man sagt, er hätte sich erschossen. Ich weiß es nicht.

Frauen und Kinder zuerst

Die Verantwortlichen mußten uns auf das nächstgelegene Bootsdeck getrieben haben, denn dort fand ich mich wieder, immer noch am Arm meines Mannes, die kleine Marjorie neben mir. Viele Frauen standen dort mit ihren Männern, es gab kein Durcheinander. Dann erhob sich über das Stimmengewirr der schreckliche Ruf: ›Boote klarmachen! Frauen und Kinder zuerst!‹ Die letzten Worte rief jemand immer und immer wieder: ›Frauen und Kinder zuerst! Frauen und Kinder zuerst!‹ Sie versetzten mich damals in unaussprechlichen Schrecken, und bis zu meinem Tode werde ich sie in meinem Innern hören. Sie bedeuteten Rettung für mich, aber sie bedeuteten gleichzeitig auch den größten Verlust, den ich je erlitt – den Tod meines Mannes.
Das erste Rettungsboot war schnell voll und wurde hinabgelassen. Sehr wenige Männer stiegen ein, nur fünf oder sechs Mitglieder der Besatzung, würde ich sagen. Die männlichen Passagiere machten keinen Versuch, sich in Sicherheit zu bringen. Ich habe nie solche Tapferkeit gesehen oder überhaupt für möglich gehalten. Wie die Menschen sich in der ersten Klasse und im Zwischendeck verhielten, weiß ich nicht, aber die Männer der zweiten Klasse waren Helden. Das möchte ich jedem Leser dieses Berichtes sagen. Bis das zweite Boot hinabgelassen werden konnte, dauerte es länger. Alle Frauen, die sich fürchteten und schnell von Bord wollten, waren eingestiegen.
Diejenigen, die blieben, waren Ehefrauen, die ihre Männer nicht verlassen wollten, oder Töchter, die ihre Eltern nicht allein lassen wollten. Der verantwortliche Offizier war Harold Lowe. Erster Offizier Murdock war zum anderen Ende des Decks gegangen. Ich sah ihn nicht wieder aus der Nähe.
Mr. Lowe war noch nicht alt und sah sehr jungenhaft aus, aber irgendwie brachte er die Leute dazu, ihm zu folgen. Er lief zwischen die Passagiere und forderte die Frauen auf, in die Boote zu gehen. Viele folgten ihm wie betäubt, aber andere blieben bei ihren Männern. Ich hätte mich in dieses zweite Boot setzen können, aber ich weigerte mich. Schließlich war es voll und verschwand schnell an der Seite des Schiffes. Es gab noch zwei weitere Rettungsboote auf diesem Teil des Decks. Ein aufgeregter Mann in Zivil war bei ihnen und schrie irgendwelche Anweisungen. Ich sah, wie Fünfter Offizier Lowe ihn anherrschte, er soll endlich weggehen. Ich kannte ihn nicht, aber nach dem, was ich in den Zeitungen gelesen habe, muß es Mr. Bruce Ismay, der Direktor der Reederei, gewesen sein.
Das dritte Boot war etwa halbvoll, als ein Seemann Marjorie von mir wegriß und in das Boot packte. Sie konnte ihrem Vater noch nicht einmal mehr Lebewohl sagen!
›Sie auch!‹ brüllte ein Mann dicht an meinem Ohr. ›Sie sind eine Frau, setzen Sie sich in das Boot, oder es ist zu spät.‹
Das Deck schien unter meinen Füßen wegzugleiten. Es neigte sich steil, denn das Schiff begann nun schnell Bug voran zu sinken. Ich hängte mich verzweifelt an meinen Mann. Ich weiß nicht, was ich sagte, aber die Erinnerung daran, daß ich nicht weg von ihm wollte, wird mich immer trösten.
Ein Mann griff nach mir, ein anderer schlang seine beiden Arme um meine Taille, und sie schleppten mich mit Gewalt weg. Ich hörte, wie mein Mann sagte: ›Geh, Lotty, um Gottes willen sei tapfer und geh! Ich kriege einen Platz in einem anderen Boot.‹ Die Männer zogen mich über das Deck und schleuderten mich förmlich in das Rettungsboot. Ich landete sehr schmerzhaft auf einer meiner Schultern. Hinter mir drängten sich viele andere Frauen, aber ich kam auf die Füße und sah über ihre Köpfe hinweg von hinten meinen Mann, der ruhig über das Deck ging und unter den anderen Männern verschwand. Sein Gesicht war abgewandt, so daß ich es nicht mehr sah, aber ich weiß, daß er unerschrocken in den Tod gegangen ist. Seine letzten Worte, er würde einen Platz in einem anderen Boot finden, gaben mir noch etwas Zuversicht, bis jede Spur der Hoffnung ver-

Ein Zeitungsfoto zeigt Passagiere der »Titanic« an Deck der »Carpathia«. In der Mitte Gershon Cohen, Passagier der dritten Klasse, rechts Ettie Dean mit ihrer Tochter Millvina auf dem Arm. (Privatsammlung)

loren war. Viele Frauen wurden durch dasselbe Versprechen ermutigt zu gehen, sonst wären sie verrückt geworden und ins Wasser gesprungen. Ich selbst ließ mich in Sicherheit bringen, weil ich glaubte, daß auch er entkommen würde. Aber manchmal beneide ich diejenigen, die keine irdische Macht aus den Armen ihrer Männer reißen konnte. Nicht wenige von diesen gab es unter den tapferen Passagierinnen der zweiten Klasse. Ich sah sie bis zum Schluß bei ihren geliebten Männern stehen; und als am nächsten Tag an Bord der ›Carpathia‹ die Namen aufgerufen wurden, antworteten sie nicht.

Als das Boot praktisch voll war und keine Frauen mehr in seiner Nähe standen, sprang der Fünfte Offizier Lowe hinein und gab den Befehl zum Fieren. Die Seeleute an Deck hatten damit begonnen, als es zu einem tragischen Zwischenfall kam. Ein junger Bursche, eigentlich noch ein Schuljunge, mit rosigen Wangen, fast noch so klein wie ein Kind, stand dicht an der Reling.

Er hatte keinen Versuch unternommen, ins Boot zu kommen, doch mit mitleiderregendem Blick sah er auf den Offizier. Nun, da er merkte, daß er wirklich zurückgelassen werden würde, verließ ihn der Mut. Mit einem Schrei stieg er auf die Reling und sprang ins Boot. Er fiel zwischen uns Frauen und kroch unter einen Sitz. Ich und eine andere Frau verdeckten ihn mit unseren Röcken. Wir wollten dem armen Jungen eine Chance geben, aber der Offizier zerrte ihn auf die Füße und befahl ihm, zurück aufs Schiff zu gehen. Wir baten, daß er bleiben dürfe. Ich erinnere mich, daß er sagte, er brauche nicht viel Platz. Aber der Offizier zog seinen Revolver und hielt ihn ihm ins Gesicht. ›Ich gebe dir zehn Sekunden, um aufs Schiff zurückzugehen, dann jage ich dir eine Kugel durch den Kopf‹, schrie er. Doch plötzlich änderte er seine Taktik. Er ließ den Revolver sinken und schaute dem Jungen direkt in die Augen. ›In Gottes Namen, sei ein Mann!‹ sagte er freundlich. ›Wir haben für Frauen und Kinder zu sorgen.‹ Der kleine Bursche wandte sich um und verließ ohne ein Wort das Boot. Er wurde nicht gerettet. Alle Frauen um mich herum weinten, und meine kleine Marjorie nahm die Hand des Offiziers. ›O Mister, schießen Sie nicht, bitte schießen Sie nicht auf den armen Mann‹, sagte sie, und er nahm sich Zeit zu lächeln und schüttelte den Kopf. Dann schrie er einen neuen Befehl, damit das Boot hinabgelassen würde, aber gerade als es losging, rannte ein Zwischendeckspassagier, ein Italiener, denke ich, das ganze Deck entlang und sprang Hals über Kopf ins Boot. Er fiel auf ein kleines Kind und verletzte es. Der Offizier packte ihn am Kragen und stieß ihn mit aller Kraft zurück auf die ›Titanic‹. Als wir hinabgelassen wurden, erhaschte ich einen letzten Blick auf diesen Feigling. Er war in den Händen von vielleicht zwölf Männern aus der zweiten Klasse. Sie schlugen ihm die Fäuste ins Gesicht, und er blutete aus Nase und Mund. Wir hielten an keinen anderen Decks, um Frauen und Kinder aufzunehmen. Ich nehme an, das wäre nicht möglich gewesen. Das Boot schlug mit solcher Wucht auf das Wasser auf, daß ich dachte, wir alle würden über Bord gehen. ... die Männer ruderten uns schnell weg vom sinkenden Schiff.

Da war es, daß ich zum ersten Mal den Eisberg sah, der dieses entsetzliche Unheil angerichtet hatte. Er ragte auf in der sternenklaren Nacht, ein bläulichweißer Berg, ziemlich nah bei uns. Zwei andere Eisberge lagen dicht beieinander, wie Zwillinge. Später, glaube ich, sah ich noch drei oder vier, aber ich bin nicht sicher. Eis schwamm überall auf dem Wasser. Es war sehr kalt. Wir waren ein paar hundert Meter weit gekommen, als der Offizier anordnete, mit dem Rudern aufzuhören. Keine anderen Boote waren in Sicht, und wir hatten noch nicht einmal eine Laterne, um damit Zeichen zu geben. Wir lagen da, in Stille und Dunkelheit, auf dem völlig ruhigen Meer. Nie werde ich die erschreckende Schönheit der ›Titanic‹ in diesem Moment vergessen. Sie war nach vorn gekippt, Bug voraus, der erste Schornstein schon zum Teil unter Wasser. ... Elektrische Lichter brannten in jeder Kabine, auf allen Decks und oben auf den Masten.

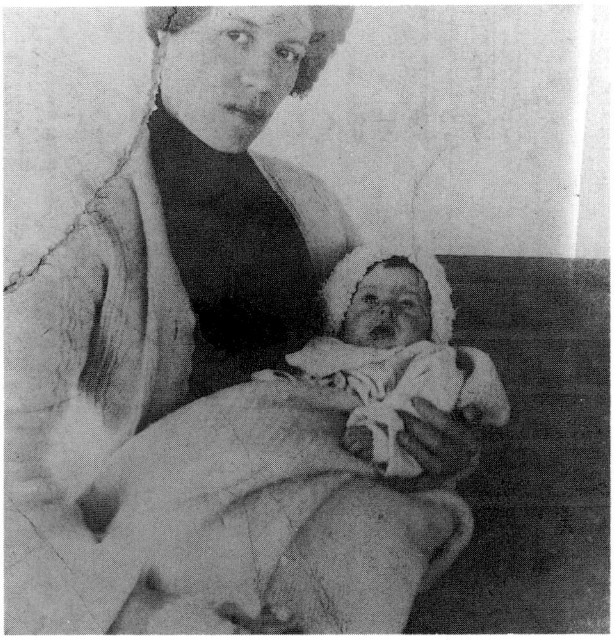

Ettie Dean mit Tochter Millvina an Bord der »Adriatic« – auf dem Weg zurück nach England. (Privatsammlung)

Schreie, schrecklicher als alles, was ich je gehört habe

Kein Laut drang an unser Ohr außer der Musik des Orchesters, die ich – seltsam dies zu sagen – jetzt zum ersten Mal bewußt hörte. Oh, diese tapferen Musiker! Sie waren wundervoll! Sie spielten fröhliche Stücke, Ragtime, und machten damit weiter bis zum Ende. Nur der alles verschlingende Ozean hatte die Kraft, sie zum Schweigen zu bringen. Aus dieser Entfernung konnte man niemand einzelnen an Bord erkennen, aber ich sah Gruppen von Männern auf jedem Deck. Sie standen da, die Arme vor der Brust verschränkt, die Köpfe gesenkt. Ich bin sicher, daß sie beteten. Auf dem Deck, das ich gerade verlassen hatte, standen vielleicht 50 Männer zusammen, in der Mitte von ihnen eine hoch aufragende Gestalt. Dieser Mann war auf eine Kette oder ein zusammengerolltes Tau gestiegen, so daß er viel höher als der Rest stand. Seine Arme waren erhoben, als würde er einen Segen erteilen.

Am Tage hatte ein gewisser Father Byles einen Gottesdienst im Speisesaal der zweiten Klasse abgehalten, und ich bin sicher, daß er es war, der diese todgeweihten Männer zum Gebet versammelte. Das Schiffsorchester spielte »Näher mein Gott zu Dir«. Ich konnte es ganz genau hören. Das Ende war nah. Es gab ein ohrenbetäubendes Donnern, das mich fast betäubte. Irgend etwas tief unten in der ›Titanic‹ explodierte und Millionen Funken schossen in den Himmel. ... Zwei weitere Explosionen folgten dumpf und schwer, und die ›Titanic‹ brach vor meinen Augen entzwei. Der vordere Teil war bereits tief im Wasser. Er drehte sich und verschwand augenblicklich. Das Heck richtete sich steil auf, ragte hochkant aus dem Wasser und hielt sich so für Sekunden; sie erschienen uns wie Minuten. Erst da gingen die elektrischen Lichter aus. Bevor es dunkel wurde, sah ich, wie Hunderte von Menschen sich am untergehenden Schiff festklammerten oder ins Wasser sprangen. Schreie, schrecklicher als alles was ich je gehört habe, drangen an mein Ohr. Ich wendete mich ab, doch im nächsten Moment sah ich wieder hin. Die andere Hälfte des riesigen Schiffes tauchte ins Wasser, so wie ein Kiesel einfach in einen Teich fällt. An diesen letzten Moment werde ich mich immer als den allerschrecklichsten des ganzen Unglücks erinnern. Viele Hilferufe kamen aus der Richtung der auf dem Wasser schwimmenden Wrackteile. Einige Frauen baten Offizier Lowe zurückzufahren, er aber meinte, das würde nur damit enden, daß viel zu viele Menschen ins Boot wollten und wir kentern würden.

Ich glaube, zu diesem Zeitpunkt nahmen einige andere Rettungsboote Überlebende auf, und mehrere vertrauenswürdige Personen erzählten mir hinterher, daß Kapitän E. J. Smith gegen eines der Faltboote getrieben wurde und sich für einige Momente dort festhielt. Ein Mitglied der Besatzung versicherte mir, er habe versucht, den Kapitän auf das Boot zu ziehen, doch der habe den Kopf geschüttelt, sich losgemacht und sei verschwunden.

Wir gingen auf die Suche nach anderen Rettungsbooten, die entkommen waren. Wir fanden vier oder fünf, und Mr. Lowe übernahm das Kommando über diese kleine Flotte. Er ordnete an, die Boote zusammenzubinden, damit nicht eins von ihnen wegtriebe und sich in der Dunkelheit verlöre. Das war eine gute Idee und erleichterte unsere Rettung, als die ›Carpathia‹ kam.

Unter großen Schwierigkeiten verteilte er dann die meisten Frauen unseres Rettungsbootes auf andere Boote. Das dauerte vielleicht eine halbe Stunde. Dann hatte er ein fast leeres Boot ... und wir fuhren los, um Überlebende zu suchen.
Ich habe keine Ahnung, wie spät es wann war in dieser schrecklichen Nacht. Irgend jemand gab mir eine Decke, die mich etwas vor der Kälte schützte, und Marjorie hatte die Decke aus der Kabine, die ich um sie gewickelt hatte, aber unsere Füße standen tief in eiskaltem Wasser. ... Es gab kein Trinkwasser und natürlich überhaupt nichts zu essen auf dem Boot.
Wie sehr die meisten Frauen unter diesen Umständen leiden mußten, entzieht sich jeder Vorstellung Das Schlimmste, was mir passierte, war, daß ich halb ohnmächtig gegen einen der rudernden Männer sackte, mein Haar sich in der Dolle für das Ruder verfing und die Hälfte mitsamt der Wurzel ausgerissen wurde.
Ich weiß, daß wir eine große Zahl von Männern retteten, aber ich kann mich nur noch an zwei Erlebnisse wirklich erinnern. Nicht weit entfernt von der Stelle, an der die ›Titanic‹ untergegangen war, fanden wir ein kieloben schwimmendes Rettungsboot. Darauf waren etwa 20 Männer. Sie lagen dicht beieinander und hielten sich verzweifelt fest, aber auch die Kräftigsten von ihnen, das sahen wir, waren so durchgefroren, daß sie in wenigen Augenblicken ins Wasser sinken würden. Wir nahmen sie einen nach dem anderen an Bord und stellten fest, daß vier schon tot waren.
... Ein Stückchen weiter sahen wir eine schwimmende Tür, die aus den Angeln gerissen worden sein mußte, als das Schiff unterging. Auf ihr lag, das Gesicht nach unten, ein schmächtiger Japaner. Er hatte sich selbst auf seinem unsicheren Fahrzeug festgebunden, das Tau hatte er an den Türangeln festgeknotet. Wir dachten, er wäre tot.
Jedesmal, wenn die Tür sich im Wasser hob und wieder senkte, schwabbte die See über ihn, und er war steifgefroren. Er antwortete nicht, als man nach ihm rief, und der Offizier zweifelte, ob man noch versuchen sollte, ihn zu retten. Er hatte das Boot schon gewendet, doch dann änderte er seine Meinung und fuhr zurück. Der Japaner wurde ins Boot gezogen, eine Frau rieb seine Wangen, andere seine Hände und Füße. Schneller, als ich es erzählen kann, schlug er die Augen auf. Er sprach zu uns in seiner Sprache, dann merkte er, daß

Überlebende der »Titanic« auf der »Carpathia«.
(Southampton City Heritage Collections)

wir ihn nicht verstanden. Er kam auf die Beine, streckte die Arme über dem Kopf aus, stampfte mit den Füßen und war nach fünf Minuten wieder bei Kräften. Einer der Seeleute in seiner Nähe war so müde, daß er das Ruder kaum noch halten konnte. Der Japaner hastete hinüber, schob ihn zur Seite und ruderte wie ein Held, bis wir aufgelesen wurden. Mr. Lowe beobachtete ihn mit größtem Erstaunen. Von diesem Rettungsmanöver an bis zu dem Moment, als die ›Carpathia‹ im Morgengrauen auftauchte, habe ich nur noch verschwommene Erinnerungen. Sie stoppte etliche Meilen von uns entfernt, und dieses letzte Stück zu ihr hin zu rudern, war eine der schwersten Aufgaben für unsere armen, halb erfrorenen Männer. Auch viele Frauen halfen beim Rudern, und eines nach dem anderen krochen die Boote über das Wasser zum wartenden Schiff. Sie ließen Strickleitern herunter zu uns, aber die Frauen waren so schwach, daß es ein Wunder war, daß nicht eine den Halt verlor und ins Wasser fiel. Als es daran ging, die Babys und Kinder nach oben zu befördern, wurde es noch schwieriger, weil niemand mehr stark genug war, eines zu tragen. Einer der Postangestellten auf der ›Carpathia‹ löste das Problem. Er ließ leere Postsäcke herunter. Die Kleinen wurden in die Säcke gehoben, diese festgemacht und nach oben gezogen. Schließlich standen wir alle an Deck der ›Carpathia‹. Mehr als 670 Menschen. Die Tragik der nun folgenden Situation kann ich nicht mit Worten beschreiben. Es gab kaum jemand, der nicht von Mann, Kind oder Freund getrennt worden war. War jemand davon unter den wenigen Geretteten? Wir konnten nur verzweifelt von Gruppe zu Gruppe eilen, die sorgenvollen Gesichter absuchen, Namen rufen, endlose Fragen stellen. Keine Überlebende kennt besser als ich den grausamen Schmerz von Enttäuschung und Verzweiflung. Ich hatte einen Ehemann, nach dem ich suchte. Einen Ehemann, den ich in meinem unerschütterlichen Vertrauen in einem der Boote zu finden gehofft hatte. Er war nicht dabei.

Mit diesen Worten möchte ich meinen Bericht über die ›Titanic‹ schließen. Viele hundert andere können erzählen – oder haben es bereits getan –, wie die traurige Fahrt auf der ›Carpathia‹ nach New York verlief. Freunde in Amerika haben mir sehr geholfen, und ich möchte nun unseren ursprünglichen Plan verwirklichen. Ich werde nach Idaho gehen und dort ein Zuhause in der Neuen Welt finden. Eine Weile dachte ich, ich würde nach England zurückkehren, aber ich will das Meer nicht mehr sehen; außerdem muß ich meine kleine Marjorie dorthin bringen, wohin ihr Vater uns beide gebracht hätte. Das ist alles, was mir wichtig ist: Das zu tun, was ich mit ihm getan hätte.«

Charlotte und Marjorie Collyer blieben jedoch nicht in Amerika, sondern kehrten schließlich nach Bishopstoke zurück, wo Charlotte noch einmal heiratete; nicht lange danach starb sie an Tuberkulose.

KAPITEL 8

ÜBERLEBENDE DER BESATZUNG BERICHTEN

»Alle Mann an Deck!«

Aus einem Interview mit Steward Sydney Daniels im Rahmen des Oral-history-Projektes Southampton: »Ich wurde in der Bolton Road in Portsmouth geboren, am 19. November 1893, und ich war auf der ›Olympic‹, 1911 bei der Jungfernfahrt ... Mit der ›Titanic‹ fuhren wir am 10. April ab ... Alles lief glatt ... und [am Sonntag; Anm.d.Übers.] um etwa halb zwölf oder zwanzig nach elf schlief ich in meiner Koje. Der Wachhabende kam runter und sagte: ›Alle Mann an Deck, zieht eure Schwimmwesten an.‹ Wir dachten, es wäre eine Übung. Wir waren nicht gerade begeistert ... aber egal, schließlich gingen wir an Deck und zu unseren Booten. Wir waren alle bestimmten Booten zugeteilt, meines war Nummer 13 ... Wir standen nur herum und warteten auf Befehle ... schließlich wurde angeordnet, alle Frauen und Kinder in die Rettungsboote zu setzen. Ich weiß nicht, wie spät es war ... Ist auch egal, wir holten also alle nach oben. Naja, so viele wir eben konnten, und setzten sie in die Boote. ... Wir brachten alle Boote weg ... außer dem letzten, das war ein Faltboot, das auf dem Dach über dem Funkraum festgemacht war. Eine Menge Leute versuchten, es loszukriegen. Jemand rief: ›Hat einer ein Taschenmesser?‹ Ich sagte: ›Ja, ich hab eins, hier‹, und gab mein Messer hoch. Ich glaube, das war die letzte Befestigung von dem umgedrehten Rettungsboot. ...
Ja, also da war das Schiff schon ziemlich tief gesunken ... und alle unsere Rettungsboote außer dem einen waren weg. Ich wanderte herum ... ging hoch, in die Nähe der Brücke ... ich stand da ... guckte von der Backbordseite zur Steuerbordseite, ich konnte das Wasser zur Brücke hochsteigen sehen ... so, dachte ich ... jetzt ist es Zeit abzuhauen ... also sprang ich ins Wasser.
Ich hatte nichts, wohin ich schwimmen konnte, aber ich mußte vom Sog wegkommen, ich fürchtete, der Sog würde mich sonst runterziehen. ... Ich schwamm also weg ... und fand, reines Glück, ein Rettungsfloß, eines dieser großen, runden, an dem hing ein Mann. Ich sah mich um und sagte zu dem Typ: ›Wir sind zu nah am Sog, es wird uns runterziehen.‹ Ich drehte mich um und schwamm wieder weg, ohne Ziel schwamm ich weiter. Dieser Mann ... er antwortete nicht, war vielleicht ein Ausländer, keine Ahnung, wer er war, aber er folgte mir ... In einiger Entfernung konnte ich in der Dunkelheit etwas leuchten sehen. Also schwamm ich hin. Es war ein umgedrehtes Rettungsboot mit einer Menge Leute drauf. Es war das Boot, das sie versucht hatten loszumachen. Also kletterte ich drauf. Der Typ, der mir ja offenbar gefolgt war, versuchte auch hochzuklettern, war aber zu schwach, um ganz drauf zu kommen. Ich setzte mich auf den Kiel des Rettungsbootes, er aber hing irgendwie an der Seite. Schließlich starb er vor Erschöpfung. ...

Steward Sidney Daniels (rechts) an Bord der »Olympic«. (Southampton City Heritage Collections)

Wir saßen da, etwa 20 von uns, mitten in der Nacht. Nichts zu tun, nur hoffen ... einer fing an, auf das Schiff zu fluchen, aber ein anderer sagte: ›Hör auf mit dem Fluchen, bet lieber.‹ Das taten wir dann auch. ... Dann sagte ich zu dem Kumpel, der mit dem Rücken zu mir saß: ›Ich bin müde, ich werde schlafen.‹ Er aber meinte: ›Um Gottes willen, schlaf bloß nicht.‹ Also tat ich's nicht. Hätte ich geschlafen, dann wäre ich nie mehr aufgewacht, es war viel zu kalt. Wir saßen da also die ganze Nacht, es begann zu dämmern ... dann kam ein Schiff in Sicht. ›Da ist ein Schiff‹, sagte ich, ›und da ein zweites.‹ Es stellte sich raus, daß eins das Schiff, das andere der Eisberg war, längsseits beieinander. Das war die ›Carpathia‹, die gekommen war, um uns aufzusammeln. ... Also nahmen sie uns an Bord. Das war das erste Mal in meinem Leben, daß ich Kaffee anrührte. Als sie mich an Bord hievten, gaben sie mir was Heißes zu trinken ... ich mochte Kaffee überhaupt nicht ... aber jetzt war mir egal, was es war, Hauptsache etwas, das mich aufwärmte. ... Sie brachten mich runter auf die Krankenstation, dort blieb ich ... eine Weile.«

In der Zeitschrift »The Sphere« wurde ein langer Augenzeugenbericht von Matrose Joseph Scarrott veröffentlicht: »Es war eine wunderbare, sternenklare Nacht, kein Wind, der Ozean ruhig wie ein See, aber die Luft sehr kalt. Jeder war guter Laune, und mit dem Schiff lief alles wie geschmiert. Dann rammte es plötzlich diesen Eisberg; das erschütterte den riesigen Dampfer vom Bug bis zum Heck. Aber der Aufprall beim Zusammenstoß war nicht so stark, wie man hätte erwarten können bei der Größe des Eisbergs und der Geschwindigkeit des Schiffes, das mit ungefähr 22 Knoten fuhr.
Zu diesem Zeitpunkt war ich unten im Vorschiff und rauchte eine Zigarette. Es passierte um 20 Minuten vor zwölf Uhr. Das Schiff wurde geschüttelt, als wenn

Die Zeichnung zeigt die Situation nach dem Zusammenstoß mit dem Eisberg; auf dem Deck unten rechts herabgestürztes Eis. (»The Sphere«; Southampton City Heritage Collections)

Matrose Joseph Scarrott.
(Siehe Text Seite 144; »The Sphere«; Southampton City Heritage Collections)

die Maschinen plötzlich auf volle Kraft zurück gestellt worden wären. Die von der Crew, die in ihren Kojen geschlafen hatten, kamen hoch und wir alle liefen an Deck.

Was war passiert?

Wir merkten, daß das Schiff einen Eisberg gerammt hatte, denn auf der Steuerbordseite des Vorschiffes lagen große Mengen von Eis und Schnee. Wir dachten nicht, daß es besonders schlimm gewesen war, gingen wieder runter und verfluchten den Eisberg, weil er uns gestört hatte. Wir waren noch nicht mal unten angekommen, als der Bootsmann alle Mann an Deck rief, um die Rettungsboote abzudecken und klarzumachen zum Fieren. Auch da dachten wir noch nicht, daß etwas wirklich Ernstes passiert war. Die allgemeine Meinung der Mannschaft war, daß wir die Boote nur für den eventuellen Ernstfall vorbereiten sollten und je eher wir damit fertig wären, desto eher könnten wir wieder runter. ...
Die Boote an der Backbordseite waren zuerst klar, dann die auf der Steuerbordseite. Während wir arbeiteten, kamen Passagiere mit Schwimmwesten an Deck. Da begriffen wir, was los war. Jeder ging auf seinen Posten. Es gab keine Panik, alle waren ganz ruhig. Als die Boote bereit waren, kam das übliche Kommando: ›Frauen und Kinder zuerst.‹ Es wurde ausgegeben, ohne Unterschiede zwischen den einzelnen Klassen zu machen. In manchen Fällen mußten wir die Frauen zwingen, in die Boote zu gehen, denn sie wollten ihre Männer nicht verlassen.

Die Revolverschüsse

Die Männer hielten sich im Hintergrund, um Platz für die Frauen zu machen – außer in ein, zwei Fällen, in denen sie versuchten, zu den Booten zu kommen, aber sofort gestoppt wurden. Das passierte auch bei Boot Nummer 14, für das ich verantwortlich war. Ein halbes Dutzend Ausländer wollten hineinspringen, bevor ich die Frauen und Kinder alle drin hatte, aber ich hielt sie zurück. Kurz darauf kam der Fünfte Offizier, Harold Lowe, und übernahm das Boot. Ich berichtete ihm, was passiert war. Er zog seinen Revolver und feuerte zwei Schüsse zwischen Schiffswand und Rettungsboot ins Wasser, als Warnung für weitere Versuche dieser Art. Als unser Boot gefiert wurde, hatten wir 54 Frauen, 4 Kinder, 1 Matrosen, 1 Fensterputzer, 2 Heizer, 3 Stewards und 1 Offizier an Bord, zusammen 66 Menschen.

Als auch das Heck sank

Das Schiff ging wenig später unter. Ich würde sagen, um etwa 2.20 Uhr am Morgen des 15., also zwei Stunden und 40 Minuten nach dem Zusammenprall. Das Bild des riesigen versinkenden Schiffes wird mir unvergeßlich bleiben. Es sank langsam, Bug voran, mit einer leichten Schlagseite nach Steuerbord, bis das Wasser zur Brücke reichte, dann ging es schneller. Als der dritte Schornstein fast verschwunden war, hörte ich vier Explosionen, von denen ich annahm, daß es die zerberstenden Kessel waren. Das war schon mehr oder minder das Ende. Plötzlich brach das Schiff zwischen dem dritten und vierten Schornstein entzwei. Der achtere Teil kam wieder in seine normale Position und machte den Eindruck, als würde er sich wieder über Wasser halten, aber er blieb nur eine Minute so oder zwei, dann sank er. Die Lichter brannten, bis die ›Titanic‹ entzweibrach.
Die Schreie der armen Menschen, die im Wasser um ihr Leben kämpften, klangen entsetzlich in der Stille der Nacht. Das schnitt einem wie ein Messer ins Herz. Unser Offizier ordnete dann an, daß alle Boote unter seinem Kommando zu der Stelle, an der das Schiff untergegangen war, zurückrudern und versuchen sollten, irgend jemand an Bord zu nehmen. Einige unserer Boote fischten jemand aus dem Wasser. Ich kann nicht sagen, wie viele es waren. Danach banden wir alle unsere Rettungsboote zusammen, um für ein vorbeifahrendes Schiff besser zu sehen zu sein als ein einzelnes Boot.
Wir verteilten die Passagiere des Bootes, in dem ich war, auf die anderen vier Boote. Dann nahmen wir von jedem Boot einen Seemann, um eine kleine Mannschaft zu haben und ruderten zu den Wrackteilen, weil wir aus dieser Richtung noch Hilferufe hörten. Als wir dort ankamen, bot sich uns ein schreckliches Bild. Wir waren unter Hunderten von Toten, die in ihren Schwimmwesten auf dem Wasser trieben. Wir sahen nur noch vier Lebende. Der erste, den wir aufnahmen, war ein Mann. Er starb bald, nachdem wir ihn im Boot hatten. Unter großen Schwierigkeiten zogen wir die anderen drei heraus.

»Der Bug des Schiffes ging nun schnell unter, und das Heck ragte höher und höher auf: die Menschen wurden zu hilflosen Haufen auf den steil stehenden Decks und fielen schließlich ins eisige Wasser. Wären die Rettungsboote in der Nähe gewesen, hätten viele vielleicht gerettet werden können ...« Zweiter Offizier Charles Lightoller in seinem Buch »Titanic and Other Ships«. (»The Sphere«; Southampton City Heritage Collections)

F. Matania

"The Titanic looked enormous"
Boat Deck clear of boats
"The bows & bridge completely under water"
Loose floating Ice
"Sea calm as a pond There was just a gentle heave"

"The starlight night was beautiful"
"Stern
2nd class
Section of ship
Every porthole
& saloon was
blazing with light"
"We had sixty
or seventy
on board"

Die Tränen

Einer von diesen dreien kniete – wie zum Gebet – auf etwas, das aussah wie ein Teil einer Treppe. Er war nur einige Meter von uns entfernt, aber wir brauchten eine halbe Stunde, um das Boot zwischen den Wrackteilen und den Toten hindurchzubringen zu ihm; wir konnten nicht sehr nah an ihn heran, also hielten wir ein Ruder raus, damit er einen Halt hatte, und zogen ihn zum Boot.
Alle Toten, die wir sahen, schienen erfroren zu sein, denn ihre Körper waren ganz verkrampft. Als wir diesen schrecklichen Ort verließen, kamen uns die Tränen. Das war selbst für den Tapfersten zuviel. Erst dann sahen wir die Lichter eines Schiffes; wie sich zeigte, war es der Dampfer ›Carpathia‹ von Cunard. Was für eine Erleichterung. ...
Wir ruderten zu unseren Booten zurück. Es begann bereits zu dämmern. Wir merkten, daß wir von Eisbergen und Eisfeldern umgeben waren. Manche dieser Felder waren meilenlang. Auf unserem Weg sahen wir eines der Faltboote. 18 Menschen waren drin. Wir fuhren hin und nahmen sie mit. Wir ließen zwei Tote zurück; zwei andere, sagte man uns, seien schon vorher gestorben.

Mit über siebenhundert Passagieren und Besatzungsmitgliedern der »Titanic« an Bord läuft die »Carpathia« im Hafen von New York ein. (Aus »Deathless Story of the Titanic«)

Frohe Ankunft

Alle unsere Boote bewegten sich auf die ›Carpathia‹ zu. Sie hatte genau dort gestoppt, wo unser Schiff untergegangen war. Sie hatte unsere Hilferufe über Funk aufgefangen. Als wir längsseits waren, wurden wir so schnell wie möglich an Bord geholt. Einige Überlebende waren bereits dort. Alles war für uns vorbereitet worden, trockene Kleider, Decken, Betten, heißer Kaffee, ein Schnaps und so weiter; alles, um uns zu helfen. Die letzten Überlebenden kamen gegen 8.30 Uhr an Bord. Die Toten, die in einigen Booten waren, wurden auch an Bord genommen. Nachdem sie identifiziert worden waren, gab es eine richtige Begräbnisfeier für sie. Es waren zwei Passagiere, ein Heizer und ein Matrose. Wir fuhren noch einige Stunden in der Nähe herum, in der Hoffnung, weitere Überlebende zu entdecken, aber wir fanden niemand. Während dieser Zeit suchten viele Frauen nach ihren Ehemännern, Schwestern nach ihren Brüdern, Kinder nach ihren Eltern, doch auf vielen niedergeschlagenen Gesichtern war das traurige Ergebnis abzulesen.

Dank an das amerikanische Volk

Die ›Carpathia‹ sollte von New York nach Gibraltar fahren, doch der Kapitän entschied, nach New York zurückzukehren. Wir kamen dort am Donnerstag, dem 18., um neun Uhr abends an. Wir hatten gutes Wetter, aber es war eine traurige Reise. Eine Liste der Überlebenden wurde aufgestellt, sobald wir den Unglücksort verlassen hatten. Bei unserer Ankunft in New York war alles nur Mögliche für uns vorbereitet worden – Kleidung, Geld, medizinische Hilfe ... Das amerikanische Volk hätte uns nicht besser empfangen können. Bevor ich schließe, muß ich noch sagen, daß die Passagiere, als sie in den Rettungsbooten waren – vor allem die Frauen – sehr tapfer waren und uns sehr unterstützten. Gott sei Dank war das Wetter gut, sonst hätte wohl überhaupt niemand mehr die Geschichte dieses Unglücks erzählen können.« (Southampton City Heritage Collections)

Wenige Tage nach der Ankunft in Amerika schilderte Harold Bride, der als Zweiter Funker an Bord der »Titanic« gewesen war, der »New York Times« in Anwesenheit von Herrn Marconi seine Erlebnisse in der Unglücksnacht: »Ich kam in Belfast auf die ›Titanic‹. Geboren wurde ich in Nunhead, London, vor zwei-

Harold Bride, Zweiter Funker an Bord der »Titanic«, gab der »New York Times« einen ausführlichen Augenzeugenbericht über die Ereignisse in der Nacht vom 14. auf den 15. April. (»The Daily News«; Southampton City Heritage Collections)

undzwanzig Jahren; letzten Juli ging ich zur Marconi Company. ... auf der ›Titanic‹ hatte ich nicht viel mehr zu tun als Phillips, den Ersten Funker, um Mitternacht abzulösen bis zum Morgen, wenn er ausgeschlafen hatte. ...
Es gab drei Räume für uns Funker. Einen zum Schlafen, einen für den Generator und einen, in dem die eigentliche Funkanlage stand. Ich hatte mich ausgezogen und war ins Bett gegangen. Irgendwann wachte ich auf und hörte, daß Phillips nach Cape Race sendete. ... Es war nur eine Routinesache. Ich dachte daran, wie müde er war, und kroch aus dem Bett ... um ihn abzulösen. Ich fühlte noch nicht mal den Aufprall. Ich wußte nicht, daß es passiert war, bis der Kapitän bei uns gewesen war. Es gab keinen Stoß oder irgendwas.

Das Notsignal CQD

Ich stand bei Phillips und sagte ihm, er solle ins Bett gehen, als der Kapitän reinkam. ›Wir haben einen Eisberg gerammt‹, sagte er. ›Ich lasse eine Inspektion durchführen, um festzustellen, was für Schäden dabei entstanden sind. Sie halten sich besser bereit, um einen Hilferuf auszusenden, aber tun Sie nichts, bevor ich es nicht sage.‹ Der Kapitän ging weg und war nach zehn Minuten, schätze ich, wieder da. Wir konnten hören, daß es draußen eine schreckliche Aufregung gab, aber nichts deutete auf irgendwelche Probleme hin. Das Funkgerät arbeitete völlig normal. ›Senden Sie den Hilferuf‹, ordnete der Kapitän an, den Kopf nur knapp in der Tür. ›Welchen Hilferuf soll ich senden?‹ fragte Phillips. Antwort: ›Den vorgeschriebenen internationalen Notruf, nur den.‹ Dann war der Kapitän weg.
Phillips begann CQD zu senden. Er hämmerte auf die Taste, und wir machten dabei unsere Späßchen. ... er gab das Signal etwa fünf Minuten lang immer wieder durch. Dann kam der Kapitän zurück. ›Was senden Sie?‹ fragte er. ›CQD‹, antwortete Phillips.

Ein guter Witz

Irgendwie fand ich die Sache komisch und brachte mit einer kurzen Bemerkung uns alle zum Lachen, auch den Kapitän. Ich sagte zu Phillips, er solle doch SOS morsen – ›das ist der neue Notruf, und vielleicht ist es deine letzte Chance, ihn zu senden.‹ Mit einem Lachen hämmerte Phillips nun das Signal SOS auf die Taste. Der Kapitän sagte uns, wir wären mittschiffs gerammt worden oder etwas achtern von mittschiffs. ...
Als ersten Dampfer erreichten wir die ›Frankfurt‹; wir gaben ihr unsere Position durch, daß wir einen Eisberg gerammt hätten und Hilfe bräuchten. Der Funker der ›Frankfurt‹ ging weg, um das seinem Kapitän mitzuteilen. Er kam zurück, und wir gaben ihm durch, daß wir sinken würden und bereits eine starke Schlagseite nach vorn hätten.
Auch die ›Carpathia‹ antwortete, und wir teilten ihr unsere Position mit und daß wir sinken würden. Der Funker benachrichtigte den Kapitän, kam nach fünf Minuten zurück und sendete, die ›Carpathia‹ würde wenden und zu uns kommen.

Auf Deck

Unser Kapitän hatte uns schon wieder verlassen, und Phillips trug mir auf, zu ihm zu laufen und ihm zu melden, was die ›Carpathia‹ geantwortet hatte. Das tat ich.

Blick in den Funkraum eines Dampfschiffes. (»Illustrated London News«)

Eines der Rettungsboote an der Seite der »Carpathia«. (Southampton City Heritage Collections)

Zu seiner Kabine mußte ich durch eine schreckliche Menge von Leuten. Die Decks waren voll von durcheinanderrennenden Männern und Frauen.
Ich kam zurück und hörte, wie Phillips der ›Carpathia‹ weitere Anweisungen gab. ... Alle paar Minuten schickte er mich nun mit neuen Meldungen zum Kapitän. Es ging nur darum, wie die ›Carpathia‹ zu uns fahren würde und mit welcher Geschwindigkeit.

Der heldenhafte Funker

Als ich wieder einmal vom Kapitän zurückkam, sah ich, daß sie Frauen und Kinder in die Rettungsboote setzten und daß die Schlagseite nach vorn deutlich zunahm. Phillips sagte mir, das Funkgerät würde schwächer. Der Kapitän kam und berichtete uns, in den Maschinenräumen stünde das Wasser und die Lichtmaschinen würden vielleicht nicht mehr lange halten. Das sendeten wir der ›Carpathia‹.
Ich ging wieder raus und schaute mich um. Das Wasser war schon verdammt nah am Bootsdeck. Achtern war ein unheimliches Gewühl; wie der arme Phillips es schaffte, einfach weiterzuarbeiten, weiß ich nicht. Er war ein sehr mutiger Mann. In dieser Nacht begann ich, ihn sehr zu schätzen. Und plötzlich fühlte ich so etwas wie Ehrfurcht vor ihm – wie er einfach seine Arbeit tat, während alle anderen durchdrehten. Ich werde, was Phillips in den letzten schrecklichen fünfzehn Minuten vollbrachte, nie vergessen. Er saß am Funkgerät, sendete und sendete. Zehn Minuten oder vielleicht auch fünfzehn Minuten, nachdem der Kapitän ihn bereits aus der Pflicht entlassen hatte, blieb er noch dort. Das Wasser kam schon in den Funkraum.

Von achtern hörte man das Schiffsorchester; es spielte den Ragtime ›Autumn‹. Phillips rannte in diese Richtung, und das war das letzte Mal, daß ich ihn lebend sah.
Ich ging dorthin, wo ich auf dem Bootsdeck das Faltboot gesehen hatte. Zu meiner Überraschung war es noch da, und die Männer versuchten immer noch, es loszukriegen. Ich vermute, es war kein Matrose unter ihnen. Sie schafften es nicht. Ich ging hin und wollte gerade mit anpacken, als eine riesige Welle über das Deck spülte.
Das Boot wurde davon gepackt. Ich hielt mich an einer Ruderdolle fest und wurde mitgerissen. Das nächste, was ich weiß, ist, daß ich im Boot war – aber das trifft die Sache überhaupt nicht: Ich war zwar im Boot, aber dieses lag kieloben auf dem Wasser und ich war drunter. Mir wurde klar, daß ich völlig naß war und irgendwie atmen mußte, ich war ja unter Wasser. Ich mußte also kämpfen, und das tat ich. Wie ich unter dem Boot rauskam, weiß ich nicht, aber irgendwie kriegte ich endlich Luft. Überall um mich herum waren Männer – Hunderte. Das Meer war übersät mit ihnen, alle hingen in ihren Schwimmwesten.

Ein letzter Blick auf die ›Titanic‹

Mir war klar, daß ich irgendwie von dem Schiff wegkommen mußte. ... Rauch und Funken kamen aus den Schornsteinen. Es mußte eine Explosion gegeben haben, aber wir hatten keine gehört. Wir sahen nur einen breiten Strahl von Funken. Das Schiff sank nach und nach auf seine Nase – wie eine Ente, die tauchen will. Ich hatte nur eines im Kopf – weg vom Sog.

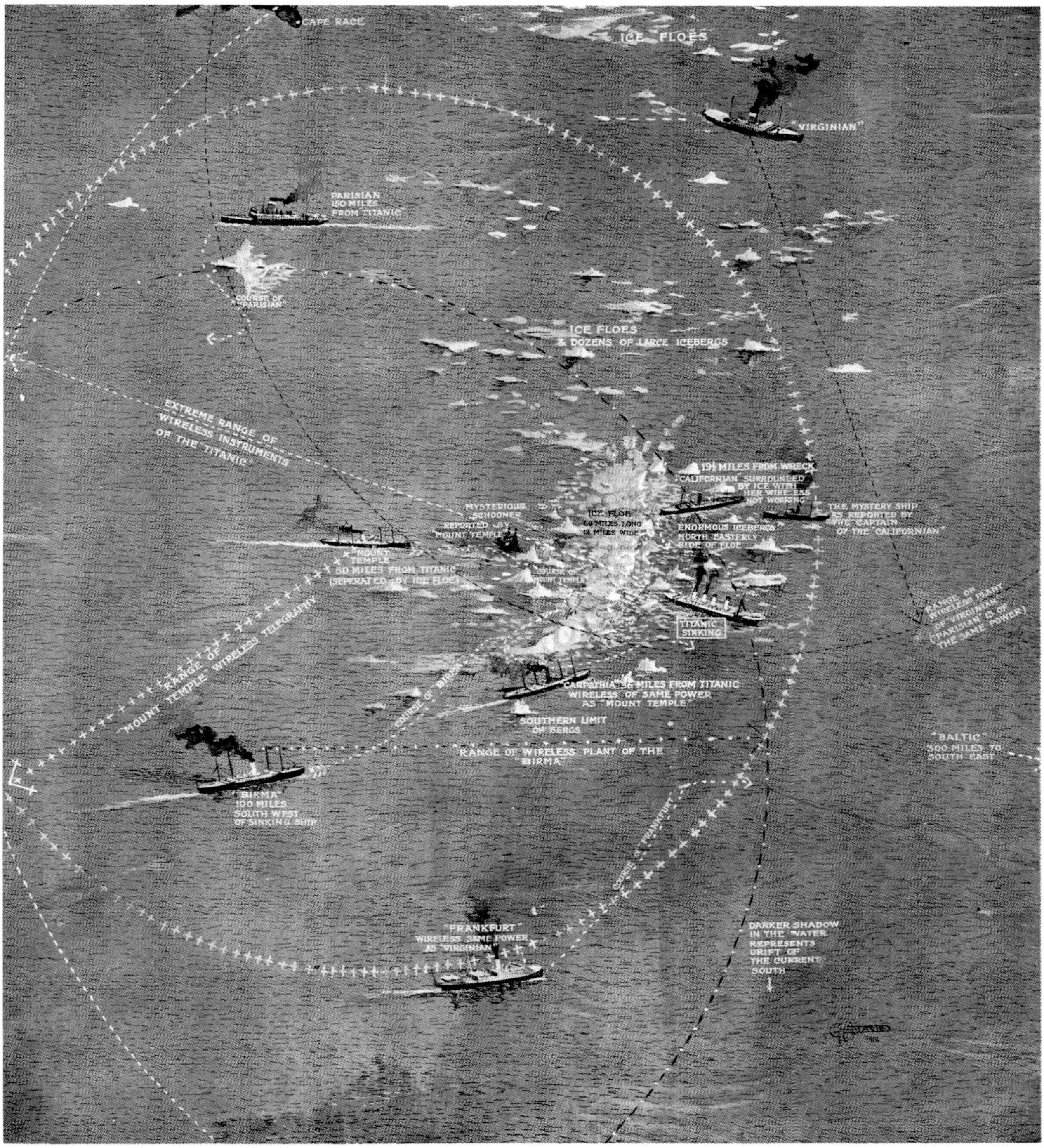

Die Position der »Titanic« (Mitte, rechts vom Eisfeld) und aller Schiffe, die zum Zeitpunkt des Unglücks in der Nähe waren.
(»The Sphere«; Southampton City Heritage Collections)

Das Orchester machte immer noch Musik. Ich glaube, sie gingen alle unter. Sie waren Helden. Sie spielten immer noch ›Autumn‹. Dann schwamm ich mit allen Kräften. Ich denke, ich war etwa 50 Meter weit weg, als die ›Titanic‹, die Nase unter Wasser, das Hinterteil steil aufgerichtet, begann, schnell zu sinken. Als schließlich die Wellen über ihrem Steuerruder zusammenschlugen, konnte ich keinerlei Sog feststellen. ...
Nach einer Weile hatte ich das Gefühl, ertrinken zu müssen. Ich war völlig durchgefroren. Ich sah irgendein Boot in meiner Nähe und nahm alle Kräfte zusammen, um dorthin zu schwimmen. Es war sehr anstrengend. Eine Hand wurde ausgestreckt, und man zog mich an Bord. Es war das Faltboot, und die Leute von vorhin waren drauf. Nur ganz am Rand war Platz für mich. Ich lag da, nichts kümmerte mich. ... Um uns herum sah es entsetzlich aus. Überall schwammen Männer, überall ertranken Männer. Irgendwo weit weg sah ich Lichter und wußte, daß ein Dampfer kommen würde, um uns zu helfen. Es war mir egal, was passieren würde. Ich lag

Charles Lightoller, Zweiter Offizier auf der »Titanic«. (Southampton City Heritage Collections)

bloß da, holte Luft, wenn ich konnte und fühlte den Schmerz in meinen Füßen. Ich fühle ihn jetzt noch. Endlich war die ›Carpathia‹ längsseits, und die Leute wurden mit einer Strickleiter nach oben geholt. Unser Boot fuhr näher heran, und einer nach dem anderen stieg hoch. Einer im Boot war tot. Ich ging an ihm vorbei zur Leiter, obwohl meine Füße furchtbar schmerzten.
Der Tote war Phillips. Er starb auf dem Boot vor Erschöpfung und Kälte. ... Ich kletterte auf die Strickleiter. Meine Füße taten entsetzlich weh, aber ich kam hinauf, und helfende Hände streckten sich nach mir aus. ...« (Southampton City Heritage Collections)

In seinem Buch »Titanic and Other Ships«, das 1935 erschien, erinnerte sich der Zweite Offizier Charles Lightoller an die Schreckensnacht: »Es war 2.20 Uhr morgens [sic] am 14. April, als wir den Eisberg rammten. Etwa zehn Minuten später kam der Vierte Offizier Boxall, machte meine Tür auf und sagte, als er sah, daß ich wach war: ›Wir haben einen Eisberg gerammt.‹
Ich antwortete: ›Ich weiß, daß ihr irgend etwas gerammt habt.‹ Darauf er: ›Das Wasser steht schon auf dem F-Deck, im Postraum.‹
Damit war genug gesagt; wir wechselten kein weiteres Wort. Er ging hinaus, schloß die Tür, während ich mich so schnell wie möglich anzog und auf Deck eilte. ...
Das Schiff war unter Volldampf gefahren. Als die Maschinen gestoppt wurden, begann der Dampf mit lautem Dröhnen durch alle acht Überdruckventile zu entweichen. Gegen diesen Krach wäre das Fauchen von tausend Lokomotiven nichts gewesen.
Dem Befehl ›Alle Mann an Deck‹ folgend, stürzten die Matrosen auf das Bootsdeck. Ihr sicheres Gefühl hatte ihnen gesagt, daß sie auf diesem Deck gebraucht werden würden.
Es war viel zu laut, um einen Befehl zu geben. Reden war sinnlos, aber ein Schultertippen und eine Geste mit der Hand genügten trotz Dunkelheit, um die Männer für die verschiedenen Aufgaben einzuteilen. ...
Jetzt begannen die Passagiere mit ängstlichen Gesichtern auf das Bootsdeck zu strömen; der entsetzliche Lärm vergrößerte ihre Furcht in einer Situation, die schon beunruhigend genug war. Es war sowieso ein Wunder, wie sie es schafften, ruhig zu bleiben. Alles, was man tun konnte, war, ihnen ein ermutigendes Lächeln zu schenken und zu hoffen, daß das fürchterliche Brüllen des Dampfes bald aufhören würde.
Meine Boote waren an der Backbordseite. Als ich alle Männer beisammen hatte und die Planen runtergezogen wurden, bemerkte ich, daß das Schiff Schlagseite hatte. Bis dahin hatte es noch völlig gerade gelegen, was einem ein falsches Gefühl der Sicherheit gegeben hatte. Bald darauf kam der Bootsmannsmaat zu mir und bedeutete mir mit einem Handzeichen, daß nun alle Boote abgedeckt seien. Ich nickte und gab ihm mit einer Handbewegung zu verstehen, daß sie über die Schiffswand geschwungen werden sollten. ...
Als die Boote draußen waren, suchte ich den Kapitän und fand ihn in der Nähe auf dem Bootsdeck. Ich bat ihn zur Seite, legte beide Hände an den Mund und schrie ihm mit erhobener Stimme ins Ohr: ›Sollten wir jetzt nicht Frauen und Kinder in die Boote setzen, Sir?‹
Er hatte mich verstanden und nickte zur Antwort. Einer der Gründe für diesen Vorschlag war, daß ich backbord voraus einige Meilen weg die Lichter eines Dampfers hatte sehen können. Würde ich Frauen und Kinder in die Boote bekommen, so wären sie bei der ruhigen See sicher, bis dieses Schiff sie aufgenommen hätte; falls es notwendig sein würde. Ich wollte die Rettungsboote mit einem Teil der Leute besetzt zu Wasser lassen, dann von den Gangwaytüren auf den unteren Decks noch weitere Personen einsteigen lassen und die Boote zu dem anderen Schiff bringen.
Zwar waren Rettungsboote und Seile ganz neu, aber es ist auch unter besten Bedingungen eine riskante Sache, ein Boot in der Nacht über 20 Meter in die Tiefe hinabzulassen, voll mit Leuten, die keine Erfahrung zur See haben. ...
Wie auch immer, ich hatte die Erlaubnis von Kapitän Smith, also gab ich dem Bootsmannsmaat ein Zeichen, und wir brachten die Boote auf eine Höhe mit dem Bootsdeck. Gott sei Dank hörte in diesem Augenblick das gräßliche Dröhnen des Dampfes auf ... Man war

Zur Legende geworden: Sieben der acht Musiker an Bord der »Titanic«. In der Mitte der Leiter des kleinen Orchesters, der Geiger Wallace Hartley. Bis zum letzten nur möglichen Moment sollen sie gespielt haben – welche Stücke, darüber gehen die Meinungen auseinander. Keiner von ihnen hat das Unglück überlebt. (Southampton City Heritage Collections)

Die Rettungsboote der »Titanic« werden zu Wasser gelassen. Rechts im Bild zum Größenvergleich mit dem Schiff ein mehrstöckiges Gebäude.
(»The Sphere«; Southampton City Heritage Collections)

völlig verblüfft, seine eigene Stimme wieder zu hören, nachdem es wohl eine halbe Stunde diesen Krach gegeben hatte.
Ich setzte 40 Leute in Rettungsboot Nummer 4 und gab den Befehl zum Fieren; das Boot sollte zur Gangwaytür rudern ... Gleichzeitig sagte ich dem Maat, er solle sich sechs Männer nehmen und die Gangwaytür neben Ladeluke Nummer 2 öffnen. Er und die Männer gingen, um den Befehl auszuführen, doch weder er noch einer der anderen wurden je wieder gesehen. Es bleibt nur zu vermuten, daß sie ihr Leben opferten, um diesen Auftrag auszuführen. ...
Immer wieder kamen natürlich Passagiere und fragten, ob die Situation ernst sei. In allen Fällen versuchte ich, sie aufzumuntern, indem ich das verneinte, jedoch sagte, daß es eine Vorsichtsmaßnahme sei, die Boote zu Wasser zu lassen, für alle Fälle. Daß sie aber in Sicherheit seien, denn ein Schiff sei nicht weiter als einige Meilen entfernt. Ich zeigte ihnen backbord voraus die Lichter, die sie genausogut wie ich sehen konnten. Zu dieser Zeit schossen wir Notraketen ab, die mit lautem Knall hoch oben in der Luft explodierten. Alle ein, zwei Minuten zischte eine hinauf und zerbarst mit einem Sternenregen.
›Warum feuern wir diese Raketen ab, wenn keine Gefahr besteht?‹ wurde ich gefragt. Ich antwortete, daß wir die Aufmerksamkeit des nahen Schiffes auf uns ziehen wollten, das wir über Funk nicht erreichen könnten. Das Schiff war die ›Californian‹. ...
Die Notraketen wurden vom wachhabenden Offizier an Bord der ›Californian‹ und auch von einigen Besatzungsmitgliedern gesehen. Sogar das Licht unserer Morselampe sahen sie, aber man entschied schließlich, daß könne ›nur das Flackern des Topplichts‹ sein. Obwohl offensichtlich irgendwann einmal der Gedanke aufkam, daß wir versuchten, sie zu erreichen. ...
Der Maat und die sechs Männer waren nicht mehr da, und die Arbeit wurde immer schwerer und schwerer. Hinzu kam, daß ich je zwei der verbliebenen Matrosen auf jedes der Boote, das klargemacht wurde, schickte. Alle Rettungsboote brachten wir auf Höhe des Bootsdecks. Ich stand mit einem Fuß an Bord, mit einem auf dem Boot. Die Frauen streckten dann ihren rechten Arm aus, ich nahm das Handgelenk mit meiner Rechten, faßte sie mit der Linken unter und hob sie so über den Abgrund zwischen Schiffswand und Dollbord ins Boot.
Während ein Rettungsboot hinabgelassen und das nächste zum Einsteigen vorbereitet wurde, warf ich schnell einen Blick die lange Nottreppe hinab, die vom Bootsdeck zum C-Deck führte. Als kurzer Weg für die Crew an Deck gedacht, diente die Treppe mir nun dazu, festzustellen, wie schnell das Wasser stieg und wie hoch es bereits stand. Jetzt war das Vorschiff bereits unter der Wasseroberfläche. Das gespenstische Bild des kalten grünen Wassers, das die Treppe hinaufkroch, hat sich meinem Gedächtnis unauslöschlich eingeprägt. Stufe um Stufe fand es seinen Weg, erreichte ein elektrisches Licht nach dem anderen – und jedes brannte auf unheimliche Weise unter Wasser noch eine Zeitlang weiter.

Kapitän Smith an der Steuerbordseite der Brücke. (Southampton City Heritage Collections)

Dadurch, daß ich das Wasser die Treppe hinaufsteigen sah, konnte ich ziemlich genau abschätzen, wie tief das Schiff bereits gesunken war und wie schnell. Die Lichtmaschinen liefen immer noch und die Beleuchtung an Deck war immer noch an; zwar schon etwas trübe, aber sie half trotzdem bei der Arbeit. ... Zu diesem Zeitpunkt kam der Leitende Offizier herüber von steuerbord und fragte mich, ob ich wisse, wo die Pistolen seien.
Ich sagte ihm: ›Ja, ich weiß, wo sie sind. Kommen Sie mit, dann hole ich sie Ihnen.‹ Wir gingen in die Kabine des Ersten Offiziers – der Leitende Offizier, Murdoch, der Kapitän und ich – dort holte ich sie hervor, alle noch ganz neu und geölt.
Ich war im Rausgehen, als der Leitende Offizier mir einen der Revolver mit einer Handvoll Munition gab und sagte: ›Hier, vielleicht brauchen Sie ihn.‹ Ich steckte ihn einfach in meine Tasche, zusammen mit den Patronen, und kehrte zu den Booten zurück. Das Ganze hatte nicht drei Minuten gedauert – jedoch immer

noch zuviel der kostbaren Zeit. Als ich auf dem Deck langging, kam ich an Mr. und Mrs. Strauss [sic; richtig: Straus] vorbei, die ... angeregt miteinander plauderten. Ich blieb stehen und fragte Mrs. Strauss: ›Kann ich Sie zu den Booten mitnehmen?‹ Sie antwortete: ›Ich denke, ich werde einstweilen hier bleiben.‹ Mr. Strauss, der sie beim Vornamen nannte, sagte lächelnd: ›Warum gehst du nicht mit ihm mit, Liebes?‹ Auch sie lächelte ihm zu und sagte: ›Nein, noch nicht.‹ Ich verließ sie, und gemeinsam gingen sie in den Tod. ...

Als ich zu den beiden letzten Booten, die in den Davits hingen, zurückeilte, traf ich den Zahlmeister, seinen Gehilfen und den Ersten und Zweiten Schiffsarzt. Letzterer, ein ausgemachter Witzbold, konnte sich auch im Angesicht der Katastrophe einen letzten kleinen Scherz nicht verkneifen: ›Hallo Lights, ist Ihnen warm?‹ Daß jemandem bei diesen Temperaturen warm sein könnte, war schon ein Witz, und ich vermute, er fand es kurios, mich nur im Pullover, ohne Jacke oder Mantel zu sehen. Meinen Mantel hatte ich schon lange abgeworfen, aber auch in Pullover und Hose, die ich nur über den Schlafanzug gezogen hatte, war ich schweißgebadet. Es blieb nur Zeit für ein paar Worte, dann schüttelten sich alle die Hände und sagten Lebewohl. Offen gestanden fühlte ich mich nicht nach einem so endgültigen Abschied, auch wenn ich wußte, daß wir dieses Schiff nicht mehr lange unter unseren Füßen haben würden. ...

Zu dieser Zeit kamen alle Maschinisten nach oben. Die meisten kannte ich persönlich und war mit ihnen auf verschiedenen anderen Schiffen der Reederei gewesen. Sie waren ergeben auf ihren Posten geblieben – viel länger, als sie noch irgendwie eine Hilfe hätten sein können. ...

Mehr als ein, zwei Worte zu den Maschinisten zu sagen, war nicht möglich. Bis dahin hatten sie kaum mitbekommen, was passierte, nun bot sich ihnen ein trostloser Anblick. Leere Leinen hingen an allen Davits, und es gab keine Hoffnung mehr für sie.

Tatsächlich kamen alle um, nicht ein einziger Überlebender unter den 35. ...

Ich stand teilweise im Boot und kämpfte damit, die Frauen über die hohe Reling irgendwie hineinzubringen. Als wir klar zum Fieren waren, kam der Leitende Offizier auf unsere Deckseite, sah mich im Boot, keinen Matrosen in der Nähe und sagte: ›Gehen Sie mit, Lightoller.‹

Aber ich hatte Verstand genug zu sagen: ›Nein, verdammt noch mal‹, und sprang zurück aufs Schiff. Ich wollte nicht zum Märtyrer werden – ganz im Gegenteil –, es war nur ein momentaner Entschluß, ein Entschluß, für den ich meinem Schicksal später tausendfach danken sollte: Ich hatte meine Sache entschieden und würde mit dem Rest untergehen; also

William Murdoch, Erster Offizier auf der »Titanic«. (Southampton City Heritage Collections)

mußte ich mir später von niemandem freche Bemerkungen anhören. ...

Zusammen mit einem Matrosen begann ich, eines der verbliebenen Faltboote auf dem Dach der Offiziersquartiere startklar zu machen. Wir kappten die Leinen und schafften sie zur Seite, dann sprangen wir auf die Innenbordseite, um das Boot zu packen und auf das Deck zu schmeißen. Der Matrose rief: ›Alles klar, Sir‹, und ich erkannte Hemmings Stimme – der Bursche, den ich schon vor langer Zeit auf ein Boot befohlen hatte und der zurück an Bord gekommen war, um am Davit zu arbeiten; statt ihm hatte ich Major Peuchen mitgeschickt.

›Hallo, sind Sie das, Hemming?‹ ›Ja, Sir.‹ ›Warum sind Sie nicht weg?‹ fragte ich.

›Oh, ist noch genug Zeit, Sir‹, antwortete er guten Mutes. Offensichtlich hatte der redliche Mann die ganze Zeit an meiner Seite gearbeitet, aber es war zu dunkel gewesen, ihn zu erkennen. Ein guter Kerl. Später rutschte er an einem Fall hinunter, schwamm los und wurde gerettet.

Wir hatten noch Zeit, das Faltboot hinunterzukippen und ins Wasser fallen zu lassen, das bereits auf dem Bootsdeck stand – in der Hoffnung, daß einige es schaffen würden, sich darauf zu retten. Alle Boote der Backbordseite waren nun weg; also gingen Hemming und ich hinüber nach steuerbord, ob dort noch etwas zu tun wäre. Aber auch auf dieser Seite waren alle

Boote fort, doch immer noch standen Unmengen von Menschen auf dem Deck.
Dann sackte das Schiff ein kleines, aber entscheidendes Stück tiefer – vielleicht war ein Schott weggerissen worden –, und eine Woge rollte über die Brücke und das Deck unter uns und drückte die Menschen mit Wucht zusammen zu einem übereinanderfallenden Haufen. Die, die nicht gleich ertranken, versuchten instinktiv, auf den Teil des Decks zu gelangen, der noch über Wasser war, und kämpften sich Richtung Heck vor, das immer weiter emporragte, je tiefer der Bug sank. Ein paar Behendere kletterten auf die Offiziersquartiere, wo Hemming und ich waren. ...
Mir war nur allzu klar, wie sinnlos es sein würde, in dem Drang, sich zu retten, hoch zum Heck zu klettern. Es würde das ins Wasser Sinken nur hinauszögern und die Pein verlängern – abgesehen davon, daß es die sowieso schon geringe Überlebenschance noch verringern würde, weil man nun mitten in der Menschenmenge wäre. Ich erkannte, wie verhängnisvoll es sein würde, unter den Hunderten und Hunderten von Menschen zu sein, die binnen kurzem im tödlich kalten Wasser um ihr Leben kämpfen würden. Es gab nur einen Weg ... also machte ich einen Kopfsprung. Ins Wasser einzutauchen war, als würden sich tausend Messer in den Körper bohren; für einige Augenblicke verlor ich völlig die Kontrolle über mich.
Vor mir sah ich, gerade über dem Wasser, das Krähennest – normalerweise war es in 30 Meter Höhe. Ich schwamm blindlings darauf los, aber nur kurz, bis ich wieder klar im Kopf war und begriff, wie sinnlos es war, an irgend etwas, das mit dem Schiff verbunden war, Halt zu suchen. Dann drehte ich mich nach steuerbord, weg von dem ganzen Schiff.
Das Wasser strömte nun durch die Gitter hinter der Brücke und um den vorderen Schornstein herum in die Kesselräume hinab. ... Über unseren Quartieren, vor dem vorderen Schornstein war ein großer, rechteckiger Luftschacht; die Öffnung war etwa sechs mal viereinhalb Meter groß. Auf ihr war ein dünnes Drahtnetz angebracht, das verhindern sollte, daß Müll angesogen wurde oder irgend etwas heruntergeworfen wurde. Der Schacht führte direkt in Kesselraum Nummer 3. ... Plötzlich erfaßte mich ein Sog. Er kam von dem Wasser, das sich nun in den Schacht ergoß, und preßte mich gegen das Drahtnetz – mit dem klaren Wissen, was passieren würde, wenn dieser dünne Draht weggerissen würde. Der Druck des Wassers klebte mich förmlich dort an, während das Schiff langsam unterging.
Obwohl ich alles tat, um mich zu befreien, kam ich nicht weg. ... Außerdem ging ich langsam unter ... Ich kämpfte immer noch, als plötzlich ein heißer Luftschwall den Schacht emporkam und mich von ihm weg und an die Oberfläche schleuderte. Das Wasser wirbelte nun herum, und das Schiff sank schnell. Ein zweites Mal wurde ich gepackt und vom einströmenden Wasser heruntergedrückt ... schlußendlich kam ich wieder über Wasser, diesmal längsseits des letzten Faltbootes, das Hemming und ich auf dem Dach der Offiziersquartiere klargemacht hatten. ..
Um mich herum im Wasser waren viele Menschen; einige schwammen, andere (die meisten Männer, Gott sei Dank) waren bereits tot – ein Alptraum, dies alles zu sehen und zu hören. Ich machte keine Anstrengungen, auf das kieloben liegende Boot zu kommen, sondern war, warum auch immer, damit zufrieden, an einem Tau nebenher zu schwimmen. Der Bug des Schiffes ging nun schnell unter, und das Heck ragte höher und höher auf; die Menschen wurden zu hilflosen Haufen auf den steil stehenden Decks und fielen schließlich ins eisige Wasser. Wären die Rettungsboote in der Nähe gewesen, hätten viele vielleicht gerettet werden können, doch keines von ihnen war in Sicht. ...
Durch den ins Wasser stürzenden Schornstein entstand eine Woge, die das Faltboot vom sinkenden Schiff wegschleuderte.
Als ich mich in meiner Umgebung wieder zurechtfand, waren wir 50 Meter weit weg von der ›Titanic‹. Das Tau

Steward Sidney Sedunary überlebte nicht. (Southampton City Heritage Collections)

John Stewart, der als Steward im Veranda-Café in der ersten Klasse arbeitete, wurde gerettet. (Privatsammlung)

hatte ich immer noch in der Hand, und das gute alte Faltboot lag kieloben neben mir; einige Männer standen jetzt auf ihm. Nachdem ich nun lang genug im Eiswasser gewesen war, kletterte ich auch hoch. Die Beleuchtung auf der ›Titanic‹ brannte immer noch, und wie sie sich so schwarz und groß gegen den Sternenhimmel abhob, bot sie ein wundervolles Bild. Unzählige Lichter leuchteten durch die Bullaugen der Decks, die noch über Wasser waren.
Der ganze vordere Teil bis zum zweiten Schornstein war bereits unter Wasser, und während wir diese ehrfurchtgebietende Szenerie anstarrten, gingen plötzlich alle Lichter aus. Finsternis legte sich über den Schiffsriesen, seine Silhouette hob sich jedoch noch klar gegen den Himmel ab.
Im nächsten Moment donnerten die gewaltigen Dampfkessel mit dumpfem Dröhnen in die Tiefe und rissen alles mit sich, was im Weg war. Die unbeschreibliche Tragödie, die sich vor unseren Augen abspielte, näherte sich nun schnell ihrem Ende: Das gigantische Schiff richtete sich langsam auf, Ruder und Schrauben wurden in die Höhe gehoben, bis zum Schluß der Rumpf völlig senkrecht im Wasser stand. In dieser unglaublichen Position verharrte die ›Titanic‹ wohl eine halbe Minute. Mit beeindruckender Würde und immer größer werdender Geschwindigkeit trat sie nun leise den Weg an zu ihrer letzten Ruhestätte in den unergründlichen Tiefen des kalten, grauen Atlantiks.
Einem Segensspruch gleich fielen auf unserem kieloben treibenden Boot leise die Worte: ›Jetzt geht sie dahin.‹
Zum Glück spielte sich das, was nun kam, in der Dunkelheit ab. Doch trug die Stille jeden Laut mit erschreckender Klarheit an unsere Ohren. Zu beschreiben, was wir an herzzerreißenden, nie mehr aus dem Gedächtnis zu löschenden Dingen hörten, würde keinem sinnvollen Zweck dienen. Ich habe meinen Gedanken nie erlaubt, bei diesen Erinnerungen zu verweilen, und es gäbe einige, die heute noch lebten und bei Gesundheit wären, wenn auch sie die Erinnerung an diese gräßlichen Momente aus ihrem Gedächtnis verbannt hätten – zumindest, bis im Lauf der Zeit der Gefühlseindruck dieser Tragödie verblaßt gewesen wäre.«

Kurz vor seinem Tod berichtete der 80jährige Heizer John Podesta aus Southampton noch einmal von der ersten und letzten Reise des Dampfers. Seine Erlebnisse auf der »Titanic« wurden am 27. Mai 1968 in einem Artikel der Zeitung »Southern Daily Echo« veröffentlicht.
Podesta erinnerte sich, daß bis zum Sonnabend alles in Ordnung war, dann wurde einer der Heizer krank. »Er konnte uns nicht sagen, was mit ihm los war; er verlor alle Kraft und Energie. Wir brachten ihn in seine Koje. An demselben Morgen ... standen mein Kumpel und ich an einem von den Schotten und unterhielten uns, als wir plötzlich ... sechs oder vielleicht auch sieben Ratten sahen, die auf uns zu liefen. Sie rannten an unseren Füßen vorbei, und natürlich traten wir beide nach ihnen. Sie huschten weiter irgendwo nach steuerbord.
Sie mußten vom Bug gekommen sein, von dort, wo später der Zusammenstoß war. Wir nahmen die Sache in diesem Moment nicht so wichtig, denn auf den meisten Schiffen gab es Ratten. Aber ich denke, es ist wahr, daß sie Gefahr förmlich riechen.
Dann kam die Morgenwache am Sonntag, und wir brachten unsere Stunden hinter uns. Alles lief gut den Tag über. Es ging zu unserer nächsten Wache, und wir stiegen wieder runter. Während dieser vier Stunden fuhren wir auf das Eis zu – wir dachten nicht, daß wir schon so dicht waren.
Um acht Uhr abends waren wir fertig und gingen in die Kombüse zum Essen. Einige machten Bemerkungen über die Kälte. ... Als wir zu unseren Quartie-

ren gingen, hörten wir den Mann im Krähennest rufen: ›Eis voraus.‹
Nutbean (auch ein Heizer) und ich gingen an Deck und schauten uns um, aber wir sahen nichts. Es war eine schöne ruhige Nacht, aber stockdunkel.«
John Podesta und sein Kamerad stiegen unter Deck und unterhielten sich noch eine Stunde oder mehr, bevor sie ins Bett gingen.
»Wir lagen vielleicht fünf Minuten in den Kojen; mehrere Male hatte der Ausguck gerufen: ›Eis voraus‹, und auf der Brücke hatte man nichts getan, um die Geschwindigkeit zu drosseln oder den Kurs zu ändern. Also kam die Kollision – es hörte sich an, als würde ein Stück Stoff zerrissen, mehr nicht. Nur eine Art Zittern. Diejenigen von uns, die fest schliefen, weckte es noch nicht mal auf.
Die wenigen von uns, die wach waren, kamen raus zur Wendeltreppe. Wir sahen einige Männer aus Räumen von der Steuerbordseite kommen (wo das Schiff den Eisberg gerammt hatte). Das Wasser mußte sie rausgetrieben haben, denn wir hörten es im vorderen Laderaum rauschen. Wir gingen zu unseren Räumen zurück und weckten ein oder zwei Leute (einer davon war der Heizer Gus Stanbrook). Ich sagte: ›Komm Gus, zieh deine Schwimmweste an und geh zu deinem Rettungsboot, die ‚Titanic' sinkt.‹ Er lachte und legte sich wieder hin; er dachte, das wäre ein Witz.
Der Schiffsboden mußte über mindestens ein Viertel der Länge aufgerissen worden sein. Nachdem wir einige unserer Kameraden aufgeweckt hatten, gingen wir an Deck und sahen etwa zehn Tonnen Eis auf der Steuerbordseite liegen.
Als wir wieder unten waren, begannen wir, alle aufzuwecken. Blann (ein Heizer) kam runter vom Deck und rief: ›Guckt, was ich gefunden habe.‹ Er hielt einen Klumpen Eis in den Händen. Dann kam der Bootsmann an unsere Tür (sein Name war Nichols) und schrie: ›Nehmt eure Schwimmwesten und geht zu euren Booten.‹ Es war also wahr.
Er war sehr bleich und seine Lippen zitterten. Er hatte einige Matrosen bei sich. Ich hörte, daß er auf dem Weg zum Vorpiek sei, um einen Laufsteg zu holen, weil sie dachten, die ›Olympic‹ würde uns erreichen.«
John Podesta und Nutbean folgten den Anordnungen des Bootsmanns; doch das Boot, zu dem sie gehörten, war bereits voll, und sie sollten helfen, es zu Wasser zu lassen.
Danach ging Nutbean in Richtung Brücke, während Mr. Podesta überlegte, woraus man ein Floß bauen könnte. Nutbean entdeckte auf Höhe der Brücke ein Rettungsboot, und der Leitende Offizier Murdoch sagte beiden, sie sollten hineinspringen.
»Es waren drei Matrosen in dem Boot und wir zwei Heizer – der Rest waren Passagiere, eingeschlossen Frauen und Kinder, 72 Menschen insgesamt. Wir packten die Leinen und fierten uns ab. Murdoch rief an der Seite runter: ›Bleiben Sie in der Nähe, falls Sie zurückkommen müssen.‹ Er muß gedacht haben, die Schotten halten die ›Titanic‹ über Wasser.
Ich würde sagen, wir waren etwa 500 Meter weit weg vom Schiff und sahen von dort aus zu, wie sie unterging – der Bug sank immer tiefer. Irgendwann verharrte sie über lange Zeit in einer Position; wir dachten unwillkürlich, die Schotten würden sie doch halten.
Dann plötzlich geriet sie in Bewegung, der Bug ging unter und das Heck ragte in die Luft. Die Lichter erloschen, und es gab ein schreckliches Donnern. Das müssen ihre Kessel, Maschinen und Schotten gewesen sein, die jetzt alle draufgingen. Dann verschwand sie ganz. Nun folgte das Schreien und Stöhnen der armen Menschen im Wasser.
Bald war es ganz still. ... Später sahen wir in einiger Entfernung andere Rettungsboote. Sie brannten Papier ab.«
Nachdem sie von der ›Carpathia‹ aufgenommen worden waren, traf John Podesta auf zwei andere Heizer, die von einem Floß geholt worden waren; sie zitterten vor Kälte.
»Mein Kumpel und ich gaben ihnen Decken und rieben ihre Beine, um den Kreislauf wieder in Gang zu bringen. Sie hießen John Connor und Wally Hurst.«

Steward Arthur Lewis berichtete in der Zeitung »Southern Daily Echo« vom 9. Dezember 1972: »Es war ein Uhr morgens, und ich schlief in meiner Kabine, als einer der Chefstewards reinkam und mich weckte. Er sagte, ich solle aufstehen, wenn ich noch jemand Lebendiges sehen wolle; das Schiff würde untergehen. Ich stand also auf, zog einige wenige Sachen an und ging den Arbeitsgang runter. Ich langte am Bug des Schiffes an; dort kamen mir Wasser und Eis entgegen. Ich stand eine Weile dort und betete. Dann machte ich mich auf den Weg zum Promenadendeck, wo ich drei Damen Arm in Arm auf und ab gehen sah. Ich sagte zu ihnen: ›Sie kommen mit mir. Das Schiff geht unter, und wir werden sehen, ob es noch Rettungsboote gibt.‹ Sie meinten zu mir: ›Lassen Sie uns, Steward, dieses Schiff kann nicht sinken. Wir wollen nicht mit einem dieser kleinen Boote untergehen.‹ Ich verließ sie und marschierte hoch zum Bootsdeck. Dort sah ich in einer Ecke noch ein Rettungsboot. Ich fing an, die Abdeckung wegzunehmen. Ein Matrose kam und half mir, und zusammen legten wir das Boot frei. Ein Offizier fragte mich, ob ich rudern könne. Ich sagte: ›Ja, Sir.‹ ... Frauen und Kinder kamen in unser Boot, ihre Männer mußten zurückbleiben, es war furchtbar, brach einem das Herz.

Arthur Lewis, der als Steward auf der »Titanic« gearbeitet hatte, und seine Frau an ihrem 70. Hochzeitstag. (Siehe Text Seite 163; Aufnahme von 1972; »Southern Daily Echo«)

Wir wurden zu Wasser gelassen und waren vielleicht fünf, zehn Minuten weg, als der Bug des Schiffes untertauchte und die Schrauben sich in die Luft erhoben. Und nach weiteren zehn Minuten hörten wir ein Getöse, als würden die Maschinen aus ihren Befestigungen im Schiffsrumpf gerissen; dann glitt die ›Titanic‹ einfach ins Wasser. Danach hörten wir die Schreie – eine Weile, dann wurden sie langsam immer weniger. Es war sehr still und bitterkalt. Wir ruderten die ganze Nacht; um halb neun Uhr morgens ging ich dann an Bord der ›Carpathia‹.«

Heizer James Crimmins: »Der Stoß warf uns um. Man befahl uns, daß wir auf unseren Posten bleiben sollten. Niemand schien aufgeregt, und es kam keinem in den Sinn, daß das Schiff untergehen könnte. ... Wir wußten, daß es einen Eisberg gerammt hatte. Ernster wurde die Sache, als wir die Feuer in den Kesseln löschen sollten. Dann hieß es, jeder solle sich nur noch um sich selbst kümmern. Ich arbeitete nur in einem Unterhemd und einer dünnen Hose, aber ich rannte hoch zum Bootsdeck. Dort waren irrsinnig viele Passagiere, die um die Rettungsboote, die runtergelassen wurden, herumliefen. ... Ich half, wo ich konnte, und kam selbst im letzten Rettungsboot weg. Wir waren 70, alles Passagiere außer mir und einem Matrosen. ... Wir sahen, wie die ›Titanic‹ unterging. Als sie mit dem Bug voran sank, sahen wir Menschen ins eisige Wasser fallen oder springen.
Ich war der einzige im Boot, der fast nichts anhatte. Eine Passagierin, die reiche Mrs. Astor, riß ihren großen Pelzmuff in der Mitte durch, um mich einzupacken. Das rettete mir das Leben, denn viereinhalb Stunden bitterer Kälte lagen vor uns, ehe der Dampfer ›Carpathia‹ uns aufnahm.« (Aus einem Artikel, der nach dem Tod von Crimmins in der Zeitung »Southern Daily Echo« vom 16. Februar 1956 veröffentlicht wurde)

In den sechziger Jahren erschien in der Zeitung »Southern Daily Echo« ein Interview mit Frederick Fleet, der vom Krähennest aus als erster den Eisberg gesehen hatte. Fleet arbeitete damals als Verkäufer für die Zeitung. »Es war eine wunderschöne Nacht, ... keine noch so kleine Welle. Als ich sah, was da vor uns lag, rief ich auf der Brücke an und sagte: ›Wir sind in Gefahr – Eisberg voraus!‹
Ich wurde von Mr. Lightoller, dem Zweiten Offizier, zu Rettungsboot Nummer 6 befohlen ... wir waren insgesamt etwa 40. Es gab nur 16 Boote und zwei kleine Flöße für 2000 Menschen.
Wir stiegen um ein Uhr morgens ins Boot und sollten ›zu diesem Licht da rudern‹. Drei Stunden später wurden wir von der ›Carpathia‹ aufgenommen. Zwei Stunden und vierzig Minuten dauerte es, bis die ›Titanic‹ gesunken war. Das ist eine schrecklich lange Zeit.«

Walter Williams, Steward in der zweiten Klasse, begann seine Schilderung der Ereignisse mit der Bemerkung, bereits 1911 sei die Aufmerksamkeit darauf gelenkt worden, daß auf der »Olympic« nicht genug Rettungsboote für alle Passagiere vorhanden waren. Das Handelsministerium äußerte damals, daß 16 Rettungsboote »völlig angemessen« wären, da die »Olympic« ja unsinkbar sei.
Mr. Williams war an Bord, als die »Olympic« mit dem Kriegsschiff »Hawke« kollidierte und erst nach Southampton, dann nach Belfast geschleppt werden mußte.
Nachdem die »Titanic« den Eisberg gerammt hatte, sagte jemand leichthin zu ihm: »Wir sind nur gegen einen Eisberg gefahren. Wieder mal ein Fall für Belfast.« Der dies gesagt hatte, ging mit der »Titanic« unter. ...
Williams meinte später, er habe sich gewundert, daß es weder vor der Abfahrt in Southampton noch am ersten Sonntag auf See wie üblich eine Rettungsübung gegeben habe.
Als die »Titanic« den Eisberg rammte, war die Situation am Anfang für die Passagiere noch unklar. Mr. Williams sprang schließlich in Boot Nummer 13, das gerade heruntergelassen wurde, und landete sicher unter anderen Besatzungsmitgliedern. »Es gab noch jede Menge Platz; viele der Boote waren alles andere als voll.«

Einer der vielen Zeitungsartikel, die 1912 erschienen, wies darauf hin, daß das heldenhafte Verhalten der Postangestellten auf der »Titanic« bisher noch nicht gewürdigt worden war: »Sie waren zu fünft, drei Amerikaner und zwei Engländer. Die letzteren beiden hießen Jago Smith und Edward Williamson. Nachdem klar war, daß das Schiff untergehen würde, drängten die Postangestellten Stewards, ihnen zu helfen, und sie versuchten, wenigstens die wichtigsten Postsäcke an Deck zu bekommen, um sie zu verladen. Unter großer Anstrengung schafften sie es, ... 250 oder mehr Säcke nach oben zu bringen. Jeder der fünf stieg noch einmal hinunter in den Postraum, um Säcke zu holen. Da ging das Schiff unter, und alle kamen ums Leben – während sie sich mühten, ihre Arbeit zu tun.« (Southampton City Heritage Collections)

Aus einem Bericht für die »Press Association«: » ... Sie [die Männer; Anm.d.Übers.] bemühten sich, auch wenn sie sich selbst nicht wirklich sicher waren, die Frauen davon zu überzeugen, daß ein Schiff zu ihrer Rettung mit Sicherheit bald auftauchen würde.
Die Morgendämmerung brachte immer noch keines, aber nicht weit nach fünf Uhr ließ die ›Carpathia‹ ... ihren rot-schwarzen Schornstein sehen. In der Glückseligkeit des Augenblicks waren die größten Schmerzen vergessen. Wenig später hießen Kapitän Rostron und Chefsteward Hughes die ... Ankömmlinge ... willkommen.
Die plötzlich schweigenden Maschinen, die durchdringende Kälte und das Stimmengewirr auf dem Gang hatten mich eilig in die Kleider springen und meine Frau aufwecken lassen. Es war 5.40 Uhr am Montagmorgen. Unsere Stewardeß, die ich draußen traf, deutete auf die klagende Menge im Hintergrund des Speisesaals und sagte: ›Von der ‚Titanic'. Sie liegt am Grund des Ozeans.‹ Einen Moment später erblickte ich ... das letzte einer Reihe von Booten, das seine Passagiere entließ. Ich sah Frauen, manche mit billigen Tüchern um den Kopf, manche in teuersten Pelzmänteln, wie sie an der Seite des Schiffes hinaufstiegen. Die Freude, die sie empfunden haben mußten, als sie unser Schiff sahen, war aus ihren Gesichtern wieder verschwunden. ...
Nur wenige Männer von den Passagieren der ›Carpathia‹ schliefen in einer der folgenden Nächte in ihrem Bett. Sie nahmen statt dessen mit Stühlen, ... Eßtischen und dem Fußboden vorlieb.« (Southampton City Heritage Collections)

Matrose Thomas Jones: »In meinem Boot, der Nummer 8, waren 35 Damen und drei Männer, zwei davon Stewards und einer Matrose. Der Kapitän hatte mir befohlen, ... zu einem Licht, das wir in der Ferne sahen, zu rudern, die Passagiere in Sicherheit zu bringen

Als alter Mann verkaufte Ausguck Frederick Fleet (rechts) Zeitungen in einem Southamptoner Park. (Siehe Text Seite 164; Aufnahme von 1961; »Southern Daily Echo«)

und so schnell wie möglich zur ›Titanic‹ zurückzukommen. Ich merkte, daß ich das seltsame Licht nicht erreichen konnte; dann sah ich, daß die ›Titanic‹ untergegangen war. Ich wollte zurück und wenigstens einige von denen, die im Wasser um ihr Leben kämpften, retten. Dann verloren wir das komische Licht aus dem Blick, und alles schrie. Ich sagte: ›Wir können noch sieben Tage überleben. Wir haben von allem genug an Bord.‹
Nach acht Stunden wurden wir von der ›Carpathia‹ aufgenommen. Dort fragte mich die Dame, die an der Ruderpinne gesessen hatte, nach meiner Adresse in Southampton; ich sagte, ich würde dort im Seemannsheim sein.« (»Southern Daily Echo« vom 25. Mai 1912)
Thomas Jones erhielt später einen Brief von Gladys Cherry, einem Passagier der ersten Klasse und Vetter von Gräfin Rothes: »Ich werde mich immer an Ihre Worte erinnern: ›Meine Damen, falls irgend jemand von uns gerettet werden sollte, erinnern Sie sich, daß ich zurückrudern wollte. Ich wäre lieber mit den anderen ertrunken, als sie zu verlassen.‹«

Zum Abschluß dieses Kapitels sei ein Zeitungsartikel mit dem Bericht einer Passagierin des Dampfschiffes »Bremen« zitiert, das den Unglücksort wenige Tage später erreichte: »Mehr als hundert auf dem Wasser treibende Opfer der ›Titanic‹ wurden vom Dampfer ›Bremen‹ aus gesehen. Das deutsche Schiff ... passierte den Ort, an dem die ›Titanic‹ unterging, am 20. April. Mrs. Johanna Stunke, Passagierin in der ersten Klasse der ›Bremen‹, schilderte ihre bewegenden Eindrücke: ›Es war am Sonnabend, zwischen vier und fünf Uhr, als steuerbord unseres Schiffes ein Eisberg in Sicht kam. Uns war von einigen der Offiziere erklärt worden, daß die ‚Bremen' nur wenige Meilen an der Position vorbeifahren würde, die die ‚Titanic' angegeben hatte, als sie unterging. ...
Es war ein wunderschöner Nachmittag, und ein Eisberg, der in der Sonne glitzerte, bot ein herrliches Bild. Doch als wir näher kamen und rundherum im Wasser dunkle Punkte schwimmen sahen, überkam jeden ein Gefühl von Ehrfurcht und Trauer. Absolute Stille herrschte, als das Schiff weiterfuhr. ... Wir sahen über die Reling hinunter und erkannten eine Reihe von Körpern so deutlich, daß wir ausmachen konnten, wie sie gekleidet waren und ob es sich um einen Mann oder eine Frau handelte.
Wir sahen eine Frau im Nachthemd mit einem Baby, das sie fest an ihre Brust drückte. Mehrere Passagierinnen schrien und verließen die Reling, der Ohnmacht nahe.
Eine andere Frau, die richtig angezogen war, hielt einen zottigen Hund fest, der wie ein Bernhardiner aussah. Drei Männer, die sich alle an einen Stuhl klammerten, trieben nahe heran. Hinter ihnen schwammen ein Dutzend Männer beieinander, alle in Schwimmwesten, wie im letzten verzweifelten Kampf um ihr Leben. Das waren die einzigen Toten, an denen wir nah genug vorbeifuhren, um sie genauer zu erkennen. Aber wir konnten die weißen Schwimmwesten vieler anderer als Punkte auf dem Wasser sehen, bis hin zum Eisberg. Die Offiziere sagten uns, das wäre vielleicht der Eisberg, mit dem die ‚Titanic' kollidiert sei. Vielleicht seien der Eisberg und die Toten zusammen weitergetrieben worden – einige Meilen nach Süden von dem Ort des Zusammenstoßes. Alle an Bord waren zu Tränen gerührt, auch die Offiziere verbargen ihre Gefühle nicht.‹« (City Heritage Collections)

Am 13. Mai 1912 findet die »Oceanic« auf dem Weg nach New York Faltboot A von der »Titanic« und mehrere Tote. (Privatsammlung)

KAPITEL 9

ENDLOSES WARTEN

»Eine große Stille legte sich über die Stadt«

Als Reginald Loveless, der bei White Star in Southampton arbeitete, am Montag, dem 15. April 1912, in die Canute Road einbog, fand er die Straße vor dem Büro voll von Menschen. Sie alle wollten Genaueres über das Schicksal der »Titanic« wissen.

Im Schaukasten der »Southampton Times« hatte man bereits einen Aushang lesen können, die »Titanic« wäre »vermutlich gesunken«. Keiner hatte im ersten Moment geglaubt, was dort stand, doch verbreitete sich die Nachricht wie ein Lauffeuer in der Stadt.

Hartnäckig hielt sich am Montag das Gerücht, alle Passagiere und Besatzungsmitglieder seien gerettet worden. Doch »am nächsten Morgen wurde den ermutigenden Nachrichten schonungslos widersprochen ... Der Dienstag war ein Tag der Düsternis in Southampton ... Der Name ›Titanic‹ war auf den Lippen eines jeden.«

Southampton AND DISTRICT Pictorial

(WITH WHICH IS INCORPORATED "SOUTHAMPTON AMUSEMENTS.")

Vol. I.—No. 2.] WEDNESDAY, APRIL 17th, 1912. [Registered at the General Post Office as a Newspaper.] [Price One Penny.

SOUTHAMPTON'S GREAT SORROW.

Our pictures depict some of the painful scenes associated with the great calamity which has befallen the port in the loss of the magnificent liner Titanic, and so many of her gallant crew. (1) The mournful gathering in Canute Road. (2) Enquirers leaving the White Star Line Office. (3) The official bulletin of the vessel's loss. (4) Women waiting for news at the Dock shed alongside the Titanic's berth. (5) Reading the dread tidings on the Company's notice board.

Die Titelseite des »Southampton Pictorial« vom 17. April: Vor dem Büro von White Star in Southampton hoffen Angehörige auf Auskünfte (oben und Mitte links); einige Frauen sind zum Liegeplatz der »Titanic« im Southamptoner Hafen gegangen, um etwas über ihre Männer in Erfahrung zu bringen (links unten); die offizielle Mitteilung von White Star über den Untergang der »Titanic« (Mitte rechts); eine erste Liste mit Namen von Überlebenden (unten rechts). (»Southampton Pictorial«)

Einige Crewmitglieder der »Titanic« waren noch am Abend vor der Abfahrt in einem beliebten Pub im Stadtteil Northam eingekehrt, und man hatte darüber Witze gemacht, was sie wohl der hübschen jungen Bardame Alice Brown aus New York mitbringen würden. »Ein paar Tage später kam die Nachricht, daß die ›Titanic‹ untergegangen sei. Wir waren bestürzt.«

Die Frau von Steward Arthur Paintin, »mit ihm erst seit letztem November verheiratet, ... hatte Oxford besucht; am Mittwoch reiste sie eiligst nach Southampton, in der Hoffnung, zuverlässige Informationen vom Büro der White Star Line zu bekommen. Doch ihre Nachforschungen, so wie die Hunderter anderer Verwandter und Freunde von Personen, die sich auf dem Schiff befunden hatten, führten zu nichts.« (Aus einer Oxforder Zeitung)

Am 17. April wurden die ersten Listen mit Überlebenden vor dem Büro in der Canute Road angeschlagen. Die Menschenmenge blieb auch über Nacht, doch »keine weiteren Namen bis jetzt« war alles, was die Reederei sagen konnte.

Aus einem Gespräch mit Stephen Townsend: »Meine nächste, sehr lebendige Erinnerung ... ist der Untergang der ›Titanic‹ ... Ich weiß nicht, ob es davor oder gleich danach war, jedenfalls schneite es so stark wie sonst nie in Southampton. Der Schnee fiel, wirklich eine ganze Menge, und schmolz dann schnell wieder – ist ja auch egal. Also: Damals gab es natürlich kein Radio oder Fernsehen oder so etwas. Die Schreckensmeldung, daß die ›Titanic‹ untergegangen sei, verbreitete sich in den Straßen; überall Menschen, die außer sich waren. Frauen machten sich auf den Weg zum Reedereibüro, Sie wissen, da unten bei den Hafentoren.

Sie konnten doch nicht die ›Titanic‹ untergehen lassen, wo doch jeder gesagt hatte, sie sei unsinkbar. ... So jung ich auch war, hinterließ es bei mir doch einen ungeheuren Eindruck, daß es in der ganzen Gegend nicht eine Familie gab, in der nicht irgend jemand etwas zu tun hatte mit dem Schiff. Väter und Söhne an Bord oder Enkel, oder irgendwer sonst, verstehen Sie. ...

Es herrschte wirklich panische Angst, ich kann es noch sehen, ich kann die Menschen richtig vor mir sehen. Die Frauen rannten hinaus, in ihren Schürzen, sie machten ja ihre Hausarbeit, und vergaßen alles, rannten runter zum Büro der Reederei. Das war der einzige Ort, an dem man etwas Neues erfahren konnte, verstehen Sie ... und ich ... ging auch runter mit meiner Großmutter. Wie auch immer, jeder, jeder war in Sorge. Sie wußten ja nichts, verstehen Sie, da blieben sie Stunden und Stunden und Stunden dort. Und dann später gab es ein paar Namen von welchen, die gerettet worden waren ... es dauerte lange, bis das durchkam, wissen Sie.« (Oral-history-Projekt Southampton)

Angehörige von Passagieren der »Titanic« verlassen das Londoner Büro der White Star Line. (Southampton City Heritage Collections)

Angehörige vor allem von Besatzungsmitgliedern der »Titanic« warten vor dem Büro von White Star in Southampton. (Southampton City Heritage Collections)

Auf der Canute Road, am Southamptoner Büro der White Star Line.
(Southampton City Heritage Collections)

Vor der Tafel, an der die Namen der Geretteten nach und nach angeschlagen werden.
(»Southampton Pictorial«)

Letzte Hoffnung für viele: Vielleicht war der Name im Durcheinander vergessen worden? Falsch geschrieben? Nicht in die richtige Liste aufgenommen?
(Southampton City Heritage Collections)

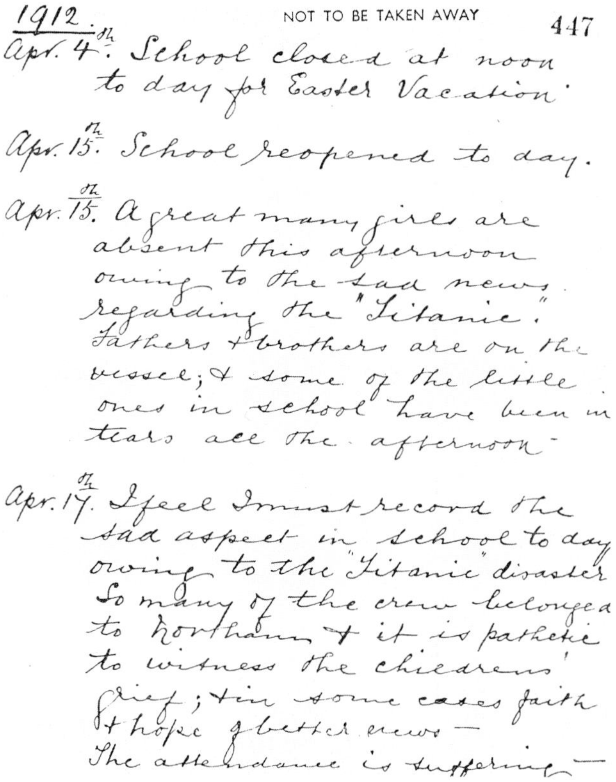
1912. NOT TO BE TAKEN AWAY 447

Apr. 4th. School closed at noon to day for Easter Vacation.

Apr. 15th. School reopened to day.

Apr. 15th. A great many girls are absent this afternoon owing to the sad news regarding the "Titanic". Fathers & brothers are on the vessel; & some of the little ones in school have been in tears all the afternoon.

Apr. 17th. I feel I must record the sad aspect in school to day owing to the "Titanic" disaster. So many of the crew belonged to Northam & it is pathetic to witness the childrens' grief; & in some cases faith & hope of better news — The attendance is suffering —

Vor allem in den Hafenvierteln verlieren viele Southamptoner Kinder den Vater. Schulleiterin Annie Hopkins vermerkt am 17. April 1912 im sonst eher nüchtern gehaltenen Berichtsbuch der Mädchenschule von Northam: »Ich halte es für nötig, das traurige Bild, das sich heute infolge der ›Titanic‹-Katastrophe in der Schule bot, zu erwähnen.« (Southampton Archive Services)

Berichtsbuch der Mädchenschule im Southamptoner Stadtteil Northam, Eintrag vom 15. April 1912: »Sehr viele Mädchen fehlen an diesem Nachmittag; Grund sind die traurigen Nachrichten von der ›Titanic‹. Väter und Brüder waren auf dem Schiff; und manche der Kleinen haben den ganzen Nachmittag geweint.«

»Die Schwermut über der Stadt Southampton wird mit jedem Tag unerträglicher, und die quälenden Szenen am Hafen rühren selbst ein steinernes Herz zu Mitleid.« (»Daily Mirror«)
»›Worauf warten wir, Mami? Worauf warten wir so lange.‹ ›Wir warten auf Nachrichten von Vati, Liebes.‹« (Dialog in der Canute Road; aus einem Artikel der »Daily Mail« vom 18. April 1912)

W. H. Hirst: »Mein Vater und ich gehörten zur Besatzung der ›Olympic‹, dem Schwesterschiff der ›Titanic‹. Ich erinnere mich noch ganz genau an den Schock, als ich die Zeitungsjungen vom ›Echo‹ überall auf den Straßen schreien hörte: ›‚Titanic‘ mit Eisberg kollidiert.‹ Ich kriegte einen Penny in die Hand gedrückt, um die Zeitung zu kaufen.« (»Southampton Daily Echo« vom 14. August 1986)

Reginald Loveless: »Ich arbeitete damals beim Leiter des Büros, und wir waren damit befaßt, den Anfragen der Angehörigen nachzugehen. Die meisten Angestellten anderer Bereiche wurden auch herangezogen, und wir verbrachten die ganze Woche im Büro; nachts schliefen wir auf dem harten Boden.«
Reginald Loveless erinnerte sich auch, daß Miss Dolly Curry, die Tochter von Philip Curry, dem Leiter des Büros von White Star in Southampton, Kaffee ausschenkte für die wartende Menschenmenge.
»Mr. Curry erging es genauso wie den anderen Angestellten. Bürozeiten gab es auch für ihn keine mehr. Mehrmals in dieser Woche hatte er schon den Sonnenaufgang durch die Fenster seines Büros gesehen; aus dem nüchternen Raum, in dem ein Schreibtisch, seine ... Telefonanlage und sonst wenig stand, hatte er sich kaum wegbewegt. Zu ihm kamen in nicht abreißender Folge Mitarbeiter, die nicht weniger als er arbeiteten ... Das Personal von White Star wurde auf eine harte Charakterprobe gestellt – vom Leiter bis zum einfachen Laufburschen – und alle haben mit Auszeichnung bestanden.« (»Southern Daily Echo« vom 20. April 1912)

Elsie Whitfield: »Ja, wir gingen immer mit einer Freundin zum Hafentor runter, einer Freundin aus der Ascupart Street, deren Vater war auch auf dem Schiff. Und

Crowds waiting for News of "Titanic" Survivors.

Viele warten tagelang vor dem Büro der Reederei, aber erst am Freitag, dem 19. April, gibt es endgültige Listen der überlebenden Besatzungsmitglieder. (»Southampton Pictorial«)

er war verschollen, aber wir gingen trotzdem immer hin ... sie schlugen die Namen an ... vor den Hafentoren ... wer gerettet war und so. Ja, ich kann mich noch so deutlich dran erinnern. Dieses Mädchen, in der Schule ... sie sagte immer: ›Kommt ihr mit zum Hafentor?‹ Ich und meine Schwester gingen mit, um nachzusehen ob der Name ihres Vaters dort angeschrieben war. Verschiedene Mädchen in der Schule hatten Väter auf dem Schiff, ... Brüder oder andere Verwandte.« (Interview im Rahmen des Oral-history-Projektes Southampton)

Die Ehefrau eines Seemanns von der »Olympic« berichtete dem »Daily Mirror«: »Mrs. May von gegenüber verlor ihren Mann und ihren ältesten Sohn [beide Heizer]. Der Sohn hatte vor einem Jahr geheiratet, und seine Frau hatte vor sechs Wochen ein Baby bekommen. Mrs. Allen um die Ecke verlor ihren Mann George. Und das junge Mädchen da in schwarz ..., das ist Miss Barnes. Sie hat ihren Bruder verloren [ein Heizer]. Die Frau, die gerade in den Laden reingeht, ist Mrs. Gosling. Sie verlor einen Sohn [er war Trimmer]. Und Mrs. Preston aus der Prince Street, eine Witwe, verlor auch ihren Sohn [auch Trimmer].« (18. April 1912)
Mrs. May: »Ja, es ist wahr ... mein Mann und mein Sohn sind tot und haben uns elf zurückgelassen. Es war das erste Mal, daß Arthur und sein Vater gemeinsam auf See waren. Das wäre nicht so gekommen, wenn Arthur nicht arbeitslos gewesen wäre wegen des Kohlestreiks. Er versuchte, eine Arbeit an Land zu bekommen, aber es klappte nicht. Und er hatte doch Frau und Kind zu versorgen. So heuerte er als Heizer auf der ›Titanic‹ an. Sein Vater sollte eigentlich gar nicht auf der ›Titanic‹ sein, aber ein schlimmes Bein war schuld dran, daß er nicht auf sein eigentliches Schiff, die ›Britannia‹, gehen konnte. Nun sind sie tot, und wir elf sind allein. Der älteste Junge, er ist 19, verdient ein paar Schillinge die Woche mit Gelegenheitsarbeiten. Mein jüngstes Kind ist sechs Monate alt.« (»Daily Mirror« vom 18. April 1912)

Der Sohn von Mrs. Saunders war immer »ein guter Junge« gewesen. Seit einigen Jahren war er zur See gefahren. Von der »Adriatic« war er auf die »Olympic« versetzt worden. In letzter Zeit war es ihm gesundheitlich nicht gut gegangen, deswegen verließ er die »Olympic«. Nachdem er wieder genesen war, kam er auf die »Titanic«. Mrs. Saunders gab die Hoffnung nicht auf: »Ich kaufte jeden Tag zwei oder drei Zeitungen in der Hoffnung, seinen Namen unter den Überlebenden zu finden. Aber ich glaube, ich werde ihn nie wiedersehen.« (»Southampton Times« vom 20. April 1912) Salonsteward D. E. S. Saunders überlebte das Unglück nicht.

Die Schulleiterin Annie Hopkins übergibt der kleinen Amy Wiltshire eine Puppe, die von den Kindern einer Londoner Schule für das jüngste Mädchen in Northam, das seinen Vater beim »Titanic«-Unglück verloren hatte, gestiftet worden war. (»Southampton Pictorial«)

Jedes dieser Northamer Schulkinder verlor beim Untergang der »Titanic« einen oder mehrere Angehörige. (»Southampton Pictorial«)

Aus einem Gespräch mit Charles Morgan: » ... Meine ersten Erinnerungen ... ich denke ... die erste Erinnerung, die herausragt, war der Untergang der ›Titanic‹. Und das war deshalb so, weil die Stadt – damals war ja sowieso alles noch nicht so laut wie heute – die Stadt wurde ganz still. Eine große Stille legte sich über die Stadt, denn, ich glaube nicht, daß es eine einzige Straße in Southampton gab, die nicht irgend jemanden an das Schiff verloren hatte. Sie wissen ja, daß es als unsinkbar galt, und das war ein großer Schock.

Damals gab es noch keine großartige Unterstützung für Witwen und Waisen, und ich kann mich recht genau an ein Konzert erinnern, vielleicht etwas später in dem Jahr, in dem die ›Titanic‹ unterging, das gegeben wurde, um Geld für die Hinterbliebenen zu sammeln. Der Eintritt war nicht teuer ... diese kleinen Konzerte, Wohltätigkeitsveranstaltungen und solche Dinge gehörten zu unserem Leben, das war unsere Unterhaltung, ohne Fernsehen, Rundfunk und all das.« (Oral-history-Projekt Southampton)

Mrs. Slade: »Was für ein Glück, daß sie ihr Schiff verpaßten! Ich habe Gott immer dafür gedankt.«

Frage: »Warum kamen sie denn zu spät?«

»Das kann ich Ihnen nicht genau sagen. Sie gingen zeitig von zu Hause weg. Aber irgendwie waren meine Jungen nicht besonders erpicht darauf, auf das Schiff zu gehen ... Der Maschinist rief ihnen zu, sie sollten an Bord kommen, aber aus irgendeinem Grund gingen sie nicht.« (»Southampton Times« vom 20. April 1912)

Aus einem Gespräch mit Dora Caton: »Was die ›Titanic‹ betrifft, so habe ich keine persönlichen Erinnerungen, denn ich wurde erst 1915 geboren. Aber ich glaube, daß der Untergang des Schiffes bei meinen Eltern einen tiefen Eindruck hinterlassen hat. Als ich ein kleines Kind war, sprachen sie darüber. Ich erinnere mich noch gut, wie meine Mutter erzählte, sie sei ... an dem Morgen ... nach der Katastrophe beim Frühjahrsputz gewesen, im Schlafzimmer, und habe draußen lautes Geschrei gehört. Sie ging runter, um nachzusehen, was los war, und sah die Zeitungsjungen vom ›Echo‹ durch die Straßen rennen und rufen: ›Katastrophe auf See. ‚Titanic' gesunken‹, und es gab eine Sonderausgabe des ›Echo‹. Mein Vater arbeitete am Hafen, ... und er erzählte später bei mehreren Gelegenheiten, daß nicht nur die ganze Stadt in Trauer war, sondern jeder einzelne Mann am Hafen einige Tage nach dem Unglück eine schwarze Armbinde trug.« (Oral-history-Projekt Southampton)

Mrs. Podesta: »Am Montagmorgen ging ich zur Arbeit zu Toogoods, einer hiesigen Saatgutfirma. Wir saßen alle da, wissen Sie, und frühstückten, aßen also was und tranken eine Tasse Tee, da kam die Nachricht, daß die ›Titanic‹ untergegangen sei, und wir gingen alle runter zum Hafen. Es war ein furchtbar trüber Morgen. Alles war düster, ein richtig trübseliger Tag. Also wir gingen runter zum Hafen, und dort hatten sie die Namen angeschlagen. Ich merkte gar nicht, daß John Podestas Mutter auch da war, alle waren da, Massen von Menschen standen dort. – (»Southern Daily Echo«)

Mrs. Lewis: »Das passierte Sonntagnacht. Ich stand am nächsten Morgen auf, um dem Versicherungsmann zu öffnen, und er erzählte mir, daß etwas Entsetzliches passiert sei. Ich fragte: ›Was denn?‹ Da sagte er, die ›Titanic‹ sei untergegangen, mit allen Leuten. Ich entgegnete, er solle so etwas nicht behaupten, mein Mann sei an Bord. ›Oh‹, meinte er daraufhin, ›dann hätte ich Ihnen das niemals erzählt.‹ Als er weg war, ging ich rein, ich war völlig aus der Fassung. Und der hier war ein Baby, dieser junge Mann, er war ein Baby, und ich hatte ihm erzählt, sein Vater wäre auf dem größten Schiff der Welt. ...

Ich ging zu meiner Schwester, weil ich mir große Sorgen machte. Sie sagte: ›Ich hab' noch nichts gehört.‹ Aber sie meinte, wir würden alles erfahren, wenn Will käme. Das war ihr Mann. Er war zum Hafen gegangen. Ich setze mich hin und wartete. Als er reinkam, konnte ich sehen, daß etwas los war, und er sagte das auch, er sagte, es gäbe Schwierigkeiten, aber er wollte nicht mit der Sprache rausrücken. Dann meinte er: ›Ich geh' jetzt und hole eine Zeitung und finde raus, was passiert ist.‹ Er kam wieder und sagte, alles sei in Ordnung, sie würden aus eigener Kraft nach Halifax fahren. Also dachte ich, es könne nichts Schlimmes passiert sein. ... Und dann, später am Tag, stand in der Zeitung, das Schiff wäre untergegangen, und 1500 Menschen wären tot. ... Ich rannte den ganzen Tag herum und die ganze Nacht. Ich konnte natürlich nicht schlafen und auch nicht ruhig sitzen. Am nächsten Morgen ging ich zum Hafen. Dort hingen an einem Brett die Namen der Männer, die gerettet worden waren. Ich guckte alle durch, aber sein Name war nicht dabei, so ging das die ganze Woche, bis Freitag. Bis zu dem Freitag wußte ich nicht, daß er überlebt hatte. Dann bekam ich ein Telegramm von dem Büro, daß er gerettet worden war. Mein Bruder kam vom Hafen hoch, um mir auch zu sagen, daß alles in Ordnung war: ›Sag mir die Anfangsbuchstaben der Vornamen.‹ ›A. E. R. Lewis‹, antwortete ich. ›Gott sei Dank, er ist gerettet‹, sagte daraufhin er. Und ich: ›All die Aufregung diese Woche, weißt du, das war schrecklich.‹« (»Southern Daily Echo«)

Aus einem Gespräch mit Albert Gibbs: » ... zwei Kameraden von mir waren Brüder, Willie und Reggie Doling. Ihr Vater hatte das ›Auswandererheim‹. Dort fanden die Leute eine Unterbringung, die als Emigranten aus Mitteleuropa kamen und nach Amerika wollten, um dort ein neues Leben zu beginnen. Die Verhältnisse waren sehr bescheiden, die Leute schliefen auf dem nackten Boden, mit den Mänteln, die sie hatten. Sie sahen immer schmuddelig und arm aus, und die Männer hatten lange Bärte. Ich denke, es waren viele Juden unter ihnen ... Ich ging oft runter ... sie schliefen normalerweise im Keller, und ich ging also runter mit den Doling-Brüdern und stand da und sah sie mir an ... als Junge wußte ich nicht, was ich davon halten sollte. ...

Eine andere Sache, an die ich mich gut erinnere, war, daß Mrs. Doling mit der ›Titanic‹ wegfuhr. Und als die ›Titanic‹ unterging, war sie eine der Glücklichen, die in ein Rettungsboot kam und nach Hause zurückkehrte.«

Rose Major (links), die Ehefrau von Heizer William Major aus Southampton, mit ihrer kleinen Tochter und einer Verwandten. William Major überlebte das Unglück. (Privatsammlung)

Im Southamptoner Hafenviertel: Das Foto zeigt vermutlich die Millbank Street in Northam. (Aufnahme von 1912; Southampton City Heritage Oral History)

Frage: »Erinnern Sie sich noch daran, wie sie nach Hause kam?«

» ... daran erinnere ich mich nicht mehr ... aber ich weiß noch, wie sich die Brüder freuten ... sie machten sich Sorgen ... und mit einer Menge anderer Jungen gingen wir in den Tagen immer zu Nummer 7, also Hafentor Nummer 7, und schauten auf die Liste der Überlebenden. Onkel, Väter und eine Menge anderer Verwandte der Jungen, mit denen ich zur Schule ging, waren umgekommen. Viele in der Schule hatten Kummer damals ... aber Mrs. Doling wurde gerettet, ... und ihr Name erschien auf der Liste, und ich erinnere mich, wie ... überglücklich die beiden Brüder waren.« (Oral-history-Projekt Southampton)

Dorothy Cross: »Ich wollte keine Lehrerin werden. Meine Mutter war eine, meine Großmutter und, ich glaube, meine Urgroßmutter, ich aber wollte keine werden. Die Schule in St. Mary hieß irgendwann mal Crabniton, dann wurde sie, glaube ich, in Grove Street School umbenannt; meine Großmutter war dort Direktorin. Ich erinnere mich an eine Geschichte, die meine Mutter erzählte. Sie besuchte meine Großmutter, zusammen gingen sie in eine Klasse, und Großmutter sagte: ›Alle, die Verwandte auf der ‚Titanic' haben, aufstehen.‹ Und die ganze Klasse stand auf. Ein kleines Mädchen sagte: ›Oh, wir brauchen uns keine Sorgen zu machen, Miss, die ‚Olympic' kommt ihnen zu Hilfe‹. Das ist kindliches Vertrauen, nicht wahr?« (Oral-history-Projekt Southampton)

Berichtsbuch der Mädchenschule im Southamptoner Stadtteil Northam, Eintrag vom 17. April 1912: »Ich halte es für nötig, das traurige Bild, das sich heute infolge der ›Titanic‹-Katastrophe in der Schule bot, zu erwähnen. Viele Besatzungsmitglieder waren aus Northam, und es ist mitleiderregend, den Kummer der Kinder zu sehen, in manchen Fällen auch Vertrauen und Hoffnung auf bessere Nachrichten.«

Die Zeitungen des Landes berichten

»Von unserem Sonderkorrespondenten aus Southampton, Dienstag:

Die Fahnen wehen auf halbmast, und die Frauen der Stadt trauern um ihre Männer, die mit der ›Titanic‹ untergingen. Die Crew bestand fast völlig aus Southamptonern; ganze Straßen sind betroffen. Als die Besatzung des Liners für die erste Reise ausgewählt wurde, hätten viele gern angeheuert, doch nur die besten Seeleute der Stadt fuhren mit Kapitän Smith ab. Gestern wurden die ersten Unterstützungsgelder an Frauen und Angehörige von Besatzungsmitgliedern ausgezahlt. ... In [den Stadtteilen; Anm.d.Übers.] Northam und Shirley, wo fast jeder erwachsene Mann zur See fährt, um sein Geld zu verdienen, sind besonders viele betroffen. In jedem Haus der Russel [sic] Street wohnt eine trauernde Familie, über den bescheidenen Backsteinhäusern der Northam Road und den angrenzen-

den Straßen senkte sich dunkel der Schatten des schrecklichen Verlustes. Es sind freundliche Häuschen, mit Blumen im Fenster. Späht man in die Hausflure, so sieht man Bilder von Schiffen und Nippes aus aller Herren Länder.
An den Straßenecken stehen Gruppen von Männern, und all der Gram des Seemanns spiegelt sich in ihren Gesichtern. Sie reden über die ›Titanic‹ nach Seemannsart. Abergläubisch vermeiden sie es, jene zu erwähnen, die auf dem Schiff waren.
Bei den Frauen ist es ganz anders. Sie reden wenig über das Schiff und viel über die Menschen. Und sie finden schlichte Worte für diese Tragödie: ›Sie wohnt bei mir in der Union Street und hat drei kleine Kinder. Er war Heizer und verstand seine Sache.‹ ›Ein armer alter Mann in der Cable Street soll vier Söhne an Bord gehabt haben. Und Saunders, der Schiffszimmermann drüben, er trauert um seine beiden Söhne.‹ ›In der McNaughton Street, da ist ein Mädchen durchgedreht. Sie hat erst vor einem Monat geheiratet. Ihr Mann heuerte als Steward an.‹

Das Leid der Wartenden

Vor dem Büro der White Star Line in der Canute Road erwartet eine immer wechselnde Menschenmenge ängstlich die versprochene Liste der Überlebenden – voll Hoffnung und gleichzeitig voll Furcht, das Unabwendbare lesen zu müssen. Zwei junge Frauen mit Babys auf dem Arm stehen dort. Die Kinder lachen und quitschen vor Freude, die Mütter starren vor sich hin, man sieht ihnen an, daß sie nicht geschlafen haben diese Nacht. Einige alte Frauen weinen still vor sich hin, andere versuchen, ihre schluchzenden Töchter zu trösten. Auch Männer warten; sie beißen die Zähne zusammen, schauen niemandem in die Augen. Von Zeit zu Zeit schiebt sich jemand durch die Menge nach vorn und will die Liste der Crew oder der Passagiere sehen. Dann schließen sich Männer und Frauen an und bitten um Auskunft. Aber die Angestellten des Büros können nur den Kopf schütteln ...
›Es ist die Ungewißheit, die so schlimm ist‹, sagt eine ältere Frau ... ›Wenn wir doch nur etwas wüßten – irgend etwas.‹ ... Später am Nachmittag erstirbt die Hoffnung, und die Anspannung weicht Verzweiflung. Die Menge lichtet sich, schweigende Männer und wehklagende Frauen machen sich auf den Weg nach Hause. In kaum einem der bescheidenen Häuser Southamptons gibt es eine Familie, die nicht einen Verwandten oder Freund verloren hat. Auch die Kinder erfassen schon die Tragödie; von der Schule kommen sie und wenden ihre kleinen, kummervollen Gesichter nach Hause, wo kein Vater mehr sein wird.
Sechs Heizer, die angeheuert hatten, kamen letzten Mittwoch erst am Kai an, als die Gangway schon zurückgezogen wurde. Sie beglückwünschen sich nun, das Schiff verpaßt zu haben.« (Southampton City Heritage Collections)

Eine Straße in Northam.
(Southampton City Heritage Collections)

»Von unserem Sonderkorrespondenten aus Southampton, Donnerstag:
Die Frauen und Kinder der ›Titanic‹-Helden erwarten, morgen früh das Schlimmste zu hören. Die meisten glauben bereits, daß ihre Familienväter umgekommen sind. Ich erwähnte, daß ihre Not sehr groß ist. ›Warum?‹ fragt man sich. Die Antwort ist einfach und überzeugend. Fast die Hälfte der Toten sind eigentlich Opfer des Kohlestreiks. Ein großer Teil derer, die auf der ›Titanic‹ waren, wären mit anderen Schiffen gefahren, wenn diese nicht wegen Kohlenmangel außer Dienst gestellt worden wären. Für diese Männer und ihre Familien ist die Katastrophe also die tragische Folge des Kohlestreiks ... Die Männer von einigen der Dampfer, die im Hafen von Southampton lagen und darauf warteten, wieder Kohle bunkern zu können, waren bereits vier oder fünf Wochen ohne Arbeit, als die Mannschaft für die ›Titanic‹ angeheuert wurde. Manche hatten auf den Schiffen, von denen sie nun entlassen worden waren, schon viele Fahrten gemacht, und die ›Titanic‹ konnte sich die besten Matrosen und Heizer aussuchen. Sie hatte eine bessere Crew, als jemals auf einem britischen Handelsschiff gefahren ist, das zumindest berichtete mir ein Sachverständiger. Aber die meisten von ihnen waren vor der Abfahrt arbeitslos und hinterließen deshalb kaum Geld. ...
... ein Stadtrat ... erläuterte mir, daß die Lage einiger Familien in seinem Bezirk ganz besonders bedauernswert sei. Heute habe er sich um zwölf Mütter gekümmert, die zusammengenommen fast 60 Kinder hätten. Eine von ihnen, die Frau eines Stewards, hätte sieben Kinder, aber keinen Penny Geld. Eine andere mit sechs Kindern erwartet das siebte und habe keinen roten Heller ... Die meisten der Frauen waren mit Heizern und Trimmern verheiratet; die Worte des guten Stadtrates von Trost und Hoffnung fielen da wohl auf taube Ohren.
›Hundert von der Mannschaft werden wohl gerettet worden sein‹, sagen sie. ›Aber Heizer und Trimmer werden keine drunter sein.‹ Diese Armen und Verlassenen wissen, welchen Gang die Welt geht.
Den ganzen Tag drängten sich Angehörige derer, die auf der ›Titanic‹ fuhren, angstvoll vor dem Büro von White Star in der Canute Road. Kaum jemand murrte darüber, daß es keine Auskünfte gab. So lange warten zu müssen, zeichnete viele Frauen. Bleiche, ernste Gesichter erzählten von den Seelenqualen. Ihr Durchhaltevermögen ist bewundernswert. Sie sind, das kann man nicht anders sagen, den ritterlichen Seeleuten würdig, die so selbstlos ihre Pflicht taten.
Kein hysterisches Schluchzen war zu hören, nur wenig wurde geredet. Die Frauen standen da in stiller Ergebenheit und blickten auf die große Wandtafel, von der sie früher oder später das Schicksal ihrer Männer, Väter

Rose Major, die Ehefrau von William Major, der als Heizer auf der »Titanic« arbeitete und gerettet wurde. (Siehe auch Seite 174; Privatsammlung)

oder Söhne erfahren würden. Quälend lang dauerte ihr Warten. Von Tagesanbruch bis zur Abenddämmerung kein Wort der Hoffnung, nur die Mitteilung, daß die Marconi Company Kontakt mit der ›Carpathia‹ habe und alle Meldungen, die die Funkstation in Neuschottland erreichten, direkt nach Southampton weiterübermittelt werden würden.« (Southampton City Heritage Collections)

»Von unserem Sonderkorrespondenten aus Southampton, Freitag:
An diesem Morgen wurde endlich der Hunger nach Gewißheit gestillt, der Southampton drei Tage lang gequält hatte. Um sieben Uhr kam ein Angestellter aus dem Büro von White Star und hängte draußen an die große Tafel eine Liste aller Besatzungsmitglieder, die sich hatten retten können. Zu diesem Zeitpunkt war noch niemand da außer den Frauen, die mehr oder minder ohne sich von der Stelle zu rühren dort die ganze Zeit gewartet und seit Dienstag wahrscheinlich nicht geschlafen hatten. Als die Namen in großen blauen Lettern an der Tafel hingen, ging ein Stöhnen des Entsetzens durch die Reihen, und die Frauen drängten dicht heran, begierig zu lesen und doch voller Angst.

Einige schickten jemand, dem es nicht so nah ging, um die Liste zu lesen. Und dann, wenn klar war, daß alle Hoffnung nun ein Ende hatte, kam es zu Szenen herzzerreißenden Jammers – es sei dem Leser überlassen, sich diese vorzustellen. ... Nun war das Schlimmste heraus, und die schmerzvolle Unsicherheit der letzten Tage hatte ein Ende.
Doch die Dinge standen sogar besser, als man zu hoffen gewagt hatte. Noch am Tag zuvor hatte niemand geglaubt, daß 200 der Besatzung noch am Leben wären. Die Frau eines Heizers soll während der Nacht gesagt haben: ›Ich werde ihn nie wiedersehen. Sicher ist keiner der Heizer in ein Boot gekommen, sie waren viel zu tief unten.‹ Aber über 70 Heizer standen auf der Liste. Nichts kann das Unglück, das die Katastrophe über Southampton brachte, mildern; aber es gibt wenigstens diesen schwachen Trost. ...
Obwohl bekanntgegeben wurde, daß die Liste der Überlebenden vollständig sei, gaben einige Frauen die Hoffnung immer noch nicht auf. Man sah sie im grellen Sonnenlicht auf der staubigen Straße stehen und geduldig auf die Tafel blicken. ›Vielleicht merken sie, daß sie einen oder zwei vergessen haben‹, sagte eine junge Mutter. ...

Eine grausame Bürde

Doch selbst jetzt noch gibt es einen scheußlichen Rest der Ungewißheit. Eine Reihe von Familiennamen, die auf der Liste standen, waren ohne die Anfangsbuchstaben der Vornamen aufgenommen worden. Und in einigen Fällen gab es zwei oder drei Männer desselben Nachnamens an Bord, deren Angehörige nun nicht wissen, wer umgekommen ist. Diese grausame Last hätte ihnen erspart werden sollen. Die Menschen in der Stadt sind erbost darüber. Offen wird ausgesprochen, daß die Reederei viel zu wenig Auskünfte gegeben und sich viel zuviel Zeit gelassen habe; vollständige und genaue Listen hätten vor allem anderen durchgegeben werden müssen. Die Angelegenheit mit den fehlenden Vornamen setzt dem Ganzen die Krone auf: Drei Tage Qual für diese armen Leute hier, während in London die Liste der Passagiere erster Klasse bereits zwei Tage vorher veröffentlicht wurde. ...
Zwei Drittel der Besatzung waren Männer aus Southampton, und mir wurde heute gesagt, daß vermutlich 500 Haushalte ihren Hauptverdiener verloren haben. In einer Schule im Stadtteil Northam (wo viele Heizer und Trimmer leben) haben 125 Kinder nun keinen

Fünf »Titanic«-Waisen werden vom Seemannsheim in Southampton versorgt. (»Southampton Pictorial«)

Vater mehr. Ich bin heute nachmittag eine längere Zeit in Northam gewesen – Reihen bescheidener Backsteinhäuschen, ab und an ein Balkon oder eine schöne Tür, die von besseren Tagen künden. Keine nach außen sichtbare Trauer. Seltsam, die Kinder sorglos wie immer auf dem sonnigen Pflaster spielen zu sehen, viele von ihnen Waisen. In jeder dieser Straßen gibt es mindestens drei oder vier Haushalte, die betroffen sind. ...
Vielen der Familien hatte bereits der Kohlestreik die Armut gebracht. In der Bridge Road hat die Seamen's Friendly Society ein Lager eingerichtet, in dem Brot, Milch und Fleisch ausgegeben werden. Der Raum ist immer voll. Der Bürgermeister (ein früherer Lotse) tut sein Bestes im Rathaus. Er hat Geld an die bedürftigsten Frauen austeilen lassen. Eine Frau hat acht Angehörige verloren – ihren Mann, zwei Brüder, einen Sohn und vier Vettern.
Der Bürgermeister sagte mir, eine Frau hätte, nachdem sie Unterstützung erhalten habe, den Namen ihres Mannes doch noch auf der Liste gefunden. Da habe sie das Geld als eine Art Dankesopfer wieder zurückgebracht. ...
Ich würde sagen, es herrscht in der Stadt eine Mischung von Wut und Trauer. Man ist wütend über die Sache mit den Rettungsbooten, über die so spät veröffentlichte Liste und weil Informationen zurückgehalten wurden. Doch die größte Empörung ruft das hervor, was ein Seemann mir gegenüber heute als ›dreckige Lüge‹ bezeichnete. Er spielte darauf an, daß einige der heutigen Zeitungen meldeten, Kapitän Smith hätte sich erschossen. Die Menschen sind davon berührt und empfinden diese Geschichte als tiefe Verletzung ihrer Ehre, denn jeder hier kannte Kapitän Smith und spricht voller Bewunderung von ihm. In den Aushängen der lokalen Zeitungen kann man ein großes Plakat sehen: ›Das Ende – Kapitän Smith blieb auf seinem Posten auf der Brücke und ging mit dem Schiff unter – Es gab keine Panik‹ (die letzten Worte in riesigen Lettern). Davor standen Seeleute und lasen den Text ihren Kameraden vor. ›Das glaubst du, sich selbst erschossen!‹ sagte einer. ›Das wäre nicht Smiths Art gewesen. Wenn ich den Typen erwische, der das geschrieben hat‹ (und spuckte aus).« (Southampton City Heritage Collections)

Vor dem Büro von White Star wird ein Beileidsschreiben der Witwe des Kapitäns an die Hinterbliebenen ausgehängt: »An all die armen Menschen, die dieses Leid mit mir teilen müssen – mein Herz ist voll des Mitgefühls für Sie und mit Bedauern überschwer, darüber daß Sie diese furchtbare Last tragen müssen, die über uns gekommen ist. Möge Gott uns beistehen und uns Trost geben. In tiefer Anteilnahme, Ihre Eleanor Smith.« (Southampton City Heritage Collections)

Anteilnahme und Hilfe für die Hinterbliebenen

Einträge im Protokollbuch des Southamptoner Hafenamtes:
»16. April 1912: Vorsitzender Henry Bowyer nimmt Rücksicht auf den Untergang der ›Titanic‹: Zum Zeichen des Beileids wird die Sitzung verschoben. ...
20. April 1912: Beileidsbekundung für Stadtrat Ede zum Tode seines Sohnes bei der ›Titanic‹-Katastrophe.«

Aus einem Artikel der Zeitung »Southampton Daily Echo« vom 18. April 1912: ›Mr. C. H. Lightoller, Zweiter Offizier auf der unglückseligen ›Titanic‹ und einer der Überlebenden, wohnt in Netley Abbey. Gestern besuchten wir seine Gattin ... und überbrachten unsere herzlichen Glückwünsche zu seiner Rettung.
Mrs. Lightoller, die zwei kleine Jungen hat, war gerade aus Southampton zurückgekehrt, wo sie Ehefrauen anderer Offiziere besucht hatte, deren Schicksal weniger glücklich als ihr eigenes ist. Auch sie hätte fürchterliche Angst gehabt, doch wie dankbar sei sie nun, da sie wisse, daß ihr Gatte in Sicherheit sei.
Mrs. Lightoller berichtete, sie hätte sich bemüht, den Bürgermeister von Southampton zu sprechen, um sich

Kapitän Smith mit seinem Hund.
(Southampton City Heritage Collections)

bei ihm zu erkundigen, was sie von Netley aus zur Unterstützung der Notleidenden tun könne, denn sie dächte, daß sie nun, da sie selbst von der Angst befreit sei, alles in ihren Kräften Stehende tun müsse. Abschließend sagte Mrs. Lightoller noch, sie wäre förmlich überschüttet worden mit Telegrammen und würde auf diesem Wege gern für alle Nachfragen und Glückwünsche danken; persönlich zu antworten, wäre ihr leider nicht möglich.«

Am 22. April 1912 fand eine Mitgliederversammlung der British Seafarers' Union in Southampton statt; aus dem Protokoll: »Der Präsident eröffnete die Versammlung und stellte fest, daß dies die erste Zusammenkunft sei nach der schrecklichen Katastrophe der ›Titanic‹. Er bedauerte, mitteilen zu müssen, daß eine große Anzahl von Mitgliedern dabei den Tod gefunden hätten. Dieses wäre zu betrauern, doch müsse sich gleichzeitig jedes Mitglied in die Pflicht genommen fühlen, mit noch größerem Nachdruck eine bessere Bemannung der Schiffe und bessere Arbeitsbedingungen für die Besatzung zu fordern. ... Das nächste Thema waren die Rettungsboote und deren Bemannung; nach einer Diskussion wurde folgende Stellungnahme formuliert und einstimmig angenommen: Die Gewerkschaft verurteilt entschieden die fahrlässige Haltung des Handelsministeriums, welches es bisher nicht für nötig erachtet hat, Vorschriften für die Bereitstellung von ausreichenden Hilfsmitteln an Bord von Schiffen zur Lebensrettung von Besatzung und Passagieren sowie zu der geeigneten Bemannung derselben zu erlassen. Sie fordert, daß unverzüglich Maßnahmen ergriffen werden, um diese Angelegenheit mit äußerster Sorgfalt in Angriff zu nehmen und die Möglichkeit solcher entsetzlichen Katastrophen in Zukunft zu verhindern. ... Es wurde außerdem berichtet, daß die Überlebenden der ›Titanic‹ am folgenden Sonntag in Plymouth eintreffen sollen, und es wurde entschieden, daß der Präsident und der Sekretär ermächtigt werden, nach Plymouth zu fahren, um dort mit den Überlebenden zusammenzutreffen.« (University of Warwick)

Reverend Arthur Cuming von der Gemeinde St. Mary in Southampton hatte eine Liste von 61 »Fällen« vorliegen. Es handelte sich meistenteils um junge Männer, die ihre Eltern ganz oder teilweise finanziell unterstützt hatten. Wegen des Kohlestreiks, und da es immer noch viel zu wenig Arbeit gab, hatten viele aus der Gemeinde auf der »Titanic« angeheuert.

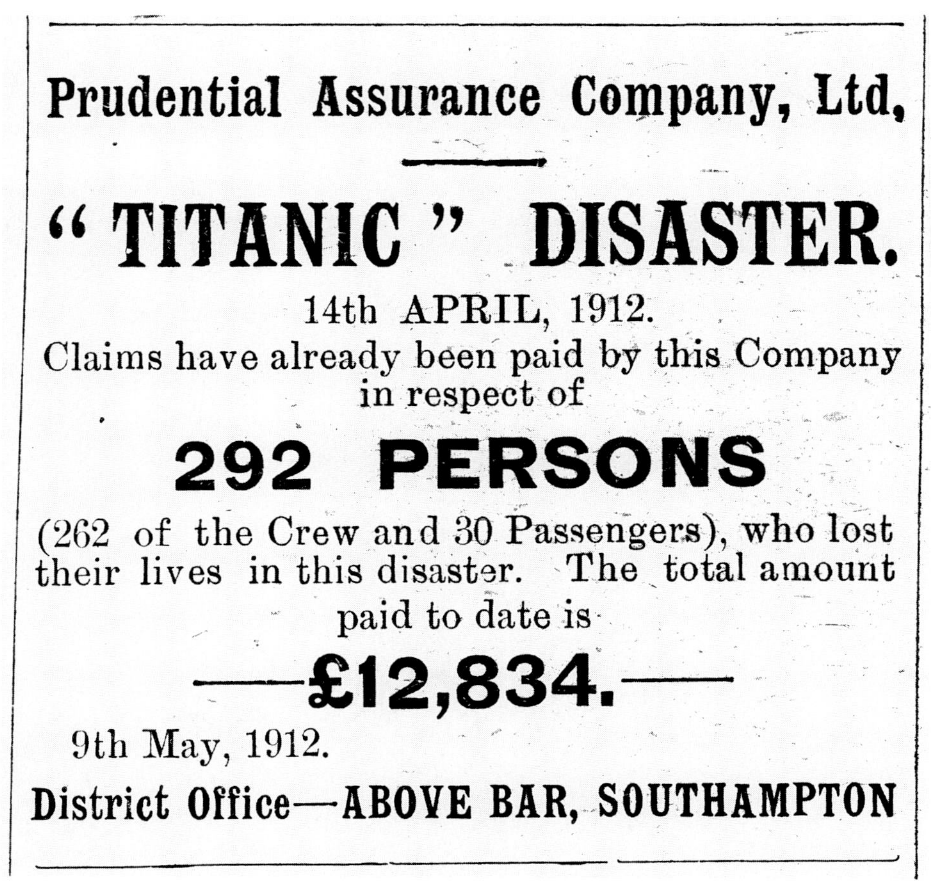

Inserat einer Lebensversicherung: Nicht ohne Werbeabsicht wird veröffentlicht, daß bis zum 9. Mai 1912 den Hinterbliebenen von 292 Personen insgesamt fast 13 000 Pfund ausgezahlt worden sind. (»Southampton Pictorial«)

Auch vor dem Londoner Büro der White Star Line warten nach dem Unglück viele Menschen auf Auskunft. (Southampton City Heritage Collections)

»Mein Vater, Reverend J. L. Beaumont James, arbeitete als Vikar in der Gemeinde St. Luke, und eine seiner ersten Aufgaben war es, die hinterbliebenen Familien zu besuchen; in einigen Fällen überbrachte er sogar die Nachricht.« (Tom James)

Aus einem Artikel der Militärzeitung »The War Cry« vom 27. April 1912: »Der Generaldirektor der White Star Company empfing den Korrespondenten von ›The War Cry‹ mit gebührender Aufmerksamkeit. Er dankte der Armee für ihre Hilfe und äußerte sich anerkennend über die Maßnahmen, die vor Ort in Zusammenarbeit mit dem Unterstützungsfonds, den der Bürgermeister ins Leben gerufen hat, unternommen werden. Interessant in diesem Zusammenhang ist, daß Bürgermeister Henry Bowyer das Lotsenpatent besitzt und sein Bruder bei der hiesigen Ausfahrt des unglückseligen Schiffes als Lotse an Bord war.
Hauptmann Huggins und Leutnant Craig, Beauftragte für die Armenviertel Southamptons, die vom Korrespondenten des ›War Cry‹ interviewt wurden, haben in den letzten Tagen Hunderte von Haushalten in dem Viertel besucht, das die meisten Toten zu beklagen hat. Eben dorther, aus dem Stadtteil Northam, kamen sie gerade und hatten viele der mitleiderregendsten Geschichten zu berichten.

Eine doppelte Tragödie

Adjutant Gwyn vom Divisionsstab besuchte einen Haushalt, in welchem sich eine doppelte Tragödie abgespielt hatte. Der Vater war mit dem Unglücksdampfer untergegangen, die Mutter und ihr neugeborenes Kind waren kurz nach der Geburt gestorben. Zurück bleiben nun ihre sechs kleinen Kinder.
Wo immer möglich, stehen unsere Kameraden den vom Schicksal Getroffenen bei. ›Es brach einem das Herz‹, berichtete Adjutant Otter, ›wie schnell die Tränen kamen, als Mrs. Otter versuchte, mit einer der Frauen, die auf Nachricht von ihrem Mann warteten, zu sprechen. Ich fühlte mich vollkommen hilflos angesichts von soviel Leid.‹

Notleidenden praktische Hilfe zu leisten ist Aufgabe der Frauen. Das ist wahr, auch wenn es die Adjutanten Clark, Groome und Marsh, Leutnant Mills und die Offiziere des Battenbergheims sind, die Hunderte Portionen Suppe oder Milch an die Bedürftigen austeilen, oder die Beauftragten für die Armenviertel, die viele Liter Milch zu notleidenden Müttern und Kindern bringen und Tee, Brot, Zucker, Reis und andere Lebensmittel in den Haushalten austeilen, in denen die Not schon lange gehaust hat und über die nun der Schatten des Todes gefallen ist.

Unsere Kameraden tun alles, um das Leid von Frauen und Kindern zu verringern. Divisionskommandant Glover hat die Offiziere von Southampton, Freemantle, St. Denys, Woolston und anderen Korps, deren Gegend betroffen ist, angehalten, ihre besondere Aufmerksamkeit den Geschädigten der ›Titanic‹ zukommen zu lassen und ihm von allen Fällen der materiellen Not Bericht zu erstatten.

Viele anrührende Geschichten kamen dem Korrespondenten von ›The War Cry‹ zu Ohren. Eine der bewegendsten ist vielleicht die von einer Frau, deren Mann und Sohn, so dachte man, mit der ›Titanic‹ den Tod gefunden hatten. Die weinende Frau zeigte unserem Abgesandten zwei Kärtchen mit Sprüchen, ein Geschenk ihres Mannes, kurz bevor er abgefahren war. Sie hatten wohl nur ein paar Pennys gekostet, doch auch die waren ihm sicher kostbar. ›Er gab sie mir, als er Lebewohl sagte‹, schluchzte sie.

Auf den Kärtchen stand: ›Suchet Gott.‹ und ›Gott ist gütig.‹ Während die Frau sprach, kam der Versicherungsbeamte wegen der Policen ihres Mannes und ihres Sohnes. Da wurde ihr die Bedeutung des Geschehenen erst wirklich richtig klar. In Momenten wie diesem sind unsere Männer den armen Frauen eine vollendete Stütze. Da ist es nur zu verständlich, daß diese vom Leid geprüfte Mutter aussprach, was viele andere Frauen in diesen Tagen der Trauer fühlen, als sie rief: ›Ach Herr Captain, ich bin so froh, daß Sie da sind in dieser schlimmen Zeit.‹ (Wir sind froh, sagen zu können, daß es inzwischen Nachricht gibt, der Ehemann sei unter den Überlebenden.)«

J. C. H. Beaumont, Schiffsarzt auf der »Olympic«, erinnerte sich in seinem Buch »Ships and People« von 1927: »Nachdem die Notrufe der ›Titanic‹ eingegangen waren, versuchte ihr Schwesterschiff, ihr zu Hilfe zu kommen und die Passagiere an Bord zu nehmen. Vorkehrungen wurden getroffen, um sie unterzubringen, während tief unten die Heizer und Trimmer alles taten, um das Schiff schnell voranzutreiben ... Dann sickerte die Nachricht durch, die ›Titanic‹ sei gesunken. Alle Überlebenden ... seien von der ›Carpathia‹ aufgenommen worden ... es war alles aus,

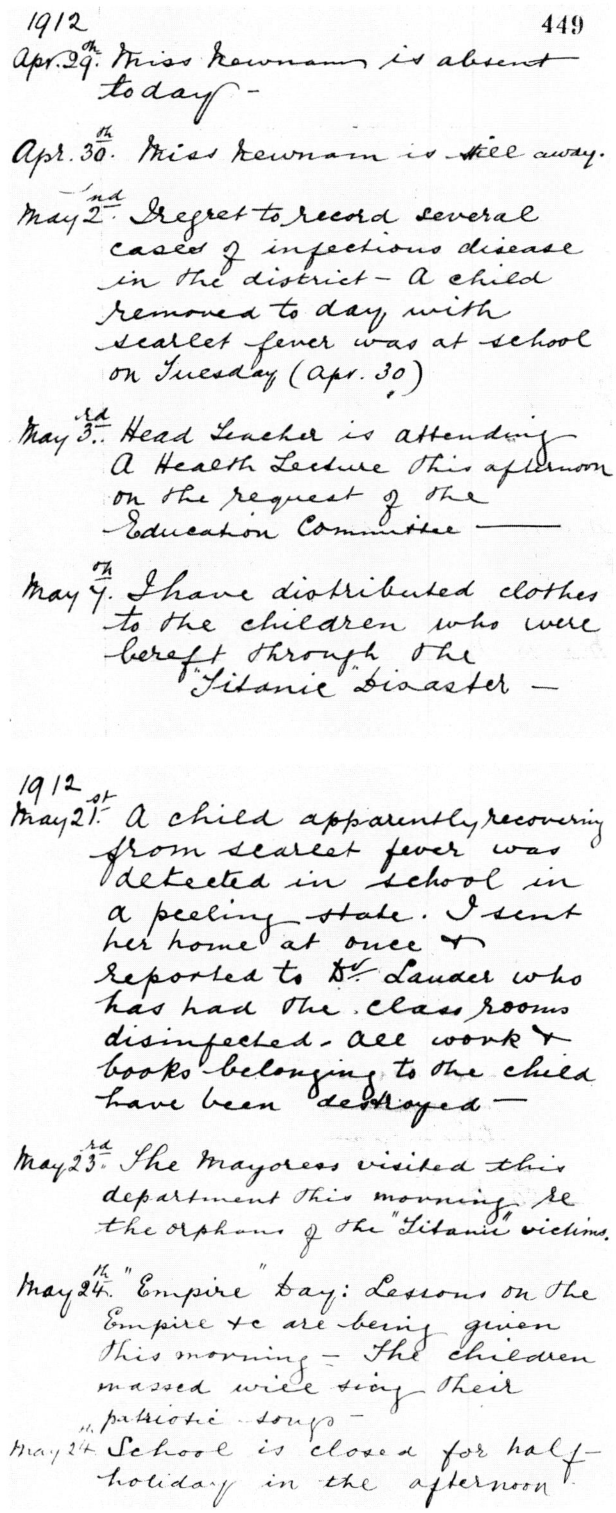
1912 449
Apr. 29th. Miss Newnam is absent today –
Apr. 30th. Miss Newnam is still away.
May 2nd. I regret to record several cases of infectious disease in the district – a child removed to day with scarlet fever was at school on Tuesday (Apr. 30)
May 3rd. Head Teacher is attending a Health Lecture this afternoon on the request of the Education Committee —
May 4th. I have distributed clothes to the children who were bereft through the "Titanic" Disaster –

1912
May 21st. A child apparently recovering from scarlet fever was detected in school in a peeling state. I sent her home at once & reported to Dr. Lauder who has had the class rooms disinfected. All work & books belonging to the child have been destroyed –
May 23rd. The Mayoress visited this department this morning re the orphans of the "Titanic" victims.
May 24th. "Empire" Day: Lessons on the Empire &c are being given this morning – The children massed will sing their patriotic songs –
May 24th School is closed for half-holiday in the afternoon.

Auszüge aus dem Berichtsbuch der Mädchenschule im Southamptoner Stadtteil Northam. Am 4. Mai 1912 verteilt die Direktorin laut Eintrag Kleider an Kinder, die ihre Väter beim »Titanic«-Unglück verloren haben und nun große Not leiden. Unter dem 23. Mai vermerkt sie den Besuch der Bürgermeistergattin bei den Waisen der »Titanic«.
(City Record Office)

nichts konnte mehr getan werden ... Die Gefühle von uns allen können mit Worten nicht beschrieben werden. Die ganze Katastrophe kam so schnell, war so entsetzlich, so tragisch, daß niemand von uns begreifen konnte, daß es wirklich passiert war. Wir konnten nichts tun, nur nach Southampton fahren. Bereits an Bord wurde für einen ›Titanic‹-Fonds gesammelt, und wenn ich mich recht erinnere, kamen dabei 2000 Pfund zusammen.
Als wir ankamen, waren alle voller Verzweiflung. Das Büro von White Star dort (wie auch in London und Liverpool) wurde von den unglücklichen Angehörigen bestürmt, die nach den endgültigen Listen derer, die vermißt wurden, verlangten.«

Eintrag vom 18. Mai 1912 im Berichtsbuch der Mädchenschule des Southamptoner Stadtteils Northam: »Die Not der Leute wird jeden Tag deutlicher. 24 kostenlose Mahlzeiten ausgegeben heute; viele Kinder haben keine Schuhe mehr und leiden Hunger.«

Um finanziellen Ausgleich ganz anderer Art bemühte sich die White Star Line – sie erwies sich für den hohen Einsatz, den die Besatzung des Dampfers »Carpathia« von der Reederei Cunard in der Nacht der Katastrophe und auf der anschließenden Fahrt nach New York erbracht hatte, erkenntlich: »Die White Star Line gibt bekannt, daß sie bei der Reederei Cunard um Erlaubnis ersucht hat, Kapitän Rostron 100 Guineen, Schiffsarzt McGee, Zahlmeister Brown und Chefsteward Hughes je 50 Guineen sowie allen anderen Besatzungsmitgliedern der ›Carpathia‹ jeweils einen Monatslohn als Zeichen der Dankbarkeit für ihre nach dem Untergang der ›Titanic‹ geleisteten Dienste zukommen lassen zu dürfen. Die Reederei Cunard hat zugestimmt.« (Southampton City Heritage Collections)

Kapitän Rostron (in der Mitte sitzend) und die Offiziere der »Carpathia«. (Sammlung Ford)

Tausend Dinge hatten vor der Abfahrt der »Titanic« in Southampton noch geschehen müssen. Große Kähne hatten Tonnen von Kohle gebracht (im Bild), an der Innenausstattung war noch gearbeitet und Vorräte verladen worden. Für jeden erdenklichen Komfort war nun gesorgt. Über die Sicherheit von Passagieren und Mannschaft brauchte man sich ja keine Gedanken mehr zu machen – auf dem modernsten Schiff der Welt.
(Southampton City Heritage Collections)

FARBTEIL

Erinnerungs-stücke und Dokumente

»Ruhm und Ehre«

Das Dampfschiff »New York« auf hoher See.
(1909 entstandenes Gemälde von A. Jacobsen; Southampton City Heritage Collections)

Gegenüberliegende Seite oben: Eine Broschüre, in der die White Star Line für ihre noch im Bau befindlichen Luxusliner »Olympic« und »Titanic« warb.
(Privatsammlung)

Der mächtige Passagierdampfer »Adriatic« wird vom Empfangskomitee an Bord eines Raddampfers willkommen geheißen und in den Hafen eskortiert.
(1907 enstandenes Gemälde von George Washington Sandell; Southampton City Heritage Collections)

in the ship. Each engine crank shaft weighs 118 tons, bedplate 195 tons; each column 21 tons, and the heaviest cylinder, with liner, 50 tons; wing propeller 38 tons The weight of the casting for the turbine cylinder is 163 tons, and of the propeller, which is of solid bronze, 22 tons. The anchors are 19 feet in length and over 15 tons in weight, and each link of their chains weighs several hundredweight. Twelve horses were required to drag one of the anchors to the Naval Exhibition at Olympia, where it is now being displayed.

View of "Olympic's" bottom (*June, 1910*).

The foregoing particulars apply of course to the "Titanic" as well, and this steamer should take the water a few months after the launch of her sister ship "Olympic." It is anticipated that the latter will make her maiden voyage to New York about July 1911; and as far as it is possible to do so, these two wonderful vessels are designed to be unsinkable.

"Olympic" and "Titanic" (*August, 1910*).

White Star Line.

R.M.S. "Olympic" and "Titanic," each 45,000 tons, as they will appear when completed.

The White Star steamers "Olympic" and "Titanic," now in course of construction at Belfast for the Company's Mail and Passenger service between Southampton, Cherbourg, Queenstown, and New York, will each be approximately 45,000 tons, and thus immeasurably the largest vessels in the world. As it is intended to launch the "Olympic" on October 20th, and the "Titanic" some few months later, the accompanying views illustrating the progress of work

Bird's Eye View from Gantry (*April 1909*).

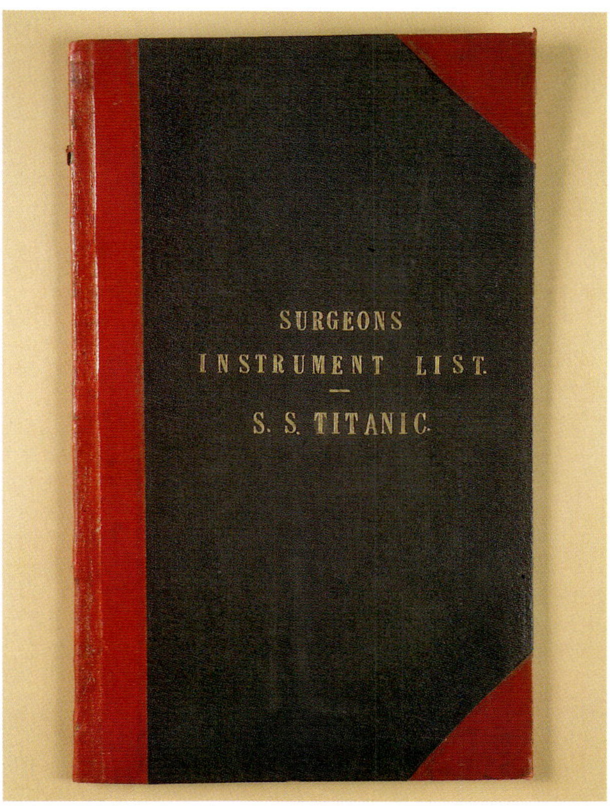

Links: Instrumentenliste des Schiffsarztes der »Titanic«. (Privatsammlung)

Unten: Ein Zuckerstreuer der White Star Line, wie er auch au der »Olympic« und der »Titanic verwendet wurde. (Privatsammlung)

Ein Teller der Firma Crown Derby für das A-la-carte-Restaurant der »Titanic«. Er gelangte in den Besitz einer Stewardeß der »Olympic« und wurde viele Jahre später an das Schiffahrtsmuseum von Southampton gegeben. (Southampton City Heritage Collections)

Herbert Pitman, Dritter Offizier auf der »Titanic«, in der Uniform der White Star Line. (Aquarell von Esther Patterson; Southampton City Heritage Collections)

»Ankunft in der Neuen Welt«: Das Gemälde, das die Einfahrt in den Hafen von New York zeigt, wurde 1910 von Norman Wilkinson für den Rauchsalon erster Klasse auf der »Olympic« angefertigt. Das Pendant dazu, ein Bild des Hafens von Plymouth, befand sich im Rauchsalon erster Klasse auf der »Titanic«. (Siehe Seite 39; Rio Tinto Zinc, Dauerleihgabe an die Southampton City Heritage Collections)

Diese Schnitzarbeit mit dem allegorischen Motiv »Ruhm und Ehre krönen die Zeit« wurde von Charles Wilson für das Treppenhaus der ersten Klasse an Bord der »Olympic« angefertigt. Sie befindet sich heute im Southamptoner Schiffahrtsmuseum. (Southampton City Heritage Collections)

Die »Titanic« in einem 1912 entstandenen Aquarell von Walter Dane Bryer, einem jungen Elektriker aus dem Southamptoner Stadtteil Northam. (Southampton City Heritage Collections)

Gegenüberliegende Seite:
Links oben: Die »Titanic« auf hoher See (Postkarte).
Rechts oben: Die »Titanic« an ihrem Liegeplatz im Hafen von Southampton; Gemälde von G. Fraser.
(Beide Objekte Southampton City Heritage Collections)

Die »Titanic« passiert Calshot Castle; Gemälde von George Washington Sandell. (Southampton City Heritage Collections)

Rechts unten: Menükarte für das Frühstück der Passagiere zweiter Klasse an Bord der »Titanic« vom 11. April 1912. Auf die Rückseite der Karte schrieb Steward Edward Hendy vor der Landung in Queenstown noch einige Zeilen an seine Frau. (Siehe Text Seite 116.) (Southampton City Heritage Collections)

Links unten: Souvenirabzeichen der »Titanic«, gekauft von Arthur Shore, der als Frisör auf der »Olympic« arbeitete. (Privatsammlung)

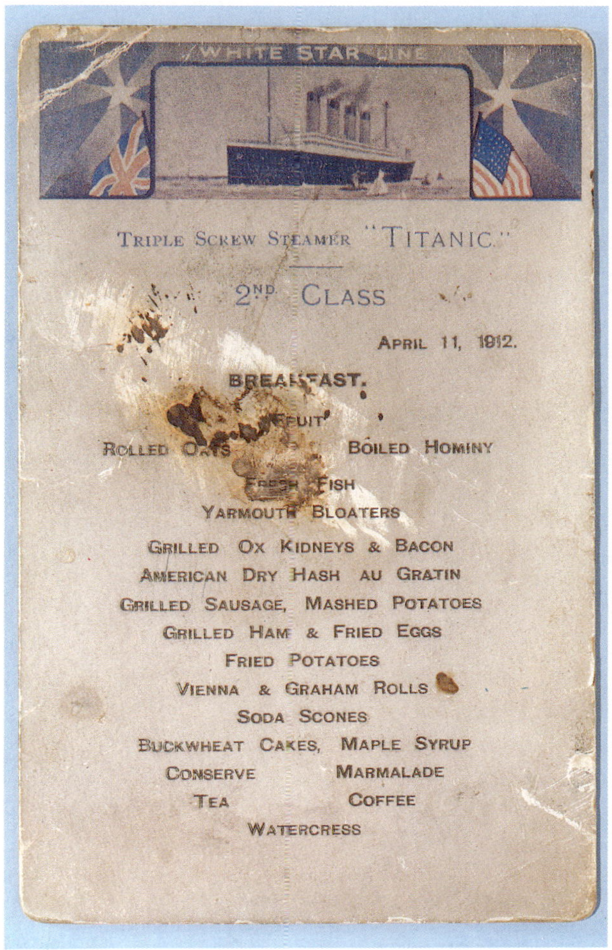
WHITE STAR LINE

TRIPLE SCREW STEAMER "TITANIC."

2ND CLASS

APRIL 11, 1912.

BREAKFAST.

FRUIT

ROLLED OATS BOILED HOMINY

FRESH FISH

YARMOUTH BLOATERS

GRILLED OX KIDNEYS & BACON

AMERICAN DRY HASH AU GRATIN

GRILLED SAUSAGE, MASHED POTATOES

GRILLED HAM & FRIED EGGS

FRIED POTATOES

VIENNA & GRAHAM ROLLS

SODA SCONES

BUCKWHEAT CAKES, MAPLE SYRUP

CONSERVE MARMALADE

TEA COFFEE

WATERCRESS

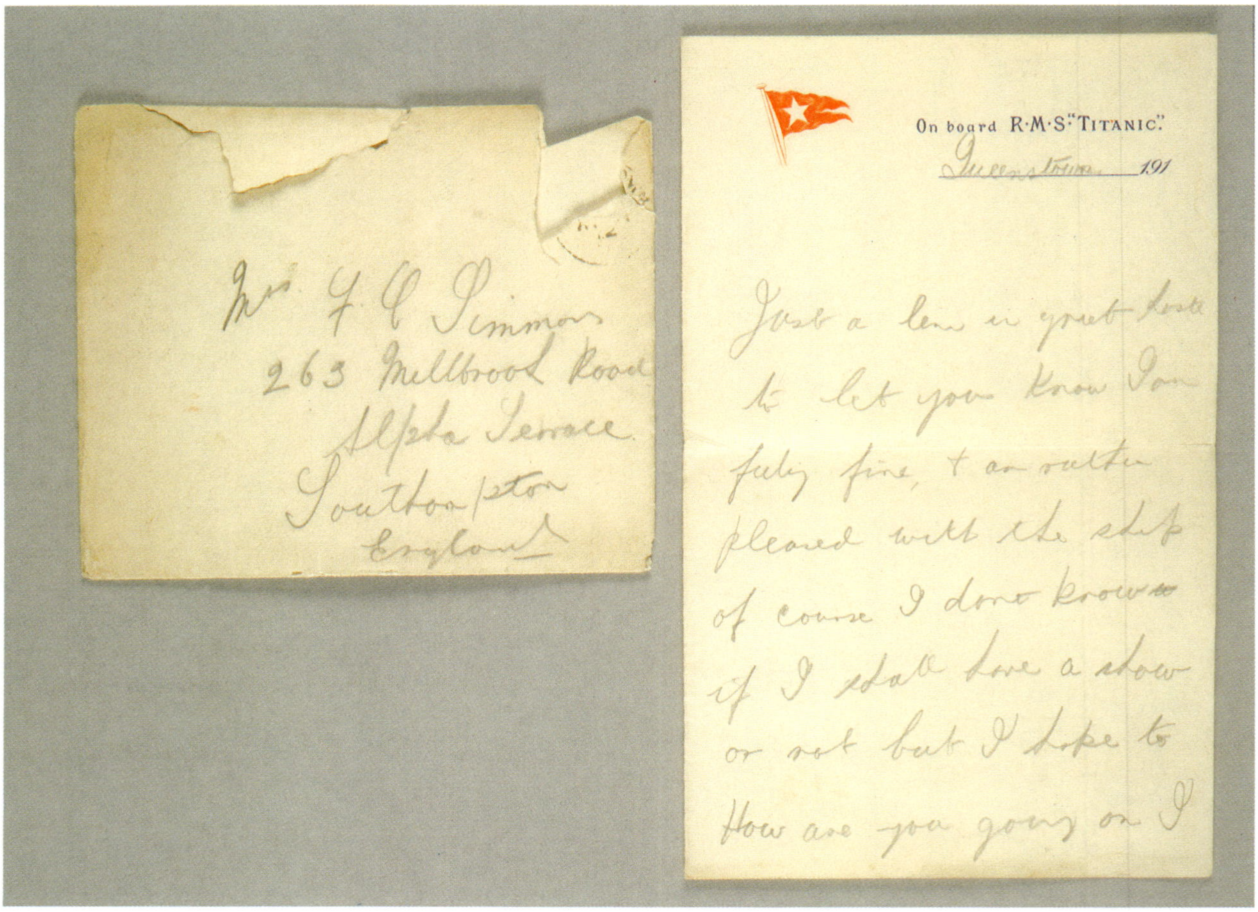

Mrs F C Simmons
263 Millbrook Road
Alpha Terrace
Southampton
England

On board R.M.S. "TITANIC."
Queenstown 191

Just a line in great haste
to let you know I am
fairly fine, & am rather
pleased with the ship
of course I don't know
if I shall have a show
or not but I hope to
How are you going on I

Umschlag und Bögen des Briefes, den Steward Fred Simmons vor der Ankunft der »Titanic« in Queenstown an seine Frau in Southampton schrieb. (Übersetzung und Bilder siehe Seite 117; Privatsammlung)

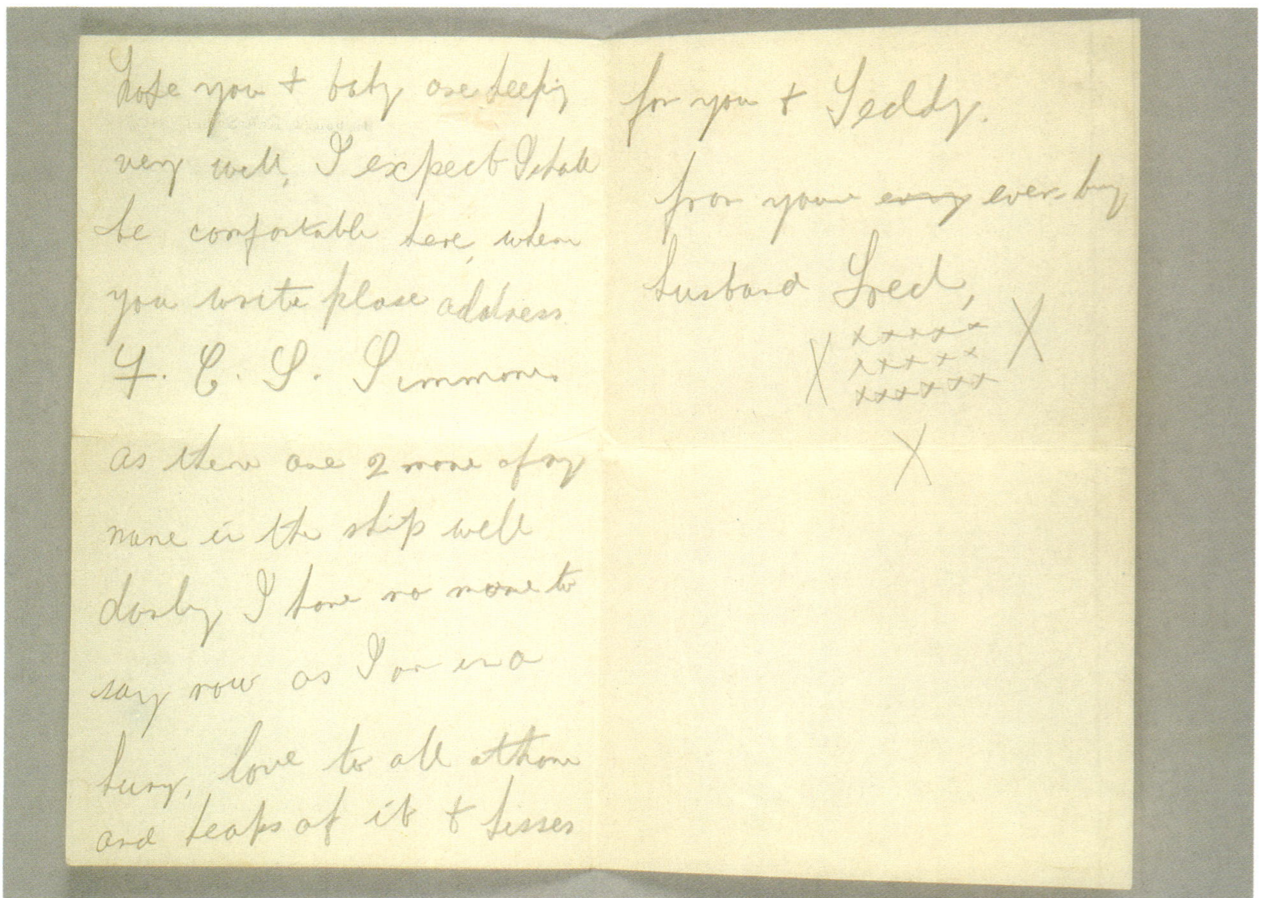

hope you & baby are keeping
very well, I expect I shall
be comfortable here, when
you write please address
F. C. S. Simmons
as there are 2 more of my
name in the ship well
darling I have no more to
say now as I am in a
hurry, love to all at home
and heaps of it & kisses
for you & Teddy.
from your ever loving
husband Fred,
X xxxxx xxxxx xxxxxx X
X

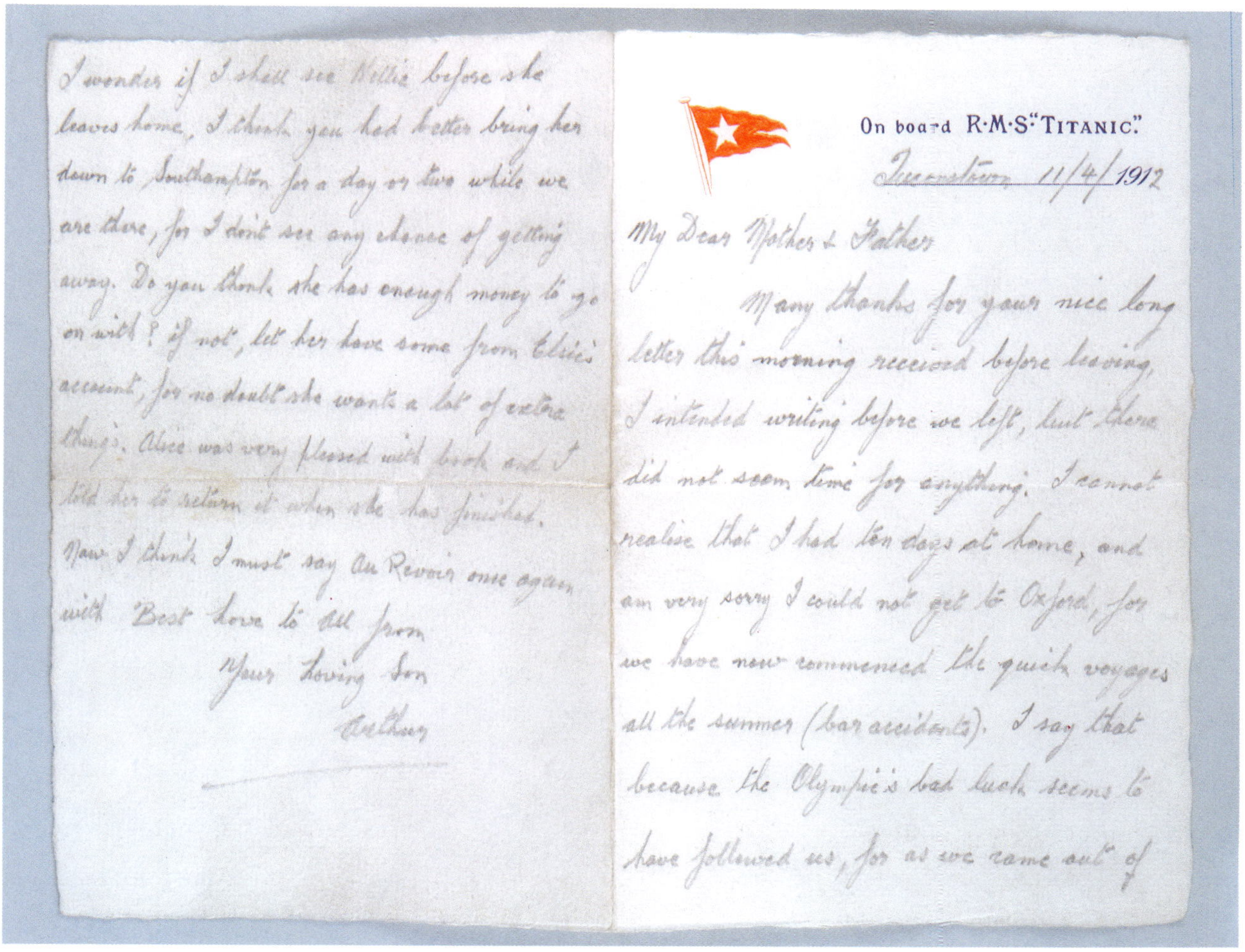

On board R·M·S "TITANIC."

Queenstown 11/4/1912

My Dear Mother & Father

Many thanks for your nice long letter this morning received before leaving, I intended writing before we left, but there did not seem time for anything. I cannot realise that I had ten days at home, and am very sorry I could not get to Oxford, for we have now commenced the quick voyages all the summer (bar accidents). I say that because the Olympic's bad luck seems to have followed us, for as we came out of

I wonder if I shall see Nellie before she leaves home, I think you had better bring her down to Southampton for a day or two while we are there, for I don't see any chance of getting away. Do you think she has enough money to go on with? if not, let her have some from Elsie's account, for no doubt she wants a lot of extra things. Alice was very pleased with book and I told her to return it when she has finished. Now I think I must say Au Revoir once again with Best love to all from

Your loving Son

Arthur

Erste und letzte Seite des Briefes, den Arthur Paintin vor der Ankunft in Queenstown an seine Eltern in Oxford schrieb. (Privatsammlung)

Coupon für Passagiere der ersten Klasse, die ihre Mahlzeit nicht im Speisesaal, sondern im A-la-carte-Restaurant der »Titanic« einnahmen. (Privatsammlung)

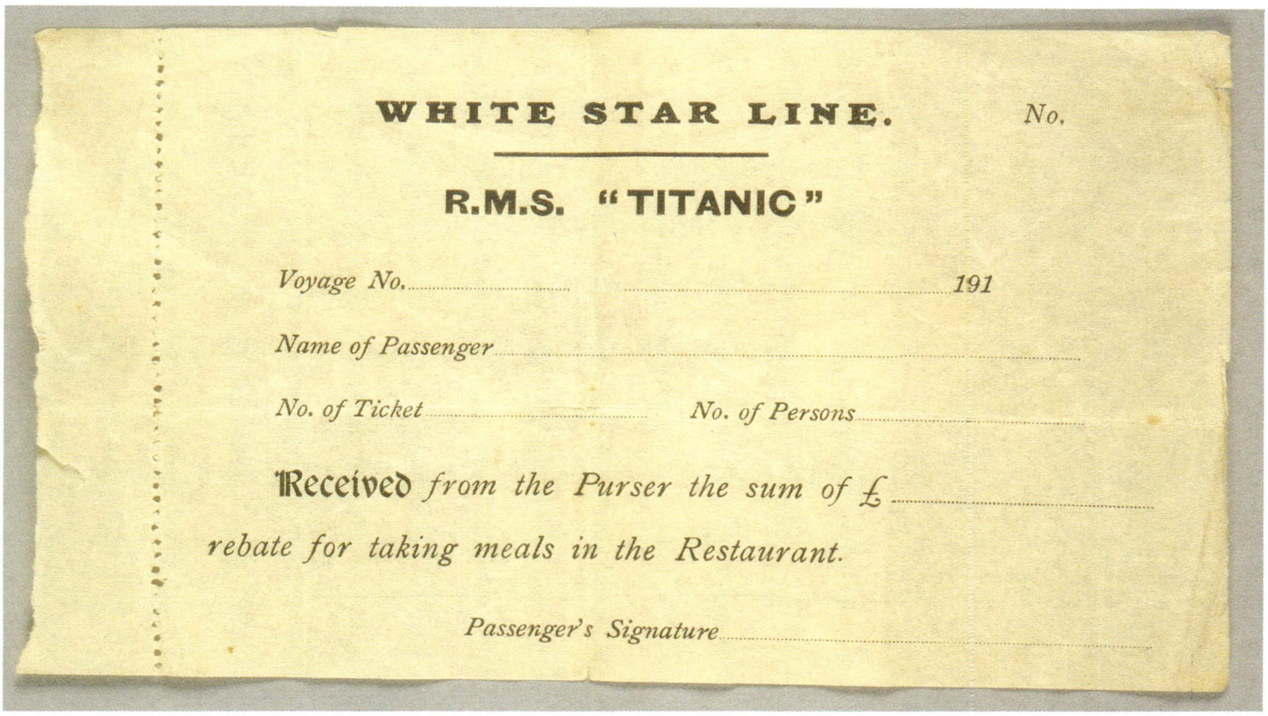

WHITE STAR LINE. No.

R.M.S. "TITANIC"

Voyage No. 191

Name of Passenger ....

No. of Ticket .... No. of Persons ....

Received from the Purser the sum of £ ....

rebate for taking meals in the Restaurant.

Passenger's Signature ....

Links oben: Die Taschenuhr des Stewards Sidney Sedunary; man fand sie am Körper des Toten. (Southampton City Heritage Collections)

Rechts oben: Eine Weste des Stewards Fred Simmons, der im Speisesaal der »Titanic« bediente. (Privatsammlung)

Gegenüberliegende Seite:
Links oben: Schlüssel für das Telefon im Krähennest der »Titanic«; David Blair nahm ihn in Southampton mit von Bord. (Siehe Text Seite 60; British Sailors Society)

Rechts oben: Schlüssel für die Herrentoilette erster Klasse auf dem D-Deck; man fand sie bei dem Toten William Cox aus Southampton, der als Steward auf der »Titanic« war. (Privatsammlung)

Der Hafen von Plymouth in einem Gemälde von Rodney Norman Wilkinson (1996). Um das ursprüngliche Gemälde von 1910 (siehe Seite 39) wiederherstellen zu können, untersuchte er den gesamten künstlerischen Nachlaß seines Vaters Norman Wilkinson und erarbeitete eine detailgenaue Kopie des Bildes, das im Rauchsalon der ersten Klasse auf der »Titanic« gehangen hatte. (Sammlung Rodney Norman Wilkinson)

Rechts: Lohnabrechnung für Steward Sidney Daniels. (Southampton City Heritage Collections)

Unten: Schlüssel für Geschirrschränke im Veranda-Café; Steward John Stewart, der überlebte, nahm sie mit von Bord. (Privatsammlung)

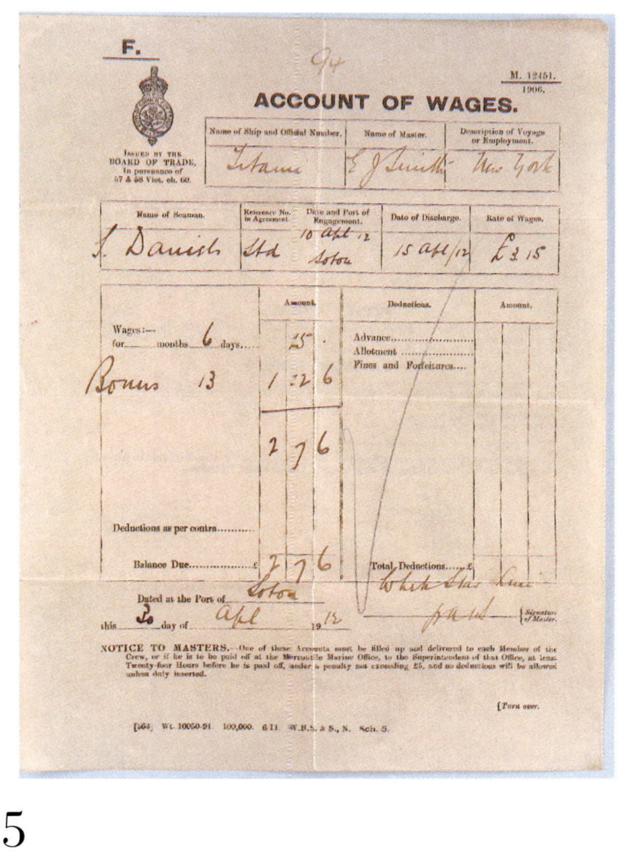

F.

94

M. 12451.
1906.

ISSUED BY THE BOARD OF TRADE, In pursuance of 57 & 58 Vict. ch. 60.

ACCOUNT OF WAGES.

Name of Ship and Official Number.	Name of Master.	Description of Voyage or Employment.
Titanic	E J Smith	New York

Name of Seaman.	Reference No. in Agreement	Date and Port of Engagement.	Date of Discharge.	Rate of Wages.
S. Daniels	Std	10 Apl 12 Soton	15 Apl/12	£3.15

	Amount.	Deductions.	Amount.
Wages:— for ___ months 6 days....	25 .	Advance......... Allotment .... Fines and Forfeitures....	
Bonus 13	1 : 2 6		
	2 7 6		
Deductions as per contra..........			
Balance Due.................£	2 7 6	Total Deductions......£	

Dated at the Port of Soton

this 30 day of Apl 1912

White Star Line
p.p. [illegible] (Signature of Master.)

NOTICE TO MASTERS.—One of these Accounts must be filled up and delivered to each Member of the Crew, or if he is to be paid off at the Mercantile Marine Office, to the Superintendent of that Office, at least Twenty-four Hours before he is paid off, under a penalty not exceeding £5, and no deductions will be allowed unless duly inserted.

[Turn over.

[364] Wt. 10050-91. 100,000. 6.11. W.B.S. & S., N. Sch. 5.

Bibel, die dem Schmierer Frederick Scott nach der Katastrophe von der Sailors Mission geschenkt wurde (oben).
Vierter Offizier der »Titanic«, Offizier Joseph Boxhall, fotografiert in Hongkong (Mitte).
Schrankschlüssel von der »Titanic«; sie wurden beim Toten Robert Bristow gefunden, der als Steward in einem der Speisesäle gearbeitet hatte (unten links).
Die Decke wurde Frederick Scott im Rettungsboot gegeben.
(Alle Objekte Southampton City Heritage Collections)

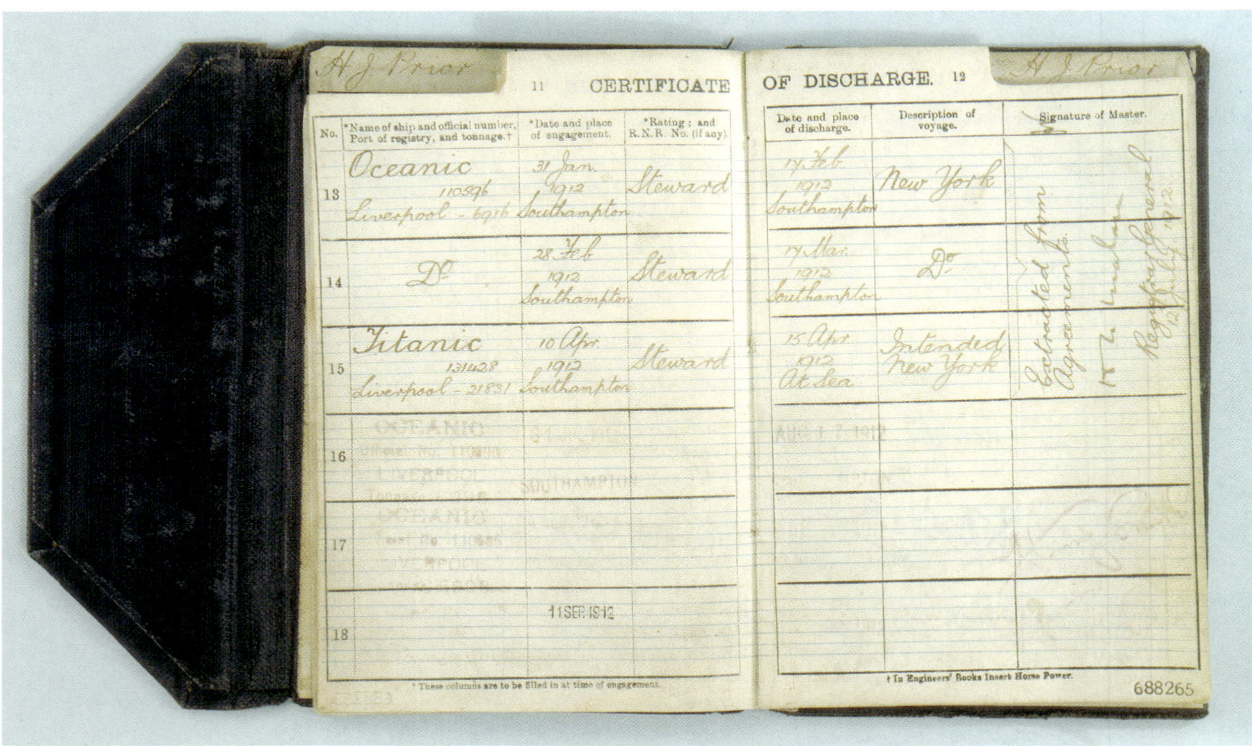

H J Prior — 11 CERTIFICATE OF DISCHARGE. 12 — H J Prior

No.	*Name of ship and official number, Port of registry, and tonnage.†	*Date and place of engagement.	*Rating; and R.N.R. No. (if any).	Date and place of discharge.	Description of voyage.	Signature of Master.
13	Oceanic 110596 Liverpool - 6916	31 Jan. 1912 Southampton	Steward	17 Feb 1912 Southampton	New York	
14	Do	28 Feb 1912 Southampton	Steward	17 Mar. 1912 Southampton	Do	
15	Titanic 131428 Liverpool - 21831	10 Apr. 1912 Southampton	Steward	15 Apr. 1912 At Sea	Intended New York	Extracted from Agreements … Registrar General
16						
17						
18		11 SEP 1912				

* These columns are to be filled in at time of engagement.
† In Engineers' Books Insert Horse Power.
688265

Seefahrtsbuch von Steward H. J. Prior. Eintrag Nummer 15: Die Fahrt auf der »Titanic«.
(Privatsammlung)

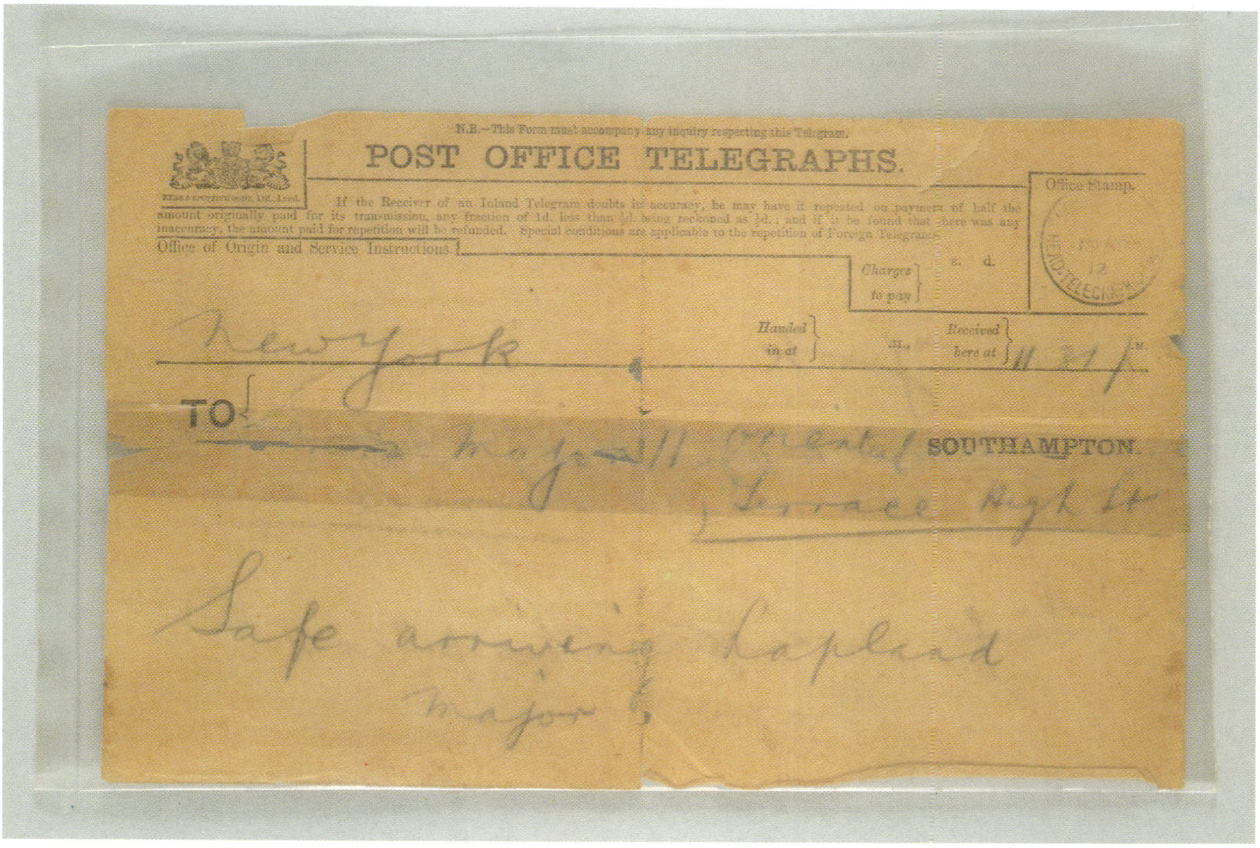

N.B.—This Form must accompany any inquiry respecting this Telegram.

POST OFFICE TELEGRAPHS.

If the Receiver of an Inland Telegram doubts its accuracy, he may have it repeated on payment of half the amount originally paid for its transmission, any fraction of 1d. less than ½d. being reckoned as ½d.; and if it be found that there was any inaccuracy, the amount paid for repetition will be refunded. Special conditions are applicable to the repetition of Foreign Telegrams.

Office of Origin and Service Instructions

Charges to pay s. d.

Office Stamp.

New York Handed in at Received here at 11 21 P

TO Major 11 Oriental Terrace Hyth St SOUTHAMPTON.

Safe arriving Lapland Major

»Safe – arriving Lapland – Major«, »Gerettet – komme mit der Lapland – Major«, telegrafierte Heizer William Major aus New York nach Hause. (Privatsammlung)

Unten: Offizielle Aufforderung des amerikanischen Kongresses an George Symons, vor dem Untersuchungsausschuß des Senats am 20. April 1912 seine Zeugenaussage zum Untergang der »Titanic« zu leisten. (Privatsammlung)

MEMBER'S PASS.

House of Representatives.

Washington D.C. Apr. 23 1912

ADMIT

Mr G. Symons

TO THE MEMBER'S GALLERY

For 62d Congress

Wm J. Cary

M.C. FROM Wis.

Besucherausweis für den Sitzungssaal des amerikanischen Repräsentantenhauses in Washington, ausgestellt am 23. April 1912 für Ausguck George Symons und unterschrieben von Senator William Cary. (Privatsammlung)

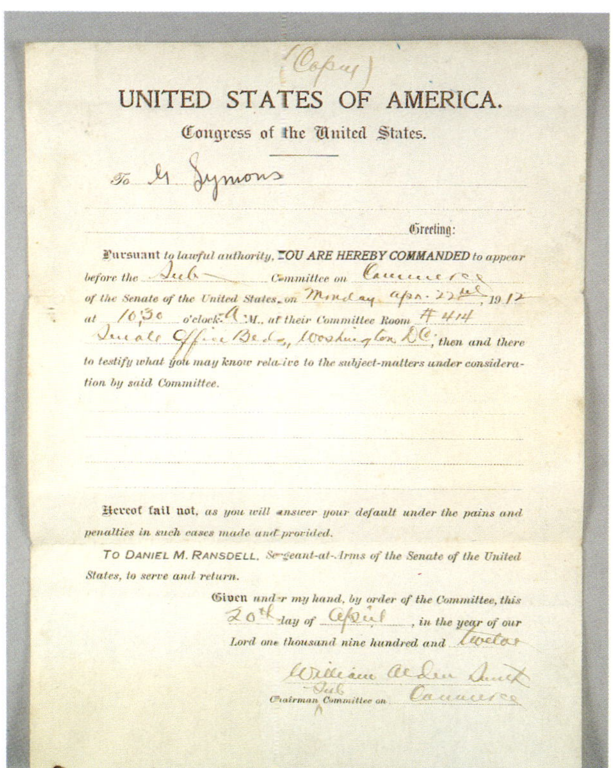

(Copy)

UNITED STATES OF AMERICA.

Congress of the United States.

To G. Symons

Greeting:

Pursuant to lawful authority, YOU ARE HEREBY COMMANDED to appear before the Sub Committee on Commerce of the Senate of the United States, on Monday apr. 22nd 1912 at 10.30 o'clock A.M., at their Committee Room #414 Senate Office Bldg, Washington, D.C. then and there to testify what you may know relative to the subject-matters under consideration by said Committee.

Hereof fail not, as you will answer your default under the pains and penalties in such cases made and provided.

To DANIEL M. RANSDELL, Sergeant-at-Arms of the Senate of the United States, to serve and return.

Given under my hand, by order of the Committee, this 20th day of April, in the year of our Lord one thousand nine hundred and twelve

William Alden Smith

Chairman Sub Committee on Commerce

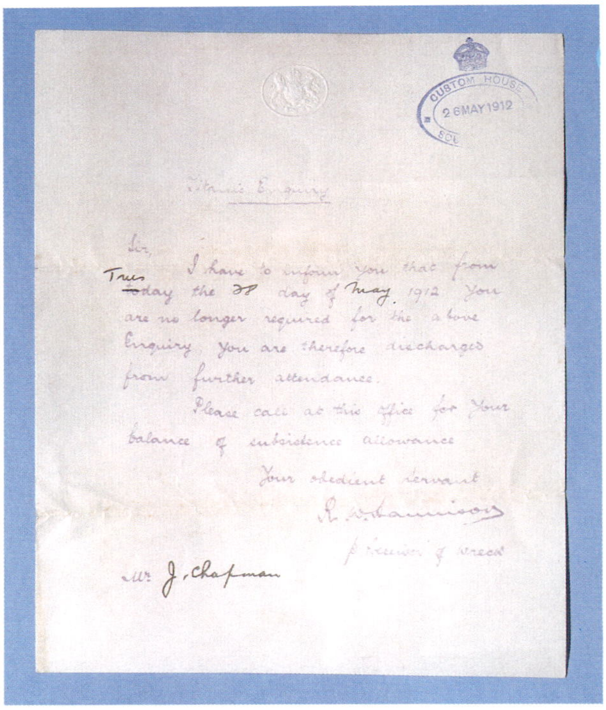

CUSTOM HOUSE 26 MAY 1912

Titanic Enquiry

Sir,
I have to inform you that from Tues today the 28 day of May 1912 you are no longer required for the above Enquiry you are therefore discharged from further attendance.
Please call at this office for your balance of subsistence allowance.
Your obedient servant
[illegible]
Receiver of Wreck

Mr. J. Chapman

Oben: Offizielles Schreiben an Besatzungsmitglied Joseph Chapman, daß seine Anwesenheit für die weitere Arbeit des britischen Untersuchungsausschußes nicht mehr erforderlich sei. (Southampton City Heritage Collections)

Unten: Brief von Sir Cosmo Duff Gordon an Ausguck George Symons nach beider Befragung vor dem britischen Untersuchungsausschuß. (Übersetzung siehe Seite 247; Privatsammlung)

Joseph Chapman, aufgenommen nach der Katastrophe. (Southampton City Heritage Collections)

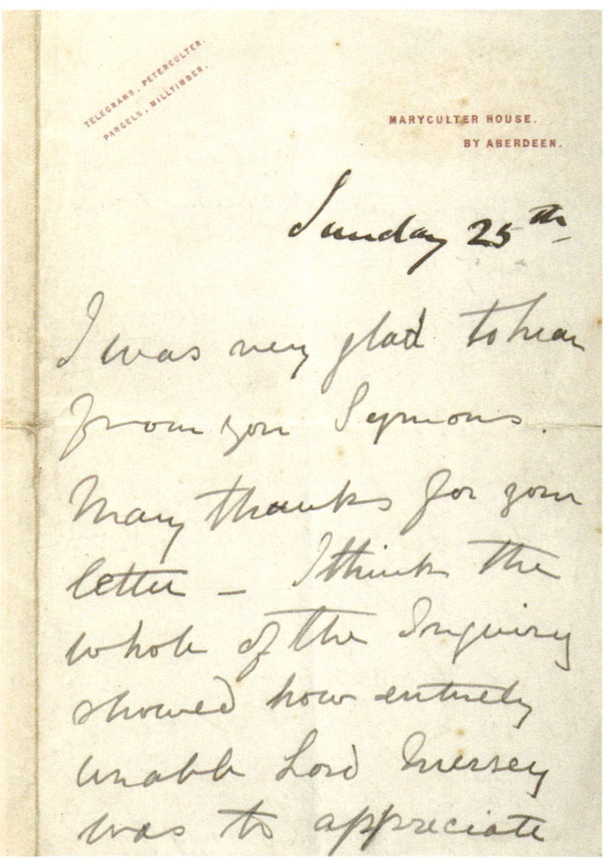

TELEGRAMS, PETERCULTER.
PARCELS, MILLTIMBER.

MARYCULTER HOUSE.
BY ABERDEEN.

Sunday 25th.

I was very glad to hear from you Symons. Many thanks for your letter – I think the whole of the Inquiry showed how entirely unable Lord Mersey was to appreciate

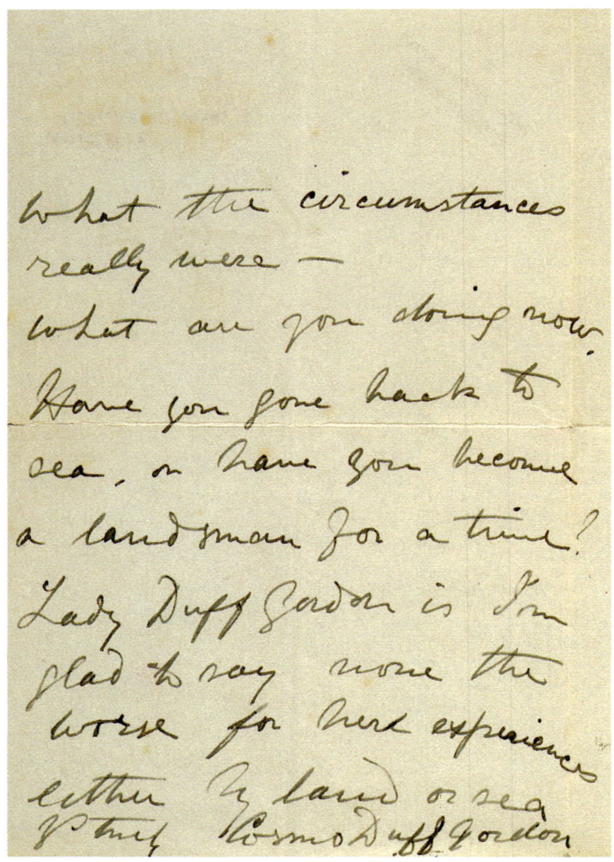

what the circumstances really were –
What are you doing now. Have you gone back to sea, or have you become a landsman for a time?
Lady Duff Gordon is I am glad to say none the worse for her experiences either by land or sea
Yours truly Cosmo Duff Gordon

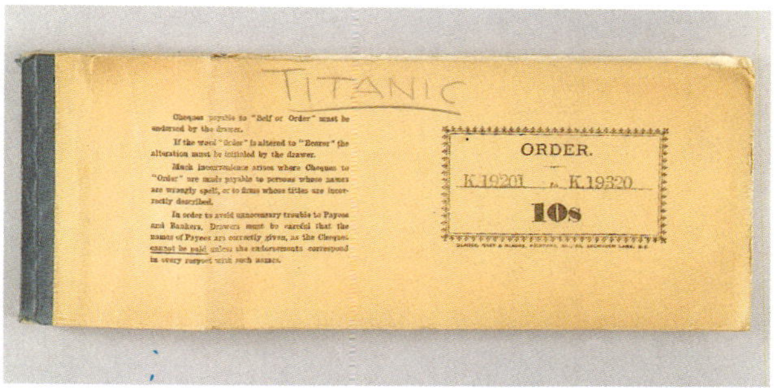

Links oben: Zugunsten der Hilfsfonds für die Hinterbliebenen wurden nach der Katastrophe unter anderem auch Schallplatten verkauft. »Be british!« – Seien Sie britische Gentlemen soll Kapitän Smith die Männer an Bord der »Titanic« aufgefordert haben.
(Siehe Stücktitel der abgebildeten Platte; Southampton City Heritage Collections)

Rechts oben: Notenblatt eines Liedes über den Untergang der »Titanic«, das zugunsten des Hilfsfonds verkauft wurde.
(Privatsammlung)

Rechts: Scheckbuch für Zahlungen des nationalen Hilfsfonds vom 1. Oktober bis zum 26. November 1917.
(Southampton City Heritage Collections)

Unten: Kapitän Smith besaß den Status eines pensionierten Kapitäns der Reserve der britischen Kriegsmarine. Das zu seiner Paradeuniform gehörende Schwert wurde am ersten Jahrestag der »Titanic«-Katastrophe, am 15. April 1913, von seiner Witwe und seiner Tochter als Geschenk an das neu eingerichtete Southamptoner Museum im Tudor House gegeben.
(Southampton City Heritage Collections)

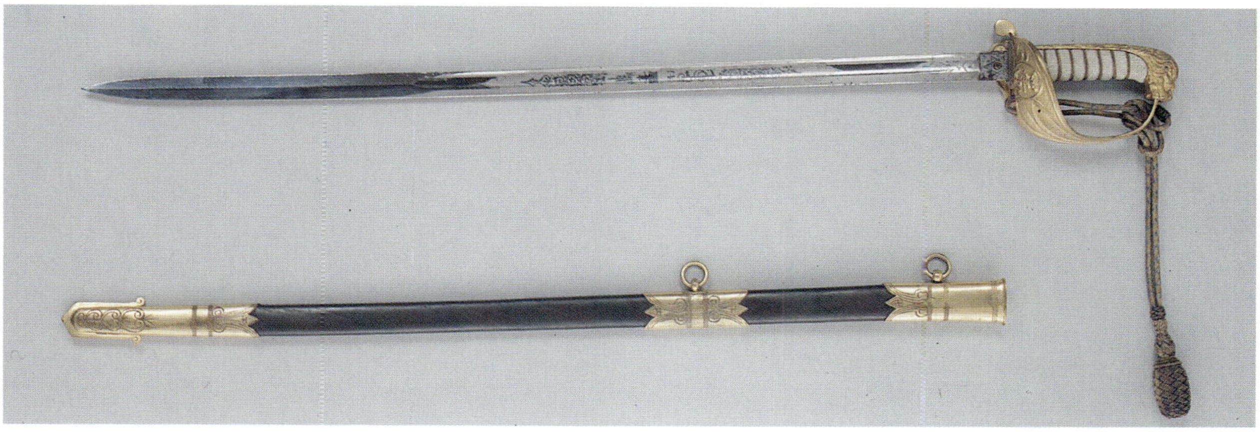

Links oben: Anstecknadel zum Gedenken an die »Titanic«, die 1912 von Straßenhändlern in Southampton verkauft wurde. (Die Blütenblätter wurden erneuert: Privatsammlung)

Rechts oben: Eine der beiden Gedenktafeln für Besatzungsmitglieder der »Titanic«, die zur Gemeinde der St. Augustine Church im Southamptoner Stadtteil Northam gehörten. (Southampton City Heritage Collections)

Schmuckkassette, die Bürgermeister Edward Bance nach drei Amtsperioden zu seinem Abschied im März 1914 erhielt. Das Emaillebild in der Mitte zeigt die »Olympic«. (Civic Centre Southampton)

KAPITEL 10

IN AMERIKA

»Sie wollte meine Schwimmweste als Andenken«

Sie riefen alle Namen auf, aber mich vergaßen sie, ich war nicht auf der Liste der Überlebenden ... ich bin immer noch nicht drauf ... ich werde immer noch vermißt ... Ja wirklich, mein Vater kriegte einen Brief von der Reederei, da stand drin, ich sei vermißt. ... als wir nach New York kamen, wurden wir, also die Besatzung, auf die ›Lapland‹ gebracht ... und man sagte uns, wir könnten umsonst Telegramme an unsere Eltern schicken, damit sie wüßten, daß wir am Leben wären.
Mein Telegramm bekam mein Vater eher als den Brief von der Reederei ... alles, was ich schrieb, war: ›Gerettet. S.S. ‚Lapland'. Sid.‹ Das verstand er nicht, er kannte die S.S. ›Lapland‹ nicht, und so suchte er auf der Karte nach Lappland und dachte, ein Fischerboot wäre gekommen und hätte uns an Bord genommen. Aber egal, er wußte, daß ich lebte, und das war die Hauptsache. Ein paar Tage später bekam er dann den Brief von der Reederei, in dem stand, ich würde vermißt. Das brachte ihn natürlich wieder durcheinander.« (Interview mit Steward Sidney Daniels im Rahmen des Oral-history-Projektes Southampton)

Die Wochen nach dem Unglück

Bis zur Rückkehr auch der letzten überlebenden Besatzungsmitglieder der »Titanic« nach Großbritannien sollten einige Wochen vergehen; hier ein kurzer Abriß der Ereignisse von Mitte April bis Mitte Mai 1912:
Montag, 15. April:
Seit dem Untergang der »Titanic« wird die Besatzung als nicht mehr angestellt betrachtet; sie wird daher auch nicht mehr bezahlt.
Donnerstag, 18. April:
Die »Carpathia« erreicht Kai 54 in New York; sie wird von Presse und Schaulustigen bestürmt. Nachdem die Passagiere von Bord gegangen sind, werden die Überlebenden der Besatzung mit dem Tender »George Starr« zu Kai 61 gefahren und gehen an Bord des Dampfers »Lapland« von der Red Star Line.
Freitag, 19. April:
Ein Teil der überlebenden Besatzungsmitglieder nimmt an einem Gedenkgottesdienst im Institute of the Seamen's Friends Society in New York teil. Der US-amerikanische Senatsausschuß, der die Ursachen der Katastrophe untersuchen soll, beginnt seine Arbeit. Die Vernehmungen werden bis zum 25. Mai dauern.
Sonnabend, 20. April:
Ein Teil der Besatzungsmitglieder erhält Vorladungen für den Untersuchungsausschuß. Die »Lapland« verläßt New York mit den restlichen Männern; Reiseziel: Plymouth. Ein Schlepper folgt der »Lapland« und holt fünf Besatzungsmitglieder für die Vernehmungen wieder zurück.
Dienstag, 23. April:
Ausguck Frederick Fleet und Steuermann Robert Hichens machen ihre Aussage vor dem Untersuchungsausschuß.

Ein Teil der überlebenden Besatzungsmitglieder der »Titanic« vor dem Institute of the Seaman's Friends Society in New York. (Southampton City Heritage Collections)

Montag, 29. April:
Nach einer Fahrt ohne Zwischenfälle erreicht die »Lapland« Plymouth. Die protestierenden Besatzungsmitglieder werden im Wartesaal der dritten Klasse am Hafen festgehalten und ihnen bereits hier beeidete Erklärungen abgenommen.
In Southampton wird unter freiem Himmel vor Tausenden von Menschen ein Gedenkgottesdienst abgehalten. Mit einem Sonderzug verlassen um sechs Uhr abends 85 Matrosen und Heizer Plymouth und fahren nach Southampton. Hunderte versammeln sich am Westbahnhof und an der Endstation des Zuges, um die zurückkehrenden Männer zu begrüßen.

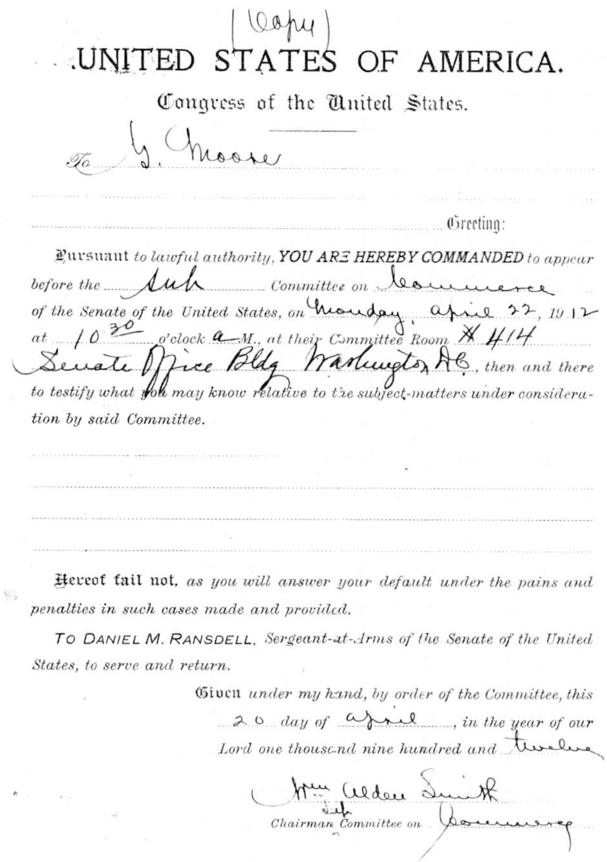

(Copy)

UNITED STATES OF AMERICA.

Congress of the United States.

To G. Moore

Greeting:

Pursuant *to lawful authority,* YOU ARE HEREBY COMMANDED *to appear before the* Sub *Committee on* Commerce *of the Senate of the United States, on* Monday, April 22, 1912 *at* 10 30 *o'clock* a *M., at their Committee Room* # 414 Senate Office Bldg Washington DC, *then and there to testify what* you *may know relative to the subject-matters under consideration by said Committee.*

Hereof fail not, *as you will answer your default under the pains and penalties in such cases made and provided.*

TO DANIEL M. RANSDELL, *Sergeant-at-Arms of the Senate of the United States, to serve and return.*

Given *under my hand, by order of the Committee, this* 20 *day of* April, *in the year of our Lord one thousand nine hundred and* twelve

Wm Alden Smith
Sub
Chairman Committee on Commerce

Offizielle Aufforderung des amerikanischen Kongresses an George Moore, vor dem Untersuchungsausschuß des Senats am 22. April 1912 seine Zeugenaussage zu leisten. (Southampton City Heritage Collections)

Sechs der überlebenden Besatzungsmitglieder im April 1912 mit Senator William Cary (vierter von links) vor dem Kapitol in Washington. Unter den Männern der Matrose George Moore und Ausguck George Symons, außerdem vermutlich der Matrose Ernest Archer sowie die Steuermänner Walter Perkins und Arthur Bright. (Southampton City Heritage Collections)

Dienstag, 30. April:
86 Stewards und Stewardessen kehren per Zug nach Southampton zurück; auch sie werden an den Bahnhöfen von Menschenmengen empfangen.
Montag, 6. Mai:
Die »Celtic« läuft in Liverpool ein. An Bord sind einige der Besatzungsmitglieder, die vor dem amerikanischen Untersuchungsausschuß aussagen mußten, unter anderen auch Frederick Fleet und Reginald Lee vom Ausguck sowie Steuermann Robert Hichens.

Sonnabend, 11. Mai:
Die »Adriatic« erreicht den Hafen von Liverpool, an Bord die Offiziere Charles Lightoller, Herbert Pitman, Harold Lowe und Joseph Boxhall sowie Reedereidirektor Bruce Ismay.
Sonntag, 18. Mai:
Die »Baltic« erreicht Liverpool, mit ihr kommt der Zweite Funker Harold Bride zurück.

Der amerikanische Untersuchungsausschuß

Sofort nach dem Unglück beruft der amerikanische Senat eine Kommission unter Leitung von Senator William Alden Smith ein, die die Ursachen des Unglücks ermitteln soll. 82 Zeugen werden vorgeladen, 53 davon Briten, der größere Teil Mitglieder der Besatzung. Am 19. April beginnen die Vernehmungen mit der Aussage Bruce Ismays im Waldorf Astoria Hotel in New York; in Washington werden sie fortgesetzt. Am 20. April werden 29 der überlebenden Besatzungsmitglieder vorgeladen, ehe sie New York mit den übrigen Seeleuten auf der »Lapland« verlassen können.

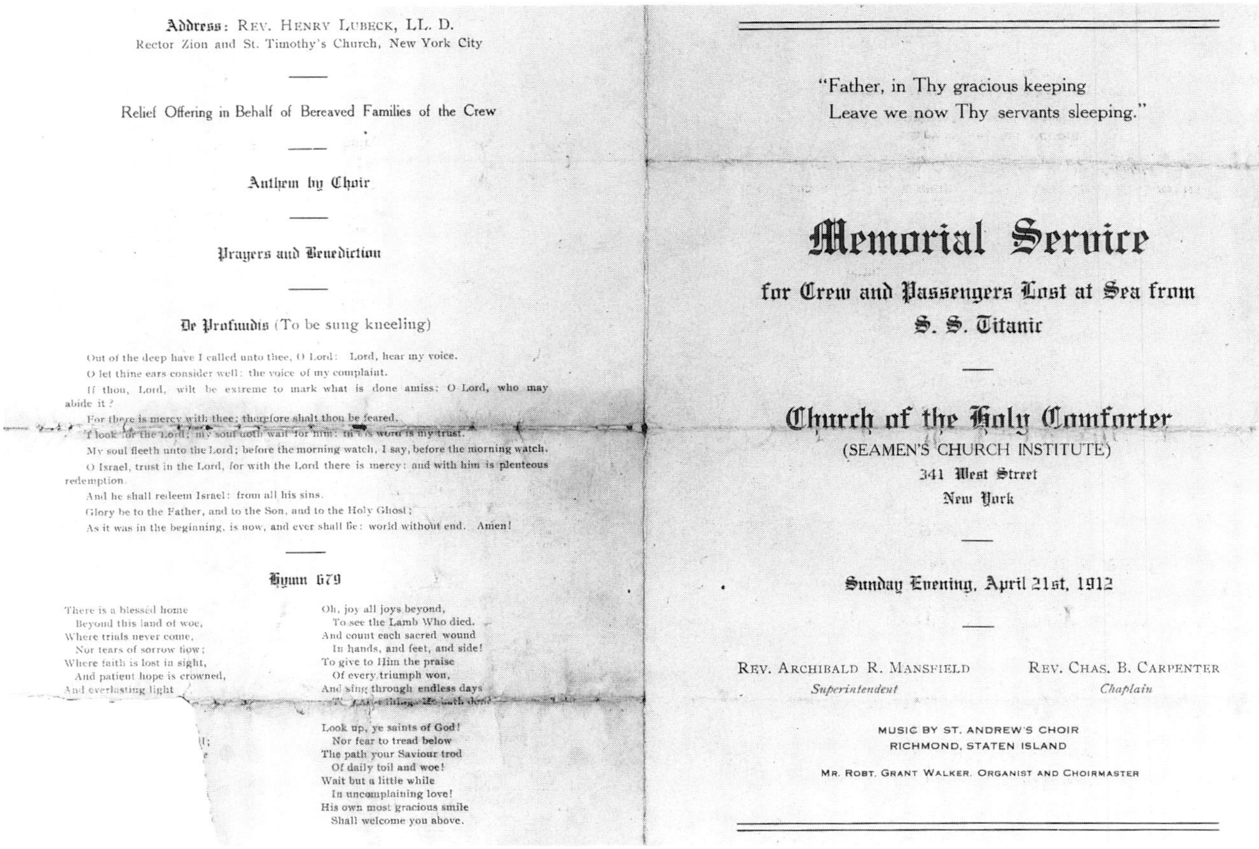

Address: REV. HENRY LUBECK, LL. D.
Rector Zion and St. Timothy's Church, New York City

Relief Offering in Behalf of Bereaved Families of the Crew

Anthem by Choir

Prayers and Benediction

De Profundis (To be sung kneeling)

Out of the deep have I called unto thee, O Lord: Lord, hear my voice.

O let thine ears consider well: the voice of my complaint.

If thou, Lord, wilt be extreme to mark what is done amiss: O Lord, who may abide it?

For there is mercy with thee; therefore shalt thou be feared.

I look for the Lord; my soul doth wait for him: in his word is my trust.

My soul fleeth unto the Lord; before the morning watch, I say, before the morning watch.

O Israel, trust in the Lord, for with the Lord there is mercy: and with him is plenteous redemption.

And he shall redeem Israel: from all his sins.

Glory be to the Father, and to the Son, and to the Holy Ghost;

As it was in the beginning, is now, and ever shall be: world without end. Amen!

Hymn 679

There is a blesséd home
Beyond this land of woe,
Where trials never come,
Nor tears of sorrow flow;
Where faith is lost in sight,
And patient hope is crowned,
And everlasting light

Oh, joy all joys beyond,
To see the Lamb Who died,
And count each sacred wound
In hands, and feet, and side!
To give to Him the praise
Of every triumph won,
And sing through endless days

Look up, ye saints of God!
Nor fear to tread below
The path your Saviour trod
Of daily toil and woe!
Wait but a little while
In uncomplaining love!
His own most gracious smile
Shall welcome you above.

"Father, in Thy gracious keeping
Leave we now Thy servants sleeping."

Memorial Service

for Crew and Passengers Lost at Sea from S. S. Titanic

Church of the Holy Comforter
(SEAMEN'S CHURCH INSTITUTE)
341 West Street
New York

Sunday Evening, April 21st, 1912

REV. ARCHIBALD R. MANSFIELD — *Superintendent*
REV. CHAS. B. CARPENTER — *Chaplain*

MUSIC BY ST. ANDREW'S CHOIR
RICHMOND, STATEN ISLAND

MR. ROBT. GRANT WALKER, ORGANIST AND CHOIRMASTER

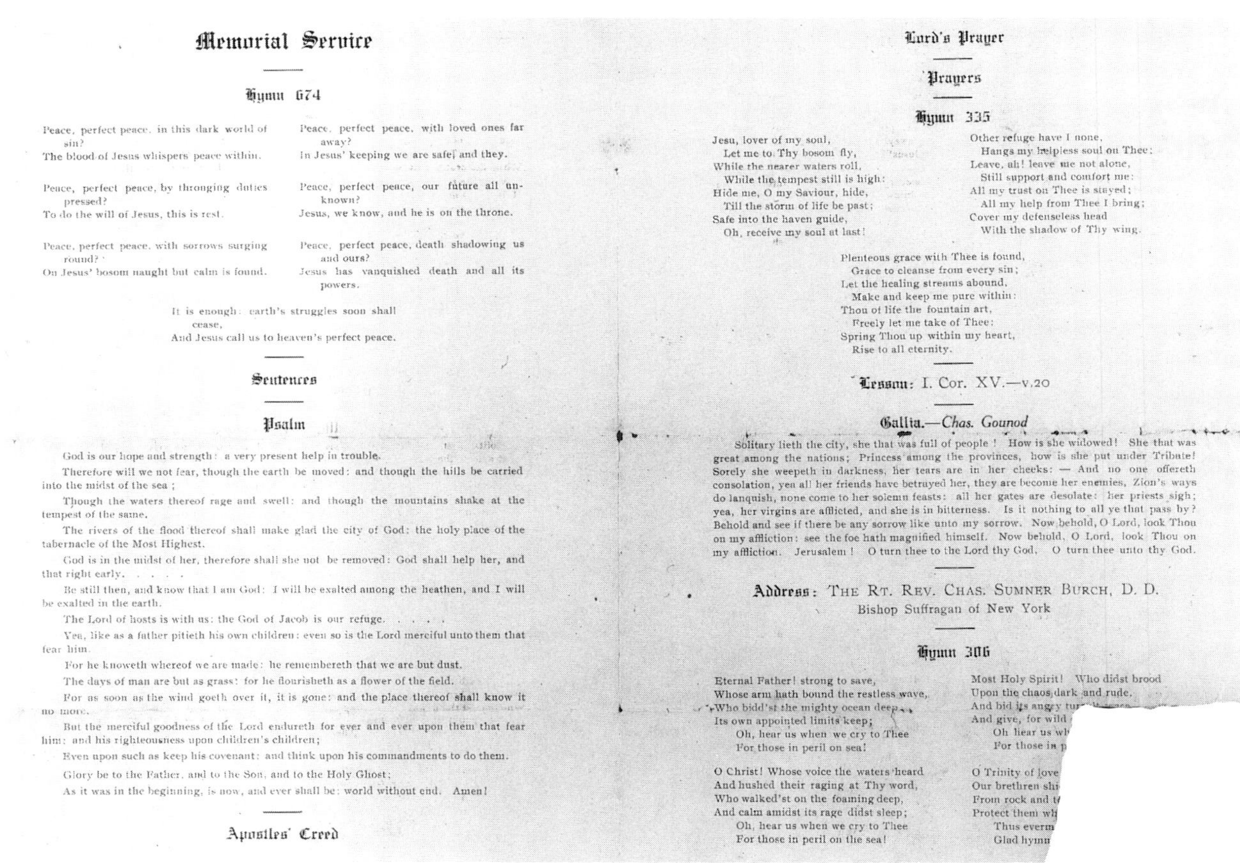

Memorial Service

Hymn 674

Peace, perfect peace, in this dark world of sin?
The blood of Jesus whispers peace within.

Peace, perfect peace, by thronging duties pressed?
To do the will of Jesus, this is rest.

Peace, perfect peace, with sorrows surging round?
On Jesus' bosom naught but calm is found.

Peace, perfect peace, with loved ones far away?
In Jesus' keeping we are safe, and they.

Peace, perfect peace, our future all unknown?
Jesus, we know, and he is on the throne.

Peace, perfect peace, death shadowing us and ours?
Jesus has vanquished death and all its powers.

It is enough: earth's struggles soon shall cease,
And Jesus call us to heaven's perfect peace.

Sentences

Psalm

God is our hope and strength: a very present help in trouble.

Therefore will we not fear, though the earth be moved: and though the hills be carried into the midst of the sea;

Though the waters thereof rage and swell: and though the mountains shake at the tempest of the same.

The rivers of the flood thereof shall make glad the city of God: the holy place of the tabernacle of the Most Highest.

God is in the midst of her, therefore shall she not be removed: God shall help her, and that right early. . . . .

Be still then, and know that I am God: I will be exalted among the heathen, and I will be exalted in the earth.

The Lord of hosts is with us: the God of Jacob is our refuge. . . . .

Yea, like as a father pitieth his own children: even so is the Lord merciful unto them that fear him.

For he knoweth whereof we are made: he remembereth that we are but dust.

The days of man are but as grass: for he flourisheth as a flower of the field.

For as soon as the wind goeth over it, it is gone: and the place thereof shall know it no more.

But the merciful goodness of the Lord endureth for ever and ever upon them that fear him: and his righteousness upon children's children;

Even upon such as keep his covenant: and think upon his commandments to do them.

Glory be to the Father, and to the Son, and to the Holy Ghost;

As it was in the beginning, is now, and ever shall be: world without end. Amen!

Apostles' Creed

Lord's Prayer

Prayers

Hymn 335

Jesu, lover of my soul,
Let me to Thy bosom fly,
While the nearer waters roll,
While the tempest still is high:
Hide me, O my Saviour, hide,
Till the storm of life be past;
Safe into the haven guide,
Oh, receive my soul at last!

Other refuge have I none,
Hangs my helpless soul on Thee:
Leave, ah! leave me not alone,
Still support and comfort me:
All my trust on Thee is stayed;
All my help from Thee I bring;
Cover my defenseless head
With the shadow of Thy wing.

Plenteous grace with Thee is found,
Grace to cleanse from every sin;
Let the healing streams abound,
Make and keep me pure within:
Thou of life the fountain art,
Freely let me take of Thee:
Spring Thou up within my heart,
Rise to all eternity.

Lesson: I. Cor. XV.—v.20

Gallia.—*Chas. Gounod*

Solitary lieth the city, she that was full of people! How is she widowed! She that was great among the nations; Princess among the provinces, how is she put under Tribute! Sorely she weepeth in darkness, her tears are in her cheeks: — And no one offereth consolation, yea all her friends have betrayed her, they are become her enemies, Zion's ways do lanquish, none come to her solemn feasts: all her gates are desolate: her priests sigh; yea, her virgins are afflicted, and she is in bitterness. Is it nothing to all ye that pass by? Behold and see if there be any sorrow like unto my sorrow. Now behold, O Lord, look Thou on my affliction: see the foe hath magnified himself. Now behold, O Lord, look Thou on my affliction. Jerusalem! O turn thee to the Lord thy God. O turn thee unto thy God.

Address: THE RT. REV. CHAS. SUMNER BURCH, D. D.
Bishop Suffragan of New York

Hymn 306

Eternal Father! strong to save,
Whose arm hath bound the restless wave,
Who bidd'st the mighty ocean deep
Its own appointed limits keep;
Oh, hear us when we cry to Thee
For those in peril on sea!

O Christ! Whose voice the waters heard
And hushed their raging at Thy word,
Who walked'st on the foaming deep,
And calm amidst its rage didst sleep;
Oh, hear us when we cry to Thee
For those in peril on the sea!

Most Holy Spirit! Who didst brood
Upon the chaos dark and rude,
And bid its angry tu
And give, for wild
Oh hear us wh
For those in p

O Trinity of love
Our brethren shi
From rock and t
Protect them wh
Thus everm
Glad hymn

Am Sonntag, dem 21. April 1912, wurde in New York ein Gedenkgottesdienst für die Passagiere und Besatzungsmitglieder abgehalten, die beim Untergang der »Titanic« umgekommen waren. Oben und unten: Titelblatt und Innenseiten des Begleitheftes mit Liedern und Gebeten für den Gottesdienst. (Southampton City Heritage Collections)

Vor dem amerikanischen Untersuchungsausschuß werden insgesamt mehr Besatzungsmitglieder als vor dem nachfolgenden britischen vernommen. Die meisten geben Southampton als Wohnort an.
Manche fühlen sich bei den Befragungen nicht sonderlich wohl in ihrer Haut, unter ihnen Frederick Fleet und die Offiziere, die besonders genau befragt werden. Andere genießen aber auch den Aufenthalt in Amerika, denn sie wohnen in einem Hotel, bekommen etwas Geld und lernen das amerikanische Leben kennen.
Einige Besatzungsmitglieder treten sogar öffentlich auf und berichten von ihren Erlebnissen. Dafür bekommen sie eine Gewinnbeteiligung. Die meisten der Männer dürfen die USA am 29. April auf der »Adriatic« verlassen.

Heizer John Podesta: »Ich erinnere mich an eine alte Dame, so um die siebzig. ... Sie wollte meine Schwimmweste als Andenken, und ich gab sie ihr. Dafür kriegte ich von ihr einen Dollar.« (»Southern Daily Echo«)

Ausguck Frederick Fleet, einer der ersten, die vernommen wurden, verbrachte acht Tage mit Zeugenaussagen in Washington. Zur gleichen Zeit eröffnete Woolworth in New York einen neuen Laden. »Diese Amerikaner stellten Leute von der ›Titanic‹ hinter die Ladentische und sagten ihnen, sie sollten das Geld, das sie einnehmen würden, behalten. Ich kriegte keinen Cent bei diesem Jux ... ich lief statt dessen jeden Tag vom Hotel zum Untersuchungsausschuß, um meine Aussagen zu machen.« (Frederick Fleet, »Southern Daily Echo«)

Eine zeitgenössische Liste dokumentiert, welche Männer der Besatzung vom amerikanischen Untersuchungsausschuß befragt wurden:
Andrews, C. E., Steward, Millbrook Road 145, Southampton
Archer, Ernest, Matrose, Porchester Road 59, Southampton
Barrett, Frederick, Heizer, Southampton
Brice, W., Matrose, Lower Canal Walk 11, Southampton
Bride, H. S., Funker, London, England
Bright, A. J., Steuermann, Firgrove Road 105, Southampton
Buley, E. J., Matrose, Cliff Road 10, Woolston, Southampton
Burke, W., Steward, Bridge Road 57, Southampton
Clench, F., Matrose, The Flats 10, Chantry Road, Southampton
Collins, J., Hilfskoch, Ballycarry 65, Belfast
Crawford, A., Steward, Cranbury Avenue 22, Southampton
Crowe, G. F., Steward, Milton Road 89, Southampton
Cunningham, A., Steward, Charlton Road 60, Southampton
Evans, F. O., Matrose, Bond Street 14, Southampton
Etches, H. S., Steward, Gordon Avenue 23a, Southampton
Fleet, F., Ausguck (Matrose), Norman Road 9, Southampton
Haines, Albert, Bootmannsmaat, Groves Street 52, Southampton
Hardy, J., Steward, Holy Rood Avenue, Highfield, Southampton
Hemming, Samuel S., Lampentrimmer, Kingsley Road 31, Southampton
Hitchens [sic], Robert, Steuermann, James Street 43, Southampton
Hogg, G. A., Ausguck (Matrose), High Street 44, Southampton
Jones, Thomas, Matrose, Westfield 68, Liverpool und Sailors Home, Southampton
Moore, G., Matrose, Graham Road 51, Southampton
Olliver, A., Steuermann, Anderson Road 38, Southampton
Osman, F., Matrose, High Street 43, Itchen, Southampton
Perkis, W. A., Steuermann, Victoria Road, Bitterne, Southampton
Pitman, H. J., Dritter Offizier, Castle Carry [sic], Somerset, Southampton
Ray, F. D., Steward, Palmer Park Avenue, Reading
Rowe, G. T., Steuermann, Henry Street 63, Gosport
Symons, G., Ausguck (Matrose), Franchise Street 55, Weymouth
Taylor, W. H., Heizer, Broad Street 2, Southampton
Ward, W., Steward, Millbrook Road 107, Southampton
Wheelton, E., Steward, Norwood House, Shirley, Southampton
Widgery, J., (Bäder) Rokeby Avenue 25, Redland, Bristol

Die Zeugenaussage des Matrosen George Moore

»(Die Vernehmung wurde von Senator Newlands durchgeführt.) Der Zeuge wurde von Senator Newlands vereidigt.
Senator Newlands: ›Geben Sie Ihr Alter und Ihren Wohnort an.‹
Mr. Moore: ›51 Jahre alt; Graham Road, Southampton.‹
Senator Newlands: ›Ihr Beruf?‹
Mr. Moore: ›Matrose, Sir.‹
...

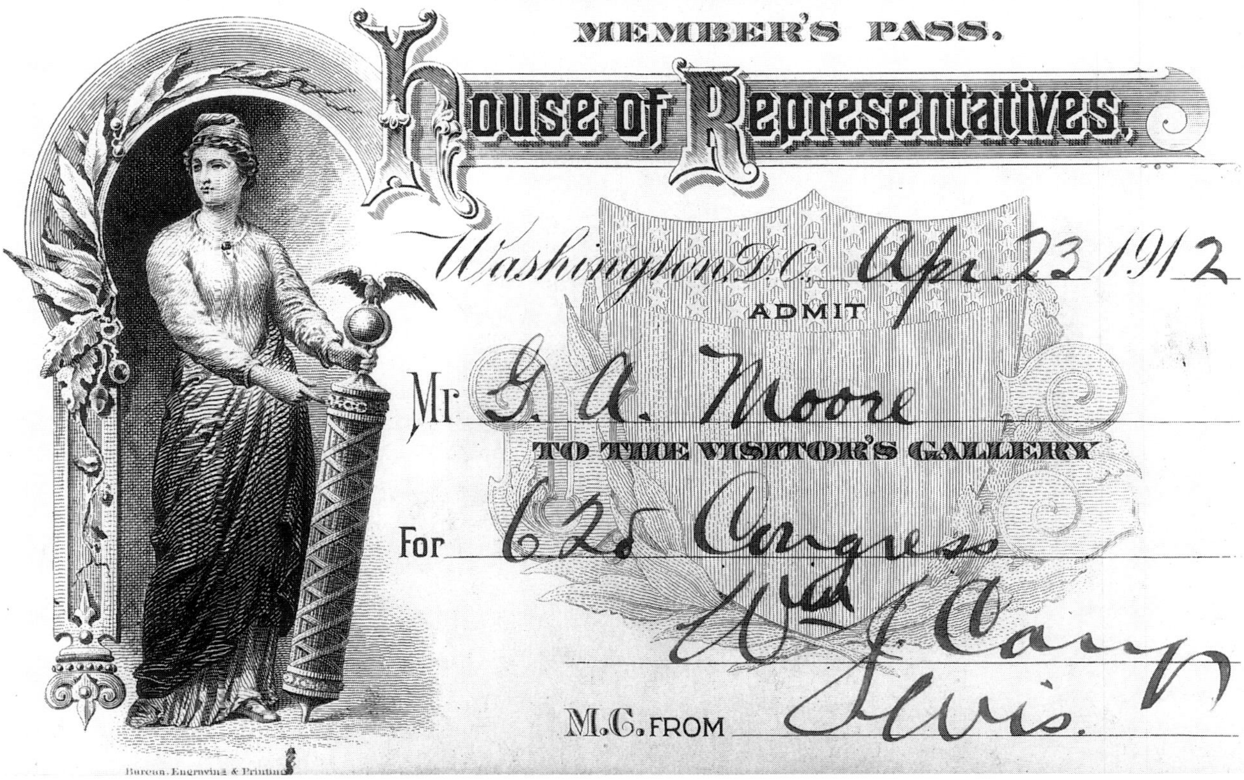

MEMBER'S PASS.

House of Representatives,

Washington D.C. Apr. 23 1912

ADMIT

Mr G. A. Moore

TO THE VISITOR'S GALLERY

For 62d Congress

Wm J. Cary

M.C. FROM Wis.

Bureau Engraving & Printing

Besucherausweis für den Sitzungssaal des amerikanischen Repräsentantenhauses in Washington, ausgestellt am 23. April 1912 für den Matrosen George Moore und unterschrieben von Senator William Cary. (Southampton City Heritage Collections)

Besatzungsmitglieder der »Titanic« im April 1912 mit Senator Cary vor dem Kapitol in Washington. (Siehe auch Seite 203; Southampton City Heritage Collections)

Besatzungsmitglieder der »Titanic« im April 1912 in Washington. (Siehe auch Seite 203; Southampton City Heritage Collections)

Mr. Moore: ›Wir gingen am Mittwochmorgen, dem 10. April, aufs Schiff; wir hatten Musterung und fuhren um zwölf Uhr ab. In Cherbourg und Queenstown machten wir Station.‹

...

›Sonntag wurde es ziemlich kalt, Sonntagnachmittag. Sonntagnacht um Viertel vor zwölf, ich hatte wachfrei und wollte gerade schlafen gehen, gab es plötzlich einen Lärm wie von einer Ankerkette, als würde man vor Anker gehen. Es gab überhaupt keinen Stoß. Etwa zehn vor zwölf kam der Bootsmann und rief alle aufs Bootsdeck, um die Rettungsboote klarzumachen.‹

Senator Newlands: ›Wie viele Männer waren da, etwa vierzig?‹

Mr. Moore: ›Nein, dreizehn in der einen Wache, zwölf in der anderen. Dann gab es gewöhnlich einen Mann, der im Arbeitsgang was zu tun hatte, Leute auf dem Promenadendeck, in den Salons und in der zweiten Klasse.‹

...

Mr. Moore: ›Wenn der Befehl ‚an die Boote' gegeben wird, dann müssen alle zu den Rettungsbooten – Heizer, Stewards und alle anderen. Es gibt eine Liste, wohin jeder zu gehen hat. Jeder Mann an Bord hat seinen Platz, wenn Feuer ausbricht oder wenn es an die Rettungsboote geht. ...‹

...

Mr. Moore: ›Als wir anfingen, die Boote klarzumachen, sah ich nur Damen und Herren aus der ersten Klasse, alle mit ihrer Schwimmweste um, sie kamen aus dem Salon. Ich kann natürlich nicht sagen, was auf dem achteren Teil des Schiffes los war. Die Boote waren weit voneinander entfernt.‹

Senator Newlands: ›Wo waren die Zwischendeckspassagiere, was denken Sie?‹

Mr. Moore: ›Das kann ich nicht beantworten. Ich würde sagen, daß sie sich auch auf den Weg zum Bootsdeck machten.‹

Senator Newlands: ›Sie wußten, daß es nicht genug Boote gab, um die gesamte Besatzung und die Passagiere unterzubringen?‹

Mr. Moore: ›Ich wußte, daß es nur zwanzig Boote gab, und ich wußte, daß da nicht alle Leute reinpassen würden.‹

Senator Newlands: ›Wie viele Menschen, schätzen Sie, hätten in ein Boot gepaßt?‹

Mr. Moore: ›Fünfzig oder sechzig.‹

Senator Newlands: ›Fünfzig in einem Boot, das wären tausend gewesen, sechzig in einem Boot, das wären zwölfhundert Menschen gewesen?‹

Mr. Moore: ›Ja, Sir.‹

Senator Newlands: ›Sie wußten also, daß die Boote nicht für alle Passagiere und alle Besatzungsmitglieder reichen würden?‹

Mr. Moore: ›Ich nehme an, daß wußten wir alle.‹

Senator Newlands: ›Aber Sie alle glaubten, das Schiff sei unsinkbar?‹

Mr. Moore: ›Ja, Sir.‹

Senator Newlands: ›Wer war der verantwortliche Offizier an der Steuerbordseite, an der Sie die Leute in die Rettungsboote setzten?‹

Mr. Moore: ›Mr. Murdock [sic; richtig: Murdoch] war da. Er war der einzige, den ich sah.‹
Senator Newlands: ›Holten Sie auf dem Wasser noch irgendwelche Passagiere ins Boot?‹
Mr. Moore: ›Nein, Sir.‹
Senator Newlands: ›Wie weit waren Sie vom Schiff entfernt, als es unterging?‹
Mr. Moore: ›Ich würde sagen, etwas mehr als eine Viertelmeile, Sir.‹
Senator Newlands: ›Sie hörten die Schreie der Menschen im Wasser, oder?‹
Mr. Moore: ›Ja, Sir, jeder hörte sie, Sir.‹
Senator Newlands: ›Was passierte zu diesem Zeitpunkt mit dem Schiff?‹
Mr. Moore: ›Ich sah, wie der vordere Teil unterging, dann schien es mir, als bräche es entzwei, und dann sank auch der achtere Teil. Ich kann mich an zwei Explosionen erinnern.‹
Senator Newlands: ›Unternahmen Sie irgendwelche Anstrengungen, zurückzurudern?‹
Mr. Moore: ›Nein, Sir.‹
Senator Newlands: ›Warum nicht?‹
Mr. Moore: ›Alle Leute im Boot wollten weg vom Schiff. Sie wollten nicht nah ran. Sie drängten mich, daß wir uns fernhielten, daß wir wegruderten. Also, sie wollten weiter weg vom Schiff.‹
Senator Newlands: ›Noch einmal: Unternahmen Sie irgendwelche Anstrengungen, zurückzurudern?‹
Mr. Moore: ›Nein, Sir.‹
Senator Newlands: ›Warum haben Sie nicht versucht, zurückzufahren und einige der Menschen zu retten?‹
Mr. Moore: ›Sir, wir waren ungefähr eine Viertelmeile weg, und die Schreie hörten bald auf. Ich glaube nicht, daß es irgendwer sehr viel länger als zehn Minuten in so einem kalten Wasser aushält. Wären wir zurückgerudert, dann wäre uns bloß das Boot gekentert.‹
Senator Newlands: ›Sie denken, es wäre gekentert?‹
Mr. Moore: ›Ja, wenn noch welche am Leben gewesen wären. Wenn sich fünf oder sechs festgeklammert hätten, dann hätte das gereicht, um das Boot zum Kentern zu bringen.‹«

Ausguck Frederick Fleet wird befragt

»Der nächste Zeuge war Frederick Fleet, 25 Jahre alt, groß, schlank und ein robuster Seemann. Er war zur Zeit der Kollision im Ausguck gewesen. Als er den Zeugenstand betrat, schien er etwas verwirrt und begriff zuerst nicht recht, worauf die Vernehmung von Senator Smith abzielte. Als er gefragt wurde,

Besatzungsmitglieder im April 1912 mit Senator Cary in Washington. (Siehe auch Seite 203; Southampton City Heritage Collections)

wie hoch oben das Krähennest gewesen sei, antwortete er mit ›Keine Ahnung‹.

Nachdem sich Fleet an die Situation gewöhnt hatte, antwortete er klarer und bereitwilliger. Senator Smith sah in dem Ausguck, der ihm gutmütig und geduldig erschien, einen entscheidenden Zeugen; er ermutigte ihn, ganz offen zu sprechen. Allerdings war Fleet ziemlich wortkarg. Oft antwortete er nicht mehr als ›Ich weiß nicht‹ oder ›Ich erinnere mich nicht‹, oder er nickte nur mit dem Kopf.

Fleet war einer von sechs Ausguckposten, die für fünf Guineen pro Monat auf der ›Titanic‹ angestellt waren. Fleet war mit einem gewissen Lee zusammen im Krähennest. Jeweils zwei Stunden verbrachten die Ausguckposten dort oben, dann hatten sie vier Stunden frei. Das Krähennest war vorn offen, an den anderen drei Seiten schützte sie Segeltuch auf der kalten Reise über den Atlantik. In der Nacht der Kollision gingen Fleet und Lee um zehn Uhr abends auf ihren Posten; sie lösten Simonds [sic; richtig: Symons] und Jewell ab. Diese beiden sagten zu Fleet und Lee, als sie vom Krähennest herunterkamen: ›Paßt gut auf Treibeis und Eisberge auf.‹ Fleet antwortete: ›Ist in Ordnung.‹ Lee sagte dasselbe.

Senator Smith: ›Also, Sie paßten die ganze Zeit gut auf?‹

Mr. Fleet: ›Ja, und knapp bei sieben Glasen meldete ich, daß ich hart voraus eine schwarze Masse sehen würde. Ich gab das der Brücke per Telefon durch, und außerdem leutete ich zur Warnung dreimal die Glocke.‹

Senator Smith: ›Wie lange vor der Kollision meldeten Sie den Eisberg?‹

Mr. Fleet: ›Weiß ich nicht.‹

Senator Smith: ›Eine Stunde vorher, eine halbe, zwanzig Minuten, zehn Minuten?‹

Mr. Fleet: ›Kann ich nicht sagen.‹

...

Senator Smith: ›Können Sie uns angeben, wie groß diese schwarze Masse aus Eis war?‹

Mr. Fleet: ›Nein.‹

Senator Smith: ›Kommen Sie, war sie so groß wie ein Haus oder so groß wie der Tisch, an dem Sie sitzen?‹

Mr. Fleet dachte nach und antwortete dann, als er den Eisberg zuerst bemerkt hätte, sei er ihm nicht höher als dieser Tisch erschienen, aber aus der Nähe besehen hätte er vielleicht 30 Meter aus dem Wasser geragt.

Senator Smith: ›Als Sie den Eisberg an die Brücke meldeten, bekamen Sie da sofort eine Antwort?‹

Mr. Fleet: ›Ja, Sir; sie verstanden das Problem.‹

In weiteren Antworten sagte der Zeuge, daß der Eisberg, als er längsseits kam, etwas höher als das Vorschiff war.

Ausguck Frederick Fleet. (Privatsammlung)

Senator Smith: ›Wissen Sie, ob das Schiff gestoppt wurde, nachdem Sie Ihre telefonische Meldung durchgegeben hatten?‹

Mr. Fleet: ›Das Schiff stoppte nicht, bis wir den Eisberg passierten. Wir rammten ihn steuerbord, auf Höhe des Fockmastes. Es gab kaum einen Stoß, und ich dachte, und das sagte ich auch, das wäre ja gerade noch mal gutgegangen. Die Kollision brachte uns kein bißchen aus dem Gleichgewicht oben im Krähennest. Etwas Eis fiel auf Deck, nicht viel, und soweit ich weiß, wurde niemand dadurch verletzt.‹ ...

Peinlich berührt schienen Fleets Landsleute im Sitzungssaal, als er auf eine Frage Senator Smiths antwortete: ›Wir hatten keine Ferngläser an Bord der ‚Titanic', wir waren auf unsere bloßen Augen angewiesen.‹

Senator Smith: ›Auf der ‚Oceanic' von White Star hatten Sie Ferngläser, oder?‹

Mr. Fleet: ›Ja.‹

Senator Smith: ›Was für welche?‹

Mr. Fleet: ›Ziemlich einfache.‹

Senator Smith: ›Fragten Sie nach Ferngläsern auf der ‚Titanic'?‹

Mr. Fleet: ›Wir fragten in Southampton nach einem, und sie sagten, sie hätten keines für uns.‹

Senator Smith: ›Wen fragten Sie?‹

Mr. Fleet: ›Lightoller.‹

Der Zeuge, der im folgenden nicht sehr deutlich sprach, wurde so verstanden, daß die Ausguckposten auf der Fahrt von Belfast nach Southampton ein Fernglas hatten, auf der Weiterfahrt von Southampton jedoch keines mehr.

Senator Smith (sehr langsam sprechend): ›Nun, nehmen wir einmal an, es hätte für Sie ein Fernglas gege-

»... ich erinnere mich, wie die ›Titanic‹ ausfuhr, das Heck vorn herumschwang ... sie richteten sie geradeaus, und fort fuhr sie, den Fluß hinab. Das war am Mittwoch. Und ich weiß noch, wie ich am darauffolgenden Montagmorgen hörte, sie sei gesunken ... Ich ging nach Hause und sagte zu meinem Vater: ›Ich habe gerade auf der Post gehört, daß die ‚Titanic' gesunken ist.‹ Er bekam mich zu fassen und schüttelte mich. Er sagte: ›Rede nicht so dummes Zeug, dieses Schiff ist unsinkbar!‹ Aber es war doch wahr.« (Albert Benham; Sammlung Lee Raymond)

ben, ein solches, wie Ihnen auf der ‚Oceanic' und auf der Fahrt von Belfast nach Southampton zur Verfügung stand, hätten Sie dieses schwarze Objekt dann bereits in einer größeren Entfernung gesehen?‹

Mr. Fleet dachte einen Augenblick nach und antwortete dann: ›Wir könnten es etwas früher gesehen haben.‹

Senator Smith: ›Wieviel früher?‹

Mr. Fleet: ›Früh genug, um auszuweichen.‹ (Aufregung im Saal)

Senator Smith: ›Hatten Sie und Ihre Kollegen über die Sache mit dem Fernglas gesprochen?‹

Mr. Fleet: ›Ja, das hatten wir natürlich.‹

Senator Smith: ›Hatten Sie Erstaunen oder Bedauern vorgebracht?‹

Mr. Fleet: ›Beides.‹

Senator Smith: ›Hatten die Offiziere auf der Brücke Ferngläser?‹

Mr. Fleet: ›Ja.‹

Der Rest von Mr. Fleets Aussage drehte sich um den Start der Rettungsboote. In seinem Boot waren dreißig Personen – ein Passagier aus der ersten Klasse, zwei Passagiere der dritten Klasse und zwei Männer von der Besatzung, darunter er selbst; die restlichen Personen waren Frauen. Der Zeuge sah den Untergang der ›Titanic‹ nicht mit eigenen Augen, da man das Rettungsboot möglichst weit weg ruderte, um dem Sog des Schiffes zu entgehen.

Die Befragung wurde wegen des Mittagessens um 2.30 Uhr unterbrochen und eine Stunde später fortgesetzt.«

Ausguck George Symons macht seine Aussage

»(Die Vernehmung wurde von Senator Perkins durchgeführt.)

Mr. Symons wurde von Senator Perkins vereidigt.

Senator Perkins: ›Ihr Heimathafen?‹

Mr. Symons: ›Weymouth.‹

Senator Perkins: ›Weymouth in England?‹

Mr. Symons: ›Ja, Sir.‹

Senator Perkins: ›Sind Sie Matrose auf der untergegangenen ‚Titanic' gewesen?‹

Mr. Symons: ›Ja, Sir.‹
Senator Perkins: ›Wie lange fahren Sie zur See?‹
Mr. Symons: ›Achteinhalb Jahre.‹
Senator Perkins: ›Als Matrose?‹
Mr. Symons: ›Ja, Sir.‹
Senator Perkins: ›Berichten Sie mir kurz – was passierte, als das Schiff beschädigt wurde und als es unterging?‹
Mr. Symons: ›Ich hatte wachfrei zu der Zeit. Ich schlief, als die ‚Titanic' den Eisberg rammte.‹
Senator Perkins: ›Sie hatten wachfrei?‹
Mr. Symons: ›Ja, Sir. Ich ging an Deck und sah das Eis, dann zog ich mich an und wartete.‹
Senator Perkins: ›Welche Wache hatten Sie gehabt?‹
Mr. Symons: ›Ich war Ausguck der Wache von acht bis zehn Uhr. Um zehn Uhr war ich fertig.‹
Senator Perkins: ›Sie waren einer von den sechs Ausguckposten?‹
Mr. Symons: ›Ja, Sir.‹
...
Mr. Symons: ›Ich war bei den Rettungsbooten. Ich half, Nummer 3 zu Wasser zu lassen. Dann wurde ich zu Nummer 5 geschickt.‹
Senator Perkins: ›Wie viele waren im Boot, als es hinuntergelassen wurde?‹
Mr. Symons: ›Das kann ich nicht genau sagen.‹
Senator Perkins: ›Ungefähr, wie viele? Waren es zehn oder zwanzig?‹
Mr. Symons: ›Ich würde sagen, ganz grob, so um die vierzig.‹
Senator Perkins: ›Vierzig Personen waren im Boot, als es am Davit hing.‹
Mr. Symons: ›Ja, Sir, als es am Davit hing.‹
Senator Perkins: ›Wer war an den Fallen?‹
Mr. Symons: ›Ich war am vorderen Fall, wer am achteren war, kann ich nicht sagen.‹
...
Senator Perkins: ›Mit welchem Boot verließen Sie selbst das Schiff?‹
Mr. Symons: ›Mit Nummer 1.‹
Senator Perkins: ›Wer hatte das Kommando?‹
Mr. Symons: ›Ich.‹
Senator Perkins: ›Wie viele Personen hatten Sie an Bord?‹
Mr. Symons: ›So zwischen vierzehn und zwanzig.‹
Senator Perkins: ›Passagiere oder Besatzung?‹
Mr. Symons: ›Passagiere. Aber zuerst kamen sieben Leute von der Besatzung rein, sieben Mann wurden reingeschickt; zwei Matrosen und fünf Heizer. Das hatte Mr. Murdock befohlen.‹
Senator Perkins: ›Wie viele Personen hätten in das Boot gepaßt?‹
Mr. Symons: ›Das kann ich nicht genau sagen. Es war eines von den kleinen Rettungsbooten.‹
Senator Perkins: ›Als das Boot im Wasser war, hätte es da noch Personen aufnehmen können?‹
Mr. Symons: ›Ja, das hätte es können.‹
Senator Perkins: ›Wie viele hatten Sie an Bord, alles in allem?‹
Mr. Symons: ›Das kann ich nicht sicher sagen. Zwischen vierzehn und zwanzig. ...‹
Senator Perkins: ›Sie fuhren nicht wieder zum Schiff zurück?‹
Mr. Symons: ›Doch, wir kamen zurück, nachdem das Schiff untergegangen war, und sahen niemand.‹
Senator Perkins: ›Haben Sie irgend jemand von denen, die im Wasser waren, gerettet?‹
Mr. Symons: ›Nein, Sir. Wir sahen niemand, als wir zurückkamen.‹
Senator Perkins: ›Gab es irgendwie Durcheinander oder Aufregung unter den Passagieren?‹
Mr. Symon: ›Nein, Sir, nichts Derartiges. Es war, als wäre das eine ganz alltägliche Sache.‹
Senator Perkins: ›Gab es einen Ansturm, um in eines der Boote zu kommen?‹
Mr. Symons: ›Nein, Sir, so etwas sah ich nicht. Ich sah kein einziges Mal etwas dieser Art.
Senator Perkins: ›Hörten Sie irgendwelche Schreie von den Menschen im Wasser?‹
Mr. Symons: ›Ja, Sir, ich hörte Schreie.‹
...
Mr. Symons: ›Danach ruderten wir herum und trafen auf ein anderes Boot, mit dem blieben wir zusammen, ein Boot mit vielen Leuten.‹
Senator Perkins: ›Warfen Sie eine Leine hinüber zum anderen Boot?‹
Mr. Symons: ›Nein, Sir, aber wir blieben dicht beieinander. Hilfe wollten sie keine, es ruderten nämlich Frauen. Ich fragte sie, ob sie Unterstützung bräuchten, aber sie wollten nicht. Sie sagten, sie könnten allein rudern.‹«

»Der amerikanische Untersuchungsausschuß unterbreitete gestern dem Senat seinen Bericht. Darin wird festgestellt, daß keiner Person die Schuld für die Katastrophe anzulasten ist, daß die ›Californian‹ und die ›Titanic‹ während der Tragödie die Lichter des je anderen sahen und daß das Verhalten von Kapitän und Offizieren der ›Californian‹ scharf zu verurteilen ist.
Es wird gefordert, daß jeder Dampfer in Zukunft Suchscheinwerfer und genug Rettungsboote für alle Personen an Bord mitzuführen hat. Außerdem wird eine internationale Überarbeitung der zur See geltenden Gesetze empfohlen.
Senator Smith, der den Bericht präsentierte, hielt eine höchst bemerkenswerte Rede, in welcher er sich zu kühnen Höhen des Gefühls sowie der Rhetorik aufschwang und niemand von seiner harschen Kritik ausnahm.

Kapitän Smith, sagte er, wäre zu vertrauensvoll gewesen und hätte sich leichtsinnig verhalten. Die überlebenden Offiziere der ›Titanic‹, ergänzte er, hätten das Schiff zu früh verlassen. Die Besatzung sei undiszipliniert und nicht gut eingearbeitet gewesen, Offiziere und Mannschaft hätten einander nicht gekannt, und die Passagiere wären weder mit den einen noch mit den anderen bekannt gewesen (was der Senator offensichtlich als einen schwerwiegenden Fehler ansieht). Und außerdem hätte die White Star Line, so behauptete der Senator, bereits um 2.30 Uhr am Montag, dem 15. April, also wenige Stunden nach der Kollision, vom Unglück gewußt.« (Southampton City Heritage Collections)

KAPITEL 11

Heimkehr der Besatzung

»Die stürmische Begrüßung«

Als die »Lapland« am 29. April mit dem größten Teil der überlebenden Besatzungsmitglieder in Plymouth einlief, erwarteten sie dort die Direktoren Harold Sanderson und E. C. Grenfell von der White Star Line, Vertreter des Handelsministeriums, Zollbeamten, der Zuständige von White Star in Plymouth und John Bartholomew, der Southamptoner Gastronomiechef von White Star.

Wäre es nach dem Handelsministerium gegangen, so hätte man sofort ausführliche Aussagen der Besatzungsmitglieder zu Protokoll genommen, doch Thomas Lewis und Mr. Cannon von der Gewerkschaft British Seafarers' Union wiesen dies zurück, fuhren mit einem Boot zur »Lapland« und sprachen durch ein Megaphon zu den Männern.

Als die Besatzungsmitglieder dann auf dem Tender »Sir Richard Grenville« zum Kai gebracht wurden, weigerten sie sich zunächst, mit den Vertretern des Handelsministeriums zu sprechen. Nachdem man Lewis und Cannon an Bord geholt hatte, wurden die ersten Berichte abgegeben. Die Stewardessen begannen mit ihren Aussagen, und gegen mittag gingen schließlich alle an Land.

Doch zur Überraschung und zum Ärger der Besatzungsmitglieder machte man nun Anstalten, sie am Hafen im Wartesaal dritter Klasse festzusetzen und weitere Aussagen zu Protokoll zu nehmen, während draußen Familien, Journalisten und Schaulustige warteten. Ein Teil der Heimkehrer mußte sogar über Nacht bleiben – Betten, Tische und Essen wurden gestellt. Durch die Fenster des Wartesaals unterhielt man sich, wenn möglich, mit Angehörigen und Freunden.

Um halb zwei Uhr mittags wurden 85 Matrosen und Heizer aus dem Wartesaal entlassen. Sogleich stürzten sich die Journalisten auf sie. Um sechs Uhr abends verließen die Männer Plymouth mit dem Zug in Richtung Southampton. Stewardessen und Stewards, Köche und Küchengehilfen mußten sich mit der Weiterreise noch bis zum nächsten Tag gedulden.

In Southampton war bereits am Sonntag, dem 28. April, ein Gottesdienst unter freiem Himmel abgehalten worden, um die Rückkehr der Überlebenden feierlich zu begehen. 50 000 Menschen sollen an ihm teilgenommen haben, ein großer Teil davon Soldaten und Matrosen.

Eine große Menschenmenge versammelte sich am 29. April an der Bahnstation Southampton West. Die Polizei ließ nur Angehörige und offizielle Personen wie Bürgermeister Bowyer und Philip Curry von White Star auf den Bahnsteig vor. Als der Zug einlief, war die Menge jedoch nicht mehr zu halten. Stürmisch wurden die Mitglieder der Crew begrüßt und von ihren Familien in die Arme geschlossen. Manche allerdings warteten vergeblich unter den vielen Menschen, und manche waren nur gekommen, um über das Schicksal ihrer Angehörigen etwas zu erfahren. Begleitet von Freudenrufen und Tränen machten sich die Männer auf den Weg nach Hause. Derselbe Empfang wurde am nächsten Tag den 86 Stewardessen und Stewards bereitet, deren Zug kurz nach neun Uhr abends einlief.

Aus einem Gespräch mit Steward Sidney Daniels:
»In New York waren Sie wie lange?«
» ... nur einen Tag, länger nicht. Sie verlegten uns auf die ›Lapland‹ und brachten uns zurück nach Plymouth. Dort setzten sie uns in den Zug nach Southampton. Da gab es dann die stürmische Begrüßung. Das können Sie sich vorstellen, oder? Wie nach der Sache mit den Falkland-Inseln, erinnern Sie sich? Alle waren gekommen, um uns willkommen zu heißen, das war eine sehr aufregende Sache.«
Frage: »Die Reederei wollte also nichts von Ihnen, bis Sie wieder zu Hause waren?«
»Nein, nein, nein. Sie schrieben uns nachher, wir sollten uns bereithalten für so ... eine Art Vernehmung. ... Ich mußte nie hin; einige wurden befragt, ich nicht. Das war eigentlich alles. Ich kam nach Hause, und ein paar Tage später kriegte ich eine Mandelentzündung. ...

DAILY SKETCH.
THE PREMIER PICTURE PAPER. ONE HALFPENNY.
FIRST SURVIVORS OF TITANIC TO REACH ENGLAND.

Die überlebenden Besatzungsmitglieder der »Titanic«, die nicht vor dem amerikanischen Untersuchungsausschuß als Zeugen auftreten mußten, konnten auf dem Dampfer »Lapland« nach England zurückkehren. Am 29. April erreichten sie Plymouth. (»Daily Sketch«: Sammlung Peter Boyd-Smith)

Die »Lapland« bei der Ankunft in Plymouth.
(»Daily Sketch«; Sammlung Peter Boyd-Smith)

Sie packten mich für eine Woche oder so ins Bett. ... dann mußte ich sechs Monate stempeln gehen, aber danach war ich auf der ›Olympic‹, wo ich dann auch blieb. Ich machte so um die zweihundert Fahrten mit ihr, immer nach New York und wieder zurück.« (Oral-history-Projekt Southampton)

Steward Arthur Lewis: »Dann kam ich auf ein Schiff mit dem Namen ›Lapland‹, und die Heimreise nach Plymouth begann für mich. Als wir dort ankamen, brachten sie uns am Hafen unter, und wir durften nicht raus. Danach wurden wir mit dem Zug nach Hause, nach Southampton geschickt. Als wir in Southampton ankamen, waren da meine Mutter und meine Frau; ich freute mich sehr, sie zu sehen.« (»Southern Daily Echo«)

»Von unserem Sonderkorrespondenten aus Plymouth, Montagabend:
Die Zuständigen für die Vernehmung der ›Titanic‹-Überlebenden haben heute eine überraschende Wende vollzogen: Fern davon, die Heimkehrer ... noch länger ihrer Freiheit zu berauben oder die Arbeit der Presse zu behindern, zeigten sie sich höflich und liebenswürdig, und die Hafentore wurden für jedermann geöffnet.
Einundsechzig Stewards, zwanzig Stewardessen und Kellner machten heute ihre Aussagen. Etwa dreißig von ihnen wurden zur offiziellen Untersuchung unter Leitung von Lord Mersey vorgeladen. Es liegt im Ermessen des Handelsministeriums in London, diese Zahl zu erhöhen.
Jeder Zeuge erhielt ein Schreiben des folgenden Inhalts:
›... Das Handelsministerium hat mich, den Unterzeichneten, beauftragt, im Namen des Vereinigten Königreiches ... eine Untersuchung über die Umstände, betreffend den Untergang des britischen Dampfers ‚Titanic' aus Belfast im Nordatlantik am 14. April 1912 und den damit einhergehenden Verlust an Menschenleben durchzuführen. Da Sie geeignet erscheinen, eine sachdienliche Aussage zu den Geschehnissen abzugeben, werden Sie hiermit aufgefordert, vor der Untersuchungskommission in der Scottish Hall, Buckingham Gate, Westminster, London, S. W. am Freitag, dem 3. Mai 1912, um 10.30 Uhr zu bezeugen, was Sie in diesen Belangen wissen. Unterzeichnet am 29. April 1912. (Unterschrift) Mersey, Beauftragter für Schiffsunglücke des Vereinigten Königreiches.‹
Genau wie gestern wurden auch heute je drei bis vier Zeugen gleichzeitig in einem Wartesaal des Hafens vernommen und ihre Berichte protokolliert. Nachdem alle

Ein Tender bringt die Besatzungsmitglieder der »Titanic« von der »Lapland« zum Hafenkai. (Southampton City Heritage Collections)

Die überlebenden Matrosen, Heizer und Stewards werden am Hafen von Plymouth festgehalten. (Southampton City Heritage Collections)

Besatzungsmitglieder im Hafen von Plymouth. (Southampton City Heritage Collections)

Stewards ihre Aussagen abgegeben hatten – und viele ähnelten sich weitgehend –, wurden die Frauen, die auf der ›Titanic‹ als Stewardessen gearbeitet hatten, zum Hafen gebracht.
Ihre Aussagen waren bis halb vier abgeschlossen, und fast alle Überlebenden machten sich eine halbe Stunde später auf den Weg nach Hause. Der zweite Teil der Heimkehrenden – über fünfzig Personen – wurde mit einem Sonderzug nach Southampton gebracht.
Einer derer, die heute nach Hause zurückkehren konnten, war Steward Mr. P. Keene, wohnhaft in der Rigby Road 14 in Southampton. Bevor er Plymouth verließ, schilderte er mir seine Erlebnisse auf dem untergehenden Schiff; sein Bericht enthält ein, zwei bemerkenswerte Punkte, die bisher von keinem der Überlebenden erwähnt worden sind:
›Die meisten von uns schliefen, als der Eisberg die Seite der ‚Titanic' einriß. Ich hörte den Aufprall, aber das Geräusch erschreckte mich in keiner Weise; es schien nicht schlimmer, als wenn ein Flügel der Schiffsschraube abgefallen wäre. Ich dachte tatsächlich, das sei passiert. Viele der anderen Stewards hatten von dem Unfall gar nichts mitbekommen und mußten geweckt werden. Wir hatten große Schwierigkeiten, Butterworth wachzubekommen. Als wir ihn endlich aus der Koje hatten, sagte er mit verschlafener Stimme: ‚Was ist los?' Er wurde nicht gerettet. Einige der Stewards wurden in die Lagerräume geschickt, um Proviant für die Boote zu holen; das wurde dann an Deck gebracht.

Die tapferen Stewards

Ein Teil der Kabinenstewards hatte sich zu einer Art Ordnungstruppe formiert. Sie reihten sich vor jedem Boot auf und gaben acht darauf, daß die alte Regel ‚Frauen und Kinder zuerst' strikt eingehalten wurde. Andere Kabinenstewards gingen unter Deck und holten Frauen und Kinder. Was sie alle taten, kann nicht genug gewürdigt werden; sie erfüllten ihre Pflicht mit großartiger Disziplin. Mit Fäusten kämpften sie gegen die Männer, die versuchten, in die Boote zu gelangen. Das können Sie mir glauben – sie waren ebenso tapfer wie die heldenhaften Maschinisten ...
Ich war in Boot Nummer 5 an der Steuerbordseite. Es war das letzte Rettungsboot auf dieser Seite des Schiffes. Die ‚Titanic' hatte eine starke Schlagseite

Vor den Hafentoren von Plymouth.
(Southampton City Heritage Collections)

Mitglieder der »Titanic«-Besatzung während ihres erzwungenen Aufenthalts in Plymouth.
Die Männer waren in New York neu eingekleidet worden, daher die vornehmen Anzüge.
(Southampton City Heritage Collections)

nach Backbord, und als unser Boot hinuntergelassen wurde, schrappte es an der Schiffswand entlang; es war nicht einfach, es klar zu bekommen.
Als das Boot im Wasser war, versuchten wir zehn Minuten lang, die Leinen loszuwerden, schließlich kappte jemand sie. Wir hatten keinen Matrosen dabei, also übernahm ein Heizer das Kommando. Nachdem die ‚Titanic' untergegangen war, riefen wir zu mehreren Booten hinüber, ob es dort vielleicht einen Offizier gäbe, der zu uns kommen könnte; aber wir fanden keinen, und so behielt der Heizer das Kommando. Während der Reise war man allgemein der Meinung gewesen, daß die ‚Titanic' unsinkbar sei. Viele Leute waren nicht dazu zu bewegen gewesen, in die Rettungsboote zu steigen, weil sie dachten, daß keine wirkliche Gefahr für die ‚Titanic' bestünde. Als das Schiff sich stark nach vorn zu neigen begann, fingen die Passagiere an zu begreifen, daß die Lage ernst war.
Wir verließen die ‚Titanic' ungefähr eine Stunde, bevor sie unterging. Wir sahen, wie der vordere Teil des Schiffes ab dem ersten Schornstein abbrach. Als das Schiff sich stark nach backbord geneigt hatte, war es uns erschienen, als hätten sich die Maschinen losgerissen und wären durch die Seitenwand hinabgestürzt. Der zweite Schornstein brach ab und erschlug viele Menschen. ...
Die Disziplin war hervorragend, bis das letzte Boot ausgesetzt wurde. Soweit wir das sagen können, blieb sie auch danach gut, bis dann denjenigen, die noch an Bord waren, klar wurde, daß es keine Rettungsboote mehr gab. Bereits einige Zeit vor dem Ende müssen sie begriffen haben, daß nun alles verloren war. Wir ruderten in einige Entfernung, und als wir pausierten, hörten wir schrecklichen Lärm auf dem Schiff; es schien uns, als würden Leute aufeinander einschlagen.
Einer der Maschinisten wurde eingequetscht, als die Türen der Schotten geschlossen wurden. Seine Verletzungen waren entsetzlich, und da es keine Möglichkeit gab, ihm zu helfen, bat er, ihn zu erschießen, um ihn von seinem Leiden zu erlösen. Das tat man, so erzählte man mir.‹
Gefragt, ob es eine Übung mit den Rettungsbooten auf der ›Titanic‹ gegeben hätte, antwortete der Steward: ›Nicht auf der Fahrt.‹ Bevor er auf der ›Titanic‹ anheuerte, hatte er auf der ›Oceanic‹ gearbeitet. Sie wurde von Kapitän Haddock kommandiert, der jetzt auf der ›Olympic‹ fährt. Die Türen der Schotten auf der ›Oceanic‹ wurden jeden Abend geschlossen, um zu prüfen, daß alles funktionierte, und jeden Sonntag gab es eine Übung. Alle außer den Heizern, die durch eine Gewerkschaftsvereinbarung freigestellt waren, mußten daran teilnehmen. Ähnliches wurde auf der ›Titanic‹ nicht abgehalten.

Stewards von der »Titanic« nach der Ankunft in Plymouth. (Southampton City Heritage Collections)

Unter den Rückkehrern, die an diesem Morgen beim Büro des Handelsministeriums in der Sonne saßen, war auch Mr. Prentice, einer der Lagerarbeiter auf der ›Titanic‹. Die Strapazen der Unglücksnacht sah man ihm nicht an. Im Gespräch berichtete er:
›Ich war im Raum der Lagerarbeiter während der Kollision und merkte überhaupt keinen Aufprall. Noch nachdem der Befehl, an Deck zu gehen, gegeben worden war, dachte niemand von uns an eine ernste Gefahr. Ich und die anderen Lagerarbeiter standen zusammen und rauchten.
Als das Schiff sich vorn nicht mehr über Wasser hielt, machten wir uns zum Achterdeck auf, schließlich kletterten wir zum äußersten Ende hinauf. Ich hörte eine Menge Passagiere Kirchenlieder singen, kurz bevor das Schiff unterging. Ich kletterte über die Reling, um mich ins Wasser fallen zu lassen. Ich war gut 20 Meter über der Wasseroberfläche und dachte, ich würde nie unten ankommen. Als ich aufschlug, war es, als würde sich ein riesiges Messer in mich hineinbohren. Noch Tage später tat mir alles weh. Wie auch immer, als ich wieder an die Oberfläche kam, konnte ich losschwimmen.
Bevor ich das Schiff verlassen hatte, war ich noch ins Lager gegangen und hatte eine Flasche Brandy geholt, die ich in meine Tasche gesteckt hatte. Der Matrose, der in dem Rettungsboot, das zu mir kam, das Kommando hatte, sah sie sofort. Als er mich hochzog, nahm er mir die Flasche, die ich noch nicht mal angebrochen hatte, weg und schmiß sie ins Wasser – mit der Bemerkung, er wolle nicht, daß jemand an die herankäme. Die Frauen im Boot waren ziemlich hysterisch, und er fürchtete, der Brandy könne da Unheil anrichten. Aber er hätte auch dazu nutze sein können, ein Leben zu retten, denn wir griffen zwei Heizer auf, die lange Zeit im Wasser gewesen waren, und einer von ihnen starb im Boot an Erschöpfung. Der andere Heizer drehte durch

Ebenfalls in Plymouth: Die Männer der Besatzung beim Mittagessen in ihrem Quartier.
(Southampton City Heritage Collections)

Mitglieder der »Titanic«-Crew in Plymouth: Froh, wenigstens schon in England, wenn auch noch nicht zu Hause zu sein.
(Southampton City Heritage Collections)

und wollte immer aus dem Boot rausklettern, aber ich konnte ihn zurückhalten. Jetzt geht es ihm wieder gut.‹« (Southampton City Heritage Collections)

Aus einem Bericht des Korrespondenten der »Lloyds Weekly News« vom 21. April 1912:
»Heute erzählten die Stewardessen und Stewards von ihrer Rettung. Sie waren der Kontrolle offizieller Stellen bisher stärker ausgesetzt als die Matrosen und Heizer, vor die sich schützend die Gewerkschaft stellte. Die Männer übernachteten am Hafen, die Frauen in einem Hotel. Ihre Erfahrungen durften sie erst öffentlich machen, nachdem sie ihre beeidigten Aussagen abgegeben hatten.
Ihre Berichte zeigen deutlich, wie wenig die Gefahr wahrgenommen wurde, bevor sich das Schiff nach vorn neigte, um tatsächlich endgültig zu versinken. Mrs. Gould, eine Stewardeß auf dem B-Deck der ersten Klasse, erzählte, daß die ersten Rettungsboote das Schiff halbleer verließen, weil die Passagiere meinten, sie würden die ›Titanic‹ nicht verlassen, um in diese Nußschalen zu steigen. Mrs. Wallace [sic], die in der dritten Klasse arbeitete, kehrte sogar zu ihrer Kabine zurück, nachdem ihre Passagiere alle sicher in den Booten saßen, und schloß sich ein mit den Worten: ›Ich werde da bleiben, wo ich sicher bin.‹ ...
Unter den Passagieren von Mrs. Gould war auch Mr. Bruce Ismay. Sie bemerkte ihn, als sie auf Deck kam, und er half ihr in ein Rettungsboot. Er trug einen Mantel über dem Schlafanzug. ›Ich sah ihn in einem Rettungsboot in unserer Nähe wieder, als wir auf die ‚Carpathia' zuruderten‹, sagte Mrs. Gould. ›Er war am Heck des Bootes, auf einem der äußeren Plätze. Sein Gesicht war blau vor Kälte; er saß völlig still da und starrte ohne jeden Ausdruck nach vorn, wie eine Statue.‹
Eine andere Stewardeß, der Mr. Ismay in eines der Boote half, war Mrs. Maclaren [sic; richtig: McClaren]. Als Mr. Ismay ihr und anderen Stewardessen bedeutete, in die Boote zu steigen, sagten sie: ›Wir sind keine Passagiere; wir gehören zur Besatzung.‹ ›Das ist egal‹, antwortete Mr. Ismay. ›Sie sind Frauen, und ich möchte, daß Sie einsteigen. ...‹« (City Heritage Collections)

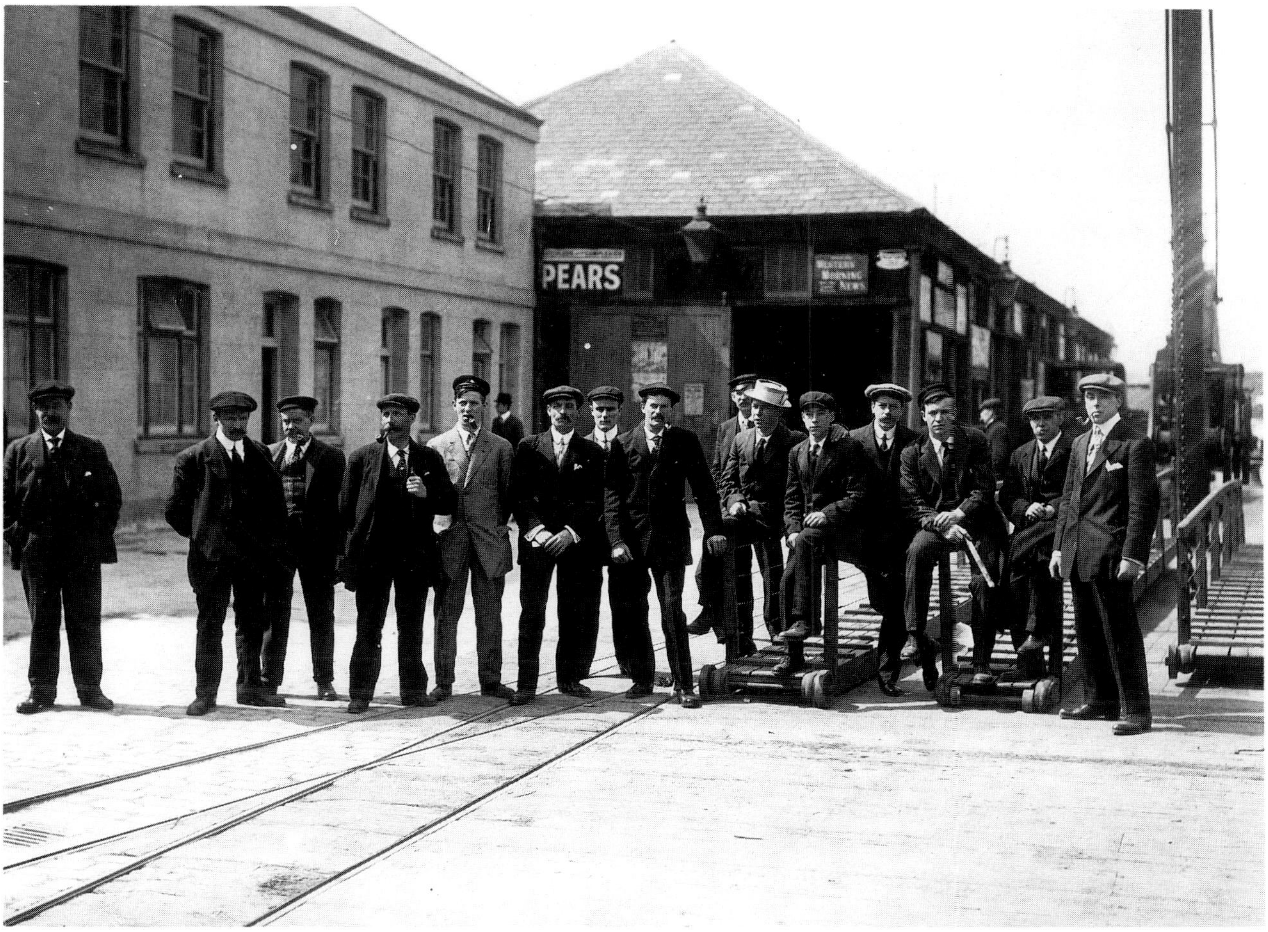

Mitglieder der »Titanic«-Besatzung, die die offizielle Aufforderung erhalten haben, vor dem britischen Untersuchungsausschuß als Zeugen auszusagen. (Aufnahme aus Plymouth; Southampton City Heritage Collections)

H. Maynard (links), der als Koch auf der »Titanic« gearbeitet hatte, mit einem Kollegen in Plymouth. Angeblich soll Kapitän Smith kurz nach dem Untergang des Schiffes zu ihm ans Rettungsboot geschwommen sein und ihm ein Baby gegeben haben, ehe er selbst in der Dunkelheit verschwand. (Southampton City Heritage Collections)

Die überlebenden Stewardessen der »Titanic«, fotografiert nach der Ankunft in Plymouth. Dritte von links Violet Jessop (siehe auch Seite 69), in der Mitte hinten mit Schleier Annie Robinson (siehe auch Bild unten links). (Southampton City Heritage Collections)

Links: Steward J. Witter und Stewardeß Annie Robinson. (Southampton City Heritage Collections)
Oben: Samuel Rule (links), seit 35 Jahren als Steward auf See und nun Überlebender des »Titanic«-Unglücks. Bewacht von Polizisten, darf er in Plymouth mit seinem Bruder sprechen. (Beide Aufnahmen Southampton City Heritage Collections)

Zwei Stewardessen der »Titanic« nach der Ankunft in Plymouth. (Southampton City Heritage Collections)

Die Gewerkschaft setzt sich ein

Das Protokoll der Versammlung, die die British Seafarers' Union im Mai 1912 in Southampton abhielt, gibt Auskunft über die Rolle, die die Gewerkschaft bei der Rückkehr der Crew nach England spielte, und zeigt die Entschlossenheit, mit der sich die Gewerkschaftsmitglieder dafür einsetzen, daß andere Schiffe, besonders die »Olympic«, in Zukunft angemessene Sicherheitsvorkehrungen erhielten.
Bereits am 24. April rückte letzteres Thema ins Zentrum der Aufmerksamkeit, als 285 Besatzungsmitglieder der »Olympic« in Streik traten, weil die hastig ergänzten Faltboote ihnen als keine ausreichende Sicherheitsmaßnahme erschienen. Philip Curry und Kapitän Haddock betrachteten dies als »Meuterei«, doch schließlich gab die Reederei nach.
Schiffsarzt Beaumont von der »Olympic«, der wie manch anderer auch einen Teil der Crewmitglieder als »Untermenschen« betrachtete, bezichtigte die Männer in seinen Memoiren der Feigheit. Dies ist wohl als Reaktion darauf zu verstehen, daß es eine Besatzung zum ersten Mal wagte, die Oberen herauszufordern und den Offizieren nicht mehr ohne Wenn und Aber zu folgen.

Ein Bild fürs Familienalbum – vom Pressefotografen auf dem Southamptoner Bahnhof.
(Southampton City Heritage Collections)

Vor dem South Western Hotel in Southampton: William Major (rechts vorn), der als Heizer auf der »Titanic« war, berichtet Kollegen von den dramatischen Ereignissen.
(Southampton City Heritage Collections)

Hier Auszüge aus dem Protokoll der Gewerkschaftssitzung am 7. Mai 1912: »Der Präsident eröffnete die Versammlung und gab einen Bericht über den von ihm eingeschlagenen Weg, die Interessensvertretung der Gewerkschaft beim Londoner Untersuchungsausschuß zur ›Titanic‹-Katastrophe zu sichern. Außerdem gab der Präsident der Versammlung darüber Auskunft, daß er in Begleitung des Sekretärs bei der Ankunft der ›Titanic‹-Überlebenden in Plymouth gewesen sei und dank ihres Einschreitens den Besatzungsmitgliedern erlaubt worden sei, nach Hause zurückzukehren, statt im Gewahrsam des Handelsministeriums zu verbleiben.
Als nächstes Thema wurde der Streik auf der ›Olympic‹ erörtert, der wegen der mangelnden Sicherheitsvorkehrungen ausgerufen worden war. Der Präsident stellte fest, daß die Männer zwar einen großen Sieg errungen hätten, in Zukunft jedoch daran denken sollten, daß sie vor Aktivitäten solcher Art immer Rücksprache mit den Gewerkschaftsfunktionären halten müßten.
Der Vorschlag des Vorstands, allen Gewerkschaftsmitgliedern, die ihre Arbeit auf der RMS ›Olympic‹ niedergelegt hätten, zehn Schilling zu zahlen, wurde der Mitgliederversammlung zur Genehmigung vorgelegt und nach einer ausführlichen Diskussion, in der nur wenige sich dagegen aussprachen, für angenommen erklärt.
Folgender Vorschlag für eine Empfehlung wurde von G. Maskell und H. Bailey vorgebracht: Daß die Stewards Union ihre Aufmerksamkeit auf die nicht der Gewerkschaft angehörenden Stewards von der RMS ›Olympic‹ richten solle und auf die Notwendigkeit, auch diese zum Eintritt zu bewegen. ... Der Vorschlag wurde einstimmig angenommen.«
(Aus den Sitzungsprotokollen der British Seafarers' Union, University of Warwick)

Steuermann James Humphries – »einer der Männer, denen das Heldentum ins Gesicht geschrieben steht«.
(Southampton City Heritage Collections)

Auf dem Southamptoner Bahnsteig; zweiter von rechts ist Heizer George Kemish.
(Siehe Text Seite 79; Southampton City Heritage Collections)

Der ersehnte Augenblick: Die ersten der Überlebenden treffen am Abend des 29. April 1912 auf dem Bahnhof von Southampton ein.
(Southampton City Heritage Collections)

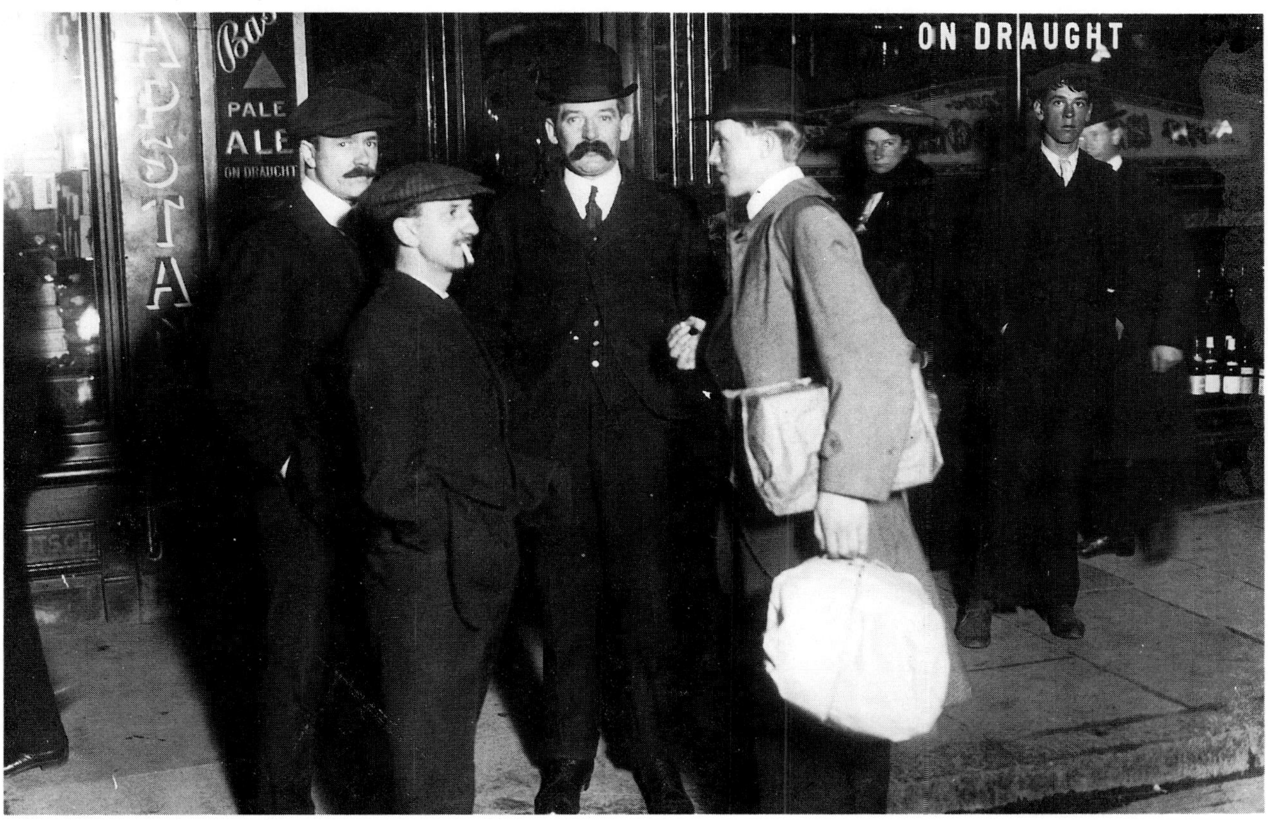

Mit dem Leben davongekommen und wieder zu Hause: Überlebende der »Titanic«-Besatzung in Southampton.
(Southampton City Heritage Collections)

Nach der Katastrophe werden zusätzliche Rettungsboote an Bord der »Olympic« gebracht. (Southampton City Heritage Collections)

KAPITEL 12

Der britische Untersuchungs-ausschuss

»Schuldzuweisungen entgegentreten«

Die offizielle britische Untersuchung der Katastrophe begann am Donnerstag, dem 2. Mai, in der Scottish Drill Hall in London. Zur Anschauung befand sich ein sechs Meter langes Modell der »Titanic« im Saal.

Die Befragungen wurden unter dem wachsamen Auge des manchmal äußerst scharfzüngigen Vorsitzenden Lord Mersey vorgenommen. Der Ausschuß trat bis zum 21. Juni an insgesamt 28 Tagen zur öffentlichen Vernehmung zusammen. Am Freitag, dem 3. Mai, wurden die ersten Zeugen aufgerufen. Doch bevor sie gehört wurden, mußte geklärt werden, in welcher Form Interessensvertreter wie beispielsweise Thomas Lewis von der British Seafarers' Union am Geschehen teilnehmen sollten.

»Nach Eröffnung der Sitzung wurde ein erneuter Versuch unternommen, Lord Mersey dazu zu bewegen, verschiedene Interessensvertreter bei der Befragung zu Wort kommen zu lassen. Am Donnerstag hatte er dies entschieden abgelehnt. Donnerstagabend wurde jedoch Protest im Parlament laut. Heute morgen zeigte er sich sehr viel verhandlungsbereiter. Er gab seinen Widerstand gegen die British Seafarers' Union auf – die Southamptoner Gewerkschaft, die 200 Mitglieder mit der ›Titanic‹ verloren hat. Gleichfalls genehmigte er die Teilnahme der Imperial Merchant Service Guild, die die Interessen der Offiziere vertritt, und der Union of Stewards.« (Southampton City Heritage Collections)

Zu Beginn der Ermittlungen wurden eine Reihe von Besatzungsmitgliedern vernommen. Die nachfolgenden Auszüge aus den von ihnen gemachten Aussagen sollen den Gang der Untersuchung und den Blickwinkel der Crew auf die Ereignisse illustrieren.

Als erster Zeuge der Untersuchung wurde am 3. Mai Archie Jewell (siehe Abbildung Seite 234), einer der Ausguckposten, befragt:

»Frage: ›Ihr Name ist Archie Jewell?‹

Antwort: ›Ja.‹

Frage: ›Und Sie waren einer der Ausguckposten auf der ‚Titanic'?‹

Antwort: ›Ja, ganz richtig.‹

Die Scottish Drill Hall in London, in der ab dem 2. Mai 1912 der britische Untersuchungsausschuß tagte. Links neben den erhöhten Plätzen für den Vorsitzenden und die Sachverständigen ein Modell der »Titanic«. (Southampton City Heritage Collections)

LIST OF WITNESSES IN THE ORDER IN WHICH THEY APPEARED.

Date.	Name of Witness.	Description.	Numbers of Questions.	Page.
2nd day	1. ARCHIE JEWELL...	Lookout man	1 to 331	16 to 21
(*3rd May*, 1912).	2. JOSEPH SCARROTT	Able seaman...	332 to 651	22 to 29
3rd day	3. GEORGE WILLIAM BEAUCHAMP...	Fireman	652 to 892	31 to 36
(*7th May*).	4. ROBERT HITCHINS	Quartermaster	893 to 1385	36 to 46
	5. WILLIAM LUCAS ..	Able seaman...	1386 to 1834	46 to 53
	6. FREDERICK BARRETT ...	Leading stoker	1834 to 2075	53 to 60
4th day	FREDERICK BARRETT (*continued*)	...	2076 to 2361	61 to 66
(*8th May*).	7. REGINALD ROBINSON LEE	Lookout man	2362 to 2761	66 to 74
	8. JOHN POINGDESTRE	Able seaman ...	2762 to 3339	74 to 83
	9. JAMES JOHNSON ...	Night watchman in 1st saloon	3340 to 3508	83 to 86
5th day	JAMES JOHNSON (*continued*)	...	3509 to 3707	87 to 91
(*9th May*).	10. THOMAS PATRICK DILLON	Trimmer	3708 to 3980	91 to 95
	11. THOMAS RANGER	Greaser	3981 to 4181	96 to 99
	12. GEORGE CAVELL	Trimmer	4182 to 4501	99 to 104
	13. ALFRED SHIERS...	Fireman	4502 to 4830	104 to 109
	14. CHARLES HENDRICKSON	Leading fireman	4831 to 5274	109 to 116
6th day	15. FRANK HERBERT MORRIS	Bathroom steward ...	5275 to 5505	117 to 121
(*10th May*).	16. FREDERICK SCOTT	Greaser	5506 to 5906	121 to 130
	17. CHARLES JOUGHIN	Chief baker ...	5907 to 6366	130 to 139
	18. SAMUEL JAMES RULE ...	Bathroom steward ...	6367 to 6669	139 to 144
7th day	19. STANLEY LORD ...	Master of ss. "Californian"	6670 to 7411	145 to 160
(*14th May*).	20. JAMES GIBSON ...	Apprentice of the ss. "Californian."	7412 to 7802	160 to 166
	21. HERBERT STONE	2nd Officer of the ss. "Californian."	7803 to 8110	166 to 172
8th day (*15th May*).	22. CHARLES VICTOR GROVES	3rd Officer of the ss. "Californian."	8111 to 8564	172 to 181
	23. GEORGE FREDERICK STEWART	Chief Officer of the ss. "Californian."	8565 to 8918	181 to 187
	CHARLES VICTOR GROVES (*recalled*)	...	8919 to 8923	188
	24. CYRIL F. EVANS	Marconi operator on the ss. "Californian."	8924 to 9218	188 to 193
	25. JAMES HENRY MOORE ...	Master of the ss. "Mount Temple."	9219 to 9415	194 to 197
	26. JOHN DURRANT ...	Marconi operator on the ss. "Mount Temple."	9416 to 9590	198 to 201
9th day (*16th May*).	JOHN DURRANT (*recalled*)	...	9591 to 9596	202
	SAMUEL RULE (*recalled*)	...	9597 to 9832	202 to 207
	27. JOHN EDWARD HART ...	3rd class steward	9833 to 10325	207 to 216
	28. ALBERT VICTOR PEARCEY	3rd class pantryman	10326 to 10497	216 to 219
	29. EDWARD BROWN	1st class steward	10498 to 10672	219 to 222
	30. CHARLES DONALD MACKAY	Bathroom steward ...	10673 to 10867	222 to 225
	31. JOSEPH THOMAS WHEAT	Assistant 2nd steward	10868 to 11071	226 to 230
10th day	CHARLES HENDRICKSON (*recalled*)	...	11072 to 11302	232 to 236
(*17th May*).	32. GEORGE SYMONS	Able seaman...	11303 to 12007	237 to 252
	33. JAMES TAYLOR ...	Fireman	12008 to 12304	252 to 257
	34. JAMES CLAYTON BARR ...	Master of the ss. "Caronia"	12305 to 12318	257
	35. ALBERT EDWARD JAMES HORSWILL.	Able seaman...	12319 to 12447	258 to 260
	36. Sir COSMO DUFF-GORDON	Passenger	12448 to 12591	260 to 268
11th day (*20th May*).	Sir COSMO DUFF-GORDON (*continued*).	...	12592 to 12868	268 to 271
	37. Lady DUFF-GORDON	Passenger	12869 to 12970	271 to 273
	38. SAMUEL COLLINS	Fireman	12971 to 13053	274 to 275
	39. FREDERICK SHEATH	Trimmer	13054 to 13092	276
	40. ROBERT WILLIAM PUSEY	Fireman	13093 to 13155	276 to 277
	41. Mrs. ELIZABETH LEATHER	1st class stewardess	13156 to 13185	278
	JOSEPH JAMES WHEAT (*recalled*)	...	13186 to 13271	278 to 280
	42. Mrs. ANNIE ROBINSON...	1st class stewardess	13272 to 13314	280 to 281
	43. WALTER WYNN ...	Quartermaster	13315 to 13407	281 to 283
	44. CHARLES HERBERT LIGHTOLLER	2nd Officer	13408 to 13796	283 to 292
12th day (*21st May*).	CHARLES HERBERT LIGHTOLLER (*continued*).	...	13797 to 14910	293 to 325
13th day	45. HERBERT JOHN PITMAN	3rd Officer	14911 to 15304	325 to 333
(*22nd May*).	46. JOSEPH GROVE BOXALL	4th Officer	15305 to 15766	334 to 345
	47. HAROLD GODFREY LOWE	5th Officer	15767 to 16091	345 to 350
	48. GEORGE ELLIOTT TURNBULL ...	Deputy Manager of the Marconi International Marine Communication Company.	16020 to 16087	351 to 352
14th day (*23rd May*).	GEORGE ELLIOTT TURNBULL (*continued*)	...	16088 to 16284	353 to 361
	49. HAROLD BRIDE ...	Marconi operator	16285 to 16286	361
	GEORGE ELLIOTT TURNBULL (*recalled*)	...	16287 to 16322	361 to 362
	HAROLD BRIDE (*recalled*)	...	16323 to 16801	362 to 372
	CHARLES HERBERT LIGHTOLLER (*recalled*)	...	16802 to 16906	373 to 376
	JOSEPH GROVE BOXALL (*recalled*)	...	16907 to 17017	376 to 378
	HERBERT JOHN PITMAN (*recalled*)	...	17018 to 17040	379
	HAROLD GODFREY LOWE (*recalled*)	...	17041 to 17052	380

Die ersten 49 der 97 Zeugen. In der ersten Spalte der Liste der jeweilige Befragungstermin; in der zweiten der vollständige Name des Zeugen; in der dritten Beruf bzw. Aufgabe des Zeugen an Bord der »Titanic«; in der vierten Spalte die Zahl der Fragen, die beantwortet wurden; in der letzten Spalte die Seiten im Abschlußbericht, auf denen die Aussage zu finden war. (Department of Transport; Marine Accident Investigation Branch)

Oben: Sir Robert Finlay (zweiter von links), der Anwalt der White Star Line bei den britischen Untersuchungen, und Thomas Scanlan (rechts) von der Gewerkschaft der Seeleute und Heizer. (Southampton City Heritage Collections)

Links: C. Mackay und E. Brown, die beide als Salonstewards auf der »Titanic« gearbeitet hatten, wurden am 16. Mai vor dem britischen Untersuchungsausschuß befragt. (Southampton City Heritage Collections)

Rechts: Viele Männer der »Titanic«-Mannschaft wurden vor dem britischen Untersuchungsausschuß ausführlich befragt, besonders eingehend die überlebenden Ausguckposten und Steuermänner. (Southampton City Heritage Collections)

Frage: ›Hatten auf der ‚Titanic' alle Matrosen irgendwann Wache als Ausguck, oder gab es spezielle Ausguckposten?‹
Antwort: ›Ja, es gab sechs Ausguckposten.‹
Frage: ›Sie waren einer dieser sechs?‹
Antwort: ›Ja.‹
Frage: ›Nun, in der Nacht dieses Sonntags, dem 14. April, welche Wache hatten Sie da?‹
Antwort: ›Die von acht bis zehn.‹
Frage: ›Und wo waren Sie? Waren Sie im Krähennest oder auf dem Vorschiff?‹
Antwort: ›Im Krähennest.‹
Frage: ›War ein zweiter Ausguck im Krähennest?‹
Antwort: ›Ja, es gab immer zwei gleichzeitig.‹
Frage: ›Sie waren zu zweit im Krähennest?‹
Antwort: ›Ja.‹
Frage: ›Wer war der Mann, der bei Ihnen war?‹
Antwort: ›Symons, er ist in New York.‹
Frage: ›Und er wurde auch gerettet?‹
Antwort: ›Ja ...‹«

Nach dem ersten Vernehmungstag befand Lord Mersey, daß mehr Zeit nötig sei, um sachdienliche Fragen an die Besatzungsmitglieder vorzubereiten. Um die Verhältnisse an Bord genauer beurteilen zu können, fuhren Mersey und seine Sachverständigen daher am 6. Mai nach Southampton und besichtigten die »Olympic«. White-Star-Direktor Harold Sanderson empfing die Delegation am Westbahnhof und begleitete sie zu den Liegeplätzen der Reederei, wo Philip Curry vom Southamptoner Büro sie erwartete. Man inspizierte die Arbeitsweise der Schottentüren und verfolgte, wie ein Rettungsboot zu Wasser gelassen wurde. Die Vernehmungen wurden am 7. Mai fortgesetzt.

Abenteuerliche Rettung

Chefbäcker Charles Joughin machte am 10. Mai seine Aussage: »John [sic] Joughin, Chefbäcker, sagte aus, er wäre durch die Kollision aufgewacht und habe um 12.15 Uhr den Befehl erhalten, Proviant in die Boote zu bringen. Er schickte daraufhin seine Mitarbeiter, insgesamt 13 Männer, mit je 40 Pfund Brot nach oben. Zwieback war normalerweise bereits in den Rettungsbooten. Der Zeuge wurde für Boot Nummer 10 auf der Backbordseite eingeteilt. Es gab keine besonderen Vorkommnisse. Der Leitende Offizier war dort und viele Passagiere. Der Offizier befahl, die Männer zurückzuhalten, aber das war nicht nötig, denn sie hielten sich von selbst zurück. Die Disziplin war hervorragend. Die Stewards stellten sich nebeneinander auf und ließen nur Frauen und Kinder durch. Als das Boot halbvoll war, wurde es allerdings schwierig, weiteren Frauen hineinzuhelfen. Sie liefen weg mit der Begründung, dort, wo sie jetzt wären, würden sie sicherer sein. Das weiß der Zeuge ganz sicher. Auch sah er eine große Menge von Frauen aus der dritten Klasse.

Frage: ›Wurde Ihrer Meinung nach irgendein Unterschied gemacht zwischen Damen aus der ersten, zweiten und dritten Klasse?‹

Joughin: ›Absolut keiner. In normalen Zeiten war das Bootsdeck nur für Passagiere der ersten Klasse, aber in dieser Nacht gab es keine Beschränkungen. Es gab eine Tür für den Notfall, die vom Gang der dritten Klasse ins große Treppenhaus der zweiten Klasse führte. Diese Tür war in der Nacht der Katastrophe offen. Die Treppe führte durch mehrere Decks hindurch direkt hinauf auf das Bootsdeck.‹

Der Zeuge wußte, daß die Tür offen war, weil er selbst sie benutzte. Er ging hinunter in sein Quartier, um etwas zu trinken. Dabei sah er, daß Passagiere der dritten Klasse das Deck durch diese Tür verließen, einige der Frauen hatten Gepäck bei sich.

Der Zeuge brachte nach eigenen Angaben zusammen mit anderen Männern einige Frauen mehr oder minder mit Gewalt von den unteren Decks zu den Booten und setzte sie hinein.

Zwei Stunden im Wasser

Laut Einteilungsliste hätte der Zeuge eigentlich das Kommando im Boot führen sollen.

Frage: ›Warum übernahmen Sie es nicht?‹

Joughin: ›Ich wartete auf Anweisungen, ins Boot zu steigen, aber es waren bereits zwei Matrosen und ein

Ausguck Archie Jewell sagte am 3. Mai 1912 als allererster Zeuge vor dem britischen Untersuchungsausschuß aus. (Siehe Liste Seite 231; Southampton City Heritage Collections)

Matrose George Moore (Mitte) und zwei andere Zeugen während der Untersuchung in London. (Southampton City Heritage Collections)

Steward dort. Ansonsten war das Boot voll Frauen und Kinder.‹

Dem Zeugen wurde nicht befohlen einzusteigen; er meint, weil bereits genügend Männer da waren. Dann wurde das Boot hinabgelassen.

Frage: ›Wohin wandten Sie sich?‹

Joughin: ›Nun, ich ging herum und sondierte die Lage. Dann stieg ich runter in mein Quartier und nahm einen kräftigen Schluck zu mir. Nachdem ich mit dem alten Doktor gesprochen hatte, ging ich wieder an Deck und sah, daß alle Boote weg waren. Ich stieg wieder runter auf das B-Deck und schmiß Deckstühle ins Wasser.‹

Frage: ›Warum?‹

Joughin: ›Naja, ich suchte nach etwas, an dem man sich festhalten konnte. Ich schmiß vielleicht fünfzig über Bord. Die Schlagseite des Schiffes wurde nach backbord stärker. Ich ... hörte einen Lärm, als würde etwas auseinanderbrechen; einige Leute rannten vorbei. Ich stieg wieder an Deck und sah viele zum Heck laufen und hinaufklettern. Der Lärm schien von zerberstenden Eisenteilen zu kommen. Ich hielt mich von dem Gewühl der Leute fern. Dann ging ein starker Ruck durch das Schiff, und eine große Menschenmenge wurde auf einen Haufen geschleudert – viele hundert Menschen. Von dem Ruck erholte sich das Schiff nicht mehr.‹

Frage: ›Was passierte mit Ihnen?‹

Joughin: ›Ich gelangte schließlich zur Steuerbordseite des Hecks. Ich hängte mich außen an die Reling. Ich fragte mich, was ich als nächstes tun sollte, und kramte einige Dinge von der einen Tasche in die andere, da ging das Schiff unter.‹

Frage: ›Gerieten Sie unter Wasser?‹

Joughin: ›Nein, ich glaube nicht, daß ich ganz im Wasser war. Mein Kopf war vielleicht naß.‹

Frage: ›Sind Sie ein guter Schwimmer?‹

Joughin: ›Ja.‹

Frage: ›Wie lange schwammen Sie, bis Sie gerettet wurden?‹

Kapitän Arthur Clarke und Commander Fitzhugh Lyon, zwei der nautischen Sachverständigen im britischen Untersuchungsausschuß. (Southampton City Heritage Collections)

Joughin: ›Bis zur Morgendämmerung, etwa zwei Stunden, dann nahm mich ein Faltboot auf. Das Meer war wie ein Teich. ... Ich schwamm zu einem Faltboot, das kieloben auf dem Wasser lag. Offizier Lightoller und zwanzig bis fünfundzwanzig andere Männer hingen an ihm. ...‹

Weggestoßen vom Boot

Frage: ›Wurde Ihnen Platz gemacht?‹
Joughin: ›Nein.‹
Frage: ›Sahen Sie das auch so, daß kein Platz da war?‹
Joughin: ›Ja.‹
Frage: ›Konnten Sie hinaufgelangen?‹
Joughin: ›Nein, ich wurde zurückgestoßen, blieb aber in der Nähe. Ein alter Kollege namens Maynard, der mich kannte, streckte die Hand aus und hielt mich fest. Nun lag ich mit der Schwimmweste auf dem Boot.‹
Frage: ›War das Wasser kalt?‹
Joughin: ›Also, mir war kälter, als ich dann in einem Rettungsboot saß. Die Leute von diesem Boot meinten, sie könnten noch zehn Leute aufnehmen, also sagte ich zu Maynard: ‚Laß meine Hand los‘, und schwamm hinüber. Insgesamt war ich zweieinhalb Stunden im Wasser. Das Rettungsboot war voll mit Frauen.‹
Weiter befragt, erklärte der Zeuge, daß er keine nautischen Kenntnisse habe, obwohl er als ›Kapitän‹ von Boot Nummer 10 eingeteilt worden war ...
Frage: ›Sie sagten, als Sie auf das Faltboot wollten, wurden Sie weggestoßen?‹
Joughin: ›Ja.‹
Frage: ›Wer stieß Sie weg?‹
Joughin: ›Das weiß ich nicht.‹
Frage: ›Sagten Sie etwas zu den Männern?‹
Joughin: ›Nein.‹
Der Zeuge berichtete, als er die ›Carpathia‹ erreichte, sei es ihm nicht schlecht gegangen, nur seine Füße wären so geschwollen gewesen, daß er die Strickleiter auf den Knien hätte erklimmen müssen. ... (Southampton City Heritage Collections)

Lord Mersey, der Leiter des britischen Untersuchungsausschuß, zusammen mit seinem Sohn Cive Bingham, der als Sekretär des Untersuchungsausschusses fungierte.
(Southampton City Heritage Collections)

Zeugen, die vor dem britischen Untersuchungsausschuß erscheinen müssen.
(Southampton City Heritage Collections)

Zweite Aussage des Ausgucks George Symons

Symons, der bereits vor dem amerikanischen Untersuchungsausschuß ausführlich vernommen worden war, mußte in London noch einmal berichten. »Vor dem Generalstaatsanwalt gab er an, seit neun Jahren zur See zu fahren und den Atlantik fünfzig oder sechzig Mal überquert zu haben. Er war Ausguckposten auf der ›Titanic‹ und vorher in gleicher Funktion auch auf anderen Schiffen angestellt gewesen. In der Nacht der Katastrophe war der Zeuge von acht bis zehn Uhr im Krähennest. Er fragte Mr. Lightoller, ob er ein Fernglas für die Ausguckposten hätte, erhielt jedoch die Antwort, daß es keines gäbe. Am Abend des 14. April um ungefähr halb zehn erhielt er von der Brücke die Order, daß die Ausguckposten bis zum Tagesanbruch besonders genau auf Treibeis und Eisberge achten sollten.

Es war sehr kalt, und der Zeuge erzählte seinem Kollegen, er könne Eis riechen. Als er nach dem Zusammenstoß an Deck kam, half er, die Boote auszusetzen. Mr. Murdock [sic; richtig: Murdoch] war verantwortlich für die Steuerbordseite, und es gab keine Probleme, die Boote zu Wasser zu lassen. Auf keinem anderen Schiff, das er kenne, hätten nach Meinung des Zeugen derserart Dinge reibungsloser geklappt. Die Passagiere hatten bereits ihre Schwimmwesten an und verhielten sich ruhig. Nachdem die Rettungsboote 3, 5 und 7 gefiert worden waren, ging der Zeuge zu Faltboot Nummer 1. Zwei Damen liefen auf das Boot zu und fragten, ob sie einsteigen könnten. Mr. Murdock sagte: ›Ja, steigen Sie ein.‹ Dann kamen drei Herren, auch ihnen wurde erlaubt, ins Boot zu steigen. Mr. Murdock sah sich um, konnte aber niemand mehr entdecken, also gab er den Männern den Befehl zum Fieren. Er fragte, wer das Kommando im Boot hätte, und der Zeuge antwortete: ›Symons, Ausguck‹. Mr. Murdock sagte zu ihm: ›Gut, Symons, fühlen Sie sich verantwortlich für dieses Boot und sorgen Sie dafür, daß alle auf Sie hören.‹ Es waren zwölf Personen im Boot.

Generalstaatsanwalt: ›Es gab noch Platz in Ihrem Boot für eine Menge anderer Passagiere, nicht wahr?‹

Symons: ›Ja, aber der Befehl war ‚Fieren', und Befehlen hat man zu folgen.‹

Vorsitzender: ›Wenn im Boot noch soviel Platz für mehr Menschen war, warum wurde dann der Befehl

Harold Sanderson, einer der Direktoren der White Star Line (links), und Herbert Haddock, der Kapitän der »Olympic« (dritter von links), während der Untersuchungen in London.
(Southampton City Heritage Collections)

zum Fieren gegeben? War es, weil keine anderen Leute in der Nähe waren, die hätten einsteigen können?‹
Symons: ›Es waren auf dem Schiff keine Leute mehr zu sehen, als der Befehl gegeben wurde.‹
Auf eine Frage des Generalstaatsanwalts antwortete der Zeuge, daß er, nachdem Boot Nummer 3 das Schiff verlassen hatte, ein weißes Licht gesehen hätte ... Er nahm an, es sei von einem Fischkutter.
Vorsitzender: ›Wie spät war es da?‹
Symons: ›Etwa halb zwei – ungefähr eine Stunde, bevor die ‚Titanic' unterging.‹
Der Zeuge sagte aus, er habe das Licht auch noch gesehen, nachdem sein eigenes Boot ausgesetzt worden sei. Die Entfernung gab er mit fünf bis zehn Meilen an.

Warum kehrte das Boot nicht zurück?

Der Zeuge fuhr fort, daß Mr. Murdock ihm, als er im Boot war, den Befehl gegeben hätte: ›Bleiben Sie in einiger Entfernung und kommen Sie wieder, wenn wir Sie brauchen.‹ Nachdem sie etwa 200 Meter gerudert waren, befahl der Zeuge den Männern, die Ruder hochzunehmen. Als das Schiff versank, fuhr man noch ein Stück weiter, um dem Sog zu entgehen.
Symons: ›Ich hörte Schreie von der ‚Titanic', als sie unterging, aber ich kam zu dem Schluß, daß es gefährlich wäre zurückzufahren.‹« (Southampton City Heritage Collections)

Im »Kreuzverhör«: Charles Lightoller

Der Zweite Offizier, Charles Lightoller, wurde am 20. Mai aufgerufen und beantwortete mehr als 1600 Fragen. Er wurde als der zentrale Zeuge angesehen, als es darum ging, Kritik an der Navigation des Schiffes zu entkräften.
Lightoller hielt seine Erfahrungen später in dem bereits mehrfach erwähnten Buch »Titanic and Other Ships« fest: »Was in Washington wenig Bedeutung hatte, war in London unumgänglich: den Schuldzuweisungen entgegenzutreten. Raffinierte Fragen, die genau überlegte Antworten erforderten, wollte man nicht in eine Falle tappen, dienten dazu, irgendeinen Unglücklichen mit Schuld zu beladen. Wie sehr versuchte Mr. Scanlan, der die Interessen der Matrosen und Heizer vertrat, zu beweisen, daß es nicht genug Crewmitglieder gegeben hätte, die Boote zu bemannen und zu Wasser zu lassen.
... Aber es war nicht ratsam, darauf einzugehen, daher die erbitterten Wortgefechte zwischen uns. Die juristischen Kenntnisse, die sich Mr. Scanlan in den letzten Jahren erworben hatte, machten ihn zu keinem geringen Gegner. Sein Ziel war, mir das Geständnis abzuzwingen, daß ich nicht genug Männer für die Boote gehabt hätte und daß folglich die Besatzung des Schiffes nicht groß genug gewesen sei.
Wie viele Männer brauchte man nach meiner Ansicht für ein Rettungsboot? ›Welche Größe?‹ ›So groß wie ein Rettungsboot der ‚Titanic'.‹ ›Nun‹, sagte ich, ›das hängt sehr von den Wetterbedingungen ab.‹ ›Nehmen Sie, welche Sie wollen‹, antwortete mein Gegenüber ungehalten.
Ich schlug vor, daß zum Beispiel Windstärke sechs herrschen solle. ›In Ordnung‹, stimmte er zu. ›Dann würde‹, ergänzte ich, ›die See natürlich entsprechend sein.‹ ›Ja, ja‹, stimmte er abermals zu und tappte damit in die Falle: Lord Mersey gab Mr. Scanlan zu verstehen, daß es unter den beschriebenen Umständen absolut unmöglich sei, ein Rettungsboot zu Wasser zu lassen.
So ging die Schlacht weiter. Trotzdem, denke ich, blieben wir uns gewogen. Es hätte niemandem geholfen, wenn wir vor aller Augen unsere schmutzige Wäsche gewaschen hätten. Das Handelsministerium hatte das Schiff als seetüchtig angesehen, in jedem Sinn des Wortes, auch die Sicherheitsvorkehrungen waren den Verantwortlichen ausreichend erschienen. Nun ließ eben dieses Handelsministerium die Gründe für den Untergang des Schiffes untersuchen – wie gesagt, es ging darum, wem die Schuld für die Katastrophe zu geben sei. Ich persönlich hatte kein Interesse daran, daß sie dem Handelsministerium oder der White Star Line zugeschoben wurde. Aber es war eine wahrhaft schwere Aufgabe, sich in diesem Punkt korrekt zu verhalten, wenn man es einerseits mit einem der klügsten Köpfe in juristischen Fragen zu tun hatte, der mit allen Mitteln versuchte, eine Unzulänglichkeit hier, einen Mangel da nachzuweisen, und wenn man selbst andererseits schon seit vielen Jahren ganz genau um die Möglichkeit einer solchen Katastrophe wußte. Am Ende gewannen das Handelsministerium und die White Star Line.
Die These, die Mr. Scanlan und seine Verbündeten damals um jeden Preis zu verteidigen versuchten – daß die viel zu wenigen Rettungsboote der ausschlaggebende Faktor für die Katastrophe waren – wird längst durch strenge Gesetze voll und ganz anerkannt. Das Bootsdeck wird nicht mehr als ›Vergnügungspark‹ der Passagiere angesehen, auf dem man möglichst wenig Rettungsboote auf möglichst geringem Platz unterbringt. Eher ist man nun in das andere Extrem verfallen, und die Sicherheitsvorkehrungen haben die Grenze des Lächerlichen erreicht.
Sei es, wie es wolle, ich werde diese unerträglich langen Wortgefechte nie vergessen, in denen ich die wenig beneidenswerte Rolle des Prügelknaben für alle spielte. Das ging so weit, daß man mir – grob ausgedrückt – fast das Fell über die Ohren gezogen hätte, jeder schien

seinen Bissen haben zu wollen. Als die Angelegenheit vorüber war, fühlte ich mich kaum mehr als der Offizier eines anständigen Schiffes. Doch die Verantwortlichen bei der White Star Line sahen die immense Anstrengung wohl nicht, die da auf die Schultern eines einzelnen geladen worden war ...
Es wäre ein Wort des Dankes gewesen, das ich, nachdem die ›Titanic‹-Untersuchung zu Ende war, doch sehr zu schätzen gewußt hätte. Warum die Verantwortlichen dieser doch so noblen Reederei sich so verhielten, ist mir nicht einsichtig.«

Einige Auszüge aus der Befragung des Offiziers Lightoller:
»Mr. Scanlan: ›Ich möchte gern von Ihnen wissen, wie viele Männer Sie [in einem Rettungsboot] für wünschenswert halten würden?‹
Mr. Lightoller: ›Sagen wir vier.‹
Mr. Scanlan: ›Vier Seeleute?‹
Mr. Lightoller: ›Vier Männer, die mit einem Boot umgehen können, die wissen, was zu tun ist.‹
Mr. Scanlan: ›Sie meinen, vier würden ausreichen?‹
Mr. Lightoller: ›Hätte ich vier Männer, so würde ich mit jedem gewöhnlichen Rettungsboot umgehen können.‹
Mr. Scanlan: ›Würden Sie vier erfahrene Männer brauchen?‹
Mr. Lightoller: ›Nicht unbedingt erfahrene Männer – eben Männer, die was von Booten verstehen, die ein Ende des Ruders vom anderen unterscheiden können ...‹
Mr. Scanlan: ›Sie würden nicht erwarten, solche Männer unter den Heizern zu finden, oder?‹
Mr. Lightoller: ›Warum nicht?‹
Mr. Scanlan: ›Würden Sie das erwarten?‹
Mr. Lightoller: ›Ja.‹
Mr. Scanlan: ›Sie würden also keine echten Seeleute brauchen?‹
Mr. Lightoller: ›Nein, überhaupt nicht.‹
Mr. Scanlan: ›Aber die Männer müßten Erfahrung haben im Umgang mit Rettungsbooten, mit Booten?‹
Mr. Lightoller: ›Sie müßten nicht unbedingt erfahren sein; sie müßten in der Lage sein, zu tun, was man ihnen sagt.‹
Mr. Scanlan: ›Aber bei einer plötzlichen Gefahr wären Sie nicht in der Lage, ihnen zu sagen, was sie tun sollen; so wie Sie dies nicht bei den Männern konnten, die Sie von der ‚Titanic' losschickten.‹
Mr. Lightoller: ›Jetzt sprechen Sie aber davon, ein Boot bei richtigem Seegang zu beherrschen.‹
Mr. Scanlan: ›Ich spreche von allem, was eine Bootscrew zu leisten hat, vom Klarmachen der Boote auf dem Bootsdeck bis zu dem Moment, in dem sie in Sicherheit sind, falls dieser Fall eintritt.‹ ...
Mr. Scanlan: ›Es ist in einer anderen Zeugenaussage, die diesen Fall betreffend gemacht wurde, angegeben worden, daß neun Männer wünschenswert beziehungsweise notwendig wären.‹
Mr. Lightoller: ›Das würde aber fünf Passagiere weniger bedeuten, oder?‹
Mr. Scanlan: ›Das würde es natürlich, aber auf der anderen Seite, Mr. Lightoller, würde es auch mehr Boote bedeuten. Würden Sie da zustimmen?‹
Mr. Lightoller: ›Daß neun Männer nötig sind?‹
Mr. Scanlan: ›Ja?‹
Mr. Lightoller: ›Absolut nicht.‹
Mr. Scanlan: ›Ich verstehe. Euer Ehren, ich zitiere jetzt aus der Zeugenaussage, die Sie [Mr. Lightoller] in Amerika gemacht haben; erster Tag, das erste Mal, daß Sie in den Zeugenstand traten, auf Seite 68 des Protokolls.‹

Sie wurden gefragt: ›Erinnern Sie sich, wo sich das Schiff befand, als Sie Mr. Murdoch die Wache übergaben?‹
[Mr. Lightoller] ›Jetzt nicht mehr, Sir.‹
[Senator Smith] ›Wußten Sie es damals?‹
[Mr. Lightoller] ›Ja, Sir.‹
[Senator Smith] ›Können Sie eine ungefähre Vorstellung geben?‹
[Mr. Lightoller] ›Als ich meine Wache beendete, schätzte ich grob, daß wir gegen elf Uhr in die Nähe von Eis kommen würden, das ging aus dem Marconigramm hervor, das ich gesehen hatte.‹
›Das folgerten Sie daraus?‹
›Ja.‹
[Senator Smith] ›Daß Sie auf diesem Breitengrad sein würden?‹
[Mr. Lightoller] ›Längengrad.‹
[Senator Smith] ›Um elf Uhr?‹
[Mr. Lightoller] ›Ungefähr um elf Uhr, ja.‹
[Senator Smith] ›Sprachen Sie darüber mit Mr. Murdoch, als Sie Ihre Wache beendeten?‹
[Mr. Lightoller] ›Worüber?‹
[Senator Smith] ›Ich wollte wissen, ob Sie mit Mr. Murdoch über die Eissituation sprachen, als Sie Ihre Wache beendeten?‹
[Mr. Lightoller] ›Nein, Sir.‹
[Senator Smith] ›Fragte er Sie irgendwie danach?‹
[Mr. Lightoller] ›Nein, Sir.‹
[Senator Smith] ›Worüber sprachen Sie?‹
[Mr. Lightoller] ›Wir machten Bemerkungen über das Wetter, daß es ruhig und klar sei. Wir sprachen darüber, bis wohin wir sehen könnten. Wir schienen sehr weit sehen zu können. Alles war ganz klar. Wir konnten erkennen, wie die Sterne am Horizont untergingen.‹

Mr. Scanlan: ›Hiernach scheint es doch so, als wären Sie, als Sie die Aussage abgaben, der Meinung gewesen, Mr. Murdoch nichts über die Eisberge und Ihre Schlußfolgerungen gesagt zu haben.‹

Mr. Lightoller: ›Auf die Fragen, die mir gestellt wurden, habe ich nach meinem Verständnis korrekt geantwortet.‹
Mr. Scanlan: ›Ist das Protokoll also nach Ihrer Meinung nicht korrekt oder unvollständig?‹
Mr. Lightoller: ›Unvollständig, ja, das denke ich.‹
Mr. Scanlan: ›Und daß Sie ungeachtet dieser Aussage Mr. Murdoch von den Eisbergen berichteten?‹
Mr. Lightoller: ›Unzweifelhaft, ja.‹
Mr. Scanlan: ›Sie geben sicher zu, daß die Aussage irreführend ist; und ich nehme an, Sie würden sie gern korrigieren?‹
Mr. Lightoller: ›Ja, das würde ich.‹
Zweiter Kronanwalt: ›Wenn Sie etwas weiter oben schauen, Mr. Scanlan, dann stellen Sie fest, daß dieser Gentleman gefragt wurde: ‚Gaben Sie Mr. Murdoch die Information weiter, die Sie vom Kapitän auf der Brücke erhalten hatten?' Da sagt er [als er auf die nächste Frage antwortet; Anm.d.Übers.], denke ich, indirekt, daß er mit ihm über das Eis gesprochen hat. Er wird als nächstes gefragt: ‚So war der verantwortliche Offizier, Mr. Murdoch, von Ihnen also klar darüber informiert worden, daß Sie sich in der Nähe dieser Eisberge befanden?' Und jetzt seine Antwort: ‚Ich würde es nicht Nähe nennen.' Ich denke, dieser Einwurf zeigt, daß er mit ihm über die Sache gesprochen hatte.‹
...
Mr. Scanlan: ›Ich beziehe mich auf die Aussage, die Sie gestern gemacht haben und möchte Sie fragen, in welcher Entfernung Sie Ihrer Meinung nach bei den Wetterbedingungen, die herrschten, an diesem Sonntag einen Eisberg gesehen haben würden.‹
Mr. Lightoller: ›In anderthalb bis zwei Meilen Entfernung.‹
Mr. Scanlan: ›Mit bloßem Auge?‹
Mr. Lightoller: ›Ja.‹
Mr. Scanlan: ›Und mit einem Fernglas hätten Sie ihn schon in größerer Entfernung entdeckt?‹
Mr. Lightoller: ›Wahrscheinlich.‹
Vorsitzender: ›Diese Antwort verstehe ich nicht.‹
Mr. Lightoller: ›Ich wollte damit ausdrücken (es ist auch eine ziemlich schwierige Frage), daß ich ein Fernglas nicht die ganze Zeit benutzen und einen Eisberg im Normalfall erst mit bloßem Auge sehen würde. Wenn es aber so wäre, daß ich in dem Moment, in dem der Eisberg in Sicht kommt, genau in die richtige Richtung gucken würde und das Fernglas vor den Augen hätte, dann wäre es möglich, daß ich ihn sehe, bevor ich ihn mit bloßen Augen erkennen könnte.‹
Mr. Scanlan: ›Ein Fernglas kann in einem Beutel oder einer Kiste im Krähennest aufbewahrt werden. Als das Unglück geschah, soll es im Krähennest der ‚Titanic' kein Fernglas gegeben haben. Ist das richtig?‹
Mr. Lightoller: ›Daß es keines gab?‹
Mr. Scanlan: ›Nein, ob es richtig ist, daß es einen Platz für Ferngläser im Krähennest gibt.‹
Mr. Lightoller: ›Ich denke ja.‹
Mr. Scanlan: ›Dann sollte vielleicht eines dort sein?‹
Mr. Lightoller: ›Ja.‹
Mr. Scanlan: ›Sie wußten, daß in dieser Nacht keines dort war?‹
Mr. Lightoller: ›Ja.‹
Mr. Scanlan: ›Und ein Fernglas ist da, um gebraucht zu werden, vermute ich?‹
Mr. Lightoller: ›Ja.‹
Mr. Scanlan: ›Wenn im Krähennest eines benutzt wird, hat es der Ausguckposten dann die ganze Zeit vor den Augen oder greift er nur in Situationen, in denen dies nötig erscheint, darauf zurück?‹
Mr. Lightoller: ›So ist es.‹
Mr. Scanlan: ›Ein Mann im Ausguck hat nicht die ganze Zeit ein Fernglas vor den Augen?‹
Mr. Lightoller: ›Nein, sicherlich nicht.‹
Mr. Scanlan: ›Ein Fernglas ist da, falls er es für sinnvoll hält, es zu gebrauchen?‹
Mr. Lightoller: ›Ganz genau. Sehen Sie, wenn ich das vielleicht ausführen darf, ein Fernglas ist äußerst nützlich bei der Betrachtung eines Lichtes. Das heißt, Sie können ohne Zweifel ein Licht mit dem Fernglas schneller als mit bloßem Auge deutlich erkennen. Wenn ein Mann nach einem bestimmten Licht Ausschau halten soll, und er meldet eines, dann ist das für uns ein Grund, ihn anzurufen und zu fragen: ‚Was für eine Art von Licht?' Der Mann sieht in einer klaren Nacht vielleicht die Reflektion des Lichts auf dem Wasser, ehe es selbst über den Horizont steigt. Vielleicht ist es auch dessen Luftspiegelung, die kann man manchmal auf 60 Meilen Entfernung sehen. Das alles kann er mit dem Fernglas genauer erkennen, weil auch viel Zeit dafür da ist – Stunden; es gibt keine Eile in einer klaren Nacht. ... Aber wenn es sich um ein treibendes Schiff oder einen Eisberg handelt, darf der Mann keinen Moment zögern, bei geringstem Verdacht muß er, bevor er noch Zeit hat, das Fernglas zu nehmen, einmal, zweimal oder dreimal die Glocke läuten. Dann kann er durch das Fernglas gucken oder tun, was er will, aber vorher muß er melden, daß er etwas sieht.‹
Mr. Scanlan: ›Wie Euer Ehren bereits andeutete, ist es doch sehr wünschenswert, ein Fernglas für die Ausguckposten zu haben, damit sie es nutzen können wenn nötig, oder?‹
Mr. Lightoller: ›Das ist eine Entscheidung des Offiziers, der Wache hat. Manche Offiziere ziehen es vor, daß die Männer eines haben, andere nicht; da gibt es keine allgemeine Meinung zu.‹
Mr. Scanlan: ›Ich spreche nicht von der allgemeinen Meinung der Offiziere, sondern ich möchte wissen, was Sie über den Wert von Ferngläsern denken.‹

Mr. Lightoller: ›Da kann ich entschieden antworten – ich bin für Ferngläser.‹
Mr. Scanlan: ›Für Ausguckposten? Das ist erfreulich. Wissen Sie, daß die Ausguckposten sich in Southampton darüber beschwerten, daß es kein Fernglas im Krähennest gab?‹
Mr. Lightoller: ›Ich weiß von keiner Beschwerde.‹
Mr. Scanlan: ›Wußten Sie, daß es kein Fernglas im Ausguck gab?‹
Mr. Lightoller: ›Ja, das wußte ich.‹
Mr. Scanlan: ›Sie sagten, es gab keine Beschwerde. Meinen Sie etwa –‹
Vorsitzender: ›Nein, tut er nicht; er sagt, er weiß von keiner Beschwerde.‹
Mr. Lightoller: ›Ich wollte nur ausdrücken, daß es keine Beschwerde gab – es hatte auch keiner das Recht zu einer Beschwerde.‹
Mr. Scanlan: ›Sie wollen mir damit sagen, daß der Ausguck, der ins Krähennest steigt und dort in der Tasche, der Kiste, oder was immer es ist, kein Fernglas findet, kein Recht hat, zu kommen und sich zu beschweren?‹
Mr. Lightoller: ›Ja, er hat das Recht, das zu melden, und damit ist die Sache erledigt.‹
Vorsitzender: ›Das finde ich unglaublich.‹
Mr. Scanlan zu Mr. Lightoller: ›Soweit Sie wissen, wurde also nicht gemeldet, daß kein Fernglas da war?‹
Mr. Lightoller: ›Doch, es wurde gemeldet.‹
Vorsitzender: ›Das ist Wortklauberei.‹
Mr. Scanlan: ›Das ist es.‹
Vorsitzender: ›Eine Meldung ist für ihn keine Beschwerde.‹
Mr. Scanlan: ›Ich meinte mit ‚Beschwerde', daß die Sache gemeldet wurde.‹
Mr. Lightoller: ›Es gab eine Meldung – ich bedauere, daß ich Sie mißverstanden habe.‹
Mr. Scanlan: ›Können Sie Euer Ehren erklären, warum, wenn es eine solche Meldung gab, kein Fernglas für die Ausguckposten auf der ‚Titanic' besorgt wurde?‹
Mr. Lightoller: ›Nein, ich kann Ihnen keine Erklärung geben.‹
Mr. Scanlan: ›Wenn die Sache in Ihrer Zuständigkeit gelegen hätte, hätten Sie sich dann um ein Fernglas gekümmert?‹
Mr. Lightoller: ›Wenn eines auf dem Schiff gewesen wäre, hätte ich das getan.‹
Mr. Scanlan: ›Gab es Ferngläser auf dem Schiff, die für die Ausguckposten genutzt werden hätten können?‹
Mr. Lightoller: ›Das kann ich nicht sagen.‹
Mr. Scanlan: ›Hatten Sie auf der Brücke Ferngläser?‹
Mr. Lightoller: ›Hatten wir.‹
Mr. Scanlan: ›Wie viele?‹
Mr. Lightoller: ›Eines für jeden Senior-Offizier.‹
Mr. Scanlan: ›Wie viele insgesamt; Sie waren fünf oder sechs Offiziere?‹
Mr. Lightoller: ›Je eines für jeden Senior-Offizier und den Kapitän, eines für die Brücke allgemein ...‹
Mr. Scanlan: ›So daß auf der Fahrt immer einmal wieder ein Fernglas übrig war?‹
Mr. Lightoller: ›Auf der Brücke.‹
Mr. Scanlan: ›Auf der Brücke – das Sie den Ausguckposten hätten geben können.‹
Vorsitzender: ›Mr. Scanlan, ich möchte Ihnen meine Meinung zu dieser Sache mitteilen. Es scheint mir, als würde es keinen großen Unterschied machen, ob nun ein Fernglas da war oder nicht, weil der Mann im Ausguck es sowieso nicht vor den Augen gehabt hätte. Und als er das Ding sah, war es zu spät, um es zu benutzen.‹
...
Mr. Scanlan: ›Sie sagten, es sei in dieser Nacht besonders schwierig gewesen, Eisberge zu sichten. War das nicht so?‹
Mr. Lightoller: ›Ich denke nicht, daß ich das Wort ‚schwierig' benutzt habe.‹
Mr. Scanlan: ›Können Sie mir sagen, mit welcher Geschwindigkeit die ‚Titanic' fuhr, als Sie die Brücke um zehn Uhr verließen?‹
Mr. Lightoller: ›Mit 21,5 Knoten.‹
Mr. Scanlan: ›Auf welcher Grundlage berechnen Sie das?‹
Mr. Lightoller: ›Ich gehe von den Schraubenumdrehungen aus. Soweit ich mich erinnere, waren es 75 pro Minute, und das ergibt, denke ich, eine Durchschnittsgeschwindigkeit von 21,5 Knoten.‹
...
Mr. Scanlan: ›Soweit ich sehe, wollten Sie keinen Geschwindigkeitsrekord aufstellen. Aber war nicht Ihnen allen daran gelegen, diese erste Fahrt in einer guten Zeit zu absolvieren?‹
Mr. Lightoller: ›Nein, leider nicht, wir wußten, daß ein Schiff gerade bei den ersten Fahrten – eigentlich kann man sagen, in den ersten zwölf Monaten – seine Höchstgeschwindigkeit noch nicht erreicht.‹
Mr. Scanlan: ›Ließen Sie denn die ‚Titanic' nicht so schnell wie möglich fahren?‹
Mr. Lightoller: ›O nein, absolut nicht. Ich würde sagen, daß sie, verglichen mit dem, was sie leisten hätte können, recht langsam fuhr.‹
Mr. Scanlan: ›Welche Höchstgeschwindigkeit hätten Sie nach Ihrer Meinung erreichen können?‹
Mr. Lightoller: ›Nun, von dem her, was so gesagt wurde, oder besser, was wir grob schätzten – also ich hätte gedacht, daß sie so um die 24 Knoten hätte schaffen können.‹
Mr. Scanlan: ›Sagten Sie nicht gestern, Sie wären so schnell gefahren, wie es die Kohlevorräte an Bord erlaubt hätten?‹
Mr. Lightoller: ›Habe ich das gestern gesagt?‹
Mr. Scanlan: ›Ja.‹

Mr. Lightoller: ›Ich habe gestern gar nicht ausgesagt.‹
Zweiter Kronanwalt: ›Doch, das haben Sie.‹
Mr. Scanlan: ›Wurden Sie gestern befragt?‹
Mr. Lightoller: ›Ach doch, ich bitte um Entschuldigung. Vielleicht hatte das nicht nur etwas mit den knappen Kohlevorräten zu tun, aber ich hörte, einige Kessel wären nicht an.‹
Mr. Scanlan: ›Wissen Sie, warum die Kessel nicht befeuert wurden?‹
Mr. Lightoller: ›Vielleicht nur, weil man nicht wollte, daß das Schiff schneller fuhr.‹
Mr. Scanlan: ›Wie ich die Dinge sehe, sprach prinzipiell nichts dagegen, daß das Schiff schneller fuhr. Aber gab es in Anbetracht der ungewöhnlichen Wetterverhältnisse und der Tatsache, daß Sie sich seit zehn Uhr dem Treibeis näherten, nicht einen mehr als deutlichen Grund, die Geschwindigkeit nun zu reduzieren?‹
Mr. Lightoller: ›Da kann ich nur auf meine Erfahrungen der letzten vierundzwanzig Jahre verweisen, in denen ich die meiste Zeit auf dem Atlantik unterwegs war: Ich habe nie erlebt, daß die Geschwindigkeit gedrosselt wurde.‹
Mr. Scanlan: ›Sie wurden heute vormittag gefragt, wie ein solches Unglück bei diesen, wie Sie selbst angaben, ungewöhnlichen Wetterbedingungen verhindert hätte werden können.‹
Mr. Lightoller: ›Ja.‹
Mr. Scanlan: ›Ist es denn nicht offenkundig, daß es am besten gewesen wäre, die Fahrt zu verlangsamen?‹
Mr. Lightoller: ›Nicht unbedingt.‹
Mr. Scanlan: ›Gut, aber es ist ein Weg?‹
Mr. Lightoller: ›Natürlich, wenn Sie das Schiff stoppen, können Sie mit nichts mehr kollidieren.‹
Mr. Scanlan: ›Es gab keinen Grund, warum Sie auf dieser Fahrt das Tempo nicht hätten drosseln sollen. Sie hatten keine vorgeschrieben Zeit, oder?‹
Mr. Lightoller: ›Nein.‹
Mr. Scanlan: ›Soll das heißen, auch nachdem Sie diese Katastrophe auf der ‚Titanic' miterlebt haben, würden Sie, wenn Sie jetzt noch einmal in dieselbe Situation geraten würden, mit 21,5 Knoten weiterrasen?‹
Mr. Lightoller: ›Ich habe in keiner Weise gesagt, daß ich ‚rasen' würde; außerdem gefällt mir der Ausdruck ‚rasen' nicht.‹
Mr. Scanlan: ›Ich meinte ‚weiterfahren'.‹
Mr. Lightoller: ›Wissen Sie, das klingt nach Fahrlässigkeit. Das klingt, als hätten wir sie da leichtsinnig reinkrachen lassen, ohne auf irgend etwas zu achten. Das hätten wir nie getan.‹
Mr. Scanlan: ›Ich versuche Ihnen doch nur klarzumachen, daß es bei diesen Wetterbedingungen, die Sie ja selbst als ungewöhnlich beschrieben, und mit dem Wissen, daß Sie in unmittelbarer Nähe von Eis waren, verantwortungslos, absolut verantwortungslos war, mit 21,5 Knoten weiterzufahren.‹
Mr. Lightoller: ›Da kann ich nur zu sagen, daß sich dann praktisch jeder Kapitän, der den Atlantik überquert, verantwortungslos verhält.‹
Mr. Scanlan: ›Darüber möchte ich mit Ihnen nicht diskutieren – aber können Sie persönlich das denn anders als ‚verantwortungslos' nennen?‹
Mr. Lightoller: ›Ja.‹
Mr. Scanlan: ›Ist das für Sie umsichtige Navigation?‹
Mr. Lightoller: ›Es ist die übliche Navigation; und die wird verantwortungsvoll erarbeitet.‹
Mr. Scanlan: ›Handelten denn die für das Schiff Verantwortlichen nicht grob fahrlässig, indem sie in einer so gefährlichen Situation mit dieser Geschwindigkeit weiterfuhren?‹
Mr. Lightoller: ›Nein.‹
Mr. Scanlan: ›Lassen wir dieses Thema. Wäre es nicht eine sinnvolle Vorsichtsmaßnahme gewesen, Ausguckposten am Bug des Schiffes aufzustellen?‹
Mr. Lightoller: ›Sinnvoll wäre alles gewesen, was die Gefahr verringert hätte.‹
Mr. Scanlan: ›Hätte diese Maßnahme dazu beigetragen?‹
Mr. Lightoller: ›Das könnte sein.‹
Mr. Scanlan: ›Sind Sie nicht ein Mann von großer praktischer Erfahrung?‹
Mr. Lightoller: ›Ich kann nicht ganz genau sagen, ob Ausguckposten am Bug eine sinnvolle Maßnahme gewesen wären. Wir geben nicht viel auf sie. Wir hoffen natürlich, daß sie ihre Sache gut machen, aber diese Männer gehören nicht zu den regulären Ausguckposten. Man kann sie nicht unter Druck setzen, denn sie haben keinen guten Posten zu verlieren, so wie die, die als Ausguckposten angeheuert werden.‹
Mr. Scanlan: ›Der Unterschied ist, daß ein regulärer Ausguck fünf Schilling mehr im Monat verdient als ein normaler Matrose, oder?‹
Mr. Lightoller: ›Fünf Schilling mehr im Monat, aber außerdem haben sie unterschiedliche Wachzeiten und müssen auch sonst unterschiedliche Dinge an Bord tun.‹
Mr. Scanlan: ›Aber es gibt keine Prüfung, wenn man vom normalen Matrosen zum Ausguckposten wechseln möchte?‹
Mr. Lightoller: ›Doch.‹
Zweiter Kronanwalt: ›Es gibt eine?‹
Mr. Lightoller: ›Ja, üblicherweise machen alle Ausguckposten und alle Steuermänner einen Augentest. Bei Matrosen ist das nicht unbedingt der Fall.‹
Mr. Scanlan: ›Zu diesem Augentest würde ich Sie gern noch etwas fragen. Wird er mit jedem Ausguckposten, der für die White Star Line arbeitet, durchgeführt?‹
Mr. Lightoller: ›Soweit als möglich haben wir Ausguckposten, die diesen Augentest gemacht haben.‹

Zehn der zwölf Personen, die sich in Rettungsboot Nummer 1 befanden – auf welchem Platz für vierzig Menschen gewesen wäre. Sir Cosmo Duff Gordon (dritter von links), der den Seemännern im Boot je fünf Pfund, angeblich für eine neue Ausrüstung, zukommen ließ, mußte sich später vor dem britischen Untersuchungsausschuß für seine »wohltätige Gabe« verantworten. (Siehe Text Seite 247; Southampton City Heritage Collections)

Mr. Scanlan: ›Das würde ich gern genauer verstehen. Wir hatten zu diesem Thema bereits eine Aussage. Gab der Zeuge nicht an, daß sein Sehvermögen nicht getestet wurde, obwohl er zum ersten Mal mit einem Schiff der White Star Line, eben der ‚Titanic', fuhr?‹

Mr. Lightoller: ›Ja.‹

Mr. Scanlan: ›Wie können Sie das erklären?‹

Mr. Lightoller: ›Die ‚Titanic' war ein neues Schiff, und es ist immer schwierig, in so kurzer Zeit eine wirklich erstklassige Mannschaft zusammenzubekommen. ...

Mr. Scanlan: ›Würden Sie – mit Blick auf die entscheidende Aufgabe der Ausguckposten – darin zustimmen, daß ein ordnungsgemäßer Augentest nötig ist?‹

Mr. Lightoller: ›Ja. Ich denke, das ist eine sehr vernünftige Vorsichtsmaßnahme; von der White Star Line wird sie ja durchgeführt, und ich darf sagen, nur von dieser.‹

Mr. Scanlan: ›Werden Matrosen bei der White Star Line irgendwie für den Umgang mit Rettungsbooten ausgebildet?‹

Mr. Lightoller: ›O ja.‹

Mr. Scanlan: ›Fand auf der ‚Titanic' eine Übung mit den Rettungsbooten statt?‹

Mr. Lightoller: ›Nein, außer in Belfast, dort ließ man einige Boote zu Wasser. Ich glaube, das wurde allerdings von der Werft gemacht.‹

Mr. Scanlan: ›Soweit Sie als Offiziere damit befaßt waren, fand also keine Übung mit den Rettungsbooten statt?‹

Mr. Lightoller: ›Doch, in Southampton wurden auch Boote zu Wasser gelassen, mit Männern an Bord.‹

Mr. Scanlan: ›Wie viele?‹

Mr. Lightoller: ›Vielleicht in jedem Boot acht und ein Steuermann.‹

Mr. Scanlan: ›Da ist noch etwas anderes.‹ Zum Zeugen: ›Sie haben die Kapitänspatente ‚Master's Certificate' und ‚Extra Master's Certificate'?‹

Mr. Lightoller: ›Ja.‹

Mr. Scanlan: ›Sie können mir doch sicher sagen, ob der Kapitän eines Luxusliners wie der ‚Titanic' nicht eine ganze Reihe gesellschaftlicher Verpflichtungen neben seinen Aufgaben auf der Brücke hat; muß er sich nicht um die Passagiere kümmern?‹

Mr. Lightoller: ›O nein. ...‹

Mr. Scanlan: ›Muß der Kapitän nicht oft an anderen Orten als auf der Brücke sein?‹

Mr. Lightoller: ›Aber nein! Er muß überhaupt nirgendwo anders sein als auf der Brücke.‹

Mr. Scanlan: ›Aber ist er nicht trotzdem einen Großteil der Zeit weg?‹

Mr. Lightoller: ›Nein. Aber verstehen Sie mich nicht falsch. Nehmen wir mal an, es sei neblig oder so etwas, dann würde er sich nie von der Brücke entfernen. Sie können von New York nach Southampton fahren, und der Kapitän ist immer auf der Brücke und nicht bei den Passagieren, soweit das möglich ist ...‹«

Zwei Stewardessen berichten

Am selben Tag befragte Mr. Scanlan auch die Zeugin Elizabeth Leather:
»Scanlan: ›Sie arbeiten bereits seit längerer Zeit als Stewardeß?‹
Mrs. Leather: ›Ja.‹
Scanlan: ›Ist es üblich, daß jede Stewardeß eines Passagierschiffes einen festen Platz bei einem Rettungsboot hat?‹
Mrs. Leather: ›Ja.‹
Mr. Scanlan: ›Und irgendwann während der Fahrt werden die Stewardessen ebenso wie die anderen Besatzungsmitglieder an diesen Platz befohlen?‹
Mrs. Leather: ›Nur am Abfahrtstag, da findet eine Musterung statt.‹
...
Mr. Scanlan: ›Sie meinen den Tag, an dem Sie Southampton verließen?‹
Mrs. Leather: ›Ja.‹
Mr. Scanlan: ›Aber wurde Ihnen da auch gesagt, zu welchem Rettungsboot Sie sollten?‹
Mrs. Leather: ›Nein, es wurde erwartet, daß wir das selbst in der Liste nachschauen.‹«

Ebenfalls am 20. Mai wurde Annie Robinson vernommen:
»Mr. Asquith: ›Sie waren Stewardeß in der ersten Klasse der ‚Titanic', oder?‹
Mrs. Robinson: ›Ja.‹
Mr. Asquith: ›Und als das Schiff den Eisberg rammte, schliefen Sie vermutlich?‹
Mrs. Robinson: ›Ja, das tat ich.‹
Mr. Asquith: ›Auf welchem Deck waren Sie?‹
Mrs. Robinson: ›Auf dem E-Deck.‹
Mr. Asquith: ›Als Sie zur Treppe gingen, die zum Postraum führte, was sahen Sie da?‹
Mrs. Robinson: ›Ich bemerkte zwei Postsäcke und eine Herrenreisetasche. Als ich die Treppe hinunterschaute, sah ich, daß das Wasser nur noch sechs Stufen bis zum E-Deck hatte.‹
Mr. Asquith: ›Das heißt, es war bereits bis zur Decke des Postraums und noch höher gestiegen?‹
Mrs. Robinson: ›Zweifellos war es so.‹
Mr. Asquith: ›Wann war das ungefähr?‹
Mrs. Robinson: ›Etwa eine halbe Stunde, nachdem das Schiff den Eisberg gerammt hatte.‹
Mr. Asquith: ›Nach der Kollision?‹
Mrs. Robinson: ›Nach der Kollision, etwa eine halbe Stunde.‹
Mr. Asquith: ›Sahen Sie zu dieser Zeit den Kapitän oder Mr. Andrews?‹
Mrs. Robinson: ›Ein Postbeamter war nach oben gegangen und mit Mr. McElroy [dem Zahlmeister; Anm.d.Übers.] und dem Kapitän zurückgekommen. Sie liefen in Richtung Postraum, aber das war vorher.‹
...
Vorsitzender: ›Verstehen wir das richtig, daß der Postraum nun bereits unter Wasser stand?‹
Mrs. Robinson: ›Ja, aber nicht nur der Postraum, sondern auch das Stockwerk direkt drüber.‹
Mr. Asquith: ›Als Sie das Wasser sahen, wurde Ihnen sicher klar, wie ernst die Lage war?‹
Mrs. Robinson: ›Natürlich.‹
Mr. Asquith: ›Kümmerten Sie sich um die Damen, für die Sie zuständig waren?‹
Mrs. Robinson: ›Selbstverständlich.‹
Mr. Asquith: ›Wie viele Damen betreuten Sie?‹
Mrs. Robinson: ›Sieben Damen, ein Dienstmädchen und eine Gouvernante.‹
Mr. Asquith: ›Sahen Sie andere Stewardessen, die dasselbe taten wie Sie, die sich um ihre Passagiere kümmerten?‹
Mrs. Robinson: ›Die andere Stewardeß auf meinem Deck tat genau dasselbe wie ich.‹
Mr. Asquith: ›Wurde Ihnen von einem Steward gesagt, daß Sie Ihren Mantel und Ihre Schwimmweste anziehen sollten?‹
Mrs. Robinson: ›Mr. Andrews war der erste, der es mir sagte.‹
...
Mr. Asquith: ›Sagte er irgend etwas zu Ihnen über Decken?‹
Mrs. Robinson: ›Wir hatten schon Decken und Schwimmwesten aus den leeren Kabinen an der Treppe geholt. Mr. Andrews sagte zu mir: ‚Ziehen Sie Ihre Schwimmweste an und gehen Sie damit herum, damit die Passagiere Sie sehen.' Ich erwiderte: ‚Das sieht nicht besonders gut aus.' Er aber meinte: ‚Wenn Ihnen Ihr Leben etwas wert ist, ziehen Sie die Weste an.'‹
Mr. Asquith: ›Sie zogen also die Schwimmweste an und liefen damit herum?‹
Mrs. Robinson: ›Ja, das tat ich.‹
Mr. Asquith: ›Wurde, soweit Sie wissen, allen Damen auf dem E-Deck Bescheid gesagt von den Stewardessen, die sie betreuten?‹
Mrs. Robinson: ›Ja, und sie wurden alle gerettet.‹
...
Mr. Asquith: ›Schließlich wurden Sie in Rettungsboot Nummer 11 gesetzt?‹
Mrs. Robinson: ›Ja.‹
Zweiter Kronanwalt: ›Das ist das Boot, von dem auch die letzte Zeugin, Mrs. Wheat, sprach.‹
Mr. Asquith (zur Zeugin): ›Über die Geschehnisse im Boot werde ich Sie nicht befragen, aber eine Sache interessiert mich noch – sahen Sie den Schiffszimmermann?‹
Mrs. Robinson: ›Ich sah ihn. ... Er kam vorbei, als ich

Mr. Horswill, Matrose auf der »Titanic« und einer der Insassen von Rettungsboot Nummer 1, mit seiner Frau und seinen Kindern in Southampton. Er erhielt nach dem Unglück wie die anderen sechs Besatzungsmitglieder in diesem Boot einen Scheck über fünf Pfund von Sir Cosmo Duff Gordon – angeblich für eine neue Arbeitsausrüstung.
(Siehe Text Seite 247 und Abbildung Seite 244: Southampton City Heritage Collections)

hinunter auf das Wasser sah; er hatte die Lotleine in der Hand.‹
Mr. Asquith: ›Wissen Sie, ob er die Wassertiefe gelotet hatte?‹
Mrs. Robinson: ›Das kann ich Ihnen nicht sagen.‹
Mr. Asquith: ›Sagte er irgend etwas zu Ihnen?‹
Mrs. Robinson: ›Nein, der Mann wirkte völlig verwirrt, geistesabwesend. Er sagte nichts.‹
Mr. Asquith: ›Meinen Sie, er war beunruhigt?‹
Mrs. Robinson: ›Das war er ganz sicher.‹
Mr. Asquith: ›Als Ihr Rettungsboot das Schiff verließ, spielte da das Schiffsorchester noch?‹
Mrs. Robinson: ›Ja, das tat es.‹
Mr. Asquith. ›Können Sie sich erinnern, wie spät es war, als das Rettungsboot ausgesetzt wurde?‹
Mrs. Robinson: ›Ich schaute auf meine Uhr, als das Schiff unterging, da war es zwanzig vor zwei [sic]. ... Und ich denke, wir waren noch nicht länger als eine Dreiviertelstunde im Boot.‹

Anschließend wurde Mrs. Robinson von Mr. Cotter befragt:
»Mr. Cotter: ›Haben Sie schon einmal eine Kollision miterlebt?‹
Mrs. Robinson: ›Ja.‹
Mr. Cotter: ›Mit welchem Schiff? Mit der ‚Lake Champlain'?‹
Mrs. Robinson: ›Ja.‹
Mr. Cotter: ›Auch ein Eisberg?‹
Mrs. Robinson: ›Ja.‹
Mr. Cotter: ›Sie wußten also genau, was in einer solchen Situation zu tun war?‹
Mrs. Robinson: ›Ja.‹
Mr. Cotter: ›Und das taten Sie auch?‹
Mrs. Robinson: ›Ja.‹«

Ein Fall von Bestechung?

Heftig diskutiert wurden während der Untersuchung vor allem in der Presse die Geschehnisse in Rettungsboot Nummer 1. Es hatte das Schiff mit zwölf Personen verlassen, vierzig hätten darin Platz gefunden. Unter anderem an Bord waren Sir Cosmo und Lady Duff Gordon. Die Kontroverse darüber, wie das Rettungsboot die »Titanic« halbleer hatte verlassen können, gewann noch an Brisanz, als bekannt wurde, daß Sir Cosmo jedem Crewmitglied im Boot fünf Pfund versprochen hatte, »um sich eine neue Ausrüstung zu kaufen«. Sir Cosmo mußte sich bei der Befragung gegen den Vorwurf verwahren, er habe mit unlauteren Mitteln für seine und Lady Duff Gordons sichere Rettung sorgen wollen:
»Frage: ›... Haben Sie den Männern im Boot irgendwelche finanziellen Versprechungen gemacht?‹

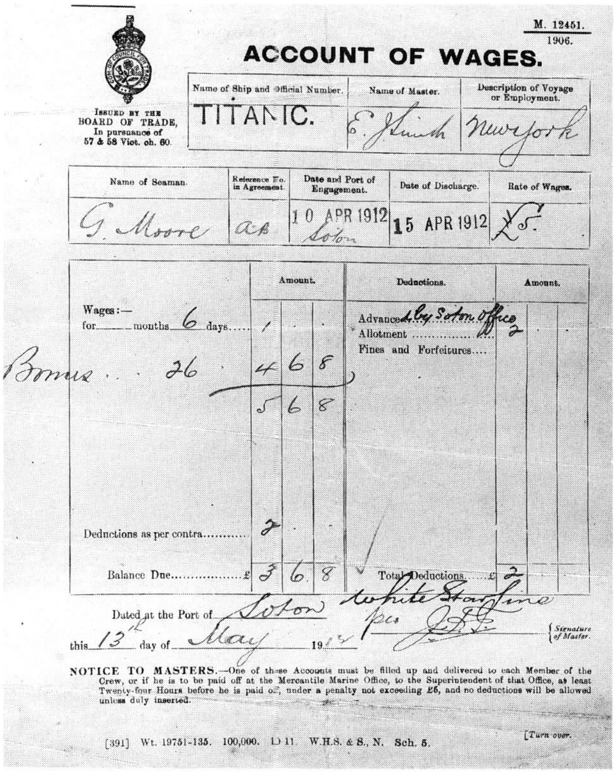
M. 12451. 1906.

ACCOUNT OF WAGES.

ISSUED BY THE BOARD OF TRADE, In pursuance of 57 & 58 Vict. ch. 60.

Name of Ship and Official Number.	Name of Master.	Description of Voyage or Employment.
TITANIC.	E. J. Smith	New York

Name of Seaman.	Reference No. in Agreement.	Date and Port of Engagement.	Date of Discharge.	Rate of Wages.
G. Moore	a.b.	10 APR 1912 Soton	15 APR 1912	£5.

	Amount.	Deductions.	Amount.
Wages:— for ___ months 6 days	1 . .	Advance by Soton office / Allotment / Fines and Forfeitures	2
Bonus . . 26	4 6 8		
	5 6 8		
Deductions as per contra	2 . .		
Balance Due £	3 6 8	Total Deductions £	2

Dated at the Port of Soton this 13th day of May 1912 — White Star Line per J. F. — Signature of Master.

NOTICE TO MASTERS.—One of these Accounts must be filled up and delivered to each Member of the Crew, or if he is to be paid off at the Mercantile Marine Office, to the Superintendent of that Office, at least Twenty-four Hours before he is paid off, under a penalty not exceeding £5, and no deductions will be allowed unless duly inserted.

[391] Wt. 19751-135. 100,000. D 11. W.H.S. & S., N. Sch. 5. [Turn over.

Lohnabrechnung für den Matrosen George Moore – vom Fahrtantritt am 10. April bis zum Untergang des Schiffes. (Southampton City Heritage Collections)

Sir Cosmo Duff Gordon: ›Ja, das habe ich. Ein Mann, der im Dunkeln neben mir auf der Bank saß – ich weiß nicht, wer es war – fragte etwa zwanzig Minuten, nachdem die ‚Titanic' untergegangen war: ‚Sie haben wohl alles verloren, Sir?' Ich antwortete: ‚Ja, natürlich.' Er sagte darauf: ‚Na ja, Sie können sich ja alles neu kaufen, aber wir haben unsere ganze Ausrüstung verloren, und die Reederei wird uns keine neue spendieren. Wir bekommen noch nicht mal mehr eine Heuer für jetzt, wo das Schiff untergegangen ist.' Da sagte ich zu ihm: ‚Sie und Ihre Kollegen brauchen sich darüber keine Sorgen zu machen. Ich werde Ihnen allen fünf Pfund für eine neue Ausrüstung geben.' Das war alles, was wir sagten; auf der ‚Carpathia' bekam ich dann, ich glaube von Hendrickson, eine Liste mit den Namen.‹« (Southampton City Heritage Collections)

Das Kommando über Boot Nummer 1 hatte Ausguck George Symons. Er erhielt von Sir Cosmo Duff Gordon später folgenden Brief:

»Maryculter House bei Aberdeen, Sonntag, den 25.

Schön, von Ihnen zu hören, Symons; vielen Dank für Ihren Brief. Ich denke, die ganze Untersuchung hat gezeigt, daß Lord Mersey gar nicht in der Lage war, die Situation, in der wir uns befanden, zu begreifen. Was tun Sie jetzt – fahren Sie wieder zur See oder bleiben

Sie vorerst an Land? Lady Duff Gordon hat glücklicherweise die aufregenden Erlebnisse zu Wasser und zu Lande gut verkraftet.
Hochachtungsvoll, Ihr Cosmo Duff Gordon«
(Aus einer Privatsammlung)

Gewinner und Verlierer

Während Offiziere wie Charles Lightoller der Untersuchung – zumindest in der Öffentlichkeit – positiv gegenüberstanden, ließ die British Seafarers' Union keinen Zweifel daran, daß sie von der ganzen Veranstaltung nicht das geringste hielt:
»Diese ›Titanic‹-Untersuchung hat die Nation 20231 Pfund gekostet. Zu diesen Ausgaben sind zu zählen: 1050 Pfund für den Beauftragten für Schiffsunglücke, 950 Pfund für die Sachverständigen, 622 Pfund für die Stenographen, 260 Pfund Miete für die Scottish Drill Hall und Ausstattung des Raumes für die Befragung, 1214 Pfund für Papier und Druck, 2458 Pfund für Sir Rufus Isaacs, 2425 Pfund für Sir J. A. Simon, 2345 Pfund für Mr. Aspinall, 1249 Pfund für Mr. Rowlatt, 864 Pfund für Mr. R. Asquith, 1908 Pfund für den Gewahrsam der Zeugen, 2500 Pfund für die Anwälte, 564 Pfund für Pläne und Modelle.
Allein die Juristen haben zusammengenommen 13000 Pfund bekommen. Sir Rufus Isaacs als Generalstaatsanwalt und Sir J. A. Simon als zweiter Kronanwalt werden beide für ihre Ämter hoch bezahlt ... Mr. Rowlatt ist Richter und Mr. R. Asquith ist Sohn des Premierministers. Die herrschende Klasse beutet das Volk immer aus, und diese Untersuchung zeigt, daß sie auch keine Skrupel hat, aus Tod und Unglück ihre Vorteile zu ziehen. – Sagte da jemand ›Schmarotzer‹?
Die Ausgaben für Mr. T. Lewis, der die British Seafarers' Union bei der Untersuchung vertrat, beliefen sich auf lediglich 72 Pfund und 60 Pence, Mr. Cotter von der Steward Union kostete 68 Pfund und 2 Schilling.«
(Aus »The British Seafarer«, University of Warwick)

Am 30. Juli 1912 präsentierte die Mersey-Kommission ihre Ergebnisse. Nur einigen wenigen Einzelpersonen gab sie ein gewisses Maß an Schuld für die Katastrophe. So beispielsweise Kapitän Smith wegen der hohen Geschwindigkeit des Schiffes zum Zeitpunkt der Kollision. Ferner stellt sie fest, daß Kapitän Lord der »Titanic« mit dem Dampfer »Californian« noch rechtzeitig zu Hilfe hätte eilen können, wenn er es versucht hätte. Sie eröffnete damit eine erbitterte Auseinandersetzung um die Rolle der »Californian« beim Unglück, und noch heute erhitzen sich die Gemüter über diese Frage. Ansonsten verschanzte die Kommission sich hinter allgemeiner Kritik, die sich unter anderem auf die Bereitstellung und Zahl der Rettungsboote bezog. Bedauert wurde, daß Rettungsboot Nummer 1 nicht zurückgefahren war und mehr Menschen an Bord genommen hatte.
Bruce Ismay, der die »Titanic« beizeiten auf einem Rettungsboot verlassen hatte, wurde ebenso wie Sir Cosmo Duff Gordon vom Vorwurf unehrenhaften Verhaltens freigesprochen.
Erstaunlichstes Resultat der Untersuchung: Die Reisenden aus der dritten Klasse seien in keiner Weise benachteiligt worden, als es um die Rettung von Leib und Leben ging. Kein einziger der Passagiere war vernommen worden, doch hatte John Edward Hart, einer der beiden überlebenden Stewards aus der dritten Klasse, bezeugt, daß auf jeden Fall die Männer bis Viertel nach eins unter Deck zurückgehalten wurden. Es mag ein Licht auf das tiefverwurzelte Klassendenken der damaligen Zeit werfen, daß weder die Presse noch die überlebenden Passagiere der dritten Klasse an dieser Tatsache Anstoß nahmen.
Auch wenn der heroische Satz »Frauen und Kinder zuerst« seither immer als Ehrenkodex des Untergangs der »Titanic« galt – Faktum ist, daß in dieser Nacht mehr Kinder aus der dritten Klasse als Männer aus der ersten Klasse starben.

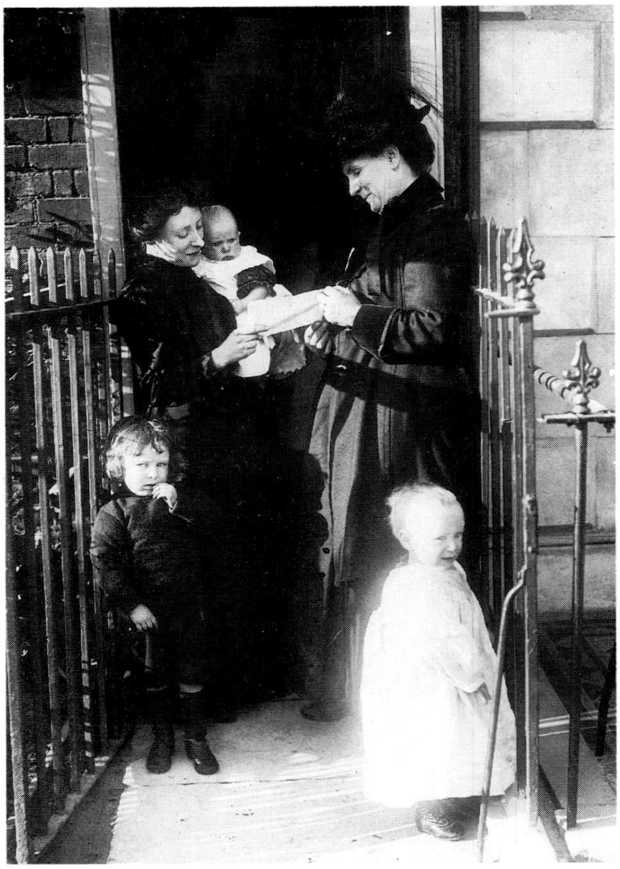

Rosina Hurst aus Southampton (links) spricht mit ihrer Tante über die Nachricht, daß ihr Mann Walter Hurst, der als Heizer auf der »Titanic« arbeitete, gerettet wurde, ihr Vater William Hurst jedoch nicht. (Southampton City Heritage Collections)

Die neunzehnjährige Amelia May. Sie verlor ihren Mann und ihren Schwiegervater, die beide als Heizer arbeiteten, beim Untergang der »Titanic«. (Southampton City Heritage Collections)

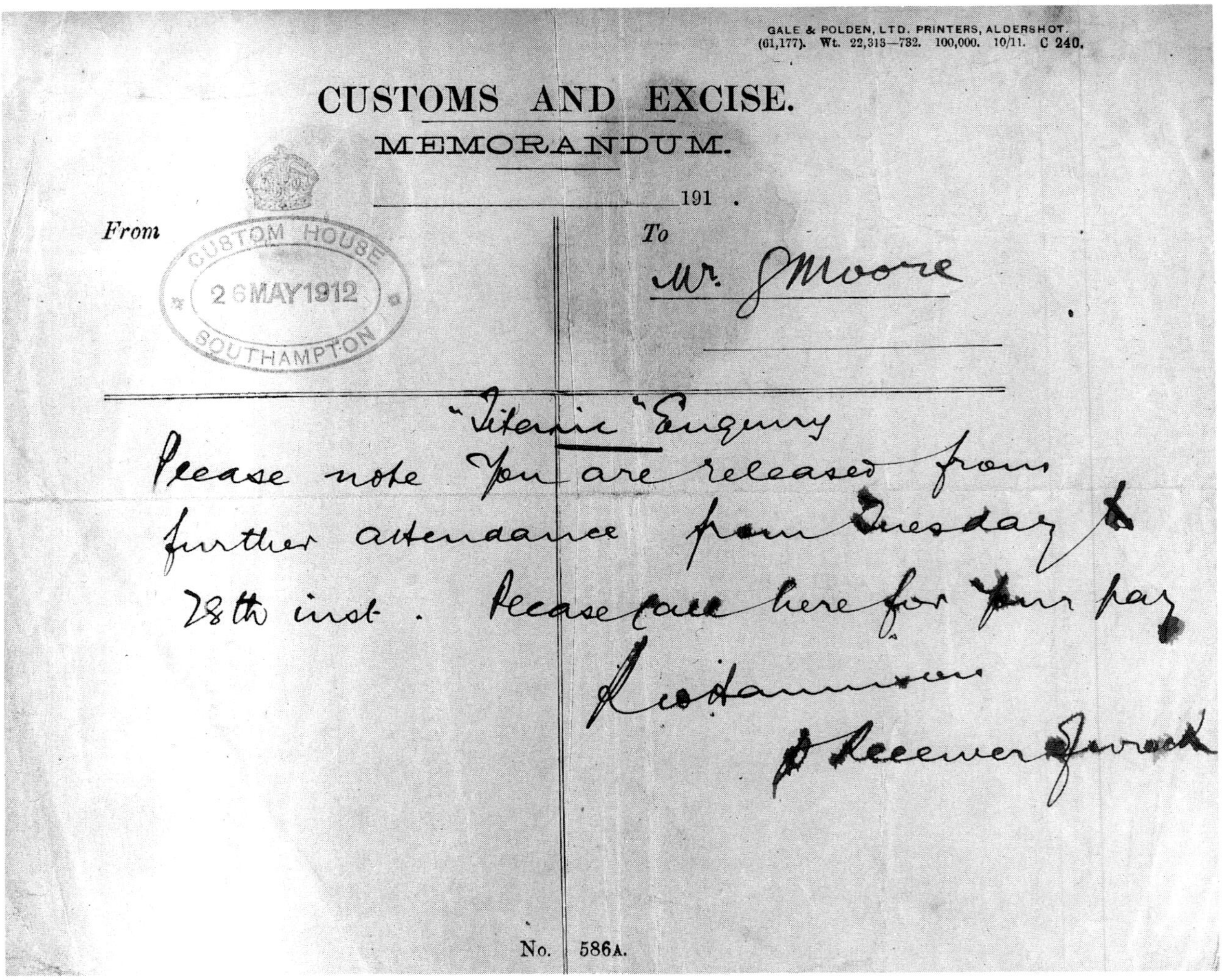

GALE & POLDEN, LTD. PRINTERS, ALDERSHOT.
(61,177). Wt. 22,318—732. 100,000. 10/11. C 240.

CUSTOMS AND EXCISE.
MEMORANDUM.

191 .

From
CUSTOM HOUSE
26 MAY 1912
SOUTHAMPTON

To
Mr. G Moore

"Titanic" Enquiry
Please note You are released from further attendance from Tuesday the 28th inst. Please call here for your pay
[illegible]
for Receiver of Wreck

No. 586A.

Offizielles Schreiben an den Matrosen George Moore, daß seine Anwesenheit ab dem 28. Mai für die Arbeit des britischen Untersuchungsausschußes nicht mehr erforderlich sei.
(Southampton City Heritage Collections)

KAPITEL 13

Die Arbeit der Hilfsfonds

»Es war ganz normal, keinen Vater mehr zu haben«

Southampton befand sich nach der Katastrophe in einer Art Schockzustand. Am 20. und 28. April wurden feierliche Gedenkgottesdienste abgehalten, an denen viele tausend Menschen teilnahmen, Kondolenzanzeigen füllten die Zeitungen, und die Fahnen der Stadt wehten zum Zeichen der Trauer auf halbmast.
Eine Weile lang wurde von vielen Blättern des Landes über Southampton berichtet; Fotos vor allem aus dem Stadtteil Northam, wo besonders viele Menschen Angehörige verloren hatten, illustrierten die Artikel. Dann nahm das Interesse der Öffentlichkeit langsam ab, ohne weiteres Aufsehen kehrten die Überlebenden der Crew zurück in ihr Leben, und für viele Frauen und Kinder, die allein zurückgeblieben waren, begann nun der Überlebenskampf.

Wer auf See arbeitete, war den Wechselfällen des Schicksals völlig ausgeliefert: Mit dem Untergang eines Schiffes endeten alle vertraglichen Verpflichtungen der Reederei gegenüber überlebenden Besatzungsmitgliedern. Und die Familien der Verstorbenen konnten keinerlei finanzielle Ansprüche geltend machen.
Zwar verklagten einige wohlhabende amerikanische Familien nach dem Untergang der »Titanic« die White Star Line auf Schadensersatz, doch hätten sich die völlig mittellosen Angehörigen der Crewmitglieder einen Rechtsstreit mit der Reederei natürlich niemals leisten können.

"TITANIC" DISASTER.

IMPORTANT NOTICE TO CUSTOMERS.

We beg to tender our deepest sympathy to every one who has lost those near and dear to them in this terrible catastrophe. Many of our customers are unfortunately amongst those lost.

Under our Free Gift Scheme the wives are entitled to a free conveyance of the Furniture, irrespective of the amount owing.

Claims should be sent in as soon as ever possible to

F. BAKER & SONS, HOUSE FURNISHERS. 55 to 59, Northam Rd., NEAR SIX DIALS, SOUTHAMPTON.

Am Samstag, dem 20. April 1912, findet in der St. Mary's Church in Southampton ein feierlicher Gedenkgottesdienst für die Verstorbenen des »Titanic«-Unglücks statt; im Bild Angestellte der White Star Line, die durch die Stadt zur Kirche marschieren. (Southampton City Heritage Collections)

Oben und unten:
Angestellte der White Star Line auf dem Weg in die St. Mary's Church.
(Southampton City Heritage Collections)

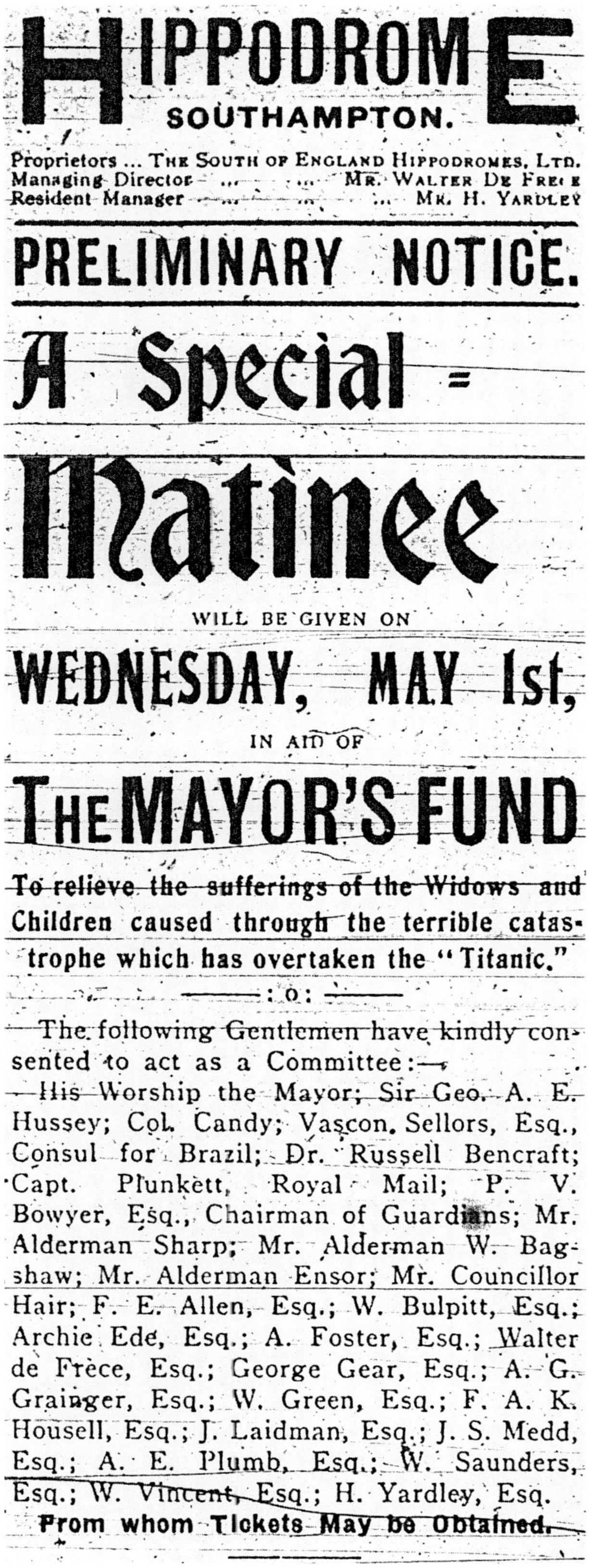
HIPPODROME
SOUTHAMPTON.
Proprietors ... The South of England Hippodromes, Ltd.
Managing Director ... ... Mr. Walter De Frece
Resident Manager ... ... Mr. H. Yardley

PRELIMINARY NOTICE.

A Special
Matinee

WILL BE GIVEN ON

WEDNESDAY, MAY 1st,

IN AID OF

THE MAYOR'S FUND

To relieve the sufferings of the Widows and Children caused through the terrible catastrophe which has overtaken the "Titanic."

:o:

The following Gentlemen have kindly consented to act as a Committee:—
His Worship the Mayor; Sir Geo. A. E. Hussey; Col. Candy; Vascon. Sellors, Esq., Consul for Brazil; Dr. Russell Bencraft; Capt. Plunkett, Royal Mail; P. V. Bowyer, Esq., Chairman of Guardians; Mr. Alderman Sharp; Mr. Alderman W. Bagshaw; Mr. Alderman Ensor; Mr. Councillor Hair; F. E. Allen, Esq.; W. Bulpitt, Esq.; Archie Ede, Esq.; A. Foster, Esq.; Walter de Frèce, Esq.; George Gear, Esq.; A. G. Grainger, Esq.; W. Green, Esq.; F. A. K. Housell, Esq.; J. Laidman, Esq.; J. S. Medd, Esq.; A. E. Plumb, Esq.; W. Saunders, Esq.; W. Vincent, Esq.; H. Yardley, Esq.
From whom Tickets May be Obtained.

Oben und rechts: Veranstaltungen zugunsten des »Titanic«-Hilfsfonds von Bürgermeister Bowyer werden angekündigt. (»Southampton Pictorial«)

Der Southamptoner Bürgermeister Henry Bowyer mit einem Kollegen. (Southampton City Heritage Collections)

SOUTHAMPTON AND DISTRICT LICENSED VICTUALLERS' ASSOCIATION.

TITANIC DISASTER.
RELIEF FUND.

We are authorised by His Worship the Mayor to state that any member of the Trade who may desire to have Collection Boxes in their bars, may obtain same by applying to our Secretary, 4 Portland Terrace, Southampton.
W. [illegible], Chairman.
W. E. [illegible], Secretary.

TITANIC DISASTER.

MR. HAROLD BINNING has great pleasure in announcing that
MADAME AMY SHERWIN
Has graciously offered to assist the Fund for the relief of the sufferers by giving a CONCERT at Southampton, at which the world-famous English Prima Donna,
STELLA CAROL, will sing.
Date and full particulars shortly.

Southampton and District Pictorial

(WITH WHICH IS INCORPORATED "SOUTHAMPTON AMUSEMENTS.")

Vol. 1.—No. 4.] WEDNESDAY, MAY 1st, 1912. [Price One Penny.

Sunday's Memorial Service on the Marlands.

Oben und unten: Am Sonntag, dem 28. April 1912, wird in Southampton noch einmal ein großer Gedenkgottesdienst, diesmal unter freiem Himmel, abgehalten. (»Southampton Pictorial«)

Der Southamptoner Bürgermeister Henry Bowyer rief deshalb nach dem Unglück einen Hilfsfonds für notleidende Hinterbliebene von Besatzungsmitgliedern der »Titanic« ins Leben. Auch ein nationaler Fonds wurde gegründet, der ab 1916 die Angehörigen von Opfern der »Titanic«, der »Empress of Ireland« und der »Lusitania« unterstützte.

Spenden wurden mit allen nur erdenklichen Mitteln zusammengetragen: mit der Sammelbüchse auf der Straße, bei speziellen Wohltätigkeitskonzerten, bei Sportveranstaltungen, mit dem Verkauf von Gedenkpostkarten und Schallplatten. Auch viele Prominente der Zeit setzten sich für die Fonds ein.

»Die Ward Conservative Association der Gemeinde St. Mary's ... hat für ihr Konzert zugunsten des ›Titanic‹-Hilfsfonds am nächsten Dienstag ... ein hervorragendes Programm zusammengestellt. Die Schirmherrschaft der Veranstaltung übernehmen der ehrenwerte Bürgermeister und seine Gattin. Wir hoffen, daß man ein ausverkauftes Haus haben wird.« (»Southampton News«)

»Die Musiker der A.M.U. werden am Sonntagabend, dem 16. Juni, an der Eislaufbahn in Shirley für Unterhaltung sorgen. Der Erlös des Konzerts kommt dem Titanic Disaster Musicians Hero's Fund zugute.« (»Southampton News«)

Auch Hilfsfonds mit bescheideneren finanziellen Mitteln wurden eingerichtet, so beispielsweise von der British Seafarers' Union, die beim Untergang der »Titanic« fast dreihundert Mitglieder verloren hatte. Die Gewerkschaft zahlte an Überlebende und Angehörige langfristig Unterstützungsgelder und richtete einen Fonds zur Soforthilfe für Notleidende ein.

Der nationale Hilfsfonds wurde von öffentlichen Treuhändern in London verwaltet; in Southampton, Liverpool und Exeter gab es örtliche Komitees. Eine der ersten Amtshandlungen des Southamptoner Aus-

Oben und rechts: Am Mittwoch, dem 8. Mai 1912, findet im Palace Theatre unter der Schirmherrschaft des Southamptoner Bürgermeisters Henry Bowyer und seiner Gattin eine Benefizveranstaltung für die Hinterbliebenen der umgekommenen Besatzungsmitglieder statt. (Beide Dokumente aus der Sammlung Brian Ticehurst)

schusses, der aus Würdenträgern der Stadt bestand, war es, eine Dame einzustellen, die die betroffenen Familien regelmäßig besuchte und bei ihnen »nach dem Rechten« sah.
Aus dem Sitzungsprotokoll des Fonds-Komitees vom 28. Mai 1912: »Es wurde ein Schreiben der Treuhänder verlesen, in welchem dringend empfohlen wurde, eine ›Inspektorin‹ einzustellen. Mr. Sevain wandte sich im Namen der Absender an das versammelte Komitee und hob hervor, daß es nötig sei, eine Dame zu engagieren, die die richtige Ausbildung für eine Aufgabe dieser Art mitbrächte, gewandtes Auftreten habe, aus gutem Hause stamme und vorzugsweise nicht in Southampton wohne.

Für ein Jahresgehalt von hundert Pfund plus Reisekosten wurde Miss Newman für die Tätigkeit vorgesehen.« (Southampton City Records)

Aus einem Gespräch mit John Bartlett May: »Meine Mutter verlor ihren Mann, also ihren ersten Mann, und ihren Schwiegervater. Ich heiße May wie meine Mutter, aber mein Vater war der Vetter dieses ersten Mannes, der beim Untergang der ›Titanic‹ starb. Wir gingen alle in Northam zur Schule; die Sache mit der ›Titanic‹ spielte im Leben von uns jüngeren Kindern keine große Rolle, weil sie uns persönlich nicht betraf. An ein, zwei Sachen kann ich mich jedoch noch erinnern. So an eine gewisse Miss Newman, die vom Hawthorn Cottage zu uns kam. Gewöhnlich fuhr sie mit dem Fahrrad ...; sie tauchte regelmäßig ein- oder zweimal im Monat auf. Ich denke, sie guckte nach, wie sich mein Bruder, der ja nach dem ›Titanic‹-Unglück Halbwaise war, entwickelte.« (Oral-history-Projekt Southampton)

Wer und in welcher Höhe vom nationalen Hilfsfonds unterstützt wurde, war genau geregelt: »Grundlage für

THE
PALACE THEATRE
SOUTHAMPTON, LTD.

Managing Director . . . **Mr. Frank Macnaghten**
Resident Manager . . . . . . **Mr. Will Murray**
Assistant Manager . . . . . . **Mr. Fred Mason**

Special
Benefit Matinee

Under the distinguished patronage of His Worship the Mayor and Mayoress, Aldermen and Councillors, and other Influential Ladies and Gentlemen

IN AID OF THE MAYOR'S
"TITANIC" RELIEF FUND

Hon. Acting Managers . {MR. HARRY YARDLEY, Hippodrome / MR. ARTHUR WESTON, Grand Theatre}
Hon. Musical Directors . . . . {MR. JAMES SOUTHWORTH / MR. JOHN W. WILDE}
Hon. Stage Managers . . . . {MR. FRANK MASTERS / MR. WILLIAM FRITTINGHAM}

GRAND AUGMENTED PROGRAM

On . . .
Wednesday, May 8
at 2.30 p.m.

die Verteilung der Gelder ist, daß Witwen oder andere Angehörige der Seeleute und Offiziere, die beim Untergang der ›Titanic‹ starben, wöchentlich möglichst ungefähr die Hälfte von deren vormaligem Verdienst erhalten sollen. ...
Die finanziellen Zuwendungen für Witwen betragen mit der staatlichen Rente zusammengenommen mindestens 3 Pfund, 11 Schilling und 60 Pence. Weitere Angehörige, die keinen Anspruch auf eine staatliche Rente haben, erhalten eine wöchentliche Unterstützung von mindestens drei Guineen.
Außerdem werden zu Ostern, im Sommer und schließlich zu Weihnachten zusätzliche Beträge in Höhe je einer monatlichen Zuwendung gezahlt.« (»Daily Mail« vom 5. Oktober 1912)

Kein Zweifel: Die Unterstützung des nationalen Hilfsfonds wurde dringend benötigt und dankbar entgegengenommen. Viele Kinder bekamen durch diese finanzielle Zuwendung sogar eine Schul- und Ausbildung, die sie wahrscheinlich nicht erreicht hätten, wenn ihre Väter überlebt und als Seeleute weitergearbeitet hätten. Doch in den Sitzungsprotokollen des Southamptoner Komitees wird auch deutlich, wie selbstverständlich die führende Gesellschaftsschicht der damaligen Zeit Werturteile über das Leben des »Volkes« fällte. Finanzielle Unterstützung erhielt von ihr nicht jeder, der Not litt:
»25 Pfund an Mrs. Bristow, damit sie mit ihren Kindern an die See fahren kann. ... Ein Ersuchen von Angehörigen der Besatzungsmitglieder (nicht der Maschinisten), daß ein Denkmal für die Stewards, Matrosen, Heizer etc. errichtet werden möge, wurde vorgetragen. Der Schriftführer wurde damit beauftragt, zu antworten, daß das Komitee sich außerstande fühle, dem Ersuchen stattzugeben.« (26. September 1913)

THE PALACE

SOUTHAMPTON.

SPECIAL MATINEE

Wednesday, May 8th,

At 2.30. in Aid of the

MAYOR'S

"Titanic"

—Fund

Under the Distinguished Patronage of His Worship the Mayor and Mayoress, Aldermen and Councillors, and other Influential Ladies and Gentlemen.

For Further Particulars See Small Bills.

Anzeige für eine Benefizveranstaltung am 8. Mai 1912 im Southamptoner Palace Theatre. Die Einnahmen fließen dem von Bürgermeister Henry Bowyer ins Leben gerufenen »Titanic«-Hilfsfonds zu. (»Southampton Pictorial«)

"TITANIC" RELIEF FUND.

RECEIPTS.	£	s.	d.
Collected by Members	180	7	0
By Trade Unionists and Friends ...	58	9	0
Total	£239	6	0

EXPENDITURE.	£	s.	d.
7 Widows at £3 each	21	0	0
40 ,, ,, £2 each	80	0	0
4 ,, ,, £2 10s. each	6	0	0
84 ,, ,, £1 each	84	0	0
16 Dependants at 10/- each	8	0	0
1 ,, ,, £1 5s.	1	5	0
3 Dependants at 5/- each		15	0
Total Disbursements	£201	0	0
Balance in hand	38	6	0
Total	£239	6	0

Aufstellung über Finanzmittel des Hilfsfonds, der von der British Seafarers' Union nach dem Untergang der »Titanic« gegründet wurde. Links die Einnahmen, rechts die Ausgaben: 135 Witwen und 20 weitere Angehörige von Besatzungsmitgliedern wurden während des Abrechnungszeitraums von der Gewerkschaft unterstützt. (University of Warwick)

Bürgermeister Henry Bowyer zahlt Witwen von Besatzungsmitgliedern der »Titanic« Unterstützungsgelder aus. (Southampton City Heritage Collections)

»Zahlung ausgesetzt, da der betreffende Angehörige Insasse des Armenhauses ist.« (27. November 1913)
»Die Zuwendung von fünf Schilling in der Woche wird nicht fortgeführt, da der überlebende Sohn jetzt auf der ›Olympic‹ arbeitet.« (22. Dezember 1913)
»Was die finanzielle Hilfe bei Zahlung des Schulgelds betrifft, so wurde befunden, daß diese auf Töchter von Verstorbenen ausgedehnt werden soll, die zur Zeit des Unglücks höhere Schulen oder Privatschulen besuchten.« (29. Januar 1914)
»Glady Hamblyn (Tochter, 16 Jahre alt) soll bei Mrs. Dora Hill, Damenschneiderin, Above Bar 130, eine Lehre machen; zu zahlendes Lehrgeld für drei Jahre 15 Pfund. ... Melita Wallis (Tochter, knapp 15 Jahre alt) soll zu Mr. Proust, Frisör; zu zahlendes Lehrgeld für drei Jahre 20 Pfund. ...« (23. April 1914)
»Es wurde entschieden, daß jedes Mitglied des Komitees bei Fahrten nach London Anspruch auf eine Fahrkarte erster Klasse und zehn Schilling Reisekostenzahlung hat.« (28. Mai 1914)
»Zehn Pfund Lehrgeld an den Schuster French and Son und wenn nötig einen Betrag, der sieben Pfund, sieben Schilling nicht übersteigen darf, für ein Fahrrad – letzteres bleibt Eigentum des Komitees.« (31. Mai 1914)
»Das Komitee nahm ein Schreiben der Herren White und Needham zur Kenntnis. Sie sind die Anwälte von Mrs. P., einer Witwe, deren Unterstützung eingestellt wurde, da das Komitee die Lebensführung der Dame nicht mehr gutheißen konnte.« (16. Oktober 1914)
»Nach Erhalt einschlägiger Informationen wurde beschlossen, die Zahlung an Mrs. M. und ihre drei Kinder vorläufig einzustellen. ... Es wurde berichtet, daß Mrs. B. sich wieder wegen Trunkenheit vor Gericht verantworten mußte; es wurde beschlossen, ihre Unterstützung für drei Monate auszusetzen.« (8. März 1918)
»Das Komitee sieht sich außerstande, die Witwe aus Fondsgeldern zu unterstützen, da ihr Ehemann bereits zwei Jahre, bevor er starb, nicht mehr für sie aufkam. Nichtsdestoweniger wurde eine Zahlung von fünf Schilling in der Woche für den Unterhalt des Kindes bewilligt.« (13. Dezember 1918)
»Das Gehalt von Miss Newman soll auf 150 Pfund im Jahr erhöht werden.« (14. Februar 1919)
(Southampton City Archives)

Londoner Pfadfinder sammeln Spenden für den »Titanic«-Hilfsfonds der Zeitung »The Telegraph«.
(Aufnahme von 1912; Southampton City Heritage Collections)

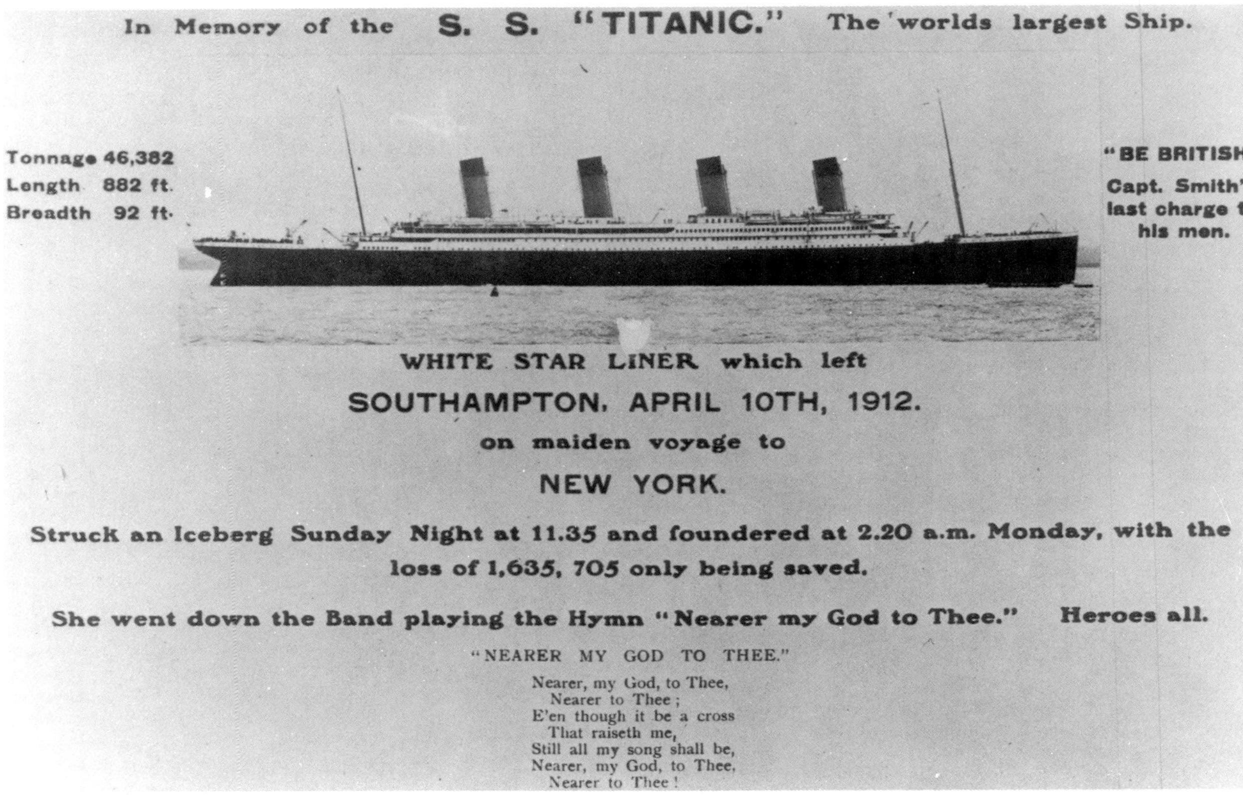

Eine der zahlreichen Gedenkpostkarten, die nach dem Untergang der »Titanic« verkauft wurden. (Southampton City Heritage Collections)

Aus einem Gespräch mit Edward Simmons: »Ich wurde im November 1911 in der York Road in Freemantle [Southampton; Anm.d.Übers.] geboren ... mein Vater war Steward an Bord der ›Oceanic‹. Dann zogen wir in die Millbrook Road um ... und Vater kam auf die ›Titanic‹ und starb, als sie sank. ...

Wir hatten eine Dame vom Hilfsfonds, sie kam in der Regel einmal im Monat, um zu sehen, ob man sich ordentlich um mich kümmerte. Ich war gerade fünf Monate alt. ...

Ich weiß nicht, wie hoch das Unterstützungsgeld für meine Mutter war, aber als sie wieder heiratete, bekam sie weiterhin eine Waisenrente für mich, ich glaube, es waren 30 Schilling im Monat. Sie holte das Geld gewöhnlich bei der London and Provincial Bank ab ... Dann wurde das Ganze erweitert zum Hilfsfonds für die ›Titanic‹ und die ›Lusitania‹, ich weiß das, weil oben auf dem Scheck, den meine Mutter bekam, ein kleines Bild mit beiden Schiffen war. ...

Als ich größer wurde, gab es so viele Waisenkinder meines Alters in meiner Umgebung, ihre Väter waren im Krieg gefallen. Junge, verheiratete Männer gab es nur wenige, sehr wenige. Ältere Männer und Frauen waren da, ja natürlich Frauen, aber junge Männer nur ganz, ganz wenige. Und die, die es gab, hatten irgend etwas, zum Beispiel die Schwindsucht oder so, das gab es oft damals. ...

Er [Simmons Vater; Anm.d.Übers.] war dreiundzwanzig ... aber es trug mir weder Mitleid noch Spott anderer Kinder ein. Ich will damit sagen, daß es für viele ganz normal war, keinen Vater mehr zu haben ... Ich wußte nur, daß er mit der ›Titanic‹ untergegangen und ertrunken war. Ich akzeptierte das einfach so. ...

Ich kam auf die Church of England School in Freemantle, als ich fünf war ... sie war nicht schlecht. ... Ich war sieben, als der Krieg aus war, aber es gab immer noch einige Lehrerinnen auf der Jungenschule. Vor Miss Wheeler hatten alle fürchterliche Angst; sie zog sich ziemlich unweiblich an ...

Als ich mit vierzehn die Schule verließ, wollte meine Mutter natürlich nicht, daß ich zur See ging ... ich sollte, wie Miss Newman vom Hilfsfonds vorschlug, in die Lehre bei einem Polsterer ... sie bezahlten das Lehrgeld und kauften meine Werkzeuge ... Werkzeuge im Wert von 25 Pfund, einige davon habe ich heute noch ...

Diese Firma stellte Leute ein, die zu den ›Titanic‹-Waisen gehörten. Bert Akermann, den ich dort traf, war nur ein bißchen älter als ich, später kam noch sein jüngerer Bruder dazu. Ihr Vater war damals auch umgekommen und noch ein älterer Bruder; es waren also zwei Akermans auf der ›Titanic‹.« (Oral-history-Projekt Southampton)

Marjorie Eames, geborene Geddes: » ... ich ging mit einem Nachbarsjungen zur Schule, der hatte die Ringelflechte. Ich bekam sie auch und konnte sechs Monate nicht in die Schule. Die Haare wurden mir abgeschnit-

Bereits wenige Tage nach der »Titanic«-Katastrophe wurden zahlreiche Gedenkpostkarten verkauft. Das Kirchenlied »Näher mein Gott zu Dir« soll das Orchester an Bord angeblich gespielt haben, als das Schiff unterging.
(Alle Postkarten von der englischen Firma Bamforth and Company: Southampton City Heritage Collections)

"TITANIC" RELIEF FUND.

SOUTHAMPTON AREA.

F. WOOLLEY, F.S.A.A.,
Secretary.

—

Telephone : 607.

5 *Portland Street,*
Southampton.

Please quote Name and Number of case. } Stagg. 613.

14th January, 1913.

Dear Madam (or Sir),

I am directed by my Committee to inform you that your case has been considered with a view to relief from the permanent fund, and that the Mansion House Committee have authorised a payment to you at the rate of £ 15/6 per week (with a further sum of £ 3/- per week in respect of your One children).

I, therefore, have pleasure in enclosing herewith a cheque for £ in payment of the allowance for four weeks from the 1st instant. The cheque is payable over the counter at the Union of London & Smith's Bank, Holy Rood, Southampton, where you should call personally on Wednesday, 15th instant, between the hours of 1 and 3 o'clock. Should you be unable from any sufficient cause to attend at the Bank personally, please advise me, and other arrangements will be made for cashing your cheque. Your endorsement upon the cheque will be the only receipt required.

You are particularly requested to notify any change of address to me, and I am to inform you th the relief may be permanently or temporarily withdrawn by the Mansion House Committee at any time at their discretion.

The relief will be automatically terminated at death, or by the execution of any assignment, or the creation of any charge upon the allowance, also in the events undermentioned, viz. :

Widows--On re-marriage.

Children--Girls on attaining the age of 18.
Boys on attaining the age of 16.

Other Dependents--Females, on marriage or on attainment of age 70, when Old Age Pension becomes payable.
Males, age under 50, at the end of 3 years.
Age 50 and under 70, on attainment of age 70, when Old Age Pension becomes payable.

Mrs B. Stagg

Yours truly,
F. WOOLLEY,
Secretary.

Formbrief vom Southamptoner Beauftragten des nationalen »Titanic«-Hilfsfonds an Beatrice Stagg, die ihren Mann beim Unglück verlor (siehe auch Seite 119). Mrs. Stagg wird mitgeteilt, daß sie und ihr Kind ab jetzt vom Fonds finanziell unterstützt werden.
(Southampton City Heritage Collections)

Der einjährige Edward Simmons. Als er wenige Monate alt war, starb sein Vater Frederick Simmons beim Untergang der »Titanic« (siehe auch Seite 117). Mit finanzieller Unterstützung des nationalen Hilfsfonds wurde Edward großgezogen und erhielt eine Ausbildung. (Southampton City Heritage Collections)

ten, und die ›Titanic‹-Leute zahlten, damit ich einen Monat in ein Erholungsheim konnte in Worthing, weil sie meinten, daß ich das bräuchte, um wieder gesund zu werden. Und als ich vierzehn war, bezahlten sie die Handelsschule für mich, damit ich Kurzschrift, Schreibmaschineschreiben und gutes Englisch lernen konnte.« (Interview im Rahmen des Oral-history-Projektes Southampton)

Zeitgenössische Berichte geben Aufschluß darüber, wie viele Schulkinder in Southampton von der Katastrophe betroffen waren. Hier eine Aufstellung vom Mai 1912 aus dem Stadtteil Freemantle:

»George Hawkesworth	12 Jahre
Arthur Hawkesworth	8 Jahre
Tom Nichols	12 Jahre
Charles Johnson	12 Jahre
Louis Hurst	12 Jahre
Reginald Biddlecombe	12 Jahre
Christopher Biddlecombe	10 Jahre
Jack Wormald	9 Jahre
Tomm Stebbings	9 Jahre

Alle haben ihren Vater verloren. Ich war bei den Familien und berichtete dem Leiter der Schulbehörde über die Fälle.«

Familie Dean reiste dritter Klasse an Bord der »Titanic«. Mr. Dean kam beim Unglück ums Leben, seine Frau Ettie und die beiden Kinder Millvina und Bertram überlebten. Oben: Bertram Dean; unten: Ettie Dean mit Millvina. Beide Bilder wurden nach dem Untergang der »Titanic« im Garten von Mrs. Deans Eltern in Woodlands bei Southampton aufgenommen. (Siehe auch Seite 274 und Seite 289; beide Aufnahmen aus einer Privatsammlung)

Finanzielle Unterstützung ein Leben lang

Natürlich wurde im Lauf der Zeit die Zahl derer, die nach dem Untergang der »Titanic« finanzielle Unterstützung bekamen, immer kleiner.

Aus einem Bericht des nationalen Hilfsfonds vom 27. Juli 1953: »Im letzten Jahr erhielten 101 Personen aus den Mitteln des nationalen ›Titanic‹-Hilfsfonds insgesamt 14765 Pfund. ... Viele von ihnen leben in und um Southampton. Seit 1912 wurden 671458 Pfund an Hinterbliebene ausgezahlt – mehr als eineinhalbmal soviel, wie ursprünglich gespendet wurden.«

Aus dem »Southern Daily Echo« vom 29. Juli 1954: »Bei der jährlichen Sitzung des nationalen Hilfsfonds wurde angekündigt, daß die wöchentliche Auszahlung an die Witwen, deren Männer beim Untergang der ›Titanic‹ starben, um vier Schilling erhöht wird. Andere Angehörige, die vom Fonds unterstützt werden, erhalten ab jetzt zwei Schilling mehr. Die Erhöhungen gelten ab dem 1. Oktober. Noch 94 Personen, von denen viele in Southampton und der Umgebung leben, erhalten finanzielle Zuwendungen vom Hilfsfonds, dessen Vermögen sich auf 155083 Pfund beläuft.«

Im Geschäftsjahr 1958/59 wurde dann beschlossen, den Hilfsfonds aufzulösen und den noch lebenden Angehörigen der »Titanic«-Opfer feste Jahresrenten auszuzahlen.

Aus dem »Southern Daily Echo« vom 16. Oktober 1959: »Wie heute in London bekannt wurde, erhalten die Hinterbliebenen von ›Titanic‹-Opfern jetzt keine direkten finanziellen Zuwendungen mehr aus dem Hilfsfonds, der nach dem Untergang des Dampfers auf seiner Jungfernfahrt von Southampton im April 1912 gegründet wurde. Statt dessen wurden in den letzten achtzehn Monaten feste Jahresrenten für alle Bezugsberechtigten eingerichtet ...

Es war immer die Absicht des Vorstands, daß mit dem Tod des letzten Hinterbliebenen die Kassen des Hilfsfonds leer und er dann aufgelöst werden sollte. Dies ist nun in die Wege geleitet worden, indem das restliche Vermögen investiert wurde, um Renten für alle noch lebenden Bezugsberechtigten zu ermöglichen.

Im Büro der öffentlichen Treuhänder in London sagte man mir heute, alle Hinterbliebenen würden durch diese finanziellen Veränderungen bedeutend mehr Geld als vorher bekommen. ... Nun wird kein Penny übrigbleiben, wenn der letzte von ihnen verstorben sein wird. ...

Nach dem alten System wären die finanziellen Zuwendungen je nach dem Zeitpunkt der Auszahlung unterschiedlich hoch gewesen, und wenn der letzte Bezugsberechtigte verstorben gewesen wäre, wäre eine nicht zu rechtfertigende Geldsumme übriggeblieben. ...

Fast alle der 64 Hinterbliebenen, die noch am Leben sind, wohnen in und um Southampton. 1912 waren es um die 1400 Personen, die die Unterstützung des Hilfsfonds benötigten. Sie wurden nie enttäuscht. Allein in Southampton wurden 41000 Pfund gespendet.«

KAPITEL 14

DIE JAHRE VERGEHEN

»Fast wie ein Mord, nicht wahr?«

Man hat sich immer wieder gefragt, wie die Katastrophe der »Titanic« hätte verhindert werden können. Hätte man ..., wäre da nicht ..., wenn doch einer ... – ja, dann hätte die Geschichte vielleicht einen ganz anderen Ausgang genommen.
Doch »alles war gegen uns« sagte mit einer gewissen Berechtigung Offizier Charles Lightoller nach dem Unglück: Die Vorschriften des Handelsministeriums über die Zahl der Rettungsboote waren für die neuen Schiffsgiganten einfach nicht mehr ausreichend; Kapitän Smith setzte sich zuwenig mit der ungewöhnlichen Eissituation in jenem Jahr auseinander; eine der wichtigsten Eiswarnungen wurde von den Funkern nicht entgegengenommen; das Vertrauen von Ismay, Pirrie und Smith in die »Unsinkbarkeit« des Schiffes und die moderne Technik war allzu groß; der Konstruktionsleiter Alexander Carlisle bestand nicht nachdrücklich genug auf der vollen Anzahl der Rettungsboote, die Axel Welin, der Konstrukteur der Davits, vorgesehen hatte; im Krähennest war kein Fernglas; Offizier Murdoch traf die mutige, aber falsche Entscheidung, dem Eisberg auszuweichen, statt ihn frontal zu rammen; es fand keine ausführliche Übung mit den Rettungsbooten statt; diejenigen, die dafür verantwortlich gewesen wären, halfen den Passagieren der dritten Klasse nicht, auf das Bootsdeck zu gelangen ...

Für die Stadt Southampton und vor allem für die Familien der Seeleute hatte der Untergang der »Titanic« entsetzliche Folgen. Frank Prentice, der als Lagerarbeiter auf der »Titanic« gewesen war, meinte 1982 zu einem Journalisten, als es im Gespräch um Vorsichtsmaßnahmen und Rettungsboote an Bord des Dampfers ging: »Fast wie ein Mord, nicht wahr?«

In den Chefetagen der International Mercantile Marine und der White Star Line wurde die »Titanic«, so schnell es der Anstand erlaubte, zum Tabuthema. Doch blieb

Alexander Carlisle war bis 1910 Geschäftsführer der Werft Harland and Wolff gewesen und hatte die Konstruktion der »Olympic« und der »Titanic« überwacht. Am 10. Juni 1912 sagte er vor dem britischen Untersuchungsausschuß aus. Für die White Star Line war Carlisle ein unangenehmer Zeuge, da er zu Protokoll gab, er habe bei der Ausstattung der »Titanic« für mehr Rettungsboote plädiert, was technisch auch ohne Probleme möglich gewesen sei, habe sich aber gegen die Reederei nicht durchsetzen können.
(Southampton City Heritage Collections)

Die »Titanic«, aufgenommen von der Isle of Wight. (Privatsammlung)

andernorts die Erinnerung wach: Regelmäßig mußte der Hilfsfonds an die Hinterbliebenen zahlen, und aufwendige oder auch bescheidene Denkmäler, die bald nach dem Unglück in der Stadt errichtet wurden, ließen die Namen der Verstorbenen und des unseligen Schiffes nicht in Vergessenheit geraten.

Neben Schmerz und Verbitterung trat auch der berechtigte Stolz über Mut und Aufopferungsbereitschaft der Besatzung. Ganz nebenbei sei jedoch auch erwähnt, daß der Ruhm des heldenhaften Seemanns nicht jeden vor moralischer Verfehlung bewahrte: Der aus Liverpool stammende James Thompson hatte als Heizer auf der »Titanic« gearbeitet und überlebt. Im Mai 1912 wurde ihm eine einmonatige Gefängnisstrafe angedroht, weil er einem Kneipenwirt in Southsea eine goldene Uhr gestohlen hatte. Unter großem Gelächter erklärte Stadtrat Hollis vor Gericht, die von Thompson entwendete Uhr sei nicht, wie vom Besitzer angegeben, acht Pfund, sondern lediglich 25 Schilling wert. Als die Aufregung sich gelegt hatte, fragte Bürgermeister Bowyer: »Auf welchem Schiff sind Sie zuletzt gefahren?« Thompson antwortete: »Auf der ›Titanic‹.« Daraufhin Chefinspektor Allison: »Wenn ich richtig informiert bin, bekommt er 6 Schilling 60 am Tag, damit er in Southampton bleiben kann, falls seine Aussage nötig ist.« Bürgermeister Bowyer gab Thompson daraufhin den wohlmeinenden Rat, er möge sich, nachdem er bei diesem entsetzlichen Schiffsunglück mit dem Leben davon gekommen sei, doch in Zukunft etwas anständiger benehmen.

Luxus – und Sicherheit

Die Menschenleben, die die Katastrophe gefordert hatte, waren durch nichts zu »ersetzen«, doch statt des untergegangenen Schiffes würden bald neue Luxusliner ihren Weg über den Atlantik nehmen. Puritanische Besserwisser, Geistliche, Journalisten und Hafenbeamte mochten zwar dagegen wettern und den Untergang der »Titanic« als gerechte Strafe Gottes für Überheblichkeit und Prunksucht deuten – doch das hatte nichts mit den Interessen der Reederei zu tun.
Und wie schon Lawrence Beesley, der als Passagier auf der »Titanic« reiste, in seinem Buch »The Loss of The SS. Titanic« geschrieben hatte, war es ja nicht der Luxus an Bord, der den Menschen den Tod gebracht hatte: »Die technische Ausstattung der ›Titanic‹ war die beste, die erhältlich war und entsprach dem letzten Stand maritimer Konstruktion. ...
Es würde kaum nötig sein, dieses zu erwähnen, wenn es nicht den Eindruck eines Teils der Allgemeinheit gäbe, daß Einrichtung mit Türkischen Bädern, Turnhallen und anderem sogenannten Luxus ein Nachteil für einige wichtige Dinge gewesen wäre, deren Fehlen verantwortlich war für den Verlust so vieler Leben.« (Lawrence Beesley, »Titanic. Augenzeuge der Katastrophe«, Seite 16/17)

Nach dem Untergang der »Titanic« wurden ohne größere Probleme zusätzliche Rettungsboote auf die »Olympic« gebracht. Und im September 1912 gewann Offizier

David Blair von der White Star Line gewann mit einem Foto, das er vom Krähennest der »Majestic« aufgenommen hatte und das Mengen von Rettungsbooten auf dem Deck zeigte, einen Preis bei der Zeitung »Southampton Pictorial«.
Sicher hatte auch der Konkurrenzdruck infolge des starken Wettbewerbs Erbauer und Eigner die Augen vor den Risiken verschließen lassen, als sie die »Titanic« so schnell wie möglich auf die Jungfernfahrt schickten. Nun jedenfalls hatte man seine Lektion gelernt, und die Sicherheitstechnik wurde erheblich verbessert. Im Winter 1912/13 wurde die »Olympic« umgebaut und erhielt doppelte Bordwände, höhere Schotten und eine größere Ausrüstung für den Notfall.

Ähnliche Verbesserungen wurden auch auf der noch größeren »Britannic« vorgenommen. Sie lief im Februar 1914 vom Stapel – doch waren ihre gewaltigen 48000 Tonnen schon längst von der »Imperator« überboten worden, die für die deutsche Hamburg-Amerika Linie im Einsatz war.
Vermutlich sollte das letzte Schwesterschiff der »Olympic« ursprünglich »Gigantic« heißen und erhielt erst nach dem Untergang der »Titanic« den Namen »Britannic«. Zwar stritt White Star Line dies später ab, doch spricht vieles für die Namensänderung.
Eine der Legenden, die sich um die Namen des letzten Giganten von White Star rankten, sei hier aus der »Southampton Times« vom 25. Mai 1912 zitiert: »Letzte Woche wagten wir, einige unserer Konkurrenzblätter mit der Tatsache zu konfrontieren, daß sie das neue Schiff, welches von der White Star Line in Auftrag gegeben wurde, fälschlicherweise ›Gigantic‹ genannt hatten. Diese Woche nun kam uns zu Ohren, daß man in der Sache an Mr. Bruce Ismay geschrieben hatte, der seinerseits antwortete, man hätte nie vorgehabt, das neue Schiff auf den Namen ›Gigantic‹ zu taufen. Und er fügte hinzu, daß es auch ganz sicher nicht so genannt werden würde. Warum dieser Name in den Zeitungen verbreitet wurde, läßt sich schwer sagen. Aber das erste Mal fanden wir ihn in einem amerikanischen Magazin.
Es war kurz nach der Jungfernfahrt der ›Olympic‹, und ein aufgeweckter amerikanischer Reporter stellte einem der Stewards des neuen Schiffes nach. Dieser machte sich einen Scherz und breitete vor dem Ahnungslosen alle ›geheimen Pläne‹ der White Star Line aus. Luxusliner von außerordentlicher Größe und Länge würden in Auftrag gegeben werden, in Vergleich mit denen die ›Olympic‹ ein Nichts wäre. Und das größte dieser Riesenschiffe würde den Namen ›Gigantic‹ bekommen. Ein Riesenwitz!«
Da die Geschäfte immer noch florierten, brauchte die White Star Line die »Britannic« nach dem Untergang der »Titanic« natürlich dringend – nicht mehr, um die Flotte der Luxusliner zu erweitern, sondern um wenigstens das gesunkene Schiff zu ersetzen. Jedoch mußte sie bereits 1915 zum Hospitalschiff umgebaut werden, lief 1916 in der Ägäis auf eine Mine und ging unter. Zu den Überlebenden zählten Violet Jessop und Frank Priest, die schon die Katastrophe der »Titanic« überstanden hatten.

Bootsübung auf einem Schiff der White Star Line. (Southampton City Heritage Collections)

Die weitere Entwicklung der White Star Line

Trotz des »Titanic«-Unglücks und diverser Probleme mit der »Olympic« macht die Reederei 1912 und 1913 hohe Gewinne – und die British Seafarers' Union kritisiert weiterhin mit Vehemenz die Lohn- und Arbeitsbedingungen für die Besatzungen: »Wir wünschten, daß jeder Angestellte der White Star Line den Bericht der Direktoren für das am 31. Dezember endende Geschäftsjahr [1913] einsehen könnte. Der Abschluß weist einen Gesamtgewinn von 1082227 Pfund, 2 Schilling und 80 Pence aus. ... 65 Prozent Dividende schüttet die Reederei an die Aktionäre aus, im Gegensatz zu 30 Prozent 1912, dem Jahr der ›Titanic‹-Katastrophe. Aber was ist mit den Männern, die auf den Schiffen arbeiten? Was ist ihr Anteil an diesem Reichtum? Niedrige Löhne und schäbige Unterkünfte für die Mehrheit! 65 Prozent Dividende, und die Heizer arbeiten sich zu Tode! 65 Prozent, und es reicht nicht für eine Crew von normaler Größe! 65 Prozent, und die Stewards bekommen 4 Pfund 5 Schilling im Monat. 65 Prozent, und Männer werden in dunklen Löchern zusammengepfercht. Sie sind es, die ihr Leben riskieren, während die Aktionäre in aller Seelenruhe ihre 65 Prozent einstreichen. Wie lang wird das Volk diese Ausbeutung noch mitansehen?« (Aus »The British Seafarer«; University of Warwick)

Das Ansehen der White Star Line blieb trotz allem, was passiert war, noch viele Jahre lang sehr hoch. Dazu eine kleine, aber bezeichnende Begebenheit: Eine etwas weltfremde junge Dame stellte sich etwa 1915 bei Ehepaar Curry als Hausmädchen vor; Mrs. Curry unterhielt sich mit der Bewerberin, der die Verbindung zur White Star Line nicht im entferntesten klar war:
»Ich war nicht unverschämt. Ich fragte einfach: ›Sind Sie die Currys vom Fahrradladen?‹ Es gab nämlich einen kleinen Fahrradladen am Bargate ... Also der

Nach dem Untergang der »Titanic« läßt die White Star Line eiligst zusätzliche Faltboote auf die »Olympic« schaffen. Trotzdem kommt es zum Streik der Seeleute für mehr (richtige) Rettungsboote an Bord. (Southampton City Heritage Collections)

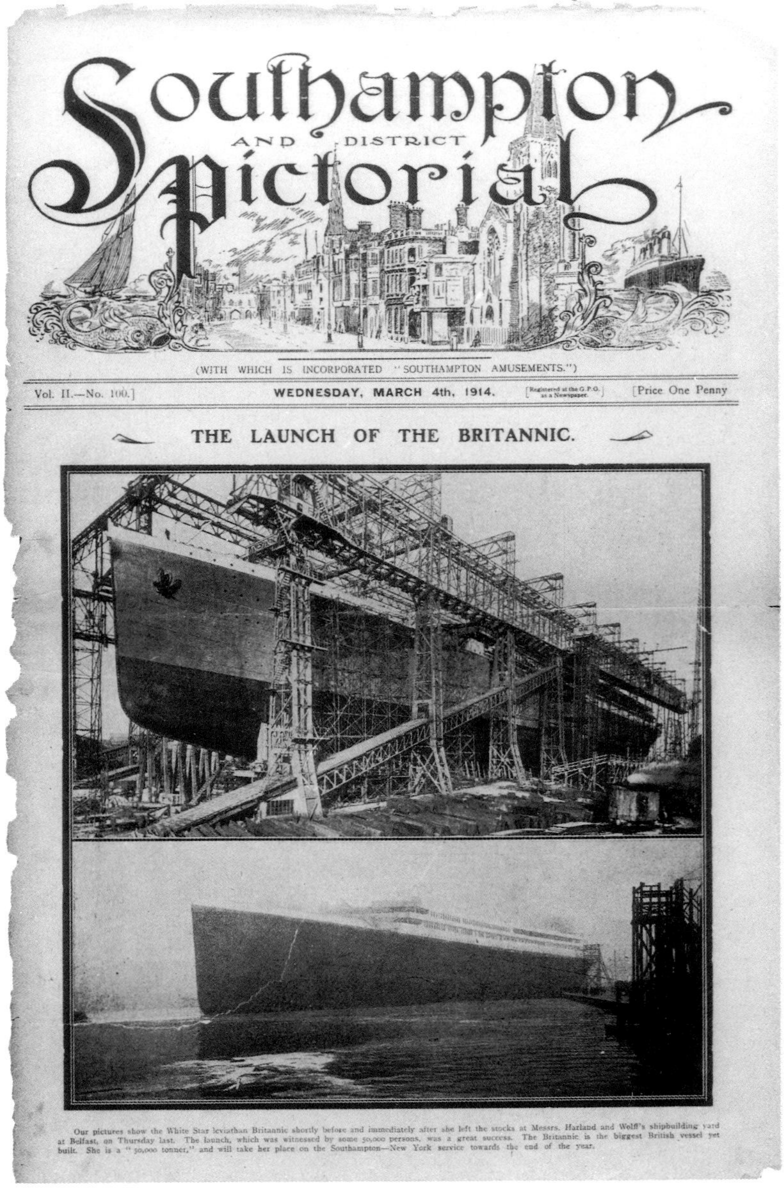

Southampton and District Pictorial

(WITH WHICH IS INCORPORATED "SOUTHAMPTON AMUSEMENTS.")

Vol. II.—No. 100.] WEDNESDAY, MARCH 4th, 1914. [Registered at the G.P.O. as a Newspaper.] [Price One Penny

THE LAUNCH OF THE BRITANNIC.

Our pictures show the White Star leviathan Britannic shortly before and immediately after she left the stocks at Messrs. Harland and Wolff's shipbuilding yard at Belfast, on Thursday last. The launch, which was witnessed by some 50,000 persons, was a great success. The Britannic is the biggest British vessel yet built. She is a "50,000 tonner," and will take her place on the Southampton—New York service towards the end of the year.

Am 4. Mai 1914 berichtet der »Southampton Pictorial« vom Stapellauf der »Britannic«. Nach der »Olympic« und der »Titanic« war auch der dritte der Ozeanriesen der White Star Line von der Werft Harland and Wolff in Belfast gebaut worden.
(Sammlung Bert Moody)

kleine Laden, da paßten noch nicht mal ein Dutzend Fahrräder rein. Also, ich fragte: ›Sind Sie die Currys vom Fahrradladen?‹ O Gott, das war's. ›Fahrradladen, Fahrradladen!!‹ Sie spuckte fast nach mir. ›Wir sind die Currys von der White Star Line!‹ All die großen Schiffe ... die ›Titanic‹ und all die anderen, das war die White Star Line. Da war ich natürlich platt, als ich nach Hause kam. ... danach bin ich sechzehn Wochen lang stempeln gegangen.« (Interview mit Leah Mortimer im Rahmen des Oral-history-Projektes Southampton)

Nach dem Ersten Weltkrieg kamen die deutschen Dampfer »Bismarck« (umbenannt in »Majestic«) und »Columbus« (»Homeric«) als Reparationsleistungen in die White-Star-Line-Flotte. Für Cunard fuhr nun neben der »Mauretania« und der »Aquitania« unter dem Namen »Berengaria« die deutsche »Imperator«.
1919 zog Cunard nach Southampton um, und »natürlich war die Konkurrenz zwischen Cunard und White Star in Southampton groß ... Trotzdem scheuten sich meine Eltern nicht, mit Offizieren und Mannschaftsmitgliedern von White Star Kontakt zu haben.« (Maureen Howman, Tochter von Kapitän Rostron, der im April 1912 die »Carpathia« befehligt und die Überlebenden der »Titanic« aufgenommen hatte)

Der White-Star-Kai wurde 1922 in Ocean-Kai umbenannt, und zuzeiten drängten sich dort gleich mehrere

Die »Queen Elizabeth« von Cunard am Ocean-Kai (bis 1922 White-Star-Kai) in Southampton. Rechts unten der Schlepper »Vulcan«, der schon zu Zeiten der »Titanic« im Einsatz war, wenn die Schiffsgiganten aus dem Hafen gezogen wurden. (Aufnahme um 1947; Privatsammlung)

der sechs britischen Luxusliner, der »Big six«. In späteren Jahren legte die »Queen Mary« und dann die »Queen Elizabeth« von Cunard am ehemaligen Platz der »Titanic« an.

1926/27 wurde die White Star Line dann von der International Mercantile Marine an Lord Kylsant verkauft. Obwohl White Star noch 1929 die höchste durchschnittliche Passagierzahl im Atlantikverkehr vorzuweisen hatte, konnte sie unter Kylsants Schiffahrtslinien nicht mehr Fuß fassen.

Die Weltwirtschaftskrise nach dem Schwarzen Freitag der New Yorker Börse 1929 wirkte sich auch auf den Passagierverkehr über den Atlantik aus. Viele der alten White-Star-Line-Schiffe mußten aufgegeben werden, auch wenn die beiden modernen Motorschiffe »Britannic« (1930) und »Georgic« (1932) ein voller Erfolg waren. Sie sollten die letzten Schiffe sein, die jemals für White Star gebaut wurden; Pläne zu einem neuen Giganten wurden 1930 aufgegeben, als die White Star Line begann, Verluste zu machen.

1933, als die wirtschaftliche Situation der Linie immer schlechter wurde, trat man an Bruce Ismay und andere heran, um den Verkauf von White Star voranzutreiben. Pläne wurden gemacht, mehr Schiffe vom Typ der »Georgic« zu bauen, doch erwiesen sich diese als undurchführbar.

White Star und Cunard fusionieren

Auch die Reederei Cunard hatte infolge der Wirtschaftskrise große finanzielle Probleme und mußte im Dezember 1931 die Arbeiten an ihrem ersten eigenen »300-Meter-Schiff« (Nummer 534, später »Queen Mary« genannt) vorläufig einstellen. Gegen Ende des Jahres 1933 brachte der britische Finanzminister Chamberlain auf allseitiges Drängen eine neue Wendung in die Situation: Er erklärte, die Regierung würde Cunard eine Anleihe zur Fertigstellung der 534 und zum Bau eines Schwesterschiffes zur Verfügung stellen – unter der Bedingung, daß Cunard und White Star fusionieren würden. Die Direktoren beider Reedereien stimmten zu, und Cunard erhielt die Anteilsmehrheit an der neuen Firma.

Die Schiffe von Cunard zogen nun unter der eigenen Hausflagge die von White Star auf, und die Schiffe von White Star zeigten unter der eigenen Flagge die von Cunard. Die Farben, in denen die Schiffe je nach Reederei gestrichen waren, wurden beibehalten.

Die alte »Adriatic«, die »Albertic« und die »Calgaric« von White Star wurden Ende 1934 zum Verschrotten gegeben, 1935 folgten die »Olympic« und die »Doric«, 1936 die »Majestic« und die »Homeric«. Viele Angestellte der White Star Line verloren durch die Fusion ihre Arbeit.

Die Dampfer »Berengaria« (links) und »Leviathan« (Mitte) sowie die »Olympic« (rechts) im Hafen von Southampton. (Aufnahme aus den zwanziger Jahren; Southampton City Heritage Collections)

Am Ocean-Kai im Southamptoner Hafen. Die Beschriftung der Gangway im Vordergrund weist auf den Zusammenschluß der beiden Reedereien White Star und Cunard im Jahr 1934 hin. (Southampton City Heritage Collections)

Die »Olympic« (links) und die »Mauretania« im Hafen von Southampton; beide Schiffe sind bereits außer Dienst gestellt und werden 1935 verschrottet.
(Southampton City Heritage Collections)

Am 7. Juli 1934 schrieb die Zeitung »Southern Daily Echo«: »Zum ersten Mal in der Geschichte ziehen vier Dampfer im Hafen von Southampton heute die Flaggen zweier Reedereien auf. Das ist das erste nach außen hin sichtbare Zeichen des Zusammenschlusses der beiden Atlantiklinien White Star und Cunard. Zunächst wurde mit nur drei Dampfern gerechnet: der ›Olympic‹ von White Star, die gestern aus New York ankam, der ›Aquitania‹ von Cunard, die heute abend nach Amerika fährt, und der ›Alaunia‹ von Cunard, die auf ihrem Weg von London nach Kanada in Southampton einlief.

Der eigenen Flagge den Vorrang

Heute morgen wurde dann Befehl gegeben, daß alle drei Schiffe die Flaggen beider Linien aufziehen sollten. Die Dampfer von Cunard zeigten ihre eigene Flagge am Großmast und gleich darunter die Flagge von White Star. Die ›Olympic‹ hatte ihrerseits die Flagge von White Star ganz oben und darunter die von Cunard. Das vierte Schiff, das beide Flaggen zeigte, war die ›Homeric‹ von White Star, die nach einer erfolgreichen Fahrt auch noch in den Hafen einlief.

Es sei daran erinnert, daß der Zusammenschluß von Cunard und White Star ermöglicht wurde durch ein Abkommen zwischen Cunard, der Ocean Steam Navigation Company und der Staatskasse, das am 30. Dezember letzten Jahres geschlossen wurde. Das Firmenkapital beträgt 10 Millionen Pfund.«

Ethel Fitzgerald, deren Mann Dritter Offizier auf der »Majestic« war: »Die Offiziere von Cunard wurden bevorzugt befördert, da mußten Offiziere von White Star zurückstecken. Sie warteten ewig, das war schwer.«
Keiner der überlebenden Offiziere der »Titanic« wurde übrigens je Kapitän. Daß sie damals zu den Verantwortlichen des Schiffes gehört hatten, wurde von jeder Reederei als Makel angesehen – obwohl damals alle Mut bewiesen hatten und obwohl gerade der Offizier Charles Lightoller bei den Untersuchungen dafür gesorgt hatte, daß die White Star Line ihr Gesicht wahren konnte. Lightoller wurde nach dem Ersten Weltkrieg nach Liverpool versetzt, auf der »Olympic« in Southampton hatte man augenscheinlich keinen Posten für ihn. Er fuhr als Leitender Offizier auf der »Celtic« und verließ die White Star Line 1928 zutiefst enttäuscht.

Philip Curry, der das Southamptoner Büro von White Star geleitet hatte, ging 1931 in den Ruhestand und starb 1933. Im ausführlichen Nachruf der Zeitung »Southampton Daily Echo« wurde die »Titanic« nicht einmal erwähnt, obwohl Currys Arbeit im Londoner und Southamptoner Komitee des nationalen Hilfsfonds für Opfer von Schiffsunglücken gewürdigt wurde sowie seine Leitung des Komitees für ein Waisenhaus (Southampton Seamen's Orphanage for Boys) und des Southamptoner Seemannsheims:

»Gebürtig in Liverpool, kam er zu einer Zeit nach Southampton, als die Geschicke des Hafens kaum schlechter hätten stehen können; als er sich aus dem Berufsleben zurückzog, hatte sich alles verändert. Southampton war zum wichtigsten Passagierhafen des Vereinigten Königreiches geworden – die Rolle, die Mr. Curry bei dieser sprunghaften Entwicklung gespielt hat, ist bekannt und wird allseits gewürdigt. Vom ersten Moment an stürzte er sich mit großer Begeisterung in die Aufgabe, der traditionsreichen Hafenstadt neuen Ruhm zu verschaffen – und das ist ihm in hohem Maße gelungen, daran kann auf keinen Fall Zweifel bestehen.«

Das Schicksal der Überlebenden

Viele der überlebenden Besatzungsmitglieder arbeiteten noch jahrelang auf See, einige von ihnen auch auf der »Olympic«. So beispielsweise Sidney Daniels und Harold Phillimore, die beide in späteren Jahren Kabinenstewards für Angehörige der königlichen Familie auf der »Olympic« bzw. der »Queen Mary« wurden.

Auch der Ausguckposten Frederick Fleet fuhr wieder zur See und arbeitete später bei der Union Castle Line und bei Harland and Wolff in Southampton; schließlich verkaufte er in einem der Southamptoner Stadtparks Zeitungen. Einmal, in den sechziger Jahren, traf er dort Mrs. Lightoller, und sie erinnerten sich gemeinsam der lang vergangenen Ereignisse.

Der Heizer John Podesta arbeitete noch bis 1923 auf See, dann blieb auch er an Land. George Kemish war bis in die dreißiger Jahre Heizer, wann immer möglich auf den alten, mit Kohlen befeuerten Schiffen. Er beteuerte, viel schlimmer, als das ›Titanic‹-Unglück mitzuerleben, sei es gewesen, daß ihm eine russische Zahnärztin in Archangelsk während der Russischen Revolution einen Zahn gezogen hätte.

Jahrzehnte nach dem Untergang der »Titanic«: Ettie Dean, damals als Passagierin mit ihren beiden Kindern Millvina (links) und Bertram (rechts) an Bord, feiert ihren neunzigsten Geburtstag.
(Siehe auch Seite 140; »Southern Daily Echo«)

Obwohl einige derer, die beim Untergang der »Titanic« dabei gewesen waren, ihre Erlebnisse aufzeichneten, hätte sich wohl keiner von ihnen träumen lassen, auf welch weltweites Interesse 1958 das Buch »A Night To Remember« (deutsch: »Die letzte Nacht der Titanic«) von Walter Lord und der im selben Jahr gedrehte, gleichnamige Film stießen.
Eine Reihe der alten Besatzungsmitglieder hatten den Autor mit wichtigen Detailinformationen versorgt oder die Verantwortlichen bei der Verfilmung beraten. Die ehemalige Stewardeß Violet Jessop, Sylvia Lightoller, Kapitän Smiths Tochter Mrs. Cooke und viele andere, persönlich Interessierte, sahen in London die erste Aufführung des Films.
Bei der Premiere in Southampton war unter den Anwesenden auch Mr. Whetten, der sich in der schicksalshaften Nacht auf der »Olympic« befunden hatte: »Ich habe mich oft gefragt, wie viele Menschenleben wir hätten retten können, wenn beide Schiffe auf demselben Kurs gefahren wären ... Dennoch – alles, was getan werden konnte, wurde getan in dieser Nacht. Die ganze Crew war auf den Beinen, die Stewards halfen den Matrosen bei den Strickleitern, die Kessel wurden doppelt so stark wie sonst befeuert, die Köche kümmerten sich um warmes Essen ... aber, leider – wir waren zu weit weg. Danach sagte niemand ein Wort, alle in der Crew waren zu erschüttert, um über irgend etwas zu sprechen.« (»Southampton Daily Echo« im Juli 1958)

Als sich Anfang der sechziger Jahre die amerikanischen ›Titanic‹-Vereine organisierten und ab 1972 regelmäßige Zusammenkünfte abhielten, fanden viele der überlebenden Crewmitglieder und Passagiere sich plötzlich in der Rolle gefeierter Persönlichkeiten wieder; einige von ihnen wurden sogar zu Veranstaltungen in die USA eingeflogen. »Es ist gut zu wissen, daß man die Erinnerung an die ›Titanic‹ in Amerika wachhält«, meinte Heizer Ernest Allan 1964.
»Titanic«-Passagiere wie Ettie Dean, ihre beiden Kinder und Edith Haisman, Lagerarbeiter Frank Prentice, Steward Arthur Lewis, Heizer John Podesta, Steuermann George Rowe und andere wurden nun von den »Titanic«-Vereinen zu Ehrenmitgliedern ernannt und eingeladen, vor vollen Sälen oder der Fernsehkamera über ihre Erinnerungen zu sprechen.

Als Ettie Dean im Alter von 95 Jahren starb, fanden ihr Sohn Bert und seine Frau einen alten Koffer: »Als wir ihn aufmachten, lagen darin einige alte Kleidungsstücke, auch von den Kindern. Ich denke, das müssen die Sachen gewesen sein, die sie in jener Nacht getragen haben. Aber es waren Motten drin, und wir mußten sie wegschmeißen.« (Interview mit Dorothy Dean im Rahmen des Oral-history-Projektes Southampton)

Auf dem Grab von Ausguck Frederick Fleet ließen die britische Titanic Society und die amerikanische Titanic Historical Society einen Gedenkstein aufstellen (oben), den Grabstein des Matrosen Samuel Hemming ließen sie renovieren (unten). Die Begräbnisstätten befinden sich auf dem Hollybrook Friedhof in Southampton.
(Brian Ticehurst/Southampton City Heritage Oral History)

Ettie Dean hatte England seit dem Unglück der »Titanic« nicht mehr verlassen. »Sie wollte später nie mehr auf ein Schiff. Eine Fahrt zur Isle of Wight war das Äußerste.« (Millvina Dean; »Southern Daily Echo« vom 9. April 1992)
Bert Dean, der 1912 erst zwei Jahre alt war, erinnerte sich selbst nicht mehr an die damaligen Ereignisse. »Aber ich habe alles wieder und wieder durchlebt, wenn meine Mutter davon erzählte, und ich las Bücher und Zeitschriftenartikel darüber.« (»Southern Daily Echo« vom 16. Februar 1982)
In der Werft, in der Mr. Dean arbeitete, traf er auf einen älteren Kollegen, der ebenfalls auf der »Titanic« und auch noch im selben Rettungsboot gewesen war. »Du mußt der kleine Junge gewesen sein«, meinte er zu Dean.

Frederick Fleet nahm sich am 10. Januar 1965 das Leben. Zwei seiner letzten Briefe schrieb er an Edward Kamuda von der amerikanischen Titanic Historical Society:

»Ich weiß nicht, wer meine Eltern waren. Ich war ein Waisenkind. Meine Mutter ging fort, als ich noch ein Baby war, an einen Ort, der hieß Springfield, Mass. Ich kam in eines dieser Heime ... , mit zwölf ging ich auf eine Aufbauschule, dann wurde ich Matrose. Ich bin auf Schiffen von allen möglichen Reedereien gewesen. 1936 hörte ich dann auf mit der Seefahrt. Die ›Olympic‹ war mein letztes Schiff. Seit ich 1903 anfing, auf See zu arbeiten, war ich nicht gut dran, die Heuer war miserabel damals, ich war immer ohne Geld, hatte immer Schulden.«

»Mein lieber Freund, nur ein paar Zeilen, damit Du weißt, daß es mir sehr schlecht geht. Ich habe meine Frau verloren, und jetzt muß ich auch noch das Haus, in dem ich gelebt habe, verlassen. Mein Schwager und ich, wir können uns nicht einigen. Herzlichst, Dein Fred Fleet.«
(Beide Briefe aus der Zeitschrift »Titanic Commutator«)

Lange Zeit blieb das Grab von Frederick Fleet schmucklos, doch vor einigen Jahren ließen die amerikanische Titanic Historical Society und die British Titanic Society dort einen Grabstein errichten, der feierlich eingeweiht wurde, wie es einem berühmten Bürger der Stadt Southampton gebührt.

KAPITEL 15

ERINNERUNGEN

»Da ist die ›Titanic‹ untergegangen, da draußen.«

Die Stadt Southampton hat in den Jahrzehnten, die seit der Katastrophe der »Titanic« vergangen sind, viel durchgemacht. Zu den dunkelsten Kapiteln gehörte die Bombardierung durch die deutsche Luftwaffe im Jahr 1940. Angriffsziel waren der Hafen und Industrieanlagen für den Flugzeugbau. Ein großer Teil vor allem der Innenstadt wurde dabei schwer zerstört, und 250 Menschen starben.

Als die Alliierten im Juni 1944 zum Schlag gegen Hitler ausholten und an der französischen Küste landeten, war Southampton einer der wichtigsten Einschiffungshäfen für die Truppen. 1964 bekam die Stadt für die Verdienste ihrer Bürger im Krieg den britischen Ehrentitel »City« verliehen.

In den fünfziger und frühen sechziger Jahren brachte der rege Passagierverkehr in alle Welt Southampton neuen Wohlstand, dann jedoch wurde das Flugzeug zum schnelleren und billigeren Konkurrenten des Schiffes, und für die Stadt begann eine wirtschaftlich schwierige Zeit.

Heute ist Southampton ein international bedeutender Hafen für den Frachtverkehr und eines der Finanzentren im Süden Großbritanniens. Und auch wenn die großen Zeiten der Passagierschiffahrt endgültig vorbei sind – die drei Kreuzfahrtschiffe »Queen Elizabeth 2«, »Canberra« und »Sea Princess«, die in Southampton ihren Heimathafen haben, erfreuen sich größter Beliebtheit.

Die Erinnerung an das Schicksal der »Titanic« blieb über all die Jahre lebendig in der Stadt. Denkmäler, historische Gebäude, Dokumente, Briefe und ganz besonders die Erzählungen derer, die persönliche Erlebnisse mit dem Schiff verbanden, haben dazu beigetragen.

Im Gedenken an die Toten

»Juli 1912
Bullar Road 74
Bitterne, Southampton

Sehr geehrter Herr,

am 10. gab mir Mr. Blake ... von der White Star Line ... die Auskunft, daß der Leichnam unseres geliebten Sohnes Herbert Jupe, Ingenieur Nummer 3 auf der unseligen ›Titanic‹, vom Kabelschiff ›Mackay-Bennett‹ gefunden und auf See bestattet worden ist und daß seine silberne Uhr und sein Taschentuch mit dem Monogramm H. J. in Ihrer Verwahrung sind. ... Wir sind Ihnen sehr dankbar, für alles, was Sie für unseren lieben Jungen getan haben. Er war nicht verheiratet, und die ganze Liebe unserer Herzen galt ihm, so wie er seine Familie über alles liebte. Gott hat ihn uns gegeben und genommen. Gelobt sei der Name des Herrn. Sein Tod hinterläßt eine entsetzliche Leere, die nun für immer bleiben wird.

Bitte schicken Sie uns die Uhr und das Taschentuch.
Hochachtungsvoll Ihre C. Jupe
Ich bin am 4. April 72 Jahre alt geworden, sein Vater am 9. Februar 68 Jahre.«
(Archives of Nova Scotia)
Brief von Mrs. Jupe nach Halifax in der kanadischen Provinz Neuschottland, dem Heimathafen der »Mackay-Bennett«.

Viele derer, die beim Unglück umgekommen waren, fanden ihre letzte Ruhestätte auf hoher See. Keiner der toten Seeleute, die man in den Tagen nach dem Untergang der »Titanic« noch aus dem Wasser bergen konnte, wurde nach Southampton überführt; sie wurden im Meer bestattet oder auf dem Fairview Cemetery in Halifax beigesetzt.

Gedenktafel in der St. Josephs Church in Southampton für die Angestellten des A-la-carte-Restaurants auf der »Titanic«, die beim Untergang des Schiffes umkamen. (Southampton City Heritage Oral History)

Im Dezember 1912 brachte die Zeitung »Southampton Daily Echo« ein Foto des Friedhofs, das von einem gewissen Mr. Dawes aus Southampton in Halifax aufgenommen worden war; es zeigte eine Reihe von Grabsteinen, darunter auch den für Luigi Gatti, den Betreiber des Schiffsrestaurants.

Konnten schon die Toten nicht mehr nach Hause zurückgebracht werden, so hatte man in Southampton

Winn Road, Southampton: Wo einst das Haus von Kapitän Smith stand, erhebt sich heute ein Block mit Wohnungen. Es wird jedoch ähnlich wie die Einfamilienhäuser auf der linken Bildseite ausgesehen haben. (Brian Ticehurst/Southampton City Heritage Oral History)

Das South Western Hotel in Southampton. (Aufnahme von 1994; Southampton City Heritage Oral History)

Die Canute Road in Southampton. (Aufnahme von 1994; Southampton City Heritage Oral History)

Blick über den Kai, an dem im April 1912 die »Titanic« lag; hinter dem Kran das South Western Hotel. (Aufnahme von 1994, siehe zum Vergleich die Abbildung auf Seite 90; Southampton City Heritage Oral History)

Das Pub »The Grapes« in der Oxford Street wird auch Stammkneipe vieler Männer von der »Titanic« gewesen sein. (Aufnahme von 1994; Southampton City Heritage Oral History)

doch den Wunsch, wenigstens symbolische Stätten zu ihrem Andenken zu schaffen. In den darauffolgenden Jahren wurden daher eine Reihe von Denkmälern errichtet, deren größtes das für die Maschinisten der »Titanic« war. Es wurde im April 1914 mit großen Feierlichkeiten von Sir Archibald Denny enthüllt.

Aus einem Gespräch mit Len Harris: » ... ich und Mr. Grey, der mein Alter hatte – 16 Jahre – arbeiteten bei einem gewissen Mr. Moore, einem Schreibwarenhändler in der London Road ... er bekam Postkarten von dem Denkmal, ehe es enthüllt wurde ... Mr. Moore gab mir und Mr. Grey ... jedem zwei oder drei Dutzend ... und wir verkauften sie für 40 Pence das Stück, bevor alle das Denkmal sehen konnten ...« (Oral-history-Projekt Southampton)

»Jedes Jahr am Tag des ›Titanic‹-Unglücks verschwand er plötzlich mit seinem Fahrrad, und meine Mutter sagte zu mir: ›Du weißt, wo er hinfährt, nicht wahr?‹ Er sprach nie darüber; er fuhr einfach jedes Jahr zum Denkmal, um, glaube ich, ihnen die Ehre zu erweisen und sich zu erinnern.« (Interview mit Joan Marrey, Tochter des Ausguckpostens George Symons; Oral-history-Projekt Southampton)

»Wir nahmen die ›Titanic‹ in der Schule durch, und ich erinnere mich, wie ich sagte, mein Vater wäre gestorben beim Untergang der ›Titanic‹. [Der Lehrer] fragte: ›Was war er von Beruf?‹ Und ich antwortete: ›Kabinensteward in der ersten Klasse.‹ ›Oh, uns interessieren nur die Maschinisten, ihnen hat man ein Denkmal gesetzt.‹« (Marjorie Eames, geborene Geddes; Oral-history-Projekt Southampton)

Dora Caton: »Eine andere Erinnerung ist, mit ihm [ihrem Vater] zu den Denkmälern zu gehen für die Männer und Frauen, die ihr Leben bei der Katastrophe verloren hatten. Zum Denkmal für die Maschinisten im Andrews Park [heute East Park; Anm.d.Übers.] und zu dem, das heute in der Ruine der Holy Rood Church steht, aber ich weiß noch, wie es früher im Park stand. ... natürlich kann mein Vater diese Menschen unmöglich alle gekannt haben, aber die Namen sagten ihm etwas. Ich erinnere mich, wie ich als Kind neben ihm stand, und er anfing: ›Und der Soundso, der arbeitete in dem und dem Büro, bevor er zur See ging.‹ Oder bei einem Frauennamen: ›Sie war eine Nachbarin von deiner Großmutter‹, und lauter solche Sachen. Es muß meine Eltern sehr bewegt haben.« (Interview im Rahmen des Oral-history-Projektes Southampton)

Auf dem Hof der Northamer Schule im Jahr 1992. Viele Kinder aus diesem Southamptoner Stadtteil verloren beim Untergang der »Titanic« ihren Vater. (Southampton City Heritage Oral History)

S.S. TITANIC MEMORIAL SPECIAL NUMBER.

Southampton AND DISTRICT Pictorial

(WITH WHICH IS INCORPORATED "SOUTHAMPTON AMUSEMENTS."

Vol. III. (3).—No. 107.] WEDNESDAY, APRIL 22nd, 1914. [Registered at the G.P.O. as a Newspaper.] [Price One Penny.

UNVEILING THE TITANIC ENGINEERS' MEMORIAL.

["Pictorial" Photos.

Our top picture was taken just after the Memorial to the Titanic Engineers had been unvelled in Andrews Park, Southampton, this afternoon, by Sir Archibald Denny, Bart, LL.D. (President of the Institute of Marine Engineers), in the presence of ten thousand sympathisers. Below Alderman Henry Bowyer, R.N.R., J.P. (who raised the Titanic Relief Fund), Sir Archibald Denny, Colonel Swalm (United States Consul at Southampton), and Alderman C. J. Sharp, J.P. (Chairman of the Public Lands Committee, who received the Memorial on behalf of the Southampton Corporation), are seen leaving the Park after the ceremony.

Zwei Jahre nach der Katastrophe wird in Anwesenheit der Stadtprominenz im Southamptoner Andrews Park, dem heutigen East Park, das Denkmal für die Maschinisten der »Titanic« enthüllt.
(»Southampton Pictorial«)

Oben und unten: Die ganze Stadt ist auf den Beinen, als im April 1914 das »Titanic«-Denkmal eingeweiht wird. (Sammlung Peter Boyd-Smith und Sammlung Alan Corbishley)

»Ich habe meine Eltern oft darüber reden hören, wie sehr sie jedesmal, wenn der Jahrestag kam, Gott dankten ... Mein Vater hatte als Zimmermann auf der ›Titanic‹ angeheuert ... Aber zwei Tage vor der Abfahrt, als er auf dem Schiff arbeitete, sah er im Hafenwasser einen Kopf ohne Körper vorbeischwimmen, mit ganz langen Haaren. Es war ein solcher Schock für ihn, daß sie den Doktor holen und meinen Vater an Land bringen mußten; der Doktor gab ihm dann eine Spritze oder so ... er konnte seine Arbeit auf der ›Titanic‹ nicht antreten, das ist der Grund dafür, daß meine Eltern Gott danken.« (Interview mit Iris Lee im Rahmen des Oral-history-Projektes Southampton)

»Mein Großvater lieferte die Blumen- und Pflanzendekorationen für die ›Titanic‹. Das muß eine sehr traurige Angelegenheit für ihn gewesen sein, an diesem Tag verlor er einen guten Kunden. Und ein tragisches Unglück für Southampton ...« (Interview mit Raymond Bealing im Rahmen des Oral-history-Projektes Southampton)

Die Menschenmenge drängt zum Andrews Park, um zu sehen, wie das Denkmal hinter dem Union Jack enthüllt wird.
(Sammlung Alan Corbishley)

Pfadfinder, Chorknaben der St. Mary's Church und Geistliche der verschiedenen Kirchen auf dem Weg zum Andrews Park.
(Sammlung Alan Corbishley)

Zur Enthüllung des »Titanic«-Denkmals werden von offiziellen Vertretern der Stadt Reden gehalten.
(Sammlung Alan Corbishley)

Das am 27. Juli 1915 in Southampton errichtete Denkmal für die Besatzung der »Titanic«.
(Siehe auch Seite 288; Sammlung A. G. K. Leonard)

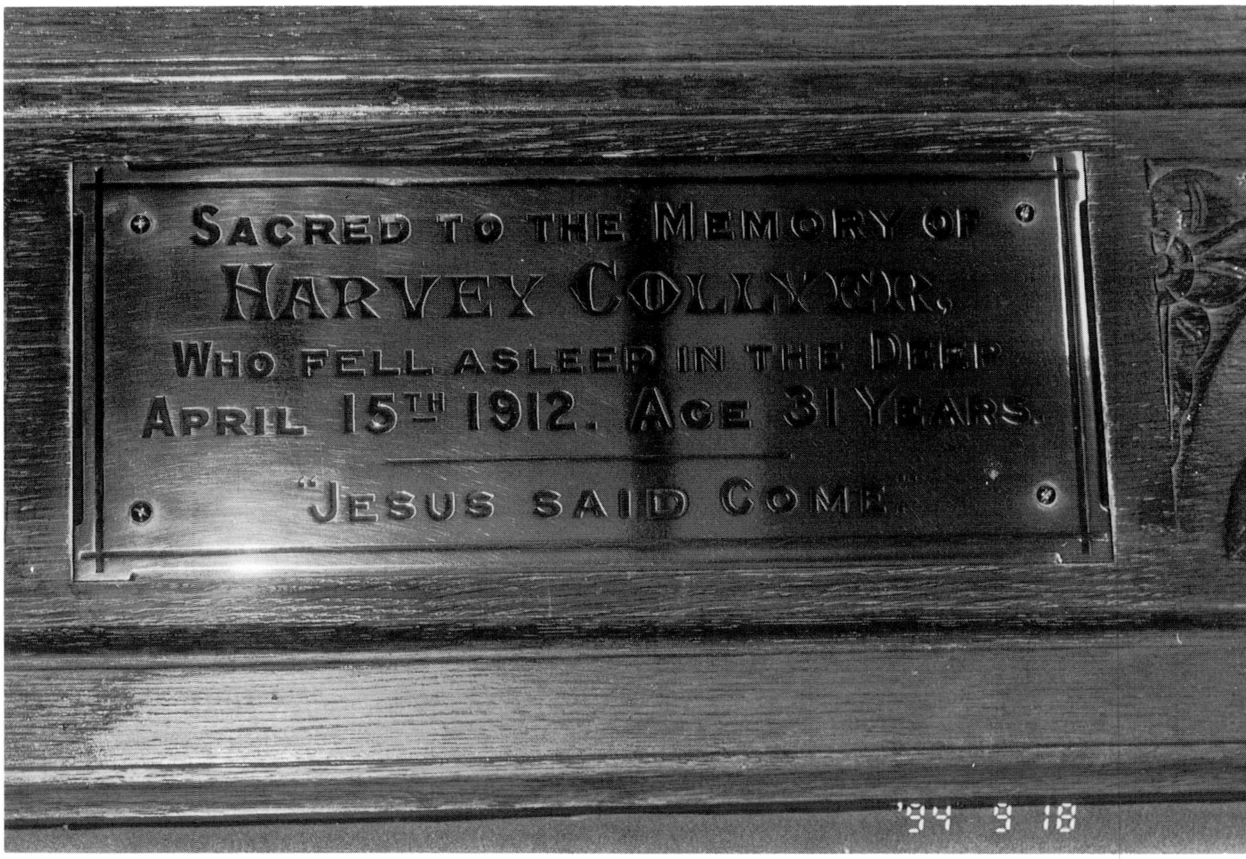

Charlotte Collyer hatte mit ihrem Mann und ihrer Tochter nach Amerika auswandern wollen. Nach der Ankunft in New York schrieb sie an ihre Schwiegereltern in England:

»Brooklyn, New York
Sonntag, 21. April

Liebe Mutter,

ich weiß nicht, wie ich Euch schreiben soll und was ich sagen soll. Manchmal habe ich das Gefühl, daß ich verrückt werde. Aber Ihr Lieben, so sehr mein Herz schmerzt, so sehr auch für Euch, denn er ist Euer Sohn, und der beste, der je gelebt hat. Bis heute hatte ich die Hoffnung nicht aufgegeben, daß er vielleicht doch noch gefunden werden würde, aber jetzt sagte man mir, man wisse nun endgültig, wer in welchem Boot gewesen sei. Wie soll ich nur ohne ihn leben? Ich wünschte, ich wäre mit ihm gestorben; wenn sie Marjorie nicht weggezogen hätten, dann wäre ich geblieben und mit ihm umgekommen. Sie warfen sie fast in das Boot und zogen mich auch hinein, er aber war so ruhig, und ich weiß, er wollte, daß wenigstens ich überlebe, sonst wäre sie ja ein Waisenkind geworden. Die Qualen jener Nacht sind nicht zu beschreiben. Das arme kleine Ding wäre fast erfroren. Ich wurde krank, aber in New York kümmerte sich ein Doktor um mich, und jetzt geht es mir besser. Sie hel-

Oben und unten: Gedenktafel für Harvey Collyer in der St. Mary's Church in Bishopstoke bei Southampton, der beim Unglück ums Leben kam; seine Frau Charlotte und ihre Tochter Marjorie überlebten.
(Southampton City Heritage Oral History)

fen uns, wo sie können, haben uns ein paar Pfund gegeben und jede Menge Kleider. Am Montag wird ein Herr mit uns zum Büro von White Star gehen und zu einer anderen Stelle, wo wir Geld von einem Hilfsfonds bekommen sollen. Ach Mutter, es gibt einige wirklich gute Seelen hier in New York. Einige sagen, ich soll nach England zurück, aber ich kann nicht noch einmal dort entlangfahren – zumindest jetzt noch nicht –, wo mein Liebster nun ruht.
Manchmal denke ich, daß ich ihn verlor, weil wir zu sehr nur füreinander lebten. Im Himmel aber werden wir wieder bei ihm sein. Als das Orchester ›Näher mein Gott zu Dir‹ spielte, da wußte ich, daß er an Dich und an mich denkt, denn wir beide lieben dieses Lied ganz besonders. Und ich denke, wenn ich nach Payette gehen werde, dann tue ich, was er gewollt hätte. Ich hoffe, daß ich Ende nächster Woche losfahren kann, dort habe ich Freunde und Arbeit, und ich werde für seinen kleinen Liebling sorgen, solange sie mich braucht. Sie ist ein großer Trost, aber sie hat noch nicht verstanden, daß ihr Vater jetzt im Himmel ist. Einige sehr nette Kinder haben ihr viele Spielsachen gegeben, aber wenn ich mit ihr allein bin, wird sie ihn vermissen.
Nichts anderes habe ich von ihm als die Ringe. Alles, was wir besaßen, ist mit untergegangen. Würdest Du mir, liebe Mutter, bitte eines der letzten Fotos von uns schicken, ich werde Dir später Geld dafür zukommen lassen. Mrs. Hallets Bruder aus Chicago tut alles nur Mögliche für uns. Als wir nachts in New York ankamen ... hatte er ein Zimmer in einem großen Hotel für uns, dort warteten Essen und alles, was wir uns nur wünschen konnten, auf uns. Er war wie ein Vater zu uns. Ich schicke Dir seine Adresse (Mr. Horder heißt er), vielleicht möchtest Du ihm einmal schreiben.
Gott segne Dich, liebe Mutter, und gebe Dir Trost und Hilfe in diesem entsetzlichen Leid. Deine Tochter Lot.« (Aus einer Privatsammlung)

»Mein Vater verließ das Schiff als einer der letzten und schaffte es zu einem der Faltboote, das umgedreht auf dem Wasser schwamm ... er erzählte immer ...., jemand sei auf das Boot zugeschwommen, wäre aber nicht raufgekommen, weil schon so viele oben saßen ... der hätte dann gesagt: ›Viel Glück, Jungs‹, und hätte sich abgewandt. Mein Vater schwor, daß wäre der Kapitän gewesen, der das gesagt hätte.« (Interview mit Rosina Broadbere, Tochter des Heizers Walter Hurst; Oral-history-Projekt Southampton)

»Offizier Boxhall erzählte mir, er habe für die Filmemacher von ›A Night to Remember‹ gearbeitet, und sie hätten ziemlich viele Meinungsverschiedenheiten darüber gehabt, wie die Geschichte dargestellt werden sollte. Er kritisierte beispielsweise die Szene, in der gezeigt wird, wie das Orchester bis zum Untergang des Schiffes weiterspielt, denn er sagte, als man den einen Geiger tot fand, war das Instrument auf seinem Rücken bereits festgeschnallt. Natürlich gab es Helden, aber nicht alle waren welche. Er meinte, einige Passagiere hätten vielleicht ganz gern ihre Frauen in der Kabine eingesperrt, um selbst zuerst vom Schiff zu kommen. Als ich dann den Film sah, kam mir die ganze Geschichte irgendwie recht idealisiert vor. Man war irgendwie richtig stolz, ein Brite zu sein. Wenn Boxhall erzählte, war ich gar nicht so stolz.« (Percy Toms)

Der Ausguck George Symons, der beim Untergang der »Titanic« in jenem Rettungsboot Nummer 1 gewesen war, das trotz seiner wenigen Passagiere an Bord nicht zur Unglücksstelle zurückgerudert war, fuhr während des Ersten Weltkriegs auf einem Hospitalschiff, das von einem Torpedo getroffen wurde. Am 3. Dezember 1916 bekam er folgenden Brief von einer Dame der Besatzung, die ihm für seine Hilfe dankte:

»Lieber Lamps,

es tut mir leid, aber ich kenne Ihren richtigen Namen nicht. Ich habe Ihnen dafür zu danken, daß Sie sich so um mich gekümmert haben und mir auf die Strickleiter geholfen haben, vor der ich große Angst hatte. Sie

Walter Hurst, der als Heizer auf der »Titanic« war. (»Southern Daily Echo«)

waren so wunderbar – ich bin stolz auf mein Heimatland, dessen Männer sich in einer solchen Situation wie echte Gentlemen benehmen.
Am Sonntag danach dachte ich an Sie und stellte mir vor, daß Sie sicher einen kleinen Dankesgottesdienst für die Mannschaft abhielten. Gott segne Sie. Ich hoffe, daß wir wieder zusammen auf Fahrt gehen werden.
Hochachtungsvoll, Ihre E. A.«
(Aus einer Privatsammlung)

Eileen Schefer, geborene Lenox-Conyngham, setzte als Kind zusammen mit ihrer Mutter, ihrer Tante und ihrem Bruder auf der »Titanic« nach Cherbourg über. In einem Gespräch erinnerte sie sich: »Später war ich mit Ismay Drage befreundet, dem Neffen von Bruce Ismay. Ich war oft bei ihm und seiner Frau in London, und einmal nahmen sie mich zum Mittagessen bei den Ismays in die High Street mit. Mrs. Drage, die natürlich wußte, daß ich auf der ›Titanic‹ gewesen war, sagte zu mir: ›Sprich bloß nicht über die ‚Titanic'‹ (was ich sowieso nicht getan hätte), ›das hat sein Leben ruiniert!‹ [Bruce Ismays; Anm.d.Übers.] (Interview im Rahmen des Oral-history-Projektes Southampton)

Das Grab von Arthur Rostron, dem Kapitän der »Carpathia«, auf einem Friedhof bei Southampton. Die Inschrift ganz unten auf dem Grabstein vermerkt: »Sir Arthur Rostron, Kapitän der RMS Carpathia, rettete am 15. April 1912 706 Menschen von der SS Titanic das Leben.« (Southampton City Heritage Oral History)

Das Southamptoner Denkmal für die Besatzung der »Titanic« wurde 1972 von seinem ursprünglichen Platz in die Holy Rood Church versetzt. (Siehe auch Seite 285; Southampton City Heritage Oral History)

»Aber was hätte ich denn tun können? Im Wasser mußte doch jeder an sich selbst denken.« (»Southern Daily Echo«, 1964) Heizer Ernest Allan, der dies sagte, wurde noch Jahrzehnte später von der Erinnerung an ein Mädchen verfolgt, das im eisigen Wasser um sein Leben kämpfte.

Joan Massey, Tochter des Ausgucks George Symons, über ihren Vater: »Er sprach nie viel drüber. Ich erinnere mich, daß er eines Tages ankam – da waren wir noch Kinder, ich weiß nicht, wie alt ich war – und sagte, der ›Daily Sketch‹ oder irgendeine andere dieser Zeitungen brächte eine Serie über die ›Titanic‹; er sagte zu mir: ›Du wirst da über eine Sache etwas ziemlich Abfälliges lesen, aber glaube nicht alles, was da steht‹. Ich denke, damals hätte er vielleicht über die Geschichte gesprochen, aber ich war jung und kümmerte mich nicht weiter drum. Er war mein Vater, und ich liebte ihn, wie er war. Als die ›Queen Mary‹ das erstemal im Hafen lag, fuhren wir mit dem Rad runter zum Wasser, in Millbrook. Wir gingen auf die Brücke, und er ... guckte sie an, sah sehr traurig aus und sagte: ›Da ist die ‚Titanic' untergegangen, da draußen.‹« (Interview im Rahmen des Oral-history-Projektes Southampton)

Am 19. April 1913 enthüllte Stadtrat W. Bagshaw in der Bibliothek von Southampton eine Gedenktafel für die Musiker der »Titanic«. Im Zweiten Weltkrieg dann wurde das Gebäude und mit ihm die Tafel zerstört. Auf Betreiben der britischen »Titanic« Society wurde eine Replik angefertigt und am 7. März 1990 eingeweiht. Von links nach rechts Edith Haisman, Millvina Dean, Bertram Dean und Eva Hart, die alle den Untergang der »Titanic« überlebten.
(»Southern Daily Echo«)

Die Geschichte(n) der »Titanic«

Das weltweite Interesse am Schicksal der »Titanic« hat sehr zugenommen, seit Bob Ballard das Wrack des Schiffes 1986 auf dem Meeresgrund entdeckte. Ein monumentaler Hollywoodfilm, eine Wanderausstellung mit Funden aus dem gesunkenen Schiff und zahlreiche Bücher haben das ihre beigetragen.
Auch im Southamptoner Schiffahrtsmuseum ist seit 1992 eine Dauerausstellung mit dem Titel »Titanic Voices« zu sehen, die die umfangreiche Sammlung der Stadt zur White Star Line und zur »Titanic« zeigt. Sie erinnert zusammen mit diesem Buch daran, daß der Untergang dieses Schiffes nicht nur ein Datum der großen Weltgeschichte ist, sondern auch ein Teil der ganz persönlichen Lebensgeschichte vieler Menschen aus der Stadt Southampton.

Eva Hart, Millvina Dean und Edith Haisman (von links) eröffnen 1992 die »Titanic«-Ausstellung im Schiffahrtsmuseum von Southampton. (Southampton City Heritage Collections)

Die »Titanic«, aufgenommen von Cowes auf der Isle of Wight. (Sammlung Peter Pearce)

ANHANG

Danksagungen

Adressen

Bücher zum Thema

Danksagungen

Als Herausgeber des Buches danken wir allen nachfolgend Genannten für ihre Erlaubnis zum Nachdruck bzw. zur Abbildung von Dokumenten. Wir haben uns bemüht, jeden Rechteinhaber zu ermitteln; für etwaige Irrtümer möchten wir uns an dieser Stelle entschuldigen.

Andrew Acquier
Mrs. M. Anscombe
Gill Arnott
Rod Baker
Mr. F. Banfield
Nancy Bealing
Mr. J. Beckett
Mr. Bell
Patrick Bogue
Peter Boyd-Smith
Vicomte und Vicomtess Bridgeman
Mrs. J. Bromage
Harold Campbell
Dan Chadwick
Mr. und Mrs. D. Connor
Lawrence Cooper
Alan Corbishley
Amy Cozens
Stephen Croad
Dr. Ronald C. Denney
Betty Denny
Diane Edwards
Ethel Fitzgerald
Joan A. Ford
Lindsay Ford
Jack Fry
Jane Gale
Richard Garrett
Mr. und Mrs. F. Giles
Julian Gollogly
Aubrey Grey
Ivor Guest
David Harries
Mrs. J. Hartnett
Mr. F. C. R. Hocking
Mrs. M. Howman, geborene Rostron
Bryan I. Hunt
David Hutchings
Mrs. D. C. Hyslop
D. Isitt
Vera Jones
Edward Kamuda (Titanic Historical Society)
Mr. B. Kemish
Richard de Kerbrech
Anne de Lasta (Rio Tinto Zinc)
Alan Leonard
Ian Leith
Ken Marschall
Mr. und Mrs. R. May
Peter McGaw
Bert Moody
Fred und Claire Murley
Ray Mursell
Mrs. Oakley
Mrs. F. E. Owen
Degna Marconi Paresce
Catherine Pearson
Bob und Jean Peck
Mike Petty
Garton Playdon
Peter Prior
Lee Raymond
Peter Reid
Steven Rigby
G. W. Robinson
John Seaman
Cynthia Skipwith
Mary South, geborene Simmons
Brian Ticehurst (British Titanic Society)
Peter Turrall
Edwina Vardey
Kay Welham
John Whitaker
Rodney Norman Wilkinson
George Williams
Nancy Young

Ein Großereignis für die Stadt: Im Juni 1911 läuft die »Olympic« im Hafen von Southampton ein. (Southampton City Heritage Collections)

Danksagung

Allen im folgenden Genannten möchten wir dafür danken, daß sie als Interviewpartner im Rahmen des Oral-history-Projektes Southampton oder als Berater zum Entstehen dieses Buches beigetragen haben.

Molly Adams, geborene Stewart
Tom Atkinson
Raymond Bealing
Ben Benham
Rosina Broadbere, geborene Hurst
Dora Caton
Dorothy Cross
Sidney Daniels
Rose Dawson, geborene Major
Dorothy Dean, geborene Sinclair
Millvina Dean
Roy Diaper
Marjorie Eames, geborene Geddes
Mrs. J. Fagin
Alfred Fanstone
Martha Gale
Arthur Gibbs
Edith Haisman, geborene Brown
Leonard Harris
Eva Hart
Lois Jacobs, geborene Brown
Tom James
Iris Lee, geborene Jeans
Bert Lester
Joan Massey, geborene Symons
John Bartlett May
Charles Morgan
Leah Mortimer
Frank Scammell
Eileen Schefer, geborene Lenox-Conyngham
Clare Seagrave, geborene Hendricks
Edward Simmons
Cynthia Skipwith
Ernest (Jack) Smith
Roland Southwell
Percy Toms
Elsie Whitfield
John Wright

Die Interviews im Rahmen des Oral-history-Projektes Southampton wurden geführt von:

Sheila Jemina
Tim Caves
Donald Hyslop
Chris Howard-Bailey
Dan Chadwick
Paul Ferguson
Christine Tanner
Sharon Taaffe
Carl Major

Unser besonderer Dank gilt Nigel Overton, Simone Joyce, Jill Neale, Janet Hall-Patch und allen unseren jetzigen und ehemaligen Kollegen vom City Heritage Service der Stadt Southampton.

Ebenfalls zu Dank verpflichtet sind wir folgenden Institutionen:

Science Museum, Newcastle (Adrian Osler)
Merseyside Maritime Museum (Mike Stammers, Alan Scarth und David Williams)
Ulster Folk and Transport Museum (Mike McCaughan und Kenneth Anderson)
University of Liverpool Archives (Michael Cook, Adrian Allan, Andrea Owens)
University Archives Glasgow (Michael Moss)
National Maritime Museum, Greenwich (Mary Shepherd, Rita Bryan, David Hodge)
British Sailors Society
British Titanic Society
Titanic Historical Society, Inc.
Society of Gonzaga, Dublin
Southampton Archives Service (Sue Woolgar, Andrew George und Mitarbeiter)
Southampton Reference Library, Hants County Library (Richard Preston und Mitarbeiter)
University of Southampton Record Series
Department of Transport, Marine Accident Investigation Branch
GPO Archives (J. Farrugia)
The Modern Records Centre, University of Warwick
The Rail, Maritime and Transport Union
Shipwrecked Mariners Society (Kathleen Chapman)
Theatre Museum, London (Sarah Woodcock)
The Friends of Southampton City Museums and Art Gallery
S. B. Publications danken wir für die Abdruckgenehmigung der Postkarte auf Seite 49 unten.

Der Droemer Verlag, München, dankt für die freundliche Genehmigung zum Abdruck aus:

Walter Lord, *Die letzte Nacht der Titanic*, Scherz Verlag, Bern und München. Die Originalausgabe des Buches erschien 1956; ern. Neuer Kaiser, Klagenfurt 1978. Die Originalausgabe erschien 1959 in New York.

Lawrence Beesley, *Titanic. Augenzeuge der Katastrophe*, Schiffahrts-Verlag »Hansa«, Hamburg 1997. Die Originalausgabe des Buches erschien 1912 unter dem Titel »The Loss of the SS.Titanic« bei der Houghton Mifflin Company in Boston.

Adressen

Briefe an die Herausgeber des Buches senden Sie bitte an:

The Editors »Titanic Voices«
City Heritage
Civic Centre
GB – Southampton SO14 7LP

Haben Sie Interesse an Texten oder Fotos, als deren Quelle im Buch eine der nachfolgend genannten Institutionen genannt wird, so können Sie Kontakt aufnehmen mit:

Southampton Archives Service
Southampton City Councel
Civic Centre
GB – Southampton SO14 7LY

Southern Daily Echo Library
Southern Newspapers PLC
45 Above Bar
GB – Southampton SO14 7AA

Local History Librarian
Reference Library
Civic Centre
GB – Southampton SO14 7LW

Wenn Sie Mitglied in einem »Titanic«-Verein werden wollen, wenden Sie sich bitte an eine der folgenden Organisationen:

The British Titanic Society
PO Box 401
Hope Carr Way
GB – Leigh, Lancs., WN7 3WW
Zeitschrift: »The Atlantic Daily Bulletin«

The Titanic Historical Society
PO Box 51053 Indian Orchard
USA – Massachusetts 01151-0053
Zeitschrift: »The Titanic Commutator«

Kontaktstelle in Deutschland:
Oliver Schwarz
Wangeroogestraße 14
D – 26935 Stadland

Titanic International Inc.
PO Box 7007
USA – Freehold,
New Jersey 07728-7007
Zeitschrift: »Voyage«

Titanic-Verein Schweiz
Postfach 407
CH – 8636 Wald
Zeitschrift: »Titanic-Post«

Titanic-Seiten im www:
www.fireball.de/surftips/art_s/spe.tit.html
www.yahoo.de/promotions/events/titanic.html
www.rmplc.co.uk/eduweb/sites/phind/

Interessieren Sie sich für Sammlerstücke, die mit der »Titanic« oder anderen Ozeandampfern zu tun haben, sei ein Besuch bei Peter Boyd-Smith, Cobwebs Ocean Liner Memorabillia, 78 Northam Road in Southampton empfohlen.

Die »Titanic« 1912 in der Werft Harland and Wolff.
(Postkarte; Southampton City Heritage Collections)

Literaturhinweise

Sachbücher

Titanic. Königin der Meere. Das Schiff und seine Geschichte, Illustrationen von Ken Marschall, Text von Donald Lynch. Einleitung von Robert D. Ballard, München 1992.

Rick Archbold und Dana Mc Cauley, *Das letzte Dinner auf der Titanic.* Mit 50 Rezepten und Menüs vom legendären Luxusliner, München 1997.

Robert D. Ballard, *Das Geheimnis der Titanic 3800 Meter unter Wasser,* Berlin 1987; erneut 1995.

Lawrence Beesley, *Titanic. Augenzeuge der Katastrophe,* Hamburg 1997.

John P. Eaton und Charles A. Haas, *Titanic. Legende und Wahrheit,* Königswinter 1997.

John P. Eaton und Charles A. Haas, *Titanic – Triumph und Tragödie.* Eine Chronik in Texten und Bildern, München 1997.

Robin Gardiner und Dan van der Vat, *Die Titanic-Verschwörung. Die Geschichte eines gigantischen Versicherungsbetrugs,* München 1996.

Holger von der Ley und Claes-Göran Wetterholm, *Expedition Titanic. Auf der Suche nach einem Mythos,* Stuttgart 1997.

Walter Lord, *Die Titanic-Katastrophe. Der dramatische Untergang des Luxusdampfers,* München 1977 u.ö..

Walter Lord, *Die letzte Nacht der Titanic,* Bern und München 1956; ern. Klagenfurt 1978.

Wolf Schneider, *Mythos Titanic. Das Protokoll der Katastrophe – drei Stunden, die die Welt erschütterten,* Augsburg 1997.

Susanne Störmer, *Titanic. Mythos und Wirklichkeit,* Berlin 1997.

Literarische Bücher

H. Hesse, *Der Untergang der »Titanic«. Bericht eines Überlebenden,* Zürich 1996.

Beryl Bainbridge, *Nachtlicht,* München 1997.

Clive Cussler, *Hebt die Titanic,* München 1996.

Hans Magnus Enzensberger, *Der Untergang der Titanic.* Eine Komödie, Frankfurt a.M. 1978.

Erik Fosnes Hansen, *Choral am Ende einer Reise,* Köln 1995.

Josef Pelz von Felinau, *Titanic. Die Tragödie des Ozeanriesen,* Frankfurt a.M. 1986.

Morgan Robertson, *Titanic. Eine Liebesgeschichte auf hoher See,* München 1997.

Der Tender »Ingenieur Minard« bringt Passagiere zum Dampfer »Queen Mary« (Cherbourg, in den fünfziger Jahren). Er wurde 1911 von der Werft Harland and Wolff unter dem Namen »Nomadic« zusammen mit seinem Schwesterschiff »Traffic« für die White Star Line gebaut. 1912 setzten beide Schiffe Passagiere und Post vom Hafen von Cherbourg zur »Titanic« über. Seit 1977 dient der Tender »Ingenieur Minard« unter seinem alten Namen »Nomadic« in Paris als Restaurantschiff auf der Seine – das einzige Schiff der White Star Line, das noch »im Dienst« ist.
(Southampton City Heritage Collections)